BIBLIOTHECA

SCRIPTORVM GRAECORVM ET ROMANORVM

TEVBNERIANA

L. ANNAEI SENECAE

NATVRALIVM QVAESTIONVM

LIBROS

RECOGNOVIT

HARRY M. HINE

STVTGARDIAE ET LIPSIAE
IN AEDIBVS B. G. TEVBNERI MCMXCVI

Gedruckt mit Unterstützung der Förderungs-
und Beihilfefonds Wissenschaft der VG WORT GmbH,
Goethestraße 49, 80336 München

Die Deutsche Bibliothek — CIP-Einheitsaufnahme

Seneca, Lucius Annaeus ⟨Philosophus⟩:
[Naturalium quaestionum libri]
L. Annaei Senecae Naturalium quaestionum libros / recogn. Harry M. Hine. —
Stutgardiae ; Lipsiae : Teubner, 1996
(Bibliotheca scriptorum Graecorum et Romanorum Teubneriana)
Einheitssacht.: Naturales quaestiones
ISBN 3-8154-1792-9
NE: Hine, Harry M. [Hrsg.]

Printed in Germany
Satz: DW & ID Repro- und Satzzentrum GmbH
Druck und Bindung: Druckhaus „Thomas Müntzer“ GmbH, Bad Langensalza

PRAEFATIO

1. DE CODICIBVS

Quia alibi de *Naturalium Quaestionum* codicibus plenius disputaui,[1] hic de eis breuius disserere constitui. Saeculo nono ignotus quidam pauca, et ea breuissima, e primo *Naturalium Quaestionum* libro excerpsit in florilegio quod nunc exstat in codice

Y München, Bayerische Staatsbibliothek, Clm 18961-II (saec. $IX^{f\,in.}$)

qui uel in Britannia quae dicitur Minore uel in Ligeris ualle exaratus est.[2] Erat eodem saeculo in bibliotheca monasterii Augiae maioris codex quidam *Naturalium Quaestionum,* nunc deperditus et tantum e librorum catalogo notus; quo codice fortasse usus est duodecimo saeculo uel antea auctor ignotus libri *De mundi coelestis terrestrisque constitutione* Bedae falso adscripti.[3] Praeterea saeculo octauo uel nono in Britannia forsitan *Naturalium Quaestionum* codicem legerit poeta ille ignotus qui lingua Anglo-Saxonica primum aenigma composuit quod in codice Exoniensi inuenitur.[4]

1 Vide praesertim Hine^{3}, Hine^{9}.
2 Hine^{12} 558–61.
3 Hine^{11}.
4 Exeter, Cathedral Library, 3501, saec. X^{2}. Cf. Lapidge.

Tam rara, ut uidetur, illis saeculis erat *Naturalium Quaestionum* notitia ut iure dici possit hoc opus saeculo duodecimo denuo repertum esse. Hodie enim fere centum codices exstant, quorum omnes, praeter **Y**, inter saeculum duodecimum et quintum decimum scripti sunt, eisdemque saeculis nonnullos uiros doctos hoc opus legisse constat. Eos codices defluxisse ab uno archetypo nunc deperdito, quod **Ω** uoco, manifestum est ex eo quod omnes ultimam partem libri qui hodie dicitur 4a et primam libri 4b[5] omittunt, ut alios communes errores praeteream. Qua aetate **Ω** scriptum sit, quae necessitudo fuerit inter **Ω** et fontem codicis **Y** uel codicem Augiensem deperditum uel eum codicem quo forsitan iste poeta Anglus usus sit, prorsus nescimus. Sed codices saeculi duodecimi omnes in Gallia septentrionali uel in Germania scripti sunt, et omnes, ut mihi quidem persuasum est, a duobus exemplaribus, quae **ζ** et **Ψ** uoco, deriuati sunt; igitur illis fere in regionibus saeculo duodecimo ineunte **ζ** et **Ψ** reperta esse simile ueri est.[6]

Sed nunc ad certiora redeamus. Omnibus ex codicibus qui hodie exstant, decem quos primarios uoco ad archetypi lectionem restituendam sufficere credo; ideo, ut materiam satis perplexam lectori magis perspicuam reddam, primum hos primarios tractabo, deinde de ceteris disseram. Praeterea, ut codicum primariorum demonstrem adfinitates, argumenta quae alibi protuli hic repeto; sed de ceteris codicibus ea quae alibi argumentis probaui hic breuissime adtingam.

5 De librorum enumeratione uide pp. XXII–XXV. In editionibus ueteribus, nec non in multis codicibus recentioribus, liber 4a et 4b in unum librum continuantur.

6 Hine[9].

2. CODICES PRIMARII

2.1 Familia ζ

Familiae ζ unus solus exstat integer codex,

Z Génève, Bibliothèque Publique et Universitaire, lat. 77 (saec. $XII^{med.}$).

Ab eodem fonte in libri primi ultima et libri secundi prima parte defluxit

R El Escorial, Real Biblioteca, O.III.2 (saec. XIII),

qui a 1.13.2 usque ad 2.53.2[7] cum **Z** in multis consentit erroribus, uelut:

1.14.6 id *om.*; 15.3 tacta] acta; 2.13.3 de *om.*; 26.2 ut *om.*; 28.2 findit] fingit; sonet] solent; 29 item] idem; 43.2 hi quicumque] inquit quicumque; 45.2 inoffensus] in offensis.

Eiusdem familiae lectiones multae additae sunt codici

L Leiden, Bibliotheek der Rijksuniversiteit, Voss. Lat. F.69 (saec. XII^2)

a quadam manu correctrice ($\mathbf{L}^2$), uelut:

2.1.4 mirum] tibi mirum **RZL**^{2}; 9.4 remittit] proximo tradit **RZL**^{2}; 30.2 niuis] densae niuis **RZL**^{2}; 5.10.1 ferretur] fieret **ZL**^{2}

Denique accedunt in Florilegio Duacensi breuia excerpta quae ab eodem fonte fluxerunt; quinque codicibus usus sum,

a Douai, Bibliothèque Municipale, 285 (saec. XII^2)
b Troyes, Bibliothèque Municipale, 215 (saec. XII/XIII)

7 De codicis **R** fontibus diuersis uide Hine^2.

c Douai, Bibliothèque Municipale, 533 (saec. XII/XIII)
d London, British Library, Add. 16608 (saec. XIV)
e Città del Vaticano, Biblioteca Apostolica Vaticana, Reg. lat. 1707 (saec. XIII/XIV)

quorum codicum consensum nota γ indicaui. Cum codice **Z** aliquot in locis consentiunt (plerumque in uera lectione, interdum in errore) uelut:

3.pr.4 ostendit] aspexit, pr. 11 nihil] nil, ibid. dignum habet] habes, pr. 12 aduersa] dura; 6.32.12 mortalium malorumque] mortalium est mors malorum.

Codicum **RZ** consensum (a 1.13.2 usque ad 2.53.2) nota ζ indicaui, sed L^2 et γ semper separatim cito.[8]

2.2 Familia Ψ

Familia Ψ in tres stirpes diuiditur, α, ϑ et π.

(a) Stirps α

A Leiden, Bibliotheek der Rijksuniversiteit, Voss. Lat. O.55 (saec. XII)
B Bamberg, Staatsbibliothek, Class. 1 (M.IV.16) (saec. XII^2)
V Città del Vaticano, Biblioteca Apostolica Vaticana, Pal. lat. 1579 (saec. XII/XIII)

Hi tres codices libri 3 finem (3.25.6 *efferantur* et quae sequuntur) et totum librum 4a omittunt, nec non sescentis

8 De L^2 et γ uide Hine[3].

in grauissimis erroribus coniurant, uelut in his uerborum transpositionibus:

1.pr.13 extra et intra, 1.6 mediocriter collisae, 2.4 potest fieri, 2.11 sidera cetera, 3.6 imaginem unam; 2.1.4 uidebitur mirum, 3.2 manus ossa nerui oculus; 3.7.2 potest imber suggerere, 7.4 aqua pluuialis; 6.20.3 tellus madefacta; 7.2.3 statu rerum.

Codicum **ABV** consensum nota δ indicaui.

Idem codex **R** qui partim cum **Z** consentit alibi cum δ cohaeret, scilicet a libri 1 initio usque ad 1.13.1, a 2.53.2 usque ad 3.pr.18, et a 7.15.2 usque ad libri 7 finem, ut ex his multisque aliis erroribus communibus apparet:

1.8.6 repercuti] percuti, 11.2 eius *om.*, 11.3 reddat] -it, 12.1 eius *om.*; 2.53.3 artium *om.*, 55.1 non (*ante* uniuersus) *om.*; 3.pr.10 ista *om.*, maior nulla] nulla maior, pr. 17 sibi ⟨se⟩; 7.15.2 caeli (*post* longum) *om.*, 17.2 est (*post* ceterum non) *om.*, post *om.*, 17.3 sincera] sine causa, omen] crimen.

Codicum **ABVR** consensum nota α indicaui.

(b) Stirps ϑ

F Oxford, Merton College, 250 (saec. XII)
H Paris, Bibliothèque Nationale, lat. 8624-I (saec. XII²)

Hi codices uariis in erroribus consentiunt, sicut in horum uerborum praetermissione:

1.pr.4 -que (*post* periturum), 1.11 tanta, 6.2 magnitudinem; 2.3.2 numero, 4.1 tamen, 32.7 quod (*post* quam), 39.4 utriusque, 41.2 et inuolutos, 45.3 fulmina, 53.2 natura; 3.pr.6 contra Romanos, 20.5 harum, 24.2 tenui, 26.6 parte, 30.6 pluribus locis; 4b.5.2 montes, 7.1 sanguine, 13.9 fecissent; 5.1.3 quoque (*post* hac), 18.4 dictum est; 6.3.2 nobis (*post* quicquam), 10.2 ueteribus, 14.2 enim, 30.2 cum pars naturae concita est deesse, 32.12 tibi; 7.29.3 sunt (*post* haec), 30.4 aditum.

Codicum **FH** consensum nota ϑ indicaui.

(c) Stirps π

Stirps ϱ

Codicis **R** textus ita compositus est ut a 3.pr.18 usque ad 7.15.2 **R** consentiat cum codice

P Paris, Bibliothèque Nationale, lat. 6628 (saec. XII/XIII)

multis in erroribus, uelut in horum uerborum omissione:

3.16.2 sunt, 17.3 piscem (*post* garo), 20.1 est (*post* prima), 25.7 quae, 26.8 illa, 28.6 aestus (*post* solet), 28.7 desuper, 29.5 erit, 30.4 ora; 4a.pr.19 a me, ibid. non in hoc, 2.5 ex (*post* non), 2.9 fluminis, 2.10 ac iungit, 2.12 aestimari, 2.18 est (*post* calidissimus); 6.7.5 illos, 8.2 non (*post* paulatim), 17.2 suum, 18.1 impellitur, 22.3 cutem (glutem *Badstübner*), 23.3 exempla, 27.3 nihil, 28.2 aera, 29.1 metus, 31.2 uiam, 32.6 expectat; 7.8.2 uagus, 14.3 quidem potest dici.

Codicum **PR** consensum nota ϱ indicaui.

Stirps υ

U München, Bayerische Staatsbibliothek, Clm 11049 (saec. XV)

W Venezia, Biblioteca Marciana, Lat. Z.268 (1548) (saec. XIV)

W tot locis a manu recentiore tam grauiter correctus est ut saepe dubium sit quid manus prima (**W**[1]) scripserit. **UW** in his erroribus consentiunt (nec non in aliis leuioribus quos hic praetermitto):

1.5.4 ne] nec **R**: neque **UW**, 6.5 aqua (*post* pilam)] aquam **R**: aque **UW**; 2.12.2 e] est **P**: ex **UW**: *plura om.* **Rδ**; 3.15.1 sanguinis] sanguis, 15.4 saepe] specie, 18.1 quaestione] -nem, 24.2 sat] satis, 25.4 Galatia] gal(l)icia, 25.12 terreni] terre, 27.1 tanto] -tum, 29.8 Quid ergo est] est *om.* **W**: ergo est *om.* **U**; 4a.pr.14 ubi] nisi, pr.20 sumus] simus, 2.1 undas] unda, 2.12 marinis] -as;

4b.11.4 excipiat] accipiat; 5.1.1 definierunt] -niuerunt, 1.3 fluens in unam partem aer] aer in unam partem fluens, 12.2 cursu] -um, 16.4 Livius] huius, 18.5 esset] esse; 6.8.4 aiebant] agebant, 20.2 et primo] in primo **U**: et in primo **W**[1]; 7.3.2 illarum] -orum, 12.1 attigit] attingit, 25.2 liquere] reliquerunt **U**: relinquere **W**[1].

Codicum **UW** consensum nota **υ** indicaui.

Stirps π

ϱ et **υ** a communi fonte originem ducere probant multi errores codicum **PRUW**, uel, ubi **R** de **α** uel **ζ** pendet, codicum **PUW**, uelut haec uerba omissa:

1.1.3 est (*post* dissipata), 4.1 redditur, 5.9 id, 17.2 illum; 2.1.5 et, 4.2 quia (*ante* quamuis), 13.2 illud (*primum*), 32.6 est, 39.3 dissuadet; 3.pr.13 huius, 11.4 -que (*post* ultra), 16.2 se, 21.1 est (*post* malum), 26.8 uis, 27.1 magna, 27.4 ex, 28.6 -que (*post* maximis); 4b.13.4 quod (*ante* tam homini); 6.20.6 aere, 25.1 -que (*post* coepit); 7.11.2 et (*post* spargunt), 13.2 est (*post* leuissimum).

PRUW (uel **PUW**) consensum nota **π** indicaui.

2.3 De stirpium αϑπ adfinitate

Familiam **ζ** solam multas bonas lectiones habere certum est. Praecipuam auctoritatem **ζ** meretur in eis locis in quibus lectionem corruptam sed ueritati propinquam praebet, uelut:

2.28.2 ante ne id umquam in ipsum **ζ** (ante incidunt quam in ipsum *Hine*[4] *191*): *om.* **δϑπ**, 40.2 sicut factum **ζ** (ictu facto *Hine*[6]): *om.* **δϑπ**, 42.2 manus (minus **Z**) partum certe **ζ** (manus parum certae *Hine*[6]): certe minus paratum (esse *add.* **δ**) **δϑπ**, 59.5 pugnant **Z** (pugnam *Gronoulus*[2]): fugam **αϑπ**; 3.18.1 neglegentiam (neglegentia *Gercke*) **Z**: *om.* **δϑπ**, 29.8 cum uies illam omnibus rebus non equor induxerit **Z** (cum ⟨dilu⟩uies illa omnibus rebus unum aequor induxerit *Hine, Oltramare, Russell* (*uide app. crit. ad loc.*)): *om.* **ϑπ**; 6.1.2 toto **Z** (totam *Chauvin*): *om.* **δϑπ**.

Aliis quoque in locis magnam fidem **ζ** facit in quibus seruat uerba quae genuina uidentur esse sed uix coniecturam redolent, quia ceterorum codicum lectio per se satis bona est nec emendationem prouocat, uelut:

2.9.2 crocum (ero [*uel* cro] cum **R**) **ζ**: *om.* **δϑπ**, 30.2 dens(a)e **ζL**[2]: *om.* **δϑπ**; 3.pr.7 munus **Z**: *om.* **αϑπ**, 17.3 diuque **Z**: *om.* **δϑπ**, 27.8 sine **Z**: *om.* **ϑπ**, 28.5 exiguo **Z**: *om.* **ϑπ**; 4b.3.5 iacens **Z**: *om.* **δϑπ**; 7.31.3 periturus **ZL**[2]: *om.* **αϑπ**.

Praeterea nonnullis in locis **ζ** uerborum ordinem meliorem praebet quam ceteri codices, uelut in his, ubi ceteri clausula heroica claudicant:

2.11.1 exagitatur exagitat **ζ**: exagitat et exagitatur **δϑπ**; 3.27.7 passim plana populatur **Z**: plana passim populatur **ϑπ**; 6.8.3 ad ulteriora penetrassent **Z**: penetrassent ad ulteriora **δϑπ**; 7.29.3 ueri scientia est **Z**: est scientia ueri **δϑπ**.

Talibus erroribus communibus probatur stirpes **αϑπ** ab uno fonte **Ψ** defluxisse.[9]

9 Vottero 106–13 (et Vottero[1] 267) dicit codices in tres familias diuidi, **Δ** (id est stirps **δ** mea), **Φ** (id est fere consensus stirpium **ϑπ** mearum) et **ζ**; sed ut hoc probabile esse demonstret, necesse est inueniat tot et tantos errores stirpium **Δζ** contra **Φ** nec non stirpium **Φζ** contra **Δ** consentientium quot ego stirpium **αϑπ**, id est **ΔΦ**, contra **ζ** consentientium supra posui. Stirpem **δ** nonnullas habere bonas lectiones non nego, sed eas omnes felici coniectura inuentas esse credibile est; de stirpis **δ** coniecturis uide Hine[2] 301–3.

3. STEMMA CODICVM

Codicum primariorum necessitudines hoc stemmate depingi possunt:

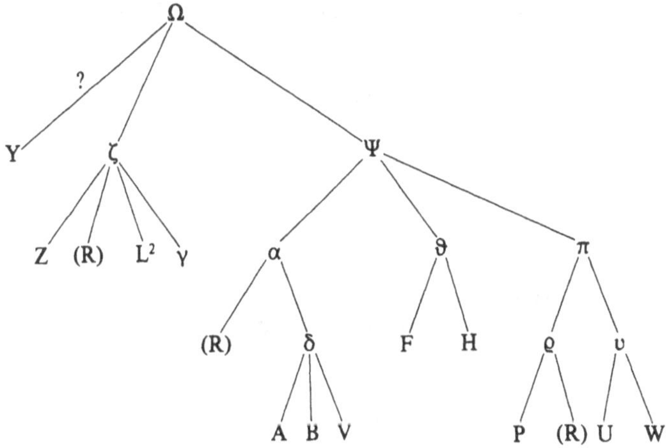

4. CETERI CODICES

Illi decem codices (una cum **Y**, **L**^{2} et **γ**) sufficiunt ad archetypi lectionem restituendam, quia ceteri codices tam arte cum uno alteroue illorum cohaerent ut nil noui conferant. De hac re quae alibi fusius disputaui[10] hic breuiter exponam, ceteris codicibus secundum stirpes ordinatis.

10 Hine^4 201–15.

4.1 Stirps δ

Codicis **A** adfinis

Cum codice **A** arte cohaeret

Aberdeen, University Library, 205 (D^2.4.83) (saec. XIV)

Codicis **B** adfines

Cum **B** communem parentem habent

C Heiligenkreuz, Bibliothek des Zisterzienserstifts, 213-III (saec. XII^2)
München, Bayerische Staatsbibliothek, Clm 175 (saec. XV)
Praha, Knihovna Metropolitní Kapituli 1348 (L 94) (saec. XIII)

Codicis **V** adfines

Haec est maxima turba codicum recentiorum, qui in tria genera diuidi possunt:

(i) ei qui in libris 3 et 4a familiae **δ** lacunam seruant:

Firenze, Biblioteca Medicea Laurenziana, plut. 82.20 (saec. XV)
Firenze, Biblioteca Riccardiana, 637 (saec. XIV)
London, British Library, Royal 5.D.X (saec. XIII)
Paris, Bibliothèque Nationale, lat. 11855 (saec. XIV)
Città del Vaticano, Biblioteca Apostolica Vaticana, Chigi E.VIII.252 (saec. XIII)
– –, Chigi H.VII.245 (saec. XIV)
– –, Vat. lat. 1769 (saec. XIV)

– –, Vat. lat. 2213 (saec. XIV)
– –, Vat. lat. 2216 (saec. XIV)

(ii) ei qui post 3.25.6 a stirpe ϑ deriuantur, quorum tres in fine libri 4a eandem quae in **H** inuenitur lacunam seruant:

Kraków, Biblioteka Jagiellońska, 534 (saec. XV)
Napoli, Biblioteca Nazionale, IV.G.50 (358) (saec. XIV)
Città del Vaticano, Biblioteca Apostolica Vaticana, Reg. lat. 1454 (saec. XIV);

ceteri totum librum 4a seruant:

Barcelona, Archivo de la Corona de Aragón, Fondo de San Cugat, 11 (saec. XIV)[11]
El Escorial, Real Biblioteca, Q.I.8 (saec. XIV)
– –, S.II.3 (saec. XIV)
Firenze, Biblioteca Medicea Laurenziana, plut. 76.35 (A.D. 1426)
Holkham Hall, Library of the Earls of Leicester, 390 (saec. XIV)
København, Kongelige Bibliotek, Ny Kgl. S. 57b fol. (saec. XIV)
Leiden, Bibliotheek der Rijksuniversiteit, Lipsius 24 (saec. XIV)
Madrid, Biblioteca Nacional, 10238 (saec. XIV)
Oxford, Balliol College, 130 (saec. XV)
Oxford, Merton College, 300 (saec. XIV)
Padova, Biblioteca Antoniana, Ms. 9 Scaff. I (saec. XIV)

11 Hine[12] 561.

Paris, Bibliothèque Nationale, lat. 6380 (saec. XIV)
– –, lat. 6390 (saec. XIV)
– –, lat. 8717 (saec. XIV)
– –, lat. 17842 (saec. XV)
– –, lat. 17911 (saec. XV)
Tours, Bibliothèque Municipale, 693 (saec. XV)
Valencia, Biblioteca Universitaria, 2150 (saec. XV)
Città del Vaticano, Biblioteca Apostolica Vaticana, Arch. S. Pietro C.121 (saec. XIV)
– –, Barb. lat. 127 (VIII.127) (saec. XV)
– –, Chigi A.VI.189 (saec. XV, excerpta)
– –, Pal. lat. 1541 (saec. XV)
– –, Rossi 559 (IX, 249) (saec. XIV)
– –, Vat. lat. 2214 (saec. XIV)
Wien, Österreichische Nationalbibliothek, 3134 (saec. XV)
Wolfenbüttel, Herzog August Bibliothek, Gud. lat. 10 (4315) (saec. XV)

Codicis cuiusdam huius classis textus impressus est in editione principe (Venetiis 1490).

(iii) ei qui stirpis δ lacunam a stirpe ϱ supplent:

Cesena, Biblioteca Malatestiana, S.XX.1 (saec. XIII/XIV)
Kraków, Biblioteka Jagiellońska, 536 (saec. XV; tantummodo libri 1 praefationem continet)
Paris, Bibliothèque Nationale, lat. 6395 (saec. XIV)
Città del Vaticano, Biblioteca Apostolica Vaticana, Vat. lat. 2212 (saec. XIV)

4.2 Stirps ϑ

Codicis F adfines

Codicis **F** adfines uel etiam apographa sunt[12]

Basel, Öffentliche Bibliothek der Universität, F III 34 (saec. XIV)
– –, F IV 62 (saec. XV);

codici **F** minus arte cohaerent, quippe qui ab 4b3.1 usque ad 6.18.3 a **δ** deriuati sunt, nec non alibi cum **δ** contaminati sunt, hi codices:

f	El Escorial, Real Biblioteca, N.III.16 (saec. XIII)
	Eton College, 89 (saec. XIII)
G	Montpellier, Bibliothèque de la Faculté de Médicine, 116 (saec. XII²)

Codicis H adfines

Cum **H** artius cohaerent, sed grauiter interpolati et contaminati sunt:

E	Berlin, Staatsbibliothek Preussischer Kulturbesitz, lat. oct. 9 (saec. XIII)
Cam.	Cambrai, Bibliothèque Municipale, 939 (838) (A. D. 1379)[13]
D	Dublin, Trinity College, 514 (saec. XIII)
	Firenze, Biblioteca Riccardiana, 391 (saec. XIV)
	München, Bayerische Staatsbibliothek, Clm 23473 (saec. XIV)

12 Hine[12] 561–2.

13 Hic codex etiam breuia quaedam excerpta continet, uide Hine[4] 207 n. 46.

Paris, Bibliothèque Nationale, lat. 6387 (A. D. 1381)
Città del Vaticano, Biblioteca Apostolica Vaticana, Pal. lat. 1540 (saec. XIV)
– –, Vat. lat. 2215 (saec. XIV)
Würzburg, Universitätsbibliothek, ch. f. 59 (A. D. 1469)

4.3 Stirps π

Codicis **P** adfines

Cum **P** tam arte cohaerent ut uerisimile sit eius apographa esse

Paris, Bibliothèque Nationale, lat. 6286 (saec. XIII/XIV)
Reims, Bibliothèque Municipale, 872 (saec. XIII²).

Codicis **R** adfines[14]

Cum **R** arte cohaerent

Paris, Bibliothèque Nationale, lat. 6385 (saec. XIV)
Schlägl, Bibliothek des Stiftes Schlägl, 154 (saec. XV);

minus autem arte, quippe qui grauiter interpolati sunt, et, ubi **R** cum **Z** cohaeret, cum **ϑ** cohaerent,

14 Hine² 306–11.

Bruxelles, Bibliothèque Royale, 4785–93 (saec. XIII; excerpta)
– –, 20030–2 (saec. XIII; excerpta)
X Exeter, Cathedral Library, 3549B (saec. XIII)
S Montpellier, Bibliothèque de la Faculté de Médicine, 445 (saec. XII/XIII; tantummodo 4b.3.1–6.9.1 continet)
T Paris, Bibliothèque Nationale, lat. 6386 (saec. XIII)

Codicis **W** adfines

Cum **W** cohaerent

Città del Vaticano, Biblioteca Apostolica Vaticana, Rossi 604 (IX, 294) (saec. XIV)
– –, Reg. lat. 358 (saec. XV, excerpta).

4.4 Stirps λ

Hi codices ab eodem parente (λ) descendunt et textum a δ, ϑ et ϱ conflatum praebent:

K Cambrai, Bibliothèque Municipale, 555 (513)-I (saec. XII^2)
L Leiden, Bibliotheek der Rijksuniversiteit, Voss. Lat. F.69 (saec. XII^2)
O – –, B. P. L. 199 (saec. XIII^2)
J Oxford, St. John's College, 36 (saec. XII/XIII)
Paris, Bibliothèque Nationale, lat. 6395A (saec. XV, excerpta)
– –, lat. 16591 (saec. XV, excerpta ab L transcripta)

k Trier, Bibliothek des Priesterseminars, 66 (R.IV.2) (saec. XII/XIII)
Città del Vaticano, Biblioteca Apostolica Vaticana, Urb. lat. 1356 (saec. XV)

A λ quoque defluunt excerpta quae in his Florilegii Gallici codicibus traditi sunt:

Arras, Bibliothèque Municipale, 65 (64) (saec. XIII[1])
– –, 305 (171)-I (saec. XIV)
Paris, Bibliothèque de l'Arsenal, 711 (saec. XII/XIII)
M Paris, Bibliothèque Nationale, lat. 17903 (saec. XII/XIII)

4.5 Excerpta alia

Hi codices excerpta continent quae familiis supra dictis inseri nequeunt uel propter excerptorum breuitatem uel propter nimiam contaminationem:

Indiana, Indiana University Library, 1 (saec. XIV)
Paris, Bibliothèque Nationale, lat. 8545 (saec. XIV)
Schlägl, Bibliothek des Stiftes Schlägl, 85 (saec. XIV)
Vaticano, Biblioteca Apostolica Vaticana, Borghese 188 (saec. XIII);

neque inspexi excerpta in his codicibus tradita:

Bern, Bürgerbibliothek, 161 (saec. XIV)
Erlangen, Universitätsbibliothek, 625 (A.D. 1460)

Madrid, Biblioteca de Palacio II.L.258 (2.J.3) (saec. XV)
Madrid, Biblioteca Nacional, 234 (saec. XIII/XIV)
Wrocław, Biblioteka Uniwersytecka, Bernhardinus 1604 (saec. XV)

4.6 Codices deperditi

Codices qui ab editoribus ueteribus laudantur alii adhuc seruantur, alii iamdudum perierunt.[15] Horum lectionibus perpensis satis constat nullum familiae ζ codicem eis editoribus notum esse, et omnes familiae Ψ codices quos citabant ualde corruptos esse et contaminatos. Quare bonae lectiones quae e codicibus deperditis laudantur correctorum sagacitati imputari possunt.

5. DE TESTIMONIIS[16]

Seneca libros *Naturalium Quaestionum* circa annum 62 scripsisse (*Nat.* 6.1.2), eosque, uel saltem librum quem nunc 4a dicimus, fratris filium Annaeum Lucanum mox legisse et in libro decimo *Belli Ciuilis* imitasse constat.[17] Deinde per mille annos, quoad scimus, rarissima erat horum librorum notitia. Carminis *Aetnae* auctor ignotus utrum *Naturalium Quaestionum* libros imitauerit necne, mihi quidem non liquet; nam loci similes qui uulgo adfe-

15 Hine[4] 216–7, Vottero 105–6.
16 Gercke[1]; Nothdurft, 161–81; Trillitzsch.
17 Diels[1] = Diels[3].

runtur tales sunt quales in duobus auctoribus de re simili lingua Latina scribentibus casu extitisse credibile est. Ammiano Marcellino quidem uel fonti eius hos libros saeculo quarto notos esse satis constat, et Constantinopoli saeculo sexto Iohannes Laurentius Lydus, uel fortasse antea fons eius aliquis, *Naturalium Quaestionum* codicem legebat integriorem quam ei qui nunc supersunt; nam in libris *De mensibus* lingua Graeca scripsit paraphrasin capitum aliquot libri *Naturalium Quaestionum* qui nunc dicitur 4a, cuius extrema pars in nostris codicibus deperdita est. Saeculo nono, ut supra dixi, in bibliotheca monasterii Augiae maioris seruabatur *Naturalium Quaestionum* codex quidam nunc deperditus; qui codex fortasse integrior fuit quam ei qui hodie exstant, si uero eo usus est duodecimo saeculo uel antea auctor ignotus tractati *De mundi coelestis terrestrisque constitutione* Bedae falso ascripti. Scriptores duodecimi recentiorumque saeculorum qui *Naturalium Quaestionum* libris usi sunt, nempe Gulielmus de Conchis, Albertus Magnus, Vincentius Bellouacensis aliique, exemplaria a familia **Ψ** deriuata omnes legebant.[18]

7. DE LIBRORUM ORDINE[19]

In codicibus libri *Naturalium Quaestionum* uario ordine traduntur. E decem codicibus primariis, **ABV** ordine uulgari (id est eo ordine quem omnes editiones impressae sequuntur) libros tradunt, sed libri 3 extremam partem (scilicet omnia post 3.25.6 *paene tota*) et librum 4a omittunt. Codices **F** et **W** omnes libros tradunt, et ita a uulgari or-

18 Hine[9], Hine[11], Hine[15].
19 Cf. Codoñer I, xii–xxi; Hine[6] 4–23; Gross 306–20.

dine decedunt ut F librum 4a post 7 habeat, W librorum 2 et 3 ordinem inuertat. Sed **ZHPRU** hoc ordine libros praebent,

4b 5 6 7 1 2 3 4a;

quorum codicum consensu comprobatur ab **Ω** hunc ordinem descendisse.

Non mirum est numeros qui in codicibus **ZHPRU** libris singulis imponuntur a uulgaribus numeris discrepare. Ex codicum **PRU** consensu apparet π hos numeros tradidisse:

4b	5	6	7	1	2	3	4a
I	II	III	IV	V	VI	VII	VIII

(enumerationi uulgari numeros Arabicos, librariorum enumerationi Romanos adsigno). Sed in codicibus **ZH** aliisque alia enumeratio in librorum singulorum titulis traditur, ut hac tabula breuiter demonstratur:

Codex	4b	5	6	7	1	2	3	4a
Z	–	IV	V	V	–	–	–	–
H	–	IV	V	VIII	VII	VIII	IX	X
D	III	IV	V	VI	VII	VIII	IX	X
f	–	IV	–	–	–	–	–	–
G	–	–	–	VI	VII	VIII	IX	X
L	–	IV	V	VI	VII	VIII	–	X

Ex **ZH** aliorumque consensu (ut errores leuiores neglegamus) concludi potest archetypi enumerationem a III coepisse, in **X** desiisse. Si archetypi enumeratio uera est, et liber qui uulgo 4b dicitur olim tertius erat, deliberandum est utrum libri qui olim primus et secundus erant iam deperditi sint, an adhuc seruentur sed loco alieno.

Ad hoc inuestigandum non solum codicum testimonium sed etiam auctoris uerba pendenda sunt. Cum legimus 5.14.4 *sed haec diligentius persequar cum quaeram de motibus terrae,* pro certo habemus librum 6 post 5 scriptum esse; item cum legimus 1.15.4 ... *cometas nostri putant, de quibus dictum est,* uidemus librum 7 iam scriptum esse cum liber 1 scribebatur; denique librum 4a post librum 3 scriptum esse non dubium est legentibus 3.1.2 *Nilum interim seponemus a turba, propriae naturae ac singularis, et illi suum diem dabimus,* cf. 3.26.1, 4a.1.1.[20] Maximi momenti est 1.15.4, quo comprobatur ordinem uulgarem falsum esse, archetypi ordinem maiorem fidem mereri. Non enim audiendi sunt ei qui etiam nunc hunc locum 1.15.4 emendare uolunt.[21]

Nunc ad archetypi enumerationem reuertendum est. Quaeritur utrum liber 4b uere primus fuerit, sed mero quodam errore in archetypo tertius nominatus sit, an liber 4b uere tertius fuerit. De hac re homines docti ualde dissentiunt, et fortasse semper dissentient, propter argumentorum firmiorum egestatem. Sunt qui credant archetypum librorum uerum ordinem sed non ueram enumerationem seruasse, sicut nuper N. Gross ingeniosissime disputauit; sed ego et Codoñer eodem fere tempore Senecae ordinem hunc fuisse proposuimus:

3 4a 4b 5 6 7 1 2.

20 Gross 313–4 demonstrat 5.14.1 (*repetam nunc quod in primo dixeram*) ad 5.4 referri debere, non ad 3.16 (Hine[6] 7–8).

21 Waiblinger 96–7.

Nam libri 3 praefatio auctorem opus nouum ingredientem redolere uiro docto Diels aliisque uisa est, quia Seneca se *magnarum rerum fundamenta* ponere dicit (3.pr.1), et secum deliberat:

quando tam multa consequar, tam sparsa colligam, tam occulta perspiciam? ... nunc uero ad rem seriam, grauem, inmensam postmeridianis horis accessimus. faciamus quod in itinere fieri solet: qui tardius exierunt, uelocitate pensant moram: festinemus, et opus nescio an ⟨in⟩superabile, magnum certe, sine aetatis excusatione tractemus. (3.pr.1–4)

Haec uerba auctori nouum opus inchoanti conuenire credo; nam si hic re uera septimus liber erat – sicut alii, archetypi ordini confisi, credunt – nonne Seneca, dum uisa operis suscepti magnitudine paene desperat, hac se cogitatione cohortatus esset, sex libros iam esse confectos? Ab altera parte Gross aliique credunt Senecam librum 4a de Nilo post librum 6 scripsisse; nam, ut illi arguunt, cum Seneca in libro sexto (6.8.3–5) centuriones duos ad inuestigandum Nili caput a Nerone missos esse dicebat, nonne ea quae iam de Nilo ipse disseruisset recordatus esset, siquidem liber 4a de Nilo antea scriptus esset?

Ab utraque parte argumenta haec – nec non alia quae hic praeterire constitui – ex silentio et ex probabili, id est ex rebus parum certis, colliguntur. De uero librorum ordine alii alia sentiunt, nec si omnes consentirent ausus essem ordinem et enumerationem uulgarem hac in editione mutare.

8. DE EDITIONIBVS

Plurimum debeo eis qui hunc textum ante me tractauerunt. De editionibus ueteribus non est cur multa dicam, quia alii uel *Naturalium Quaestionum* editiones enumerauerunt uel editorum eminentiorum merita laudauerunt.[22] Editio princeps anno 1490 Venetiis per Bernardinum de Cremona et Simonem de Luero impressa est; eam textum praebere e stirpibus δ et ϑ conflatum et corruptelis et interpolationibus plenum iam supra monui. In aliis editionibus exeunte saeculo XV et ineunte XVI impressis menda pauca et ea fere leuissima sanata sunt, sed primus qui uere dici potest editor criticus cum *Naturalium Quaestionum* tum ceterorum operum Annaeanorum erat Erasmus, cuius editio prima Basileae anno 1515 prodiit. Idem in praefatione editionis alterius, anno 1529 in eadem urbe impressae, prioris errata deplorat; sed in utraque editione, qua erat sagacitate, menda multa dispexit, nonnulla etiam sanauit. Saeculis insequentibus in Senecae textu purgando plurimum eminuerunt Muretus (Romae 1585), Gruterus (Heidelbergiae 1593), Lipsius (Antverpiae 1605, quamquam uires eum defecerunt dum *Naturalibus Quaestionibus* incubat) et Gronouius (Amstelodami 1658, nec non in notis iam ante anno 1649 editis).

Ad libros *Naturalium Quaestionum* interpretandos et emendandos multum contulerunt non solum illi noti qui omnia opera Annaeana ediderunt, sed etiam ei qui tantum his libris operam dederunt. Inter quos facile primus et aetate et meritis erat Matthaeus Fortunatus, qui in editione Aldina commentariis aucta et Venetiis anno 1522 impressa multum et ad textum restituendum et ad argu-

22 Fickert[1]; Reynolds 1–16; Vottero 71–6.

mentum enucleandum contulit. Multis post annis G. D. Koeler, naturalis philosophiae amore instinctus, editionem commentario copiosissimo instructam praematura morte percussus anno 1819 imprimendam reliquit.

Nonnulli editores ueteres aliique uiri docti codices in lucem eruerunt lectionesque eorum inspexerunt, sed, quae est fati malignitas, multos per annos nullus codex repertus est quin grauibus corruptelis et interpolationibus inquinatus esset. Tanta erat codicum meliorum egestas ut, cum C. R. Fickert codicum **B** et **E** collationes in editione anno 1845 Lipsiae emissa prodidit, quamuis utrumque codicem erroribus et interpolationibus scatere nunc scimus, tunc illi pro bonis eminebant. Fickert codicum lectiones, editorum aliorumque coniecturas summa cura colligebat, cuius ut ita dicam supellectile nisus F. Haase editionem uere criticam anno 1852 Lipsiae protulit, nec non J. N. Madvig in Aduersariis suis Criticis tantum ad textum sanandum quantum nemo alter illo saeculo fecit.

In codicibus indagandis nulli plus debetur quam Alfredo Gercke, qui editionem Teubnerianam anno 1907 protulit. Codicibus circa quadraginta examinatis et in familias ordinatis tantum in textu constituendo effecit ut nullus alius editor uno ut ita dicam passu longius progressus sit. Sed codices in duas classes segregandos iudicauit, quarum altera eadem erat quam mea **δ**, altera ceteros codices omnes amplectebatur; quod ad codicem **Z** attinebat, cuius stirpis esset, utrum lectiones bonas an bonis similes praeberet, in dubio reliquit.[23] Paucis post annis P. Oltramare codicem **Z** denuo excussum multas genuinas lectiones habere monstrauit,[24] sed adeo suis argumen-

23 Gercke xxvii–xxviii.
24 Oltramare[1].

tis diffidebat ut in editione Budaea, anno 1929 Parisiis impressa, quamuis nonnullas codicis **Z** lectiones acciperet, tamen non eam quae debetur auctoritatem huic unico codici tribueret; neque magis eam tribuerunt editores recentiores, quamquam in textu constituendo et explicando nonnihil profecerunt.

9. DE HVIVS EDITIONIS RATIONE

Eandem rationem nunc sequor quam abhinc annis tredecim in libro secundo edendo secutus sum. Ad textum constituendum in primis necesse est familiarum ζ et Ψ lectiones omnes quoad fieri potest restituere; quam ad rem eos decem codices quos primarios uocaui, una cum **YL**^{2}γ sicubi suppeditant, satisfacere credo. Quod ad ζ adtinet, ubi codex **Z** solus adest, fere omnes eius lectiones in apparatu dedi; tantummodo minimas uariationes orthographicas neglexi, et, quia nonnullis in locis codicis **Z** error a librario ipso statim correctus est, eos errores in appendicem criticam seiunxi, ne apparatus huiusmodi quisquiliis nimium laboret. Ubi **R** a ζ deriuatus est, codicum **RZ** consensum nota ζ semper dedi, sed codicis **R** et **Z** errores unicos plerumque neglexi. Lectiones florilegii γ omnes adtuli; lectiones correctoris codicis **L** (**L**^{2}), si codicis **L** uel stirpis λ errores unicos ad lectionem familiae Ψ cum ζ consentientis referunt, siue ipsae errores nullius momenti uidentur esse, neglexi, ceteras omnes adtuli.

Quod ad Ψ et tres stirpes **δϑπ** adtinet, omnes **δϑπ** concordantium lectiones nota Ψ adtuli; cum una ex **δϑπ** a duobus aliis cum ζ consentientibus dissentit, lectionem plerumque neglexi; cum duo ex **δϑπ** inter se congruunt, tertio cum ζ consentiente, uel etiam cum diuersos errores praebent, lectiones omnium rettuli. Saepe singuli codices ita inter se dissentiunt ut dubium sit quid δ uel ϑ uel π scripserit, sed talia referre supersedi nisi ubi de Ψ ipsius lectione dubitari potest. Denique paucis in locis codicum lectionem nullam aliam ob rem adtuli nisi ut perspicuum sit quam nullo fundamento lectio editionum recentiorum nisa sit.

Iam inde a saeculo duodecimo lectores docti corruptelas huius textus suo Marte sanare conati sunt. Interdum stirps δ sola lectionem bonam praebet, sed semper talem qualem uir admodum doctus eius aetatis coniectura inuenisse credibile est; nec minus coniecturae debentur eae lectiones bonae quae in codicibus **Cam.DESTX** aliisque saeculo duodecimo et tertio decimo scriptis repeiuntur. Cum ad saeculum quartum decimum et quintum decimum deuenitur, uix ullus est codex quin erroribus et coniecturis plerumque temerariis, perraro bonis, plenus sit. Ad singulorum codicum lectiones perpendendas Fickert, Gercke, Geist, Castiglioni, Codoñer, alii aliquid sane contulerunt, sed mihi quidem persuasum est recensionem aliorum codicum recentiorum plurimum laboris, minimam messem reddituram esse.

Saepe dubium est utrum ζ an Ψ archetypi lectionem tradat, et fortasse semper dubium erit nisi tertiae alicuius familiae testis exstiterit; saepe archetypi lectio tam corrupta est ut uerae reciperandae exigua sit spes. Haud dubito quin in tantis difficultatibus multi post me multum profecturi sint, sed spero hanc editionem fundamentum firmum eis praestitisse.

Codices primarios omnes, nonnullosque alios duodecimi uel tertii decimi saeculi[25], ipse contuli aut ipsos aut pellicularum photographicarum ope depictos; codicum

25 **Cam.DEfGkOSTX** ipse inspexi.

recentiorum lectiones interdum editoribus prioribus aliisque hominibus doctis debeo.

10. DE RE ORTHOGRAPHICA

Quod ad rem orthographicam adtinet, pleraque ad unam normam redegi. Quamquam codicum saeculo duodecimo tardiusue scriptorum in re orthographica auctoritatem uel minimam uel nullam esse haud nescio, tamen **A** et **Z** formas *Aristoteles, intellego,* aliasque antiquitatem fortasse redolentes hic illic tradunt, ceteri plerumque *Aristotiles, intelligo,* et similia. Quod ad uerborum compositorum formas adtinet, sicubi in codicibus uetustioribus (praesertim **AHZ**) formas non adsimilatas inueni, eas semper reddidi. Formas *cludo, susum, deosum,* hic illic traditas, silentio ubique restitui. Sed non omnia ad unam formam reduxi: alibi formas *Bura, suppliciis, petiit, calidus, calefacio,* (*com*)*prehendo* et similia, alibi *Buris, supplicîs, petît, caldus, calfacio,* (*com*)*prendo* et similia accepi, partim codicum testimonio, partim clausulae consulens; his in uerbis codicum lectiones in apparatu citantur, nec non sicubi formae *karus, optumus* et similia traduntur. Sed in apparatu orthographica minima uelut *-y-/-i-, cometen/em, contemptus/contentus, danubius,* (*h*)*ora,* (*h*)*ostium, uirgilius,* et similia plerumque neglexi.

Multum debeo eis qui in labore difficili et per multos annos producto mihi opitulati sunt. Multi bibliothecarii humanissime me exceperunt uel codices mihi arte photographica depingendos curauerunt. Academiae Britannicae auxilio pecuniario nisus bibliothecas Genevensem et Leidensem adii ut codices **Z** et **L** meis oculis inspicerem. L. D. Reynolds et D. A. F. M. Russell consilio et libris me hunc laborem inchoantem amicissime adiuuerunt; R. G. M. Nisbet et W. S. Watt de multis *Naturalium Quaestionum* locis mecum acutissime per litteras disputauerunt; A. S. Gratwick hanc praefationem benignissime perscrutatus est. His aliisque multis gratias ago maximas.

Dabam Andreapoli mense Septembri 1994 H. M. H.

SIGLA

Y München, Bayerische Staatsbibliothek, Clm 18961–II (saec. IX$^{fin.}$; excerpta)

ζ = consensus codicum **ZR**

Z Génève, Bibliothèque Publique et Universitaire, lat. 77 (saec. XII$^{med.}$)

R El Escorial, Real Biblioteca, O.III.2 (saec. XIII) (a 1.13.2 usque ad 2.53.2; alibi de α uel ϱ descendit, uide infra)

Ab eadem stirpe descendunt, et in apparatu separatim nominantur

γ florilegium Duacense (uide pp. VII–VIII)

L² corrector codicis L, Leiden, Bibliotheek der Rijksuniversiteit, Voss. Lat. F.69 (saec. XII²)

δ = consensus codicum **ABV**

A Leiden, Bibliotheek der Rijksuniversiteit, Voss. Lat. O.55 (saec. XII)

B Bamberg, Staatsbibliothek, Class. 1 (M.IV.16) (saec. XII²)

V Città del Vaticano, Biblioteca Apostolica Vaticana, Pal. lat. 1579 (saec. XII/XIII)

α = consensus codicum **RABV** (1.pr.1–1.13.1, 2.53.2–3.pr.18, 7.15.2–7.32.4)

ϱ = consensus codicum **PR** (3.pr.18–7.15.2)

P Paris, Bibliothèque Nationale, lat. 6628 (saec. XII/XIII)

υ = consensus codicum **UW**

U München, Bayerische Staatsbibliothek, Clm 11049 (saec. XV)

W Venezia, Biblioteca Marciana, Lat. Z. 268 (1548) (saec. XIV)

π = consensus **ϱυ** (3.pr.18–7.15.2) uel **Pυ** (1.pr.1–3.pr.18, 7.15.2–7.32.4)

Ψ = consensus **αϑπ** (uel **δϑπ** uel **ϑπ**)

Ω = consensus **ζΨ** uel **ZΨ**

CETERI CODICES

Interdum separatim citantur:

C Heiligenkreuz, Bibliothek des Zisterzienserstifts, 213-III (saec. XII^2)

Cam. Cambrai, Bibliothèque Municipale, 939 (838) (A. D. 1379)

D Dublin, Trinity College, 514 (saec. XIII)

E Berlin, Staatsbibliothek Preussischer Kulturbesitz, lat. oct. 9 (saec. XIII)

f El Escorial, Real Biblioteca, N. III. 16 (saec. XIII)

G Montpellier, Bibliothèque de la Faculté de Médicine, 116 (saec. XII^2)

J Oxford, St. John's College, 36 (saec. XII/XIII)

k Trier, Bibliothek des Priesterseminars, 66 (R. IV. 2) (saec. XII/XIII)

K Cambrai, Bibliothèque Municipale, 555 (513)-I (saec. XII^2)

L Leiden, Bibliotheek der Rijksuniversiteit, Voss. Lat. F. 69 (saec. XII^2)

O – –, B. P. L. 199 (saec. XIII^2)

S Montpellier, Bibliothèque de la Faculté de Médicine, 445 (saec. XII/XIII)

T Paris, Bibliothèque Nationale, lat. 6386 (saec. XIII)

X Exeter, Cathedral Library, 3549 B (saec. XIII)

λ	consensus duorum pluriumue e codicibus **JkKLO** (uide supra pp. XIX–XX)
ς	lectio in uno uel pluribus codicibus saeculi quarti decimi et quinti decimi (praeter **UW**) inuenta

$\mathbf{A}^{1}$, $\mathbf{B}^{1}$, etc. = **A**, **B**, etc., nondum correcti
$\mathbf{A}^{c}$, $\mathbf{B}^{c}$, etc. = **A**, **B**, etc., ab incerta manu correcti
$\mathbf{A}^{2}$, $\mathbf{B}^{2}$, etc. = **A**, **B**, etc., a secunda manu correcti

EDITIONES

ed. Ven.[1]	Venetiis, 1490 (editio princeps)
ed. Ven.[2]	Venetiis, 1492
ed. Lips.	Lipsiae, c. 1492/95, per Arnoldum de Colonia
ed. Ven[3]	Venetiis, 1503
Erasmus[1]	Basileae, 1515
Fortunatus	Venetiis, 1522
Erasmus[2]	Basileae, 1529
Curio	Basileae, 1557
Muretus	Romae, 1585
Gruterus	Heidelbergiae, 1593
Lipsius	Antverpiae, 1605
Gronouius	Amstelodami, 1658
Ruhkopf, F. E.	Lipsiae, 1811
Koeler, G. D.	Gottingae, 1819
Bouillet, M. N.	Parisiis, 1830 (Bibliotheca Classica Latina)
Fickert, C. R.	Lipsiae, 1845
Haase, F.	Lipsiae, 1852 (ed. Teubneriana)
Gercke, A.	Lipsiae, 1907 (ed. Teubneriana)
Oltramare, P.	Paris, 1929 (Collection des Universités de France, Budé)
Corcoran, T. H.	London, Cambridge, MA, 1971–2 (Loeb)
Codoñer Merino, C.	Madrid, 1979 (Colección Hispánica de Autores Griegos y Latinos)
Vottero, D.	Torino, 1989 (Classici Latini)

COMMENTATIONES

Alexander W. H. Alexander, *Seneca's* Naturales Quaestiones. *The Text Emended and Explained (University of California Publications in Classical Philology,* 13.8, 1948, 241–332)

André J. André, recens. Codoñer, *Gnomon* 53 (1981), 196–7

Axelson[1] B. Axelson, *Senecastudien, Kritische Bemerkungen zu Senecas Naturales Quaestiones* (*Lunds Universitets Årsskrift* N. F. Avd. 1, Bd. 29, Nr. 3, Lund, 1933)

Axelson[2] id., *Neue Senecastudien, Textkritische Beiträge zu Senecas Epistulae morales* (*Lunds Universitets Årsskrift* N. F. Avd. 1, Bd. 36, Nr. 1, Lund, 1939)

Badstübner[1] E. Badstübner, 'Coniectanea annaeana', *Genethliacon gottingense* (Halle, 1888), 81–3

Badstübner[2] id., *Beiträge zur Erklärung und Kritik der philosophischen Schriften Senecas* (Hamburg, 1901)

Shackleton Bailey D. R. Shackleton Bailey, 'Notes on Seneca's *Quaestiones Naturales*', *CQ* 29 (1979), 448–56

Bentley R. Bentley, adnotationes manuscriptae in editionis Elzivirianae anni 1672 exemplari (nunc Cambridge University Library Adv. d. 52.8); cf. Hedicke

Bergk T. Bergk, 'Kritische analekten', *Philologus* 16 (1860), 577–647

Bickel E. Bickel, 'Die Fremdwörter bei dem Philosophen Seneca', *ALL* 14 (1906), 189–209

Bongarsius J. Bongarsius, adnotationes in exemplari eius scriptae, ap. Fickert editae (uide Fickert Vol. II, p. xviii)

Borucki J. Borucki, *Seneca philosophus quam habeat auctoritatem in aliorum scriptorum locis afferendis* (Borna, Leipzig, 1926)

Bouillet — uide conspectum editionum

Bourgery — A. Bourgery, 'Notes critiques sur le texte de Sénèque', *RPhil* 37 (1913), 95–109

Brakman[1] — C. Brakman, 'Ad Senecae Naturales Quaestiones', *Hermes* 45 (1910), 37–42

Brakman[2] — id., 'Annaeana', *Mnemosyne* 56 (1928), 139–58

Brennecke — A. Brennecke, *Animadversiones ad fontes naturalium quaestionum Senecae* (Diss. Greifswald, 1913)

Burgersdijk — Burgersdijk, L. A. J. *De tribus Ovidii heroidum codicibus Leidensibus* (Diss. Utrecht; Leiden, 1899)

Busche — K. Busche, 'Kritische Beiträge zu Senecas Naturales Quaestiones', *RhM* 70 (1915), 568–83

Castiglioni[1] — L. Castiglioni, 'Studi Anneani – IV. Note critiche ai libri delle Questioni Naturali', *RFIC* 49 (1921), 435–55

Castiglioni[2] — id., 'Studi Anneani – IV. Note critiche ai libri delle Questioni Naturali (Continuazione e fine)', *RFIC* 50 (1922), 55–66

Castiglioni[3] — id., 'Studi anneani III. Osservazioni critiche alle "Epistole Morali"', *SIFC* n. s. 2 (1922), 209–62

Castiglioni[4] — id., recens. Axelson[1], *Gnomon* 16 (1940), 115–7

Castiglioni[5] — id., 'De naturalium quaestionum codice Veneto Marc. XII 141 (Cod. Lat. 1548)', *Miscellanea Giovanni Galbiati,* 1 (*Fontes Ambrosiani,* 25, Milano, 1951), 167–201

Castiglioni[6] — id., 'Contributo alla storia del testo delle Nat. Quaestiones di Seneca', *AFLC* 18 (1951), 81–102

Chabert — S. Chabert, 'Sismologie (Questions Naturelles, Liv. VI)', *Annales de l'Université de Grenoble* 15 (1903), 154–90

Chauvin — Chauvin, J. *Bulletin des humanistes français,* I no. 10 (Paris, 1896), 156

Codoñer Merino — uide conspectum editionum

Cornelissen — J. J. Cornelissen, *Coniectanea Latina* (Deventer, 1870)

Courtney — E. Courtney, 'Conjectures in Seneca's Prose Works', *BICS* 21 (1974), 100–6

Crouslé — L. Crouslé, *De L. Annaei Senecae Naturalibus Quaestionibus* (Paris, 1863)

Cubeddu — P. Cubeddu, 'Natura e morale in Seneca. Il dibattito sulle "Naturales Quaestiones" negli anni 1900–1970', *Sandalion* 1 (1978), 123–52

Cudworth — R. Cudworth, *The True Intellectual System of the Universe, The First Part* (London, 1678)

Cupaiuolo — G. Cupaiuolo, 'Gli studi su Seneca nel triennio 1969–1971', *BStudLat* 2 (1972), 278–317

Dahlmann — H. Dahlmann, 'Die Verse des "Vagellius"', *RhM* 120 (1977), 76–84

Darcet — ap. La Grange

Degl' Innocenti Pierini — R. Degl' Innocenti Pierini, 'Seneca emulo di Ovidio nella rappresentazione del diluvio universale (Nat. Quaest. 3, 27, 13 sgg.)', *Atene e Roma* 29 (1984), 143–61

Desmarest — ap. La Grange

Diels[1] — H. Diels, 'Seneca und Lucan', *APAW* 1885, Phil.-hist. Abh. 3 (Berlin, 1886)

Diels[2] — id., ap. Gercke

Diels[3] — id., *Kleine Schriften zur Geschichte der antiken Philosophie,* ed. W. Burkert (Hildesheim, 1969)

DK — H. Diels, W. Kranz, *Die Fragmente der Vorsokratiker*[6] (Zurich, Berlin, 1951–2)

Donadini — S. Donadini, 'A proposito di un passo di Seneca', *Rivista critica di Storia della Filosofia* 4 (1949), 47–9

Draheim — H. Draheim, 'Zu Seneka', *PhW* 46 (1926), 539–40

Erasmus[1], Erasmus[2] — uide conspectum editionum

Estienne — H. Estienne, *Ad Senecae lectionem proodopoeia ... Epistulae eiusdem partim Diorthotikae* ... (Geneva, 1586)

Faber — P. Faber, *Semestrium liber secundus* (Paris, 1575)

Fabrizius — J. A. Fabrizius, 'Bemerkungen und Conjecturen in des Philos. Sen. Schriften, ein Anekdoton' (herausg. von Gurlitt), *Wiedeburgs Philologisch-Pädagogisches Magazin* 2 (= *Humanistisches Magazin* 5), 1794, 337–73

FGH uide Jacoby

Fickert uide conspectum editionum

Fickert[1] C. R. Fickert, *Prolegomena in nouam operum L. Annaei Senecae philosophi editionem,* I (Leipzig, 1839)

Fletcher G. B. A. Fletcher, recens. Oltramare, *CR* 44 (1930), 137–8

Foerster O. Foerster, *Handschriftliche Untersuchungen zu Senekas Epistulae Morales und Naturales Quaestiones* (Stuttgart, 1933)

Fraenkel[1] 'Das Geschlecht von *dies*', *Glotta* 8 (1917), 24–68

Fraenkel[2] id., *Kleine Beiträge zur klassischen Philologie* (Roma, 1964)

Frassinetti P. Frassinetti, 'Del suicidio in mare a bocca aperta', *GIF* 3 (1950), 76–7

Friedländer L. Friedländer, *Darstellungen aus der Sittengeschichte Roms in der Zeit von August bis zum Ausgang der Antonine,* Vol. 2 (Leipzig, 1864)

Friedrich W. L. Friedrich, 'Zu Senecas nat. quaest. IV praef. 7 und 8', *BPhW* 34 (1914), 1213–6

Fromondus L. Fromondus, *Scholia ad quaestiones naturales,* in editione Antuerpiana anni 1632 prodita

Garrod[1] H. W. Garrod, 'Notes on the *Naturales Quaestiones* of Seneca', *CQ* 8 (1914), 272–81

Garrod[2] id., 'Notes on the *Naturales Quaestiones* of Seneca (Continued)', *CQ* 9 (1915), 39–49

Garrod[3] adnotationes scriptae in editionis Teubnerianae anni 1907 exemplari (hodie in bibliotheca Uniuersitatis Sancti Andreae)

Geist[1] H. Geist, *De L. Annaei Senecae Naturalium quaestionum codicibus* (Bamberg, 1914)

Geist[2] id., 'Senecas Naturales quaestiones und Roger Bacos Opus maius', *Blätter für das Bayerische Gymnasialschulwesen* 52 (1916), 178–84

Gemoll[1] W. Gemoll, recens. Schultess[2], *WKPh* 5 (1888), 1481–3

Gemoll[2] id., *Kritische Bemerkungen zu lateinischen Schriftstellern* (Progr. Liegnitz, 1890)

Georges[1] K. E. Georges, 'Vermischte bemerkungen', *Philologus* 31 (1872), 666
Georges[2] id., 'Kritische Miscellen', *JKPh* 117 (1878), 830
Gercke uide conspectum editionum
Gercke[1] A. Gercke, *Seneca-Studien, JKPh* Suppl. 22.1 (Leipzig, 1895; Hildesheim, 1971)
Gercke[2] id., *Studia Annaeana* (Greifswald, 1900)
Gercke-Norden A. Gercke, E. Norden, *Einleitung in die Altertumswissenschaft,* I (Leipzig, Berlin, 1910)
Gertz[1] M. C. Gertz, *Studia critica in L. Annaei Senecae Dialogos* (Copenhagen, 1874)
Gertz[2] id., 'Emendationes Annaeanae', *Mélanges Graux* (Paris, 1884), 353–79
Goodyear[1] F. R. D. Goodyear, *Incerti auctoris Aetna* (Cambridge, 1965)
Goodyear[2] id., recens. Hine[6], *CR* 34 (1984), 44–5
Goodyear[3] id., *The* Annals *of Tacitus, Books 1–6,* I (Cambridge, 1972)
Goodyear[4] id., *Papers on Latin Literature,* ed. K. M. Coleman et al. (London, 1992)
Gothofredus D. Gothofredus (Godefroy), *Dionysii Gothofredi I. C. in L. Annaei Senecae philosophi opera Coniecturarum et Variarum Lectionum Libri V* (Basle, 1590), 73–80
Grilli A. Grilli, 'Miscellanea Latina 3', *Rendiconti dell' Istituto Lombardo, Classe de Lettere* 97 (1963), 102–3
Gronouius uide conspectum editionum
Gronouius[1] *Joh. Fred. Gronovii ad L. et M. Annaeos Senecas notae* (Leiden, 1649)
Gronouius[2] *Joh. Fred. Gronovii ad L. et M. Annaeos Senecas notae* (Amsterdam, 1658)
Gronouius[3] id., adnotationes scriptae in editionis Leidensis anni 1619 exemplari (hodie Leiden, Bibliotheek der Rijksuniversiteit, 763. D3)
Gronouius[4] *Jo. Fr. Gronovii Notae in L. Ann. Senecae Naturales Quaestiones,* primus ed. C. R. Fickert, I–II (Breslau, 1846, 1848)
Gross N. Gross, *Senecas Naturales Quaestiones: Komposition, naturphilosophische Aussagen und ihre Quellen* (*Palingenesia,* 27, Stuttgart, 1989)

Gruterus uide conspectum editionum
Gruterus[1] J. Gruterus, *Suspicionum libri IX* (Wittenberg, 1591)
Gruterus[2] id., *Animadversiones in L. Annaei Senecae Opera* (Heidelberg, 1594)
Gundermann, G. 'Die Buchfolge in Senecas naturales quaestiones', *JKPh* 141 (1890), 351–60

Haase uide conspectum editionum
Haase[1] F. Haase, *Miscellanea philologica* (Breslau, 1856)
Haase[2] id., *Animadversiones ad Senecae libros de rem. fort. et de nat. quaest.* (Breslau, 1859)
Hall J. J. Hall, 'Seneca as a Source for Earlier Thought (especially meteorology)', *CQ* 27 (1977), 409–36
Hammelrath J. Hammelrath, *Grammatisch-stilistische Beiträge zu den prosaischen Schriften des L. Annäus Seneca* (Progr. Emmerich, 1895)
Hartmann R. Hartmann, *De Senecae naturalium quaestionum libro septimo* (Diss. Münster, 1911)
Haupt[1], Haupt[2] M. Haupt, *Opuscula,* Vol. 2, Vol. 3 (Leipzig, 1876; Hildesheim, 1967)
Hedicke E. Hedicke, *Studia Bentleiana,* II, *Seneca Bentleianus* (Freienwalde, 1899)
Hemsing J. Hemsing, *De Senecae naturalium quaestionum libro primo* (Diss. Münster, 1913)
Hermolaus Barbarus *Castigationes Plinianae et Pomponii Melae* (Roma, 1492–3)
Herrmann[1] L. Herrmann, recens. Oltramare, *RBPh* (1930), 937
Herrmann[2] id., *Le second Lucilius* (*Collection Latomus* 34, Bruxelles, 1958)
Hine[1] H. M. Hine, 'Livy's Judgement on Marius (Seneca, *Natural Questions* 5.18.4; Livy, *Periocha* 80)', *LCM* 3 (1978), 83–7
Hine[2] id., 'Escorial MS. O III 2 and Related Manuscripts of Seneca's *Natural Questions*', *CQ* 28 (1978), 296–311
Hine[3] id., 'The Manuscript Tradition of Seneca's Natural Questions: Some Manuscripts Related to Z', *Prometheus* 5 (1979), 63–72

Hine[4] id., 'The Manuscript Tradition of Seneca's *Natural Questions*', *CQ* 30 (1980), 183–217

Hine[5] id., 'Seneca and Anaxagoras on Snow', *Hermes* 108 (1980), 503

Hine[6] id., *An Edition with Commentary of Seneca* Natural Questions, *Book Two* (New York, 1981)

Hine[7] id., recens. Codoñer, *CR* 32 (1982), 30–2

Hine[8] id., 'Obiter dicta on dicto = dictito', *LCM* 7 (1982), 29

Hine[9] id., *'Natural Questions',* ap. L.D. Reynolds, ed., *Texts and Transmission: a Survey of the Latin Classics* (Oxford, 1983), 376–8

Hine[10] id., 'The Date of the Campanian Earthquake: A.D. 62 or A.D. 63, or both?', *AC* 53 (1984), 266–9

Hine[11] id., 'Seneca and Anaxagoras in Pseudo-Bede's De mundi celestis terrestrisque constitutione', *Viator* 19 (1988), 111–27

Hine[12] 'The Manuscript Tradition of Seneca's *Natural Questions:* Addenda', *CQ* 42 (1992), 558–62

Hine[13] 'Notes on Seneca's *Natural Questions*', ap. H.D. Jocelyn, H. Hurt, edd., *Tria Lustra: Essays and Notes Presented to John Pinsent* (*Liverpool Classical Papers,* 3, Liverpool, 1993), 311–4

Hine[14] id., *Studies in the Text of Seneca's* Naturales Quaestiones (forthcoming)

Hine[15] id., 'Seneca's *Natural Questions* – Changing Readerships', ap. L. Ayres, ed., *The Passionate Intellect. Essays presented to Professor I. G. Kidd* (New Brunswick, London, 1995), 203–11

Holl K. Holl, *Die Naturales quaestiones des Philosophen Seneca* (Diss. Berlin, 1935)

Hosius[1] C. Hosius, ap. Gercke

Hosius[2] id., recens. Axelson[1], *PhW* 54 (1934), 946–7

Housman[1] A. E. Housman, 'Tunica retiarii', *CR* 18 (1904), 395–8

Housman[2] id., *'Praefanda', Hermes* 66 (1931), 402–12

Housman[3] id., 'Fragmenta poetarum', *CR* 49 (1935), 166–8

Housman[4] *The Classical Papers of A. E. Housman,* ed. J. Diggle, F. R. D. Goodyear (Cambridge, 1972)

H-Sz — J. B. Hofmann, A. Szantyr, *Lateinische Syntax und Stilistik*[2] (München, 1972)

Ilgen — H. Ilgen, *Animadversiones ad L. Annaei Senecae philosophi scripta* (Diss. Jena, 1889)

Jacoby, *FGH* — F. Jacoby, *Die Fragmente der griechischen Historiker* (Berlin, 1923–; Leiden, 1954–1964)

Jal — P. Jal, ed., tr., *Tite-Live, Histoire romaine,* Tome XXXIII, *Livre XLV, Fragments* (Budé, Paris, 1979)

Jan — L. von Jan, 'Neueste Literatur des Seneca', *NJPhP* 31 (1841), 261–72

Jonas — F. J. Jonas, *De ordine librorum L. Annaei Senecae philosophi* (Diss. Berlin, 1870)

Jortin — J. Jortin, 'Critical remarks on Seneca', *Tracts, Philological, Critical, and Miscellaneous,* II (London, 1790), 324–403

Klammer[1] — H. Klammer, *Animadversiones Annaeanae grammaticae* (Diss. Bonn, 1878)

Klammer[2] — id., 'Lectiones annaeanae', *Festgabe für Wilhelm Crecelius zur Feier der 25jährigen Lehrthätigkeit in Elberfeld* (Elberfeld, 1881), 54–61

Knecht — D. Knecht, recens. Codoñer Merino, *AC* 52 (1983), 386–8

Koch — H. A. Koch, *Observationes criticae in L. Annaeum Senecam* (Naumburg, 1874)

Kroll[1] — W. Kroll, ap. Gercke

Kroll[2] — id., 'Randbemerkungen', *RhM* 66 (1911), 161–75

Kronenberg[1] — A. J. Kronenberg, 'Ad Senecam', *CQ* 17 (1923), 42–9

Kronenberg[2] — id., 'Ad Senecam', *Mnemosyne* 57 (1929), 166–76

K-S — R. Kühner, C. Stegmann, *Ausführliche Grammatik der lateinischen Sprache,* II, *Satzlehre*[5] (Darmstadt, 1976)

La Grange — N. de La Grange, *Œuvres de Sénèque traduites en françois,* Vol. 6 (Paris, 1778)

Laks — A. Laks, *Diogène d'Apollonie, la dernière cosmologie présocratique* (*Cahiers de Philologie,* 9, Lille, 1983)

Lana	I. Lana, *Lucio Anneo Seneca* (Torino, 1955)
Lapidge	M. Lapidge, 'Stoic cosmology and the source of the first Old English riddle', *Anglia* 112 (1994), 1–25
Larisch[1]	B. Larisch, *De Senecae naturalium quaestionum codice Leidensi Voss. et locis illorum librorum a Vincentio Bellovacensi excerptis,* I (Diss. Breslau, 1865)
Larisch[2]	id., *Ein Beitrag zur Kritik des ersten Buches von den 'Naturales Quaestiones' des Seneca* (Progr. Sagan, 1870)
Larisch[3]	id., *Ein Beitrag zur Kritik des ersten Buches von den Naturales Quaestiones des Seneca* (Progr. Patschkau, 1874)
Larisch[4]	id., *Ein Beitrag zur Kritik des zweiten Buches von Senecas Naturales Quaestiones* (Progr. Patschkau, 1879)
Leo	F. Leo, ap. Gercke
Levy	F. Levy, 'Der Weltuntergang in Senecas naturales quaestiones. Ein Beitrag zur Würdigung der schriftstellerischen Kunst Senecas', *Philologus* 83 (1928), 459–66
Linde[1]	S. Linde, 'Emendatiunculae', *Hermes* 25 (1890), 638–40
Linde[2]	id., *Adversaria in latinos scriptores* (Lunds Univ. Årsskrift, Avd. 1, Bd. 36, Nr. 3, Lund, 1900)
Lipsius	uide conspectum editionum
Lipsius[1]	J. Lipsius, *Saturnalium sermonum libri duo* (Antwerp, 1582)
Löfstedt[1]	E. Löfstedt, *Syntactica: Studien und Beiträge zur historischen Syntax des Lateins,* 1[2] (Lund, 1956), 2 (Lund, 1933)
Löfstedt[2]	id., *Coniectanea: Untersuchungen auf dem Gebiete der antiken und mittelalterlichen Latinität,* 1 (Uppsala, Stockholm, 1950)
L & S	C. T. Lewis, C. Short, *A Latin Dictionary* (Oxford, 1879)
McCartney	E. S. McCartney, 'Apropos of the phrase "tout le monde"', *CJ* 29 (1933), 220

Madvig[1], Madvig[2], Madvig[3] J. N. Madvig, *Adversaria Critica,* 1–3 (Copenhagen, 1871–4)

Mangeleer G. Mangeleer, *De Naturales Quaestiones van Seneca, Boek I & II* (Diss. Leuven, 1941)

Matthias T. Matthias, 'Emendationes ad L. Annaei Senecae opera', *Commentationes philologae, quibus Ottoni Ribbeckio sexagesimum aetatis annum congratulantur discipuli* (Leipzig, 1888), 173–85

Maurach G. Maurach, 'Zur Eigenart und Herkunft von Senecas Methode in den Naturales Quaestiones', *Hermes* 93 (1965), 357–69

Mazzoli G. Mazzoli, 'Due note anneane, II, L'*inclitum carmen* de Vagellio', *Athenaeum* 46 (1968), 363–8

Michaelis[1] H. C. Michaelis, 'Notae ad L. A. Senecae Naturalium Quaestionum libros VII, editos a Friderico Haasio, et collatos cum codice no. 69 Vossiano ex Bibliotheca Lugduno-Batava', *Philologus* 8 (1853), 445–60

Michaelis[2] id., 'Notae ad Senecae Naturalium Quaestionum Lib. III–VII', *Philologus* 9 (1854), 324–45

Mueck H. Mueck, *Observationes criticae grammaticae in L. Annaei Senecae scripta philosophica* (Diss. Marburg, 1890)

C. F. W. Müller 'Zu beiden Seneca und anderen lateinischen Prosaikern', *NJPhP* 93 (1866), 483–503

G. Müller G. Müller, *De Senecae quaestionibus naturalibus* (Diss. Bonn, 1886)

H. J. Müller H. J. Müller, *Symbolae ad emendandos scriptores latinos,* I (Berlin, 1876)

J. Müller[1] J. Müller, 'Kritische Studien zu Seneca De beneficiis und De clementia', *SAWW* 127.3 (1892)

J. Müller[2] id., 'Über die Originalität der Naturales Quaestiones Senecae', *Fest-Gruss aus Innsbruck* (Innsbruck, 1893), 1–20

J. Müller[3] id., 'Kritische Studien zu den Naturales Quaestiones Senecae', *SAWW* 130.3 (Wien, 1894)

Münscher K. Münscher, 'Bericht über die Seneca-Literatur aus den Jahren 1915–1921', *JAW* 192.2 (1922), 109–214

F. Muller F. Muller, 'Ad Senecae Naturales Quaestiones observatiunculae', *Mnemosyne* 45 (1917), 319–37

Muretus uide conspectum editionum

Muretus[1] M. A. Muretus, *Variarum lectionum libri XV* (Lyons, 1594)

Nägler[1], Nägler[2] C. Nägler, *De particularum usu apud L. Annaeum Senecam philosophum,* I (Diss. Halle, 1873), II (Progr. Nordhausen, 1880)

Norden E. Norden, *Die germanische Urgeschichte in Tacitus Germania*[3] (Leipzig, Berlin, 1923)

Nothdurft K.-D. Nothdurft, *Studien zum Einfluss Senecas auf die Philosophie und Theologie des zwölften Jahrhunderts* (Leiden, Köln, 1963)

OLD *Oxford Latin Dictionary,* ed. P. G. W. Glare (Oxford, 1982)

Oltramare uide conspectum editionum

Oltramare[1] P. Oltramare, 'Le codex Genevensis des Questions Naturelles de Sénèque', *RPhil* 45 (1921), 5–44

Opitz E. Opitz, *De latinitate Senecae* (Progr. Naumburg, 1871)

Opsopoeus I. Opsopoeus, adnotationes editioni Parisinae anni 1587 subiunctae

Parroni[1] P. Parroni, 'Tre congetture alle *Naturales Quaestiones* di Seneca', *Dicti Studiosus: scritti di filologia offerti a Scevola Mariotti dai suoi allievi* (Urbino, 1990), 101–15

Parroni[2] id., 'Sul contributo del Genevensis lat. 77 al testo delle *Naturales Quaestiones* di Seneca', *RFIC* 120 (1992), 165–73

Parroni[3] id., 'Problemi testuali nelle *Naturales quaestiones* di Seneca', *Lingue tecniche del greco e del latino; Atti del I° Seminario internazionale sulla letteratura scientifica e tecnica greca e latina,* ed. S. Sconocchia, L. Toneatto (Trieste, 1993), 43–7

Parroni[4] id., 'Osservazioni sul testo delle "Naturales Quaestiones" di Seneca', *Scritti classici e cristiani offerti a Francesco Corsaro* (Catania, 1994), 537–48

Picard-Parra C. Picard-Parra, 'Une utilisation des *Quaestiones Naturales* de Sénèque au milieu du XIIe siècle', *Révue du Moyen Age latine* 5 (1949), 115–26

Pincianus *Fernandi Pinciani ... in omnia L. Annei Senecae philosophi scripta ex vetustissimorum exemplarium collatione castigationes utilissimae* (Venezia, 1536)

Rauschning O. Rauschning, *De latinitate L. Annaei Senecae philosophi* (Diss. Königsberg, 1876)

RE *Real-Encyclopädie der classischen Altertumswissenschaft,* ed. Pauly, Wissowa, et al. (Stuttgart, 1894–)

Rech F. Rech, *Observationes grammaticae de 'in' praepositionis cum accusativo iunctae apud Senecam usu* (Diss. Freiburg, 1895)

Rehm[1] A. Rehm, 'Anlage und Buchfolge von Senecas Naturales Quaestiones', *Philologus* 66 (1907), 374–95

Rehm[2] id., 'Das siebente Buch der Naturales Quaestiones des Seneca und die Kometentheorie des Poseidonios', *SBMünchen* 1921. 1 (München, 1922)

Reinhardt K. Reinhardt, *Poseidonios* (München, 1921)

Reynolds L. D. Reynolds, *The Medieval Tradition of Seneca's Letters* (Oxford, 1965)

Rieger H. Rieger, *Observationes Annaeanae* (Freiburg, 1889)

Ringshausen K. W. Ringshausen, *Poseidonios, Asklepiodot, Seneca und ihre Anschauungen über Erdbeben und Vulkane* (Leipzig, 1929)

Rossbach[1] O. Rossbach, 'ΧΙΜΑΙΡΑ – ΑΙΓΕΣ', *NJPhP* 55 (1885), 35–7

Rossbach[2] id., *De Senecae philosophi librorum recensione et emendatione* (Breslau, 1888; Hildesheim, 1969)

Rossbach[3] id., recens. Schultess[2], *DL* 10 (1889), 940–2

Rossbach[4] id., recens. Gercke[1], *BPhW* 17 (1897), 105–10

Rossbach[5] id., ap. Gercke

Rossbach[6] id., recens. Gercke, *BPhW* 27 (1907), 1478–90

Ruhkopf uide conspectum editionum

Russell D. A. F. M. Russell, per litteras

Ryba B. Ryba, 'Seneca, Nat. quaest. II, 52, 1', *PhW* 47 (1927), 1341–2

Schmeisser G. Schmeisser, *Die etruskische Disciplin vom Bundesgenossenkriege bis zum Untergang des Heidentums* (Liegnitz, 1881)

Schottus A. Schottus, *Observationum humanarum libri V* (Hanover, 1615), 255–60

Schultess[1] F. H. A. Schultess, *De L. Annaei Senecae quaestionibus naturalibus et epistulis* (Diss. Bonn, 1872)

Schultess[2] id., *Annaeana Studia, Grat. Schr. des Hamburger Johanneums* (Hamburg, 1888)

Shackle R. J. Shackle, 'Note on Seneca, Nat. quaest. p. 76, 17 sqq. (Gercke)', *CQ* 9 (1915), 179

Shackleton Bailey uide Bailey

Sinko T. Sinko, 'De Menandri fragmento 951K (Sen. Nat. Quaest. IVa praef. 19)', *Eos* 38 (1937), 285–95

Skutsch F. Skutsch, ap. Gercke

Stahl[1] G. Stahl, *Aufbau, Darstellungsform und philosophischer Gehalt der 'naturales quaestiones' des L. Annaeus Seneca* (Diss. Kiel, 1960)

Stahl[2] ead., 'Die "naturales quaestiones" Senecas (Ein Beitrag zum Spiritualisierungsprozeß der römischen Stoa)', *Hermes* 92 (1964), 425–54

Steinhart W. Steinhart, 'Die neue litteratur des Lucanus', *NJPhP* 83 (1861), 353–67

Summers[1] W. C. Summers, recens. Gercke, *CR* 23 (1909), 233–5

Summers[2] id., recens. Axelson[1], *CR* 48 (1934), 79–80

Theiler W. Theiler, *Poseidonios, Die Fragmente* (Berlin, New York, 1982)

Thomas[1] E. Thomas, 'Ueber Bruchstücke griechischer Philosophie bei dem Philosophen L. Annaeus Seneca', *Archiv f. Gesch. der Philos.* 4 (1891), 557–73

Thomas[2] id., *Studien zur lateinischen und griechischen Sprachgeschichte* (Berlin, 1912)

Thulin[1] C. O. Thulin, 'Fulgur, fulmen und Wortfamilie', *ALL* 14 (1906), 369–91, 509–14

Thulin[2] id., *Die Etruskische Disciplin*, I, *Göteborgs Högskolas Årsskrift* 11.5 (1905)

Tittler — A. Tittler, 'Einige Restaurationsversuche auf dem Felde der Kritik', *NJPhP* 99 (1869), 489–506

TLL — *Thesaurus Linguae Latinae* (Leipzig, 1900–)

Triller — D. W. Triller, *Observationum criticarum in varios Graecos et Latinos auctores libri quattuor* (Frankfurt, 1742)

Trillitzsch — W. Trillitzsch, *Seneca im literarischen Urteil der Antike* (Amsterdam, 1971)

Turnebus — A. Turnebus, *Adversariorum libri XXX* (Aureliopoli, 1604)

Uhl — A. Uhl, *Quaestiones criticae in L. Annaei Senecae Dialogos* (Diss. Strassburg, 1899)

Unger[1] — R. Unger, *De Valgii Rufi poematis commentatio* (Halle, 1848)

Unger[2] — id., *Lexidia* (Friedland, 1862)

Usener — H. Usener, *Epicurea* (Leipzig, 1887)

Vahlen — J. Vahlen, *Vindiciae Lucretianae* (*Index lectionum*, Berlin, 1881), 10 = *Opuscula academica* I (Leipzig, 1907), 162

Vassis — S. Vassis, 'L. Annaei Senecae Quaest. nat. libri', *EE* 1907–8, 101–9

Vollgraff — G. Vollgraff, 'Ad Senecae nat. quaest. I, 3, 2', *Mnemosyne* 45 (1917), 366

Vottero — uide conspectum editionum

Vottero[1] — Vottero, D. 'Problemi di critica del testo nelle "Naturales Quaestiones". I. L'ordinamento dei libri', *AAT* 107 (1973), 249–69

Vottero[2] — id., 'La grafia dei termini d'origine greca nelle opere filosofiche di Seneca', *AAT* 108 (1974), 311–39

Vottero[3] — id., 'Emendamenti al testo delle *Naturales Quaestiones* di Seneca', I, II, *AAT* 114 (1980), 323–46, 347–67

Vottero[4] — id., 'Note sulla lingua e lo stile delle "Naturales quaestiones" di Seneca', *AAT* 119 (1985), 61–86

Wagenvoort — H. Wagenvoort, recens. Axelson[1], *MPh* 41 (1934), 140–2

Waiblinger — F. P. Waiblinger, *Senecas Naturales Quaestiones. Griechische Wissenschaft und römische Form* (*Zetemata* 70, München, 1977)

Waldaestel — O. Waldaestel, *De enuntiatorum temporalium structura apud L. Annaeum Senecam* (Diss. Halle, 1888)

Walter[1] — F. Walter, 'Zu lateinischen Schriftstellern', *Philologus* 80 (1925), 437–53

Walter[2] — id., 'Zu Seneca, Tacitus, Vergil', *PhW* 46 (1926), 189–92

Walter[3] — id., 'Zu Curtius, Seneca, Tacitus', *PhW* 47 (1927), 1565–8

Walter[4] — id., 'Zu lateinischen Schriftstellern', *Philologus* 83 (1928), 316–30

Walter[5] — id., 'Zu Curtius, Seneca, Tacitus', *Bayerische Blätter für das Gymnasial-Schulwesen* 66 (1930), 254–7

Walter[6] — id., 'Zu lateinischen Schriftstellern, II', *WS* 48 (1930), 182–7

Walter[7] — id., 'Zu Seneca, Festus, Porphyrio', *PhW* 51 (1931), 285–7

Waltz — R. Waltz, 'Autour d'un texte de Sénèque (*Nat. Quaest.*, IV, praef. 17)', *REL* 17 (1939), 292–308

Warmington — E. H. Warmington, ap. Corcoran

Watt — W. S. Watt, 'Notes on Seneca, *Epistulae* and *Naturales quaestiones*', *CQ* 44 (1994), 185–98

Weidner — A. Weidner, *Criticarum scriptionum specimen* (Progr. d. Friedr.-Wilh.-Gymn. Köln, 1864)

Westman — R. Westman, *Das Futurpartizip als Ausdrucksmittel bei Seneca* (Commentationes Humanarum Litterarum, 27.3, Helsinki-Helsingfors, 1961)

White — J. White, *A Commentary on Lucii Annaei Senecae Naturalium Quaestionum Liber I Praefatio-i* (Diss. Univ. of North Carolina, Chapel Hill, 1968)

Winterbottom — M. Winterbottom, recens. Corcoran, *CR* 26 (1976), 46–8

Wistrand — E. Wistrand, *Miscellanea Propertiana* (*Studia Graeca et Latina Gothoburgensia*, 38, Göteborg, 1977)

Wolf — E. Wolf, 'Beobachtungen zur Sprache Senecas in den Naturales quaestiones', *Ammann-Festgabe,* I

(*Innsbrucker Beiträge zur Kulturwissenschaft*, 1.5, Innsbruck, 1953), 166–78

Wünsch K. Wünsch, *Über die 'Naturales quaestiones' des philosophen Seneca* (Prag, 1894)

Zwierlein O. Zwierlein, 'Weiteres zum Seneca Tragicus', *WJA* 6 (1980), 181–95

L. ANNAEI SENECAE

NATVRALIVM QVAESTIONVM

LIBER PRIMVS QVI FERTVR

⟨De ignibus * * *⟩

Praef.1 Quantum inter philosophiam interest, Lucili uirorum optime, et ceteras artes, tantum interesse existimo in ipsa philosophia inter illam partem quae ad homines et hanc quae ad deos pertinet. altior est haec et animosior; mul-

Ω = **Z**α (= **RABV**) ϑ(= **FH**) π(= **PUW**)

1–4 Explicit liber V de cometis. Incipit liber VI de discurrentibus **Z** : Explicit IIIIus liber. Incipit quintus de fluminibus et tonitruis **R** : Annei lucii senecae de naturalibus questionibus liber primus **A** : Prologus Annee Senece Cordubensis in librum de naturalibus quaestionibus ad Lucilium **B** : Annei Senece de naturalibus questionibus ad lucilium incipit **V** : Explicit liber Sextus. Incipit Septimus **H** : Incipit quintus liber Senece naturalium questionum **U** : Lucii annei senece de naturalibus questionibus ad lucillum liber primus incipit **W** : *om.* **FP** || **3** Liber primus *uulgo; de uero librorum ordine uide Praefationem pp. XXII–XXV* || **4** de ignibus caelestibus ς : de ignibus ⟨in aëre existentibus⟩ *Oltramare* : *fort.* de ignibus ⟨sublimibus⟩ || **5** lucili **Ψ** : lucidi **Z** || **5–6** optime (-mum **W**^{1})**Ψ** : -mo **Z**

tum permisit sibi; non fuit oculis contenta: maius esse
quiddam suspicata est ac pulchrius quod extra conspec-
2 tum natura posuisset. denique tantum inter duas interest
quantum inter deum et hominem: altera docet quid in
terris agendum sit, altera quid agatur in caelo; altera erro-
res nostros discutit et lumen admouet quo discernantur
ambigua uitae, altera multum supra hanc in qua uoluta-
mur caliginem excedit, et e tenebris ereptos perducit illo
unde lucet.

3 Equidem tunc rerum naturae gratias ago cum illam
non ab hac parte uideo qua publica est, sed cum secre-
tiora eius intraui, cum disco quae uniuersi materia sit,
quis auctor aut custos, quid sit deus, totus in se tendat an
et ad nos aliquando respiciat, faciat cotidie aliquid an se-
mel fecerit, pars mundi sit an mundus, liceat illi hodie-
que decernere et ex lege fatorum aliquid derogare, an
maiestatis deminutio sit et confessio erroris mutanda fe-
cisse. ⟨sed⟩ necesse est eadem placere ei cui nisi optima

Ω = **Zα** (= **RABV**) **ϑ**(= **FH**) **π**(= **PUW**); **20** quae uniuersi – **28** necessitas sua *habet* **Y**]

10 pulc(h)rius **δϑPU** : -ior **Z** : -i **R** : -is **W**^{1} ‖ **11** tantum **Z**, *post* duas *add.* **L**^{2} : om. **Ψ** ‖ **19** qua **ZL**^{2}**H**^{c}**PU** : qu(a)e **αFW** : quia **H**^{1} ‖ **21** costos **Y**^{1} | quid **YΨ** : quis **Z** | tendat **ZRϑπ** : intendat **δ** : ostendat **Y** ‖ **21–22** an et (an *om.* **R** et *om.* **A**^{1}**W**) **Ω** : *om.* **Y** ‖ **22** faciat (-it **R**) **YΨ** : -iet **Z** | cot(t)idie **Ω** : cotidiae **Y** ‖ **24** decernere **ZRA**^{c}**BVϑPW** : disc- **YL**^{2}**A**^{1}**U** | fatorum (statorum **R**) **Ω** : factorum **Y** ‖ **25** deminutio **Z**, *ut coni. Muretus* : dim- **YΨ** | mutanda **Z**^{c}**Ψ** : mundanda **Y** : muntanda **Z**^{1} ‖ **26** *suppl. Diels ap. Gercke* | est **Ω** : *om.* **Y** | placere **Ω** : placare **Y** | ei (*ante* eadem **δ**) **Yδ** : et **ZRϑπ**

placere non possunt, nec ob hoc minus liber est ac po-
tens; ipse est enim necessitas sua. nisi ad haec admitte- 4
rer, non fuerat operae pretium nasci. quid enim erat cur
in numero uiuentium me positum esse gauderem? an ut
cibos et potiones percolarem? ut hoc corpus causarium ac
fluidum, periturumque nisi subinde suppletur, farcirem,
et uiuerem aegri minister? ut mortem timerem, cui uni
nascimur? detrahe hoc inaestimabile bonum: non est uita
tanti ut sudem, ut aestuem.

O quam contempta res est homo nisi supra humana 5
surrexerit! quamdiu cum adfectibus conluctamur, quid
magnifici facimus, etiamsi superiores sumus? portenta
uincimus: quid est cur suspiciamus nosmet ipsos quia
dissimiles deterrimis sumus? non uideo quare sibi placeat
qui robustior est in ualetudinario: multum interest inter 6

Ω = **Z**α(=**RABV**) ϑ(=**FH**) π(=**PUW**); **28** ipse – sua, **36–37** o quam – surrexerit *habet* γ]

27 placere **Ω** : placare **Y** ‖ **27–28** liber est ac potens **YZ** : ac *add. ante* potens **L**^{2} (est l- p- **L**^{1}) : l- est p- **ϑυ** : l- et p- est **R** : l- est et p- **AV** : est l- aut p- **B** : l- (esse *add.* **P**^{c}) potest **P**^{1} ‖ **28–29** admitterer **αHPW** : -eret **Z** : mitterer **F** : dimitteret **U** ‖ **29** fuerat opere pretium **ZL**^{2} : fuerat **Ψ** : profuerat **D**^{2}**TX** : iuuerat *Axelson*[1] : ⟨opus⟩ fuerat *Madvig*[2] : fuerat ⟨tanti⟩ *Cornelissen* ‖ **31** cibos (-us **B** : -o **R**) et potiones (-ores **U**^{1}) **Ψ** : p- et c- **Z** | causarium **Rϑπ** : causarum **Z** : casuarium **δ** ‖ **32** suppletur **Z** (*cf. 3.4, 3.14.3*) : impletur **RϑPW** : impleatur **δ** : impleretur **U** | farcirem **Ψ** : farci rem **Z** ‖ **38** facimus ... sumus? *dist. Shackleton Bailey* : facimus? ... sumus, *uulgo* ‖ **38–39** portenta uincimus: (*uel* uincimus?) *dist. Hine*[14] : portenta ⟨sumus, nisi⟩ uincimus *Shackleton Bailey* ‖ **39** quid est **Ψ** : quidem **Z** | ipsos **δP**^{c} : ipsi **ZL**^{2}**Rϑυ** : *quid* **P**^{1}, *incertum* ‖ **40** dissimiles **ZδP**^{c} : sim- **RϑP**^{1}**υ** | placeat **δ** : -et **ZRϑπ** ‖ **41** ualitudinario (ualet- **A**^{1}) **Ψ** : -niario **Z**

uires et bonam ualetudinem. effugisti uitia animi? non est tibi frons ficta, nec in alienam uoluntatem sermo compositus, nec cor inuolutum, nec auaritia quae quidquid omnibus abstulit sibi ipsi neget, nec luxuria pecuniam turpiter perdens quam turpius reparet, nec ambitio quae te ad dignitatem nisi per indigna non ducet? nihil adhuc consecutus es: multa effugisti, te nondum.

Virtus enim ista quam adfectamus magnifica est non
quia per se beatum est malo caruisse, sed quia animum
laxat et praeparat ad cognitionem caelestium, dignumque
7 efficit qui in consortium ⟨cum⟩ deo ueniat. tunc consum-
matum habet plenumque bonum sortis humanae cum
calcato omni malo petît altum et in interiorem naturae si-
num uenit. tunc iuuat inter ipsa sidera uagantem diuitum
pauimenta ridere et totam cum auro suo terram, non illo
tantum dico quod egessit et signandum monetae dedit,
8 sed illo quod in occulto seruat posterorum auaritiae. non
potest ante contemnere porticus et lacunaria ebore fulgentia et tonsiles siluas et deriuata in domos flumina quam totum circuît mundum, et terrarum orbem superne despiciens angustum ac magna ex parte opertum mari, etiam ea qua extat late squalidum et aut ustum aut rigen-

Ω = **Z**α(=**RABV**) ϑ(=**FH**) π(=**PUW**); **47–48** nihil – nondum *habet* γ]

52 *suppl. Gercke in app.* | dei **W**^{2}, *ut coni. Erasmus*^{1} || **54** petit *perfectum esse iudicat Hosius*^{2} : petiit *ed. Ven.*^{1} || **58** sed ⟨et⟩ **δ**, *sed cf. Axelson*^{1} | in occulto **Ψ** : occultum **Z** || **59** ebore (ere **B**) **Ψ** : eborae **Z** || **61** circuît *scripsi* : -uit **ZRFU** : -umit **HP** : -umeat **AB** : -ueat **V** : *quid* **W**^{1}, *incertum* : -uiit *Garrod*^{2} *45* || **62** despiciens (-es **R**) **Z**^{1}**Ψ** : disp- **Z**^{c} | ac **Z** : et **Ψ** | ex **Ψ** : *om.* **Z** || **63** qua **δFH**^{c}**PW** : qu(a)e **ZRH**^{1}**U**

tem, sibi ipse dixit: 'hoc est illud punctum quod inter tot
gentes ferro et igne diuiditur!'
O quam ridiculi sunt mortalium termini! ultra Histrum 9
Dacus non exeat, imperium Haemo Thraces includant,
Parthis obstet Euphrates, Danuuius Sarmatica ac Ro-
mana disterminet, Rhenus Germaniae modum faciat, Py-
renaeus medium inter Gallias et Hispanias iugum extol-
lat, inter Aegyptum et Aethiopas harenarum inculta
uastitas iaceat. si quis formicis det intellectum hominis, 10
nonne et illae unam aream in multas prouincias diui-
dent? cum te in illa uere magna sustuleris, quotiens uide-
bis exercitus subrectis ire uexillis et, quasi magnum ali-
quid agatur, equitem modo extrema cingentem, modo
ulteriora explorantem, modo a lateribus adfusum, libebit
dicere 'it nigrum campis agmen.' formicarum iste discur-
sus est in angusto laborantium. quid illis et uobis interest
nisi exigui mensura corpusculi? punctum est istud in quo 11
nauigatis, in quo bellatis, in quo regna disponitis, mi-
nima etiam cum illis utrimque oceanus occurrit.

78 Verg. *Aen.* 4.404

Ω = **Zα**(=**RABV**) **ϑ**(=**FH**) **π**(=**PUW**)]

66–67 (h)istrum (*uel* hy-) dacus **Ψ** : histrundacus **Z** || **67** hemo **Zϑ** : homo **P** : homini **U** : *quid* **W**^{1}, *incertum* : hoc **R** : samo- **δ** | includant *Madvig*^{2} (*cf. Axelson*^{2}) : -dat **Ω** || **68** Danuuius *Gercke* : danub- **Ω** *hic et semper* || **74** cum te **ZL**^{2}**ϑP** : certe **αυ** || **76** extrema cingentem modo **ZL**^{2} : *om.* **Ψ** || **79** illis et uobis **VHP** : i- et nobis **RABFυ** : inter illas et uos **Z**, *fort. recte* || **81** regna disponitis ς, *Erasmus*^{2} : regnatis. ponitis (*sine puncto* **BU** : regnatis *ante* in quo bellatis **W**) **Ω**

Sursum ingentia spatia sunt, in quorum possessionem
animus admittitur, ⟨s⟩ed ita, si secum minimum ex cor-
pore tulit, si sordidum omne detersit et expeditus leuis-
12 que ac se contentus emicuit. cum illa tetigit, alitur, cres-
cit, uelut uinculis liberatus in originem redit, et hoc
habet argumentum diuinitatis suae quod illum diuina de-
lectant, nec ut alienis sed ut suis interest. nam secure
spectat occasus siderum atque ortus et tam diuersas con-
cordantium uias; obseruat ubi quaeque stella primum ter-
ris lumen ostendat, ubi columen eius [summum cursus]
sit, quousque descendat. curiosus spectator excutit sin-
13 gula et quaerit. quidni quaerat? scit illa ad se pertinere.

Tunc contemnit domicilii prioris angustias. quantum est enim quod ab ultimis litoribus Hispaniae usque ad Indos iacet? paucissimorum dierum spatium, si nauem suus ferat uentus. at illa regio caelestis per triginta annos uelocissimo sideri uiam praestat nusquam resistenti sed aequaliter cito. illic demum discit quod diu quaesît, illic in-

Ω = **Zα**(=**RABV**) **ϑ**(=**FH**) **π**(=**PUW**)]

84 sed *ego, Watt per litteras* : et **Ω** : at *Erasmus*[1] ‖ **86** se contemptus **Z** (*uide Axelson*[1]) : se contentus modico **π** : contentus modico **αϑ** | alitur **ZHP** : -tus **F** : -ter **RVυ** : alte **AB** ‖ **87** uelut **Z** : ac u- **ϑπ** : ac **α** ‖ **89** nam *Hine*[13] : non **Z** : *om.* **Ψ** ‖ **91** ubi queque **B** : ubique qu(a)e **ZRAVϑπ** ‖ **92** columen **RAVϑPW**[1] : -meum **U** : culmen **ZB**, **A** *u. l.* | summum cursus (c- *post* sit **F**) **RϑU** : *quid* **W**[1], *incertum* : s- quo c- **δ** : s- quoque c- **Z** : sumcursus **P** : *secl. Hine*[13] : summum qua cursus **ς** : summumque cursus *Skutsch* ‖ **97** iacet (-eat **U**) **Ω** : patet *Zwierlein 190* ‖ **99** nusquam **ZϑU** : numquam **αPW** ‖ **100** cito **Ψ** : currenti cito **Z** | quaesit **Z** : -iit **ϑπ** : -iuit **α**

cipit deum nosse. quid est deus? mens uniuersi. quid est
deus? quod uides totum et quod non uides totum. sic de-
mum magnitudo illi sua redditur, qua nihil maius cogi-
tari potest, si solus est omnia, si opus suum et intra et ex-
tra tenet.

Quid ergo interest inter naturam dei et nostram? nostri 14
melior pars animus est, in illo nulla pars extra animum
est. totus est ratio, cum interim tantus error mortalia te-
net ut hoc quo neque formosius est quicquam nec dispo-
sitius nec in proposito constantius existiment homines
fortuitum et casu uolubile, ideoque tumultuosum, inter
fulmina nubes tempestates et cetera quibus terrae ac ter-
ris uicina pulsantur. nec haec intra uulgum dementia est, 15
sed sapientiam quoque professos contingit. sunt qui pu-
tent ipsis animum esse et quidem prouidum, dispensan-
tem singula et sua et aliena, hoc autem uniuersum, in
quo nos quoque sumus, expers consilii auferri temeritate
quadam, aut natura nesciente quid faciat. quanti aesti- 16
mas ista cognoscere et rebus terminos ponere, quantum
deus possit, materiam ipse sibi formet an data utatur,

Ω = **Z**α(=**RABV**) ϑ(=**FH**) π(=**PUW**); **101** quid^{1} – uniuersi, **108** totus est ratio, **109–110** quo – constantius *habet* γ; **101** quid^{2} – **108** ratio, **118** quanti – **129** deum *habet* **Y**]

103 illi sua **Y**^{1}**ZA**ϑπ : s- i- **Y**^{c}**BV** : i- **R** | qua **Z** : quia **Y**δϑπ : quod **R** || **106** inter **Ω** : *om.* **Y** || **113** hec **Z**δ : hoc **R**ϑπ || **114** contingit **ZA**^{1}ϑυ : -tigit **RA**^{c}**BVP** || **117** auferri (auff- **U**) **Ψ** : aut ferri **Z** : ferri aut *Gercke* || **119** caelestibus *iuxta* rebus *suppl. Shackleton Bailey* (*sed cf. Ep. 94.16 '... si qua finiri non possunt, extra sapientiam sunt; sapientia rerum terminos nouit.'*) || **120** an data **YZ**ϑ : an danda **PU** : an danda data **W**^{1}, *ut uid.* : audenda **R** : an ea δ

utrum utro prius sit, materiae superuenerit ratio an mate-
ria rationi, deus quidquid uult efficiat an ⟨in⟩ multis re-
bus illum tractanda destituant, ⟨ut⟩ et a magno artifice
praue multa formantur, non quia cessat ars, sed quia id in
17 quo exercetur saepe inobsequens arti est? haec inspicere,
haec discere, his incubare, nonne transilire est mortalit-
atem suam et in meliorem transcribi sortem? 'quid tibi'
inquis 'ista proderunt?' si nihil aliud, hoc certe: sciam
omnia angusta esse mensus deum.

1.1 Nunc ut ad propositum opus ueniam, audi quid de
ignibus sentiam quos aër transuersos agit. magna illos ui
excuti argumentum est quod obliqui feruntur et praera-
pida celeritate; apparet illos non ire sed proici. ignium
2 multae uariaeque facies sunt. Aristoteles quoddam genus
horum capram uocat. si me interrogaueris quare, prior
mihi rationem reddas oportet quare haedi uocentur. si au-
tem, quod commodissimum est, conuenerit inter nos ne
alter alterum interroget quod scit illum respondere non
posse, satius erit de re ipsa quaerere quam mirari quid ita

134–135 Arist. *Meteor.* 1.4, 341b3

Ω = **Z**α(=**RABV**) ϑ(=**FH**) π(=**PUW**)]

121 prius sit **YZ** : s- p- **δϑυ** : p- **RP** || **122** *suppl. Erasmus*[1] || **123–124** ⟨ut⟩ et … formantur *Badstübner*[1] : et … formentur **YΩ** || **125** s(a)epe **Zδϑπ** : *om.* **YR** || **127** quid **Ω** : quod **Y** || **128** inquis ista **YαϑPU** : ista inquis **ZW** | nihil **Y** : nil (-mul **R**) **Ω** (*uide Hine*[12] *559–560*) || **134** uari(a)eque **Ψ** : uarie quae **Z** | facies **Ψ** : -ces **Z** | Aristoteles **ZA**[c] : -tiles **RBVHπ** : -les **A**[1] : -tiltes **F** || **138** scit **Z**, *ut coni. Madvig*[2] : dicit **RAVFP**[c]W : discit **L**[2]**HP**[1]**U** : *plura om.* **B** || **138–139** non posse **ZPW** : ne p- **U** : *om.* **αϑ**

Aristoteles globum ignis appellauerit capram. talis enim
fuit forma eius qui bellum aduersus Persen Paulo gerente
lunari magnitudine apparuit. uidimus nos quoque non se- 3
mel flammam ingentis pilae specie, quae tamen in ipso
cursu suo dissipata est: uidimus circa diui Augusti exces-
sum simile prodigium, uidimus eo tempore quo de Sei-
ano actum est, nec Germanici mors sine denuntiatione
tali fuit. dices mihi: 'ergo tu in tantis erroribus es ut exi- 4
stimes deos mortium signa praemittere, et quicquam in
terris esse tam magnum quod perire mundus sciat?' erit
aliud istius rei tempus: uidebimus an rerum omnium cer-
tus ordo ducatur et alia aliis ita implexa sint ut quod an-
tecedit aut causa sit sequentium aut signum; uidebimus
an diis humana curae sint, an series ipsa quid factura sit
certis rerum notis nuntiet.

Interim illud existimo, eiusmodi ignes existere aëre ue- 5
hementius trito, cum inclinatio eius in alteram partem
facta est, et non cessit sed inter se pugnauit. ex hac uexa-
tione nascuntur trabes et globi et faces et ardores. at cum
leuius conlisus et, ut ita dicam, frictus est, minora lumina
excutiuntur 'crinemque uolantia sidera ducunt.' tunc 6

160 Verg. *Aen.* 5.528

Ω = **Z***α*(=**RABV**) *ϑ*(=**FH**) *π*(=**PUW**)]

142 nos **Z** : *om.* **Ψ** || **143** specie **Ψ** : -iae **Z** || **144** dissipata **Ψ** : dissoluta **Z** || **144–145** uidimus – prodigium *bis* **Z** || **145** simile prodigium *secl. Shackleton Bailey* || **153** an[1] *secl. Gemoll*[2] (*sed cf. Reynolds 136–137*) || **154** rerum *ante* **153** series *transp. Gemoll*[2] || **156** eius **Ω** : caeli *uel* celerius *uel* citius *Gercke in app.* || **157** et ⟨aër⟩ *Gercke* || **159** frictus (*om.* **R**) **Ψ** : fruct- **Z**

ignes tenuissimi iter exile designant et caelo producunt. ideo nulla sine eiusmodi spectaculis nox est; non enim opus est ad efficienda ista magno aëris motu. denique, ut breuiter dicam, eadem ratione fiunt ista qua fulmina, sed ui minore: quemadmodum nubes conlisae mediocriter fulgurationes efficiunt, maiore impetu impulsae fulmina, sic quanto illas minus presseris minoresue, tanto leuiora
7 lumina emittunt. Aristoteles rationem eiusmodi reddit: 'uaria et multa terrarum orbis exspirat, quaedam umida quaedam sicca, quaedam calentia quaedam concipiendis ignibus idonea.' nec mirum est si terrae omnis generis et uaria euaporatio est, cum in caelo quoque non unus appareat color rerum, sed acrior sit Caniculae rubor, Martis remissior, Iouis nullus in lucem puram nitore perducto.
8 necesse est ergo in magna copia corpusculorum quae terrae eiectant et in superiorem agunt partem, aliqua in nubes peruenire alimenta ignium, quae non tantum conlisa possint ardere sed etiam adflata radiis solis. nam apud nos quoque ramenta sulphure aspersa ignem ex interuallo
9 trahunt. ueri ergo simile est talem materiam inter nubes congregatam facile succendi, et minores maioresue ignes

169–171 Arist. *Meteor.* 1.4, 341b6–10

Ω = **Z**α(=**RABV**) ϑ(=**FH**) π(=**PUW**)]

161 et caelo producunt *fort. delendum esse coni. Hine*[14] | ⟨in⟩ caelo *Gemoll*[2], *sed cf. 6.12.2* | prodeunt *Nisbet* || **162** spectaculis **Ψ** : -li **Z** | nox **Ψ** : non **Z** || **166** fulgurationes **Ψ** : fulgo rationes **Z** | efficiunt **Ω** || **167–168** sic quanto – lumina *om.* **α** | quanto – emittunt *def. Axelson*[1] || **168** lumina **Z** : fulm- **ϑπ** | emittunt **Ψ** : -ent **Z** || **171–172** et uaria *fort. delendum est* || **179** ramenta **ϑPW**, *cf. Martial. 10.3.3* : stram- **δ** : ium- **RU** : sarm- **Z**

existere prout plus illis fuit aut minus uirium. illud enim
stultissimum, existimare aut decidere stellas aut transilire
aut aliquid illis auferri et abradi: nam si hoc esset, [et]iam 10
defuissent; nulla enim nox est qua non plurimae ire et in
diuersum uideantur abduci. atqui quo solet quaeque
inuenitur loco; magnitudo sua singulis constat. sequitur
ergo ut infra illas ista nascantur, et cito intercidant, quia
sine fundamento et sede certa sunt. 'quare ergo non etiam 11
interdiu transferuntur?' quid si dicas stellas interdiu non
esse quia non apparent? quemadmodum illae latent et so-
lis fulgore obumbrantur, sic faces quoque transcurrunt et
interdiu, sed abscondit illas diurni luminis claritas. si
quando tamen tanta uis emicuit ut etiam aduersus diem
uindicare sibi fulgorem suum possint, apparent. nostra 12
certe aetas non semel uidit diurnas faces, alias ab oriente
in occidentem lapsas, alias ab occasu in ortum. argumen-
tum tempestatis nautae putant cum multae transuolant
stellae. quod si uentorum signum est, ibi est unde uenti
sunt, id est in aëre, qui inter lunam terrasque medius est.

In magna tempestate apparere quasi stellae solent uelo 13
insidentes; adiuuari se tunc periclitantes aestimant Pollu-

Ω = Zα(= **RABV**) ϑ(= **FH**) π(= **PUW**)]

184 esset **Z** : fuisset **Ψ** | iam **δ** : etiam **ZRϑπ** : et **Cam.E** : iam et *Castiglioni*^{5} *198–199* ‖ **185** defuissent **ZδFH**^{c}**π** : defeci- **H**^{1}, *ut coni. Madvig*^{2} : distitui- **R** ‖ **186** qu(a)eque **ZABϑ** : quoque **RVπ** ‖ **187** ⟨et⟩ magnitudo ς, *Gercke* : ⟨ac⟩ magnitudo *Brakman*^{1} ‖ **189–190** non etiam – dicas *habet* **Z**^{1}, *del. et* stellas *post* ergo *s. l. add.* **Z**^{c} ‖ **196** faces **RA**^{c}**B**^{c}**VϑPU** : facies **ZA**^{1}**B**^{1} : fasces **W**^{1} ‖ **197** lapsas **Z** : uersas **Ψ** ‖ **200** terrasque **Zϑ** : et (*om.* **P**^{1}) terras **απ** | medius *hic* **Z**, *ante* inter **Ψ** ‖ **202** se tunc **Ψ** : t- se **Z**

cis et Castoris numine. causa autem melioris spei est quod iam apparet frangi tempestatem et desinere uentos;
14 alioquin ferrentur ignes, non sederent. Gylippo Syracusas petenti uisa est stella super ipsam lanceam constitisse; in Romanorum castris ardere uisa sunt pila, ignibus scilicet in illa delapsis; qui saepe fulminum modo ferire et animalia solent et arbusta, sed si minore ui utuntur, defluunt tantum et insidunt, non feriunt nec uulnerant. alii autem inter nubes eliduntur, alii sereno, si aër aptus ad expri-
15 mendos ignes fuit. nam sereno quoque aliquando caelo tonat ex eadem causa qua nubilo, aëre inter se conliso, qui etiamsi est lucidior ac siccior, coire tamen et facere corpora quaedam similia nubibus potest, quae percussa reddant sonum. quando ergo fiunt trabes, quando clipei et uastorum imagines ignium? ubi in talem materiam similis incidit causa sed maior.

2.1 Videamus nunc quemadmodum fiat is fulgor qui sidera circumuenit. memoriae proditum est quo die urbem diuus Augustus Apollonia reuersus intrauit circa solem uisum coloris uarii circulum, qualis esse in arcu solet. hunc Graeci ἅλω uocant, nos dicere coronam aptissime possumus. quae quemadmodum fieri dicatur exponam.

Ω = **Z**α(=**RABV**) ϑ(=**FH**) π(=**PUW**)]

205 ferrentur **Rϑπ** : feruntur **δ** : sentirentur **Z** || **206** super **Ψ** : supra **Z**, *fort. recte* || **208** delapsis **RAB** : dil- **ZVϑπ** || **208–209** et animalia **Z** : *om.* **Ψ** || **209** defluunt **Ψ** : -flunt **Z** || **211** aptus *hic* **Z**, *ante* **212** fuit **δϑπ**, *ante* **211** aer **R** || **214** coire **δ** : ire **ZRϑπ** || **216** reddant **Ψ** : -unt **Z** || **217–218** similis (simul **FP**) incidit **RABϑπ** : i- s- **ZV** || **221** augustus (ang- **F**) **Ψ** : augustus galba **Z** || **222** qualis **Ψ** : quasi **Z** || **223** *ἅλω Vottero*[2] *325* (*ἅλων Fortunatus*) : (h)alo **Ω**

cum in piscinam lapis missus est, uidemus in multos or- 2
bes aquam discedere et fieri primum angustissimum or-
bem, deinde laxiorem, ac deinde alios maiores, donec
euanescat impetus et in planitiem inmotarum aquarum
soluatur. tale quiddam cogitemus fieri etiam in aëre: cum
spissior factus est sentire plagam potest; lux solis aut lu-
nae uel cuiuslibet sideris incurrens recedere illum in cir-
culos cogit. nam umor et aër et omne quod ex ictu for-
mam accipit in talem habitum impellitur qualis est eius
quod impellit. omne autem lumen rotundum est; ergo et
aër in hunc modum lumine percussus exibit. ob hoc tales 3
splendores Graeci areas uocauerunt, quia fere terendis
frugibus destinata loca rotunda sunt. non est autem quod
existimemus istas, siue areae siue coronae sunt, in uici-
nia siderum fieri. plurimum enim ab his absunt, quamuis
cingere ea et coronare uideantur. non longe a terra fit ta-
lis effigies, quam uisus noster solita inbecillitate deceptus
circa ipsum sidus putat positam. in uicinia autem stella- 4
rum ac solis nihil tale fieri potest, quia illic tenuis aether
est. nam formae crassis demum spississque corporibus im-
primi possunt, in subtilibus non habent ubi consistant
aut haereant. in balneis quoque circa lucernam tale quid-
dam aspici solet ob aëris densi obscuritatem, frequentis-
sime autem austro, cum caelum maxime graue et spissum
est. nonnumquam paulatim diluuntur et desinunt, non- 5

Ω = **Zα**(=**RABV**) **ϑ**(=**FH**) **π**(=**PUW**)]

226 discedere **ZAB** : descend- **RVϑπ** || **229** *fort.* ⟨re⟩soluatur || **234** quod (quem **R**) impellit **Ψ** : quo impellitur **Z**, *numero minus bono* || **238** siue^2 **Ψ** : seu potius **ZL**^{2} || **243** ac **Z** : et **Ψ** || **245** possunt **Z** : solent **Ψ** || **247** ob **δϑπ** : ab **ZR** || **249** est **Zα**, *et post* **248** graue **L**^{2} : *om.* **ϑπ**

numquam ab aliqua parte rumpuntur, et inde uentum nautici expectant unde contextus coronae perit: si a septemtrione discessit, aquilo erit, si ab occidente, fauonius. quod argumentum est intra eam partem caeli has fieri coronas intra quam uenti quoque solent esse; superiora non habent coronas quia ne uentos quidem.

6 His argumentis et illud adice, numquam coronam colligi nisi stabili aëre et pigro uento; aliter non solet aspici. nam qui stat aër impelli et diduci et in aliquam faciem fingi potest, is autem qui fluit ne feritur quidem lumine. non enim resistit nec formatur, quia prima quaeque pars
7 eius dissipatur. numquam ergo ullum sidus talem sibi effigiem circumdabit nisi cum aër erit densus atque inmotus et ob hoc custodiens incidentem in se rotundi lineam luminis. nec sine causa; repete enim exemplum quod paulo ante proposui: lapillus in piscinam aut lacum et alligatam aquam missus circulos facit innumerabiles, at hoc quidem non faciet in flumine. quare? quia omnem figuram fugiens aqua disturbat. idem ergo in aëre euenit, ut ille qui manet possit figurari, at ille qui rapitur et currit non det sui potestatem, et omnem ictum uenientemque formam ex eo turbet.

8 Hae de quibus dixi coronae cum dilapsae sunt aequali-

Ω = **Z**α(=**RABV**) ϑ(=**FH**) π(=**PUW**)]

251 perît *Gercke* || **253–255** intra – habent coronas *om.* **Z**[1], *in mg. add.* **Z**[c] || **254** solent esse **Z**[c] : e- s- **Ψ** || **257** aspici non solet *Alexander* || **259** ne **P**[1]**υ**, *ut coni. Gertz*[1] : nec **ZL**[2]**αϑP**[c] || **261** ullum *Erasmus*[2] : illud (*om.* **B**) **Ω** : aliquod *Fortunatus* || **265–266** piscina aut lacu [et] alligatam *Rossbach*[6] *1481, sed cf. Axelson*[1] *58* || **267** quidem **ZαP** : idem **ϑυ** || **272** dilapse **B** : delaps(a)e **ZAVϑπ** : lapse **R**

ter et in semet ipsae euanuerunt, significatur quies aëris
et otium et tranquillitas; cum ab una parte cesserunt, il-
linc uentus est unde finduntur; si ruptae pluribus locis
sunt, tempestas fit. quare id accidat, ex his quae iam po- 9
sui intellegi potest. nam si facies uniuersa subsedit, appa-
ret temperatum esse aëra et sic placidum. si ab una parte
intercisa est, apparet inde aëra incumbere, et ideo illa re-
gio uentum dabit. at cum undique lacerata et concerpta
est, manifestum est a pluribus partibus in illam impetum
fieri, et inquietum aëra hinc atque illinc adsilire. itaque
ex hac inconstantia caeli tam multa temptantis et undi-
que laborantis apparet futura tempestas uentorum plu-
rium.

Hae coronae noctibus fere circa lunam et alias stellas 10
notabuntur, interdiu raro, adeo ut quidam ex Graecis ne-
gauerint omnino eas fieri, cum illos historiae coarguant.
causa autem raritatis haec est, quod solis fortius lumen
est et aër ipse agitatus ab illo calfactusque solutior. lunae
inertior uis est, ideoque facilius a circumposito aëre susti-
netur. aeque cetera sidera infirma sunt nec perrumpere 11
aëra ui sua possunt. excipitur itaque illorum imago et in

Ω = **Z**α(=**RABV**) ϑ(=**FH**) π(=**PUW**)]

274 ab una parte *Pincianus* (*cf. 1.2.5, 1.2.9*) : ob unam partem **ZRϑP**, **W**^{1} *ut uid.* : ad unam partem **δU** || **275** finduntur **ZL**^{2}**H** : fund- α**F**π || **276–277** posui **Z** : propos- α : expos- ϑπ || **278** et sic placidum (*sed* placitum *lectio uulgata erat*) *secl. Fortunatus* || **280** concerpta **RAVϑP**^{c}**U** : -cepta **Z** : -carpta **B** : cum certa **P**^{1}**W**^{1} || **283** inconstantia **ZL**^{3}**A**^{c}**BV** : const- **RA**^{1}ϑπ || **287** notabuntur **ZA**^{1}ϑπ : notantur **A**^{c}**BV** || **290** calfactusque **Z**ϑ : calef- απ | *fort.* soluitur materia solidiore ac minus cedente seruatur. debet enim aër nec tam spissus esse ut excludat ac submoueat a se lumen inmissum, nec tam tenuis aut solutus ut nullam uenientibus radiis moram praebeat. haec noctibus temperatura contingit, cum sidera circumiectum aëra luce leni non pugnaciter nec aspere feriunt, spissioremque quam solet esse interdiu inficiunt.

3.1 At contra arcus nocte non fit, aut admodum raro, quia luna non habet tantum uirium ut nubes transeat et illis colorem suffundat qualem accipiunt sole perstrictae. sic enim formam arcus discoloris efficiunt: quia aliae partes in nubibus tumidiores sunt, aliae submissiores, et quaedam crassiores quam ut solem transmittant, aliae inbecilliores quam ut excludant, haec inaequalitas alternis lucem umbramque permiscet et exprimit illam mirabilem arcus uarietatem.

2 Altera causa arcus eiusmodi redditur: uidemus, cum fistula aliquo loco rupta est, aquam per tenue foramen elidi, quae sparsa contra solem oblique positum faciem arcus repraesentat. idem uidebis accidere si quando uolueris obseruare fullonem: cum os aqua impleuit et uestimenta tendiculis diducta leuiter aspergit, apparet uarios edi colores in illo aëre asperso, quales fulgere in arcu solent.

3 Huius rei causam esse in umore ne dubitaueris; non fit

Ω = **Zα**(=**RABV**) **ϑ**(=**FH**) **π**(=**PUW**)]

296 ut (aut $\mathbf{W}^{1}$) **Ψ** : nec **Z** || **304** enim ⟨quidam⟩ *add. Castiglioni*[1] || **305** et **ZRϑπ** : *om.* **δ** || **315** tendiculis **ZHυ** : -diculi **F** : -dideris **RP** : credideris **δ** || **318** esse in humore **Z** : in humore (-em **RP**) e- **Rϑπ**, **A** *u. l.* : in arcu e- $\mathbf{A}^{1}$**V** : in humore arcu e- **B**

enim umquam arcus nisi nubilo. sed quaeramus quemadmodum fiat. quidam aiunt esse aliqua stillicidia quae solem transmittant, quaedam magis coacta quam ut perluceant; itaque ab illis fulgorem reddi, ab his umbram, et sic utriusque intercursu effici arcum, in quo pars fulgeat, quae solem recipit, pars obscurior sit, quae exclusit et ex se umbram proximis fecit.

Hoc ita esse quidam negant. poterat enim uerum uideri 4
si arcus duos tantum haberet colores, si ex lumine umbraque constaret; nunc,

diuersi niteant cum mille colores,
transitus ipse tamen spectantia lumina fallit:
usque adeo quod tangit idem est, tamen ultima distant.

uidemus in eo aliquid flammei aliquid lutei aliquid caerulei et alia in picturae modum subtilibus lineis ducta; ut ait poeta, an dissimiles colores sint scire non possis nisi cum primis extrema contuleris. nam commissura decipit: usque eo, mira arte naturae, quod a simillimo coepit in

329–331 Ou. *Met.* 6.65–67

Ω = **Z**α(=**RABV**) ϑ(=**FH**) π(=**PUW**)]

321–322 perluceant **Z** (*cf. Parroni*[2]) : transl- (-eat **A**[c]**U**)**Ψ** || **326** ita **Ψ** : itaque **Z** | uerum **Z**ϑ : umbra nostra **R** : umbra et lux causa δ : uerbum uerum π || **327** duos tantum haberet **L**[2]δ : t- d- haberet **Z** : d- t- habeat **R**ϑ**PU** : t- habeat d- **W** || **328** nunc **Z** : sed nunc **Ψ** || **333–334** ut ait poeta *secl. Schultess*[1] *46, post* **328** nunc *transp. Skutsch* | *fort.* ut [ait poeta] an || **334** an **Z****R**ϑπ : ut an δ || **336–337** ⟨ut⟩ quod … desinat ς, *ut coni. Gercke in app.*

dissimillimo desinit. quid ergo istic duo colores faciunt lucis atque umbrae, cum innumerabilium ratio reddenda sit?

5 Quidam ita existimant arcum fieri: in ea parte in qua iam pluit singula stillicidia pluuiae cadentis singula esse specula; a singulis ergo reddi imaginem solis. deinde multas imagines, immo innumerabiles, et deuexas et in praeceps euntes confundi; itaque arcum esse multarum
6 solis imaginum confusionem. hoc sic colligunt: 'pelues' inquiunt 'mille sereno die pone: omnes habebunt imagines solis. in singulis foliis dispone guttas: singulae habebunt imaginem solis. at contra ingens stagnum non amplius habebit quam unam imaginem. quare? quia omnis circumscripta leuitas et circumdata suis finibus speculum est. itaque piscinam ingentis magnitudinis insertis parietibus diuide: totidem illa habebit imagines solis quot lacus habuerit; relinque illam sicut est [diffusa]: semel tibi imaginem reddet. nihil refert quam exiguus sit umor aut lacus: si modo determinatus est, speculum est. ergo stillicidia illa infinita quae imber cadens defert totidem specula sunt, totidem solis facies habent. hae contra intuenti perturbatae apparent, nec dispiciuntur interualla quibus

Ω = **Zα(=RABV) ϑ(=FH) π(=PUW)]**

337 istic **ZVϑU** : isti **RABPW**[1] || **340** existimant **ZϑW** : est- **αPU** || **344** arcum **BL**[2] : a- et **Zπ** : et a- **AV** : et aerem **R** : *plura om.* **ϑ** || **346** die *secl. Rossbach*[6] *1481* (*cf. 1.1.14, 1.3.14, 2.18*), *peiore numero: cf. Clem. 1.7.2 'sereno et puro die', Nat. 1.1.15* || **346–347** imagines **Ψ** : -em **ZL**[2] || **353** *secl. Hine*[14] || **354** quam **Ψ** : quod **Z** || **354–355** aut lacus *secl. Gruterus*[2] || **355** si modo **Z** : si **Ψ** || **357** totidem **ϑπ** : totidemque **Z** : *plura om.* **α** | hae *Fortunatus* : h(a)ec **Ω** || **358** dispiciuntur **Z** : desp- **Ψ**

singulae distant, spatio prohibente discerni. deinde pro
singulis apparet una facies turbida ex omnibus.'
Aristoteles idem iudicat: 'ab omni' inquit 'leuitate 7
acies radios suos replicat; nihil autem est leuius aqua et
aëre; ergo etiam ab aëre spisso uisus noster in nos redit.
ubi uero acies hebes et infirma est, qualislibet aëris ictu
deficiet. quidam itaque hoc genere ualetudinis laborant
ut ipsi sibi uideantur occurrere, ut ubique imaginem
suam cernant. quare? quia infirma uis oculorum non po-
test perrumpere ne proximum quidem aëra, sed resistit.
itaque quod in aliis efficit densus aër, in his facit omnis; 8
satis enim ualet qualiscumque ad inbecillam aciem repel-
lendam.' longe autem magis uisum nobis nostrum remit-
tit aqua, quia crassior est et peruinci non potest; radios
luminum nostrorum moratur et eo unde exierunt reflec-
tit. ergo cum multa in pluuia stillicidia sint, totidem spe-
cula sunt; sed quia parua sunt, solis colorem sine figura

361–371 cf. Arist. *Meteor.* 3.4, 373a35–b28

Ω = **Z**α(=**RABV**) ϑ(=**FH**) π(=**PUW**)]

359 deinde **Ω** : unde *Gercke* ‖ **361** iudicat **ZRA** : ind- **BV**ϑπ ‖ **364** qualislibet **AV**ϑυ (*uide Hine*[3] *65*) : quaslibet **L**[2] : cuiuslibet **Z** : quolibet **RB** : qualibet **P** ‖ **368** proximum quidem **Z** (*uide Hine*[3] *64*) : sibi qu- (quam **F** : quod **PW**[1]) p- **RAB**ϑπ : p- qu- sibi **V** | resilit *Kroll*[1] : residit *F. Muller* (*sed cf. 1.pr.13, 7.10.2, Dial. 3.17.7, 12.6.7, Ben. 1.13.2, Ep. 83.17, 110.7*) ‖ **370** inbecillam (imbesc- **F**) **ZV**[c]ϑ**P** : -em **RABV**[1]υ ‖ **371–372** remittit aqua, quia *Haase* : remittit. itaque quia **Ω** : aqua remittit. itaque quia **cod. Palatinus quartus Gruteri** : remittit qui *Fortunatus* : remittit aqua. *Schultess*[2] ‖ **372** radios **ZB** : sed r- **RAV**ϑπ ‖ **374** in pluuia **Z** : *om.* **Ψ**

exprimunt. deinde cum in stillicidiis innumerabilibus et sine interuallo cadentibus reddatur idem color, incipit facies esse non multarum imaginum et intermissarum sed unius longae atque continuae.

9 'Quomodo' inquis 'tu mihi multa milia imaginum istic esse dicis ubi ego nullam uideo? et quare, cum solis unus color sit, imaginum diuersus est?' ut et haec quae proposuisti refellam, et alia quae non minus refellenda sunt, illud dicam oportet: nihil esse acie nostra fallacius, non tantum in his a quibus subtiliter peruidendis illam locorum diuersitas submouet, sed etiam in his quoque quae ad manum cernit: remus tenui aqua tegitur, et fracti speciem reddit; poma per uitrum aspicientibus multo maiora
10 sunt; columnarum interualla porticus longior iungit. ad ipsum solem reuertere: hunc, quem toto terrarum orbe maiorem probat ratio, acies nostra sic contraxit ut sapientes uiri pedalem esse contenderent; quem uelocissimum omnium scimus, nemo nostrum moueri uidet, nec ire crederemus nisi appareret isse. mundum ipsum praecipiti uelocitate labentem et ortus occasusque intra momentum temporis reuoluentem nemo nostrum sentit procedere. quid ergo miraris si oculi nostri imbrium stillicidia non

Ω = **Z**α(=**RABV**) ϑ(=**FH**) π(=**PUW**)]

380 inquis **Ψ** : -it **Z**, *sed cf.* **382–383** proposuisti || **381** uideo **αϑυ** : -eam **ZP** || **381–382** unus color **Z** : c- u- **δϑPU** : c- idem et u- **R** : *quid* **W**^{1}, *incertum* || **385–386** locorum *Gronouius*^{2} : colorum (cel- **R**) **Ω** || **386** quoque **Ω** : quotidie *Schultess*^{2}, *sed cf. K-S ii.53* || **392** contenderent (-tendent **PW**^{1}) **Ψ** : -rint **ZL**^{2}, *fort. recte* | quem **Ω** : quod *Gemoll*^{2} || **393** scimus ⟨sidus⟩ *Gemoll*^{2} (*malim* quem ... ⟨siderum⟩ scimus) | nostrum **δϑ** : -rorum **ZRπ**

separant, et ex ingenti spatio intuentibus minutarum ima-
ginum discrimen interit?

Illud dubium esse nulli potest, quin arcus imago solis 11
sit roscida et caua nube concepta. quod ex hoc tibi appa-
reat: numquam non aduersa soli est, sublimis aut humilis
prout ille se submisit aut sustulit, in contrarium mota;
illo enim descendente altior est, alto depressior. saepe ta-
lis nubes a latere solis est nec arcum efficit, quia non ex
recto imaginem trahit.

Varietas autem non ob aliam causam fit quam quia 12
pars coloris ⟨a⟩ sole est, [s]pars a nube. in illa umor modo
caeruleas lineas modo uirides modo purpurae similes et
luteas aut igneas ducit, duobus coloribus hanc uarietatem
efficientibus, remisso et intento. sic enim et purpura eo-
dem conchylio non in unum modum exit: interest quam-
diu macerata sit, crassius medicamentum an aquatius tra-
xerit, saepius mersa sit et excocta an semel tincta. non est 13
ergo mirum si, cum duae res sint, sol et nubes, id est cor-
pus et speculum, si tam multa genera colorum exprimun-
tur quam multis generibus possunt ista incitari aut re-

Ω = **Z**α(=**RABV**) ϑ(=**FH**) π(=**PUW**)]

398 ex **Z**, *ut coni. Gemoll*[2] : *om.* **Ψ** ‖ **408** *suppl.* **W**[2], *Erasmus*[2] | pars a *Erasmus*[2] : sparsa **Ω** : sparsa ⟨pars⟩ *Fortunatus* | *post* nube *dist. Gercke* (in nube. [illa] *iam Cornelissen*) ‖ **411–412** ⟨ex⟩ eodem *Gemoll*[2], *sed cf. Ben. 3.38.2 'numquam (a add. GP) memoria hominum exiturum', Nat. 3.11.1* ‖ **413** macerata **Ψ** : laborata **Z** ‖ **414** tincta **Ψ** : tinta **Z** ‖ **415** sint **Zϑ P** : sunt **αυ** ‖ **416** si **ZRϑπ** : *om.* **δ**, *sed cf. H-Sz 808* | tam **ZL**[2]**δU** : tamen **RϑPW**[1] ‖ **417** quam **ZL**[2] : qua in **ϑPU** : quia in **W**[1] : que in **δ** : *plura om.* **R** | ista (*om.* **W**) **ZRϑπ** : aut **δ** : isti *Gercke in app.*

languescere. alius est enim color ex igneo lumine, alius ex obtunso et leniore.

14 In aliis rebus uaga inquisitio est, ubi non habemus quod manu tenere possimus, et late coniectura mittenda est. hic apparet duas causas esse arcus, solem nubemque, quia nec sereno umquam fit, nec nubilo ita ut sol lateat. ergo utique ex his est quorum sine altero non est.

4.1 ⟨Et⟩iamnunc illud accedit, quod aeque manifestum est speculi ratione imaginem reddi, quia numquam nisi e contrario redditur, id est nisi ex altera parte stetit quod apparet, ex altera quod ostendit. rationes quae non persuadent sed cogunt a geometris adferuntur, nec dubium cuiquam relinquitur quin arcus imago solis sit male expressi ob uitium figuramque speculi. nos interim tempte-
2 mus alias probationes quae de plano legi possint. inter argumenta sic nascentis arcus pono quod celerrime nascitur. ingens enim uariumque corpus intra momentum subtexitur caelo et aeque celeriter aboletur; nihil autem tam cito redditur quam a speculo imago; non enim facit quicquam sed ostendit.

3 Parianus Artemidorus adicit etiam quale genus nubis esse debeat quod talem soli imaginem reddat: 'si specu-

Ω = **Z**α(=**RABV**) ϑ(=**FH**) π(=**PUW**)]

418 est enim **Ψ** : enim est **Z** ‖ **422** nubemque **δϑπ** : nubentque **Z** : atque nubem **R** ‖ **425** *suppl. Haase* | quod **Ψ** : per quod **Z**$\mathbf{L}^{2}$ ‖ **428** apparet **A** : appareret **ZRBVϑPU** : *plura om.* $\mathbf{W}^{1}$ | ostendit *Erasmus*^{1} : ostendere **Ω** : ostendunt **E** : ostenderet *Gercke* ‖ **430–431** expressa *Garrod*^{1} (*conl. 1.7.3; cf. etiam Ep. 88.27*)*; sed cf. 1.3.8, 1.3.13, 1.5.5* ‖ **438** art(h)emidorus (arde- **R**) **Ψ** : arteni- **Z** ‖ **439** solis $\mathbf{B}^{c}$, *sed cf. 1.6.3* | reddat **Z** : reddit (redit **W**) **Ψ**

lum' inquit 'concauum feceris quod sit sectae pilae pars,
si extra medium constiteris, quicumque iuxta te steterint
inuersi tibi uidebuntur et propiores a te quam a speculo;
idem' inquit 'euenit cum rotundam et cauam nubem in- 4
tuemur a latere, ut solis imago a nube discedat propior-
que nobis sit et in nos magis conuersa. color illi igneus a
sole est, caeruleus a nube, ceteri utriusque mixturae.'

Contra haec illa dicuntur: 'de speculis duae opiniones 5.1
sunt: alii enim in illis simulacra cerni putant, id est cor-
porum nostrorum figuras a nostris corporibus emissas ac
separatas; alii non imagines aiunt in speculo sed ipsa
aspici corpora, retorta oculorum acie et in se rursus re-
flexa. nunc nihil ad rem pertinet quomodo uideamus 2
quod ⟨ut⟩cumque uidemus, sed, quo⟨quo⟩modo, imago
similis reddi debet e speculo. quid autem est tam dissi-

Ω – **Zα**(=**RABV**) **ϑ**(=**FH**) **π**(=**PUW**)]

442 propiores *Erasmus*[1] : priores **Ω** ‖ **444** propior **W**, *ut coni. Erasmus*[1] : prior **ZαϑPU** ‖ **445–446** color – mixturae *uel interpolatum uel transpositum esse coni. Maurach 362 n. 3* ‖ **448** in illis simulacra (-crum **RW**[1]) **Ψ** : s- in i- **Z**, *numero minus bono* ‖ **450** non imagines aiunt **ZU** : i- a- **R** : i- a- n- **δ** : n- i- **ϑW**, *fort. recte* : n- a- i- **P** ‖ **452–453** uideamus quod utcumque uidemus. sed, quoquomodo, *Schultess*[2] : uideamus quodcumque uidemus sed quomodo **Zϑπ** : uideamus que uidemus sed quomodo **AB** : uideamus sed quomodo **V** : *plura om.* **R** : uideamus; quodcumque uidemus et quomodocumque, *Madvig*[2] : uideamus quodcumque uidemus. sed [quomodo] *Haase* : uideamus; sed quodcumque uidemus et quomodo, *F. Müller* ‖ **453** sed quomodo ⟨est facies,⟩ *Shackleton Bailey* (*melius* ⟨est corpus⟩) ‖ **453–454** sed quomodo imago, simile *Leo* : sed quodam modo imago similis *Parroni*[1] ‖ **454** e (ex **W** : in **P**[1]) **Ω** : *fort.* a (*cf. 1.4.2, 1.5.9*)

mile quam sol et arcus, in quo neque figura solis neque color neque magnitudo comparet? arcus longe amplior est longeque ea parte qua fulget rubicundior quam sol,
3 ceteris uero coloribus diuersus. deinde cum uelis speculi uim inesse aëri, des oportet mihi eandem leuitatem corporis, eandem aequalitatem, eundem nitorem. atqui nullae nubes habent similitudinem speculi: per medias saepe transimus, nec in illis nos cernimus; qui montium summa conscendunt spectant nubem, nec tamen imaginem in illa suam aspiciunt.

4 '"Singula stillicidia singula specula sunt." concedo, sed illud nego, ex stillicidiis constare nubem. habent enim quaedam ex quibus fieri stillicidia possint, non ipsa; ne aquam quidem habet nubes, sed materiam futurae aquae.
5 concedamus tibi et guttas innumerabiles nubibus inesse et illas faciem reddere: non tamen unam omnes reddant, sed singulae singulas. deinde inter se specula coniunge: in unam imagines non coibunt, sed unaquaeque in se similitudinem uisae rei cludet. sunt quaedam specula ex multis minutisque composita, quibus si unum ostenderis

Ω = **Z**α(=**RABV**) ϑ(=**FH**) π(=**PUW**)]

456 comparet **Z** (*cf. Ep. 13.10, 66.25, 84.8*) : apparet **Ψ** ‖ **458–459** speculi uim **Z** : speculum **Ψ** ‖ **459** aëri ⟨denso⟩ *J. Müller*[3] ‖ **463** ⟨in⟩spectant *Haupt*[1] : ⟨de⟩spectant *Madvig*[2] : superstant *Schultess*[2] ‖ **465** Singula … sunt, concedo; *dist. Codoñer Merino* ‖ **466** habet ς ‖ **468** habet **ZBV**ϑυ : -ent **AP** ‖ **469** nubibus **Ψ** : nubiles nubibus **Z** ‖ **470** reddant **Z**ϑπ : -unt α ‖ **472** imagines *Gercke* : -em **Ω** | unaqu(a)eque in se **Z**ϑπ : queque particula α : unumquodque in se *Rossbach*[3] *942* ‖ **473** uise rei **Z**ϑ**PU** : in se rei δ : rei **RW**

hominem populus apparet, unaquaque particula suam faciem exprimente; haec cum sint coniuncta et simul conlocata, nihilominus seducunt imagines suas et ex uno quidem turbam efficiunt, ceterum cateruam illam non confundunt, sed diremptam in facies singulas distrahunt. arcus autem uno circumscriptus est ductu, una totius est facies.

'“Quid ergo?” inquit “non et aqua rupta fistula sparsa et 6
remo excussa habere quiddam simile his quos uidemus in arcu coloribus solet?” uerum est, sed non ex hac causa ex qua tu uideri uis, quia unaquaeque stilla recipiat imaginem solis. citius enim cadunt stillae quam ut concipere imagines possint; standum est ut id quod imitantur excipiant. quid ergo fit? colorem, non imaginem ducunt. alioquin, ut ait Nero Caesar disertissime, “colla Cytheriacae splendent agitata columbae,” et uariis coloribus pauonum ceruix, quotiens aliquo deflectitur, nitet. numquid ergo specula dicemus eiusmodi plumas, quarum omnis inclinatio in colores nouos transit? non minus nubes diuer- 7
sam naturam speculis habent quam aues quas rettuli et chamaeleontes et aliqua animalia quorum color aut ex ipsis mutatur, cum ira uel cupidine incensa cutem suam

489–490 Nero fr. 2 (Buechner p. 163, Courtney p. 357)

Ω = **Zα**(=**RABV**) **ϑ**(=**FH**) **π**(=**PUW**)]

475 unaquaque **ZαW** : -qu(a)eque **ϑPU** ‖ **475–476** suam faciem **ZRAB** : f- s- **Vϑπ** ‖ **479** diremptam **E** : -reptam **ZδϑU** : -repta **R** : -rectam **PW** ‖ **488** quid **δH¹π** : quod **ZR FHᶜ** ‖ **492** specula dicemus **Z** : d- s- **Ψ** ‖ **495** aliqua **ZRϑπ** : reliqua **δW²**

uariant umore suffuso, aut positione lucis, quam prout rectam uel obliquam receperunt, ita colorantur.

8 'Quid enim habent speculo simile nubes? cum illa non perluceant, hae transmittant lucem; illa densa et coacta, hae rarae sint; illa eiusdem materiae tota, hae ex diuersis temere compositae, et ob hoc discordes nec diu cohaesurae. praeterea uidemus ortu solis partem quandam caeli rubere, uidemus nubes aliquando ignei coloris; quid ergo prohibet, quomodo hunc unum colorem accipiunt solis occursu, sic multos ab illis trahi, quamuis non habeant speculi potentiam?

9 'Modo' inquit 'inter argumenta ponebas semper arcum contra solem excitari, quia ne a speculo quidem imago redderetur nisi aduerso. hoc' inquit 'commune nobis est: nam quemadmodum speculo opponendum est id cuius in se imaginem transferat, sic, ut nubes infici possint, ita sol ad hoc apte ponendus est; non enim idem facit undecumque effulsit, et ad hoc opus est radiorum idoneus ictus.'

10 haec dicuntur ab iis qui uideri uolunt nubem colorari.

Ω = **Zα**(=**RABV**) **ϑ**(=**FH**) **π**(=**PUW**)]

498 receperunt **ϑπ** : -rint **α** : ceperunt **Z** || **499** habent speculo simile **Z** : sim- sp- h- **Rϑπ** : sim- speculis h- **δ** || **501** he ex **ZAV** : ille ex **B** : hee e **ϑU** : hee **RW**[1] : he **P** (*semper 'ex diuers-' Seneca scribit, cf. 2.14.2, 7.27.3, Dial. 5.8.2, 10.7.10, al.*) || **511** speculo opponendum est **Z** : opp- (app- **R**) e- s- **Ψ** || **512** ita **ZRAVϑπ**, *def. Axelson*[1] : *om.* **B**, *secl. Kroll*[1], *Rossbach*[5] : et *Gercke in app.* : item *Castiglioni*[1] || **513–514** undecumque (undequ- **Z**[1]) **Z**[c] : si undique **Ψ** || **514** et **Ω** : sed *Bongarsius* : *fort. delendum, nisi recte* et – ictus *secl. Ruhkopf* | idoneus ictus **Zϑπ**, *suspectum* : idoneum latus **R** : idonea locatio **δ** : idoneus situs *Axelson*[1] : idoneus angulus *Hine*[14] : idoneus tractus *Watt* || **515** his (hiis **υ**) **Ω**

Posidonius et ii qui speculi ratione talem effici iudicant uisum hoc respondent: 'si ullus esset in arcu color, permaneret et uiseretur eo manifestius quo propius. nunc imago arcus, ex longinquo clara, interit cum in uicinum uentum est.' huic contradictioni non consentio, cum ip- 11
sam sententiam probem. quare? dicam: quia coloratur quidem nubes, sed ita ut color eius non undique appareat. nam ne ipsa quidem undique apparet; nubem enim nemo qui in ipsa est uidet. quid ergo mirum si color eius non uidetur ab eo a quo ipsa non uisitur? atqui ipsa, quamuis non uideatur, est: ergo et color. ita non est [ergo et color] argumentum falsi coloris quod apparere accedentibus desinit. idem enim in ipsis euenit nubibus, nec ideo falsae sunt quia non uidentur.

Praeterea, cum dicitur tibi nubem sole suffectam, non 12
dicitur colorem illum inustum esse uelut duro corpori et stabili ac manenti, sed ut fluido ac uago et nihil amplius quam breuem speciem recipienti. sunt etiam quidam colores qui ex interuallo uim suam ostendunt: purpuram

516–553 Posidonius F 134 Edelstein-Kidd, F 323 Theiler

Ω = **Z**α(=**RABV**) ϑ(=**FH**) π(=**PUW**)]

516 hii **ZRBVϑυ** : hi **AP** | speculi **Z** : speculari **Ψ** || **518** propius **RAVϑυ** : proprius **ZBP** || **519** in uicinum **Z** : in uicino **L**^{2} : ex uicino **Ψ** || **526–527** ita (tamen *add.* **W**) non est ergo et color **Zϑπ** : *om.* **α** | ergo et color *secl. Fortunatus* || **530** sole **Ψ** : -em **ZP**^{1} || **531** dicitur **ZB** : dicitur tibi **AVϑπ** : dicimus sibi **R** | inustum **Z**^{c}**L**^{2}**ABθP** : iniustum **Z**^{1}**R** : inistum **V** : in iniustum **W** : iustum **U** | et **ZRAB** : ac **Vϑπ** (*cf. Castiglioni*[1]) || **532** ac^2 **ZBP** : et **RAVϑυ**

Tyriam, quo melior est saturiorque, eo altius oportet teneas ut fulgorem suum emittat. non tamen ideo non habet colorem illa quia, quem optimum habet, non quomodocumque explicatur ostendit.

13 In eadem sententia sum qua Posidonius, ut arcum iu-
dicem fieri nube formata in modum concaui speculi et
rotundi cui forma sit partis e pila sectae. hoc probari nisi
geometrae adiuuerint non potest, qui argumentis nihil
dubii relinquentibus docent solis illam esse effigiem non
14 similem. neque enim omnia ad uerum specula respon-
dent: sunt quae uidere extimescas (tantam deformitatem
corrupta facie uisentium reddunt, seruata similitudine in
peius); sunt quae cum uideris placere tibi uires tuae pos-
sint (in tantum lacerti crescunt, et totius corporis super
humanam magnitudinem habitus augetur); sunt quae
dextras facies ostendant, sunt quae sinistras, sunt quae
detorqueant et uertant. quid ergo mirum est eiusmodi
speculum in nube quoque fieri quo solis species uitiosa
reddatur?

Ω = **Z**α(=**RABV**) ϑ(=**FH**) π(=**PUW**)]

535 latius *Garrod*[1] || **535–536** teneas ut **Ψ** : teneat et **Z** || **536** emittat **ZL**[2] (*cf. 1.15.2, 7.15.1*) : teneat **R**ϑπ : ostendat **δ** : intendat *Garrod*[1] (*cf. 1.3.12*) || **537** quem **B** : qu(a)e **ZAV**ϑπ : queque **R** || **541** secte **B** (*cf. 1.4.3, 1.8.4*) : -ta **ZRAV**ϑπ || **544** ad uerum **ZL**[2], *ut coni. Pincianus* : aduersus **Ψ** || **545–546** tantam deformitatem corrupta facie **Z**π : -ta -tate -tam -em ϑ : -ta formitate -ta -e **R** : tanta deformitate corrupta ut faciem **δ** || **550** ostendant (-unt **F**) **Ω** : extendant **E**[1], *F. Muller* (*sed cf. Oltramare I, p. 31 n. 2*) || **551** ⟨in⟩uertant *Hine*[14]

Inter cetera argumenta et hoc erit, quod numquam 6.1
maior arcus dimidio circulo apparet, et quod eo minor est quo altior sol.

[[Vt ait Vergilius noster, 'et bibit ingens arcus' cum aduentat imber. sed non easdem undecumque apparuit minas adfert: a meridie ortus magnam uim aquarum uehet (uinci enim nubes non potuerunt ualentissimo sole; tantum illis est uirium); si circa occasum refulsit, rorabit et leuiter impluet; si ab ortu circaue surrexit, serena promittit.]]

'Quare tamen, si imago solis est arcus, longe ipso sole 2
maior apparet?' quia est alicuius speculi natura talis ut maiora multo quae uidit ostendat et in portentuosam magnitudinem augeat formas, alicuius inuicem talis ut mi-

557 Verg. *Georg.* 1.380–381

Ω = **Zα**(=**RABV**) **ϑ**(=**FH**) **π**(=**PUW**)]

554 quod **αυ** : quo **ZϑP** || **556** *post* sol *lacunam fortasse latere coni. Larisch*[3] || **557–563** *ab hoc loco aliena esse uidit Fortunatus; post c. 8 transtulit Oltramare; Senecae ipsius adnotationem esse, fort. ad 1.3.5, coni. Gemoll*[2] || **557** *aut* ⟨arcus et pluuiarum indicium est⟩ ut ait *uel similia supplendum esse, aut* ut – noster *post* arcus *transferendum esse coni. Fortunatus; sed cf. 2.17, 3.27.3–4* || **560** nubes **Z** : *om.* **Ψ** | potuerunt **ZRϑπ** : poterunt $\mathbf{L}^2$**δ** || **562** *fort.* circaue ⟨septentrionem⟩ || **562–563** promittit, ⟨si a septentrione, * * *⟩ *suppl. Gercke in app.* || **566** multo **Ef** : multa **ZαϑPU** : multum $\mathbf{W}^1$ | quae *Rossbach*[5] (*conl. 1.13.1 'quidquid uidet, reddit'*) : quam **Ω** | in **δϑπ** : im- **ZR** | portentuosam **BV HU** (*cf. 1.16.5, Ep. 87.23*) : portentosam **Z** (*cf. Dial. 3.15.2, Ep. 92.9, 114.7*) : portentusam **A** : potentuosam $\mathbf{FW}^1$: portuosam **R** : potenciosam **P**

3 nuat. illud mihi dic, quare in orbem eat facies nisi orbi redditur? dices enim fortasse unde sit illi color uarius; unde talis figura, non dices, nisi aliquod exemplar ad quod formetur ostenderis. nullum autem aliud quam solis est, a quo cum tu quoque fatearis illi colorem dari, sequitur ut et detur forma. denique inter me teque conuenit colores illos quibus caeli regio depingitur a sole esse; illud unum inter nos non conuenit: tu dicis illum colorem esse, ego uideri. qui siue est siue uidetur, a sole est. tu non expedies quare color ille subito ⟨* * * subito⟩ desinat, cum omnes fulgores ⟨et paulatim * * *⟩ et paulatim
4 discutiantur. pro me est et repentina eius facies et repentinus interitus. proprium enim hoc speculi est, in quo non per partes struitur quod apparet, sed statim totum fit. aeque cito omnis imago aboletur in illo quam ⟨com⟩ponitur; nihil enim aliud ad ista efficienda uel remouenda opus est quam ostendi et abduci. non est ergo propria in ista nube substantia, nec corpus est, sed mendacium et sine re similitudo. uis scire hoc ita esse? desinet arcus si

Ω = **Z**α(=**RABV**) ϑ(=**FH**) π(=**PUW**)]

568 orbi **Ω** : orbis *F. Muller* (*sed cf. 1.4.3*) ‖ **569** illi (ille **W**[1]) **Ψ** : *om.* **Z** ‖ **570** figura **ZF** : figura sit **BVHπ** : sit f- **RA** ‖ **571** aliud **δ** : *om.* **ZRϑπ** ‖ **573** et **ZϑPU** : *om.* **αW** : *post* detur *habet* ς, *fort. recte* ‖ **577** non **Ω** : tamen **E** : ⟨tamen⟩ non *Gertz*[2] | subito ⟨nascatur, et subito⟩ *ex. gr. supplendum est* ‖ **578** fulgores **Ψ** : -gures **Z** | ⟨paulatum appareant⟩ et *suppl. Gercke in app.* : ⟨crescant paulatim⟩ et *F. Muller* : ⟨et fiant paulatim⟩ et *Castiglioni*[1] | et **ZRHπ** : *om.* **δF** ‖ **582** *suppl. Muretus* ‖ **583** uel (et **U**)**Ψ** : aut **Z** ‖ **585** est **ZRϑπ** : *om.* **δ** | et *Muretus* : est **ZRAVϑPU** : *om.* **W** : est et **B**

obtexeris solem. oppone, inquam, soli alteram nubem:
huius uarietas interibit.
'At maior aliquanto est arcus quam sol.' dixi modo fieri 5
specula quae multiplicent omne corpus quod imitantur.
illud adiciam, omnia per aquam uidentibus longe esse
maiora: litterae quamuis minutae et obscurae per uitream
pilam aqua plenam maiores clarioresque cernuntur;
poma formosiora quam sunt uidentur si innatant uitro; si-
dera ipsa ampliora per nubem aspicienti uidentur, quia
acies nostra in umido labitur, nec adprehendere quod
uult fideliter potest. quod manifestum fiet si poculum im-
pleueris aqua et in id conieceris anulum: nam cum in
ipso fundo anulus iaceat, facies eius in summa aqua red-
ditur. quidquid uidetur per umorem longe amplius uero 6
est. quid mirum maiorem reddi imaginem solis quae in
nube umida uisitur, cum ex duabus causis hoc accidat?
quia in nube est aliquid uitro simile quod potest perlu-
cere, est aliquid et aquae, quam, etiamsi nondum habet,
iam parat, id est iam eius natura est in quam ex sua uerti-
tur.

589 dixi] 1.5.14

Ω = **Z**α(=**RABV**) ϑ(=**FH**) π(=**PUW**)]

591 uisentibus *Castiglioni*[1] (*conl. 1.5.11, 1.5.14, 1.11.2, Ep. 66.30, 71.24*) || **594** formosiora (-mosa **R**) **Ω** : carnosiora *Gertz*[2] : fere maiora *Gemoll*[2] || **595** ipsa **Z** : *om.* **Ψ** || **605** parat **Z**ϑ : apparet **δU** : apparat **PW**[1] : *plura om.* **R** || **605–606** id est – uertitur *locum nondum sanatum secl. Garrod*[1], *fort. recte* | iam[2] **ZR**ϑ**PU** : tam **W** : *plura om.* **δ** : similis *Vottero*[3] : essentiam *Garrod*[1] | eius⟨modi⟩ *Watt per litteras* : ⟨paene⟩ eius *Hine*[14] | naturae *Gemoll*[2] : naturam ⟨nactura⟩ *Münscher 165* : materia *Watt per*

7.1 'Quoniam' inquit 'uitri fecisti mentionem, ex hoc ipso
argumentum contra te sumam. uirgula solet fieri uitrea,
striata uel pluribus angulis in modum clauae torosa; haec
si in transuersum solem accipit, colorem talem qualis in
arcu uideri solet reddit, ut scias non imaginem hic solis
2 esse sed coloris mutationem ex repercussu.' primum in
hoc argumento multa pro me sunt: quod apparet a sole
fieri; quod apparet leue quiddam esse debere et simile
speculo quod solem repercutiat; deinde quod apparet non
fieri ullum colorem sed speciem falsi coloris, qualem, ut
dixi, columbarum ceruix et sumit et ponit utcumque de-
flectitur. hoc autem et in speculo est, cui nullus inditur
3 color, sed simulatio quaedam coloris alieni. unum hoc
tantum mihi soluendum est, quod non uisitur in ista uir-
gula solis imago: cuius bene exprimendae capax non est;
ita conatur quidem reddere imaginem, quia leuis est ma-
teria et ad hoc habilis, sed non potest, quia enormiter
facta est. si apta fabricata foret, totidem redderet soles

617 dixi] 1.5.6

Ω = **Z**α(=**RABV**) ϑ(=**FH**) π(=**PUW**)]

litteras | ⟨quae⟩ in ⟨a⟩quam *F. Muller* | uertitur **ZW**^{1} : -tatur (-satur **R**) **αϑPU**

609 striata *Gronouius*^{1} : stricta **Ω** | in modum **δϑπ** : immodum **ZR** | torosa **Rϑπ** : et orosa **Z** : tortuosa **δ** || **612** mutationem **ZRϑπ**, **L**^{2} *u. l.* : imitat- **L**^{2}**δ** | repercussu **ZF**^{1}**π** : perc- **F**^{2}**HRAB** : *om.* **V** || **613** argumento **L**^{2}**αϑPW** : -ta **ZU** || **617** utcumque **RAVPW**^{1}**H**^{c} : utquecumque **Z** : utrumque **FH**^{1}**U** : ubicumque **B** || **620** uisitur **αϑPU** : uisitatur **Z** : usitatur **W**^{1} || **622** conatur **Ψ** : coron- **Z** || **622–623** materiae *Garrod*^{1} || **623** ad **Ψ** : ob **Z** || **624** apte *Fortunatus*

quot habuisset in se toros. qui quia discernuntur inter se
nec satis in uicem speculi patent, inchoant tantum imagi-
nes nec exprimunt, et ob ipsam uiciniam turbant et in
speciem coloris unius abducunt.
‘At quare arcus non implet orbem, sed pars dimidia **8.**1
eius uidetur cum plurimum porrigitur incuruaturque?’
quidam ita opinantur: ‘sol, cum sit multo altior nubibus,
a superiore tantum illas percutit parte; sequitur ut infe-
rior pars earum non tinguatur lumine. ergo cum ab una
parte solem accipiant, unam eius partem imitantur, quae
numquam dimidia maior est.’ hoc argumentum parum 2
potens est. quare? quia quamuis ex superiore sol parte sit,
totam tamen percutit nubem, ergo et tinguit. quidni? cum
radios transmittere soleat et omnem densitatem perrum-
pere. deinde contrariam rem proposito suo dicunt. nam si
superior est sol et ideo superiori tantum parti nubium ad-
funditur, numquam terra tenus descendet arcus; atqui us-
que in humum demittitur. praeterea numquam non con- 3
tra solem arcus est; nihil autem ad rem pertinet supra

Ω = **Z**α(=**RABV**) ϑ(=**FH**) π(=**PUW**)]

625 habuit *Gercke in app.* | in se toros *Leo* (*conl. 1.7.1 'torosa'*) : in se colores **Z** : inspectores **Ψ** | qui **ZV**ϑπ : que **RAB** | quia ⟨non⟩ *Fortunatus* : quia ⟨uix⟩ *Gercke* || **626** patent *Schultess*[2] : nitent **Ω** || **628** abducunt **ZV**ϑ**U** : add- **RABPW**[1] || **631** sit multo **Ψ** : m- s- **Z** || **632** tantum illas **ZB** : tamen i- **AV** : i- **RW**[1] : i- tantum ϑ**PU** || **633** tingatur *Michaelis*[1] (*cf.* **637**) : tang- **Ω** || **634** imitantur αϑ**PU** : imitt- **Z** : immitt- **W** || **636** ex superiore sol (sor **Z**) **Z**ϑ**W**[1] : sol ex sup- **AB** : sol a sup- (-iori V) **RV** : a sup- sol **PU** || **637** et tinguit **Z**ϑ : et tingit **U** : et tangit **W** : contingit (-at **B**) α**P** || **642** demittitur **AV**[c] : dim- **ZRBV**[1]ϑπ infrane sit, quia totum quod contra est latus uerberatur. deinde aliquando arcum et occidens facit: tum certe ex inferiore parte nubes ferit terris propinquus. atqui et tunc dimidia pars est, quamuis solem nubes ex humili et sordido accipiant.

4 Nostri, qui sic in nube quomodo in speculo lumen uolunt reddi, nubem cauam faciunt et sectae pilae partem, quae non potest totum orbem reddere quia ipsa pars orbis est. proposito accedo, argumento non consentio. nam si in concauo speculo tota facies oppositi orbis exprimitur, et in semiorbe nil prohibet totam aspici pilam.

5 Etiamnunc diximus apparere circulos soli lunaeque in similitudinem arcus circumdatos. quare ille circulus iungitur, in arcu numquam? deinde quare semper concauae nubes solem accipiunt, non aliquando planae et tumentes?

6 Aristoteles ait post autumnale aequinoctium qualibet hora diei arcum fieri, aestate non fieri nisi aut incipiente

655 diximus] 1.2 || **660–674** cf. Arist. *Meteor.* 3.5, 377a11–28

Ω = **Zα**(=**RABV**) **ϑ**(=**FH**) **π**(=**PUW**)]

644 infrane **H** (*uide Axelson*^{2} *152 n. 28*) : infra ne **Z** : infraue **αFυ** : inframe **P** || **645** occidens *sc. sol, nisi* occidens ⟨sol⟩ *supplendum est* || **646** inferiore **ZF** : -iori **αHπ** (*cf. 2.49.3, 2.52.2, 3.8, 6.24.2, 7.6.3, Vottero 127*) || **649** lumen **Ψ** : imaginem **Z**, **L**^{2} *u. l.* : solem **T** || **652** si **Ψ** : et **Z** || **654** nil **Z** : nihil **Ψ** || **655** diximus **Ψ** : dic- **Z** | apparere circulos **Z** : c- a- **Ψ** || **656** ille **Zϑπ** : illo **R** : illis **δ** : illic *Mueck* (*cf.* **657** *'in arcu'*) || **658** plan(a)e **Ψ** : *om.* **Z** || **658–659** *lacunam post* tumentes *statuit Haase* || **660** *fort. ex. gr.* aequinoctium ⟨usque ad uernum⟩ *supplendum est* (*cf. Arist. Meteor. 3.5, 377a11–15*)

aut inclinato die. cuius rei causa manifesta est: primum
quia media diei parte sol calidissimus nubes euincit, nec
potest imaginem suam ab his recipere quas scindit; at
matutino tempore aut uergens in occasum minus habet
uirium, ideo a nubibus sustineri et repercuti potest.
deinde cum arcum facere non soleat nisi aduersus his in 7
quibus facit nubibus, cum breuiores dies sunt, semper ob-
liquus est, itaque qualibet diei parte, etiam cum altissi-
mus est, habet aliquas nubes quas ex aduerso ferire pos-
sit. at temporibus aestiuis supra nostrum uerticem fertur;
itaque medio die excelsissimus terras rectiore aspicit li-
nea quam ut ullis nubibus possit occurri; omnes enim
sub se tunc habet.

Nunc de uirgis dicendum est, quas non minus pictas 9.1
uariasque aeque pluuiarum signa solemus accipere. in
quibus non multum operae consumendum est, quia uir-
gae nihil aliud sunt quam imperfecti arcus. nam facies il-
lis est quidem picta, sed nihil curuati habens: in rectum
iacent. fiunt autem iuxta solem fere in nube umida et 2
iam se spargente. itaque idem est in illis qui in arcu co-

Ω = **Zα**(=**RABV**) **ϑ**(=**FH**) **π**(=**PUW**)]

666 et **Ψ** : ac **Z** ‖ **670** ex aduerso (diu- **R**) ferire (ferre **U**) **Ψ** : ferire ex adu- **Z**, *numero minus bono* ‖ **671** supra **Zαυ** : super **L**^{2}**ϑP** ‖ **673** occurrere *Vincentius Bellouacensis, Speculum Naturae 4.79, Haase III p. xxv* (*sed cf. F. Muller*) ‖ **676** (a)eque **Zδϑπ** : *om.* **R**, *secl. F. Muller* | pluuiarum signa **Ψ** : s- p- **Z** | accipere **Ψ** : aspicere **Z** ‖ **678** imperfecti (inspecti **W**^{1}) **Ω** : porrecti *J. Müller*^{3} (*sed Brennecke 30 n. 1 confert Arist. Meteor. 3.4, 374a16–18*) ‖ **678–679** illis est quidem **Z** (*uide Vottero*) : qu- i- est **α** : i- qu- est **ϑπ** ‖ **679** habens **ZRϑπ** : -ent **δ**

lor; tantum figura mutatur, quia nubium quoque in quibus extenduntur alia est.

10 Similis uarietas in coronis est, sed hoc differunt quod coronae ubique fiunt, ubicumque sidus est, arcus non nisi contra solem, uirgae non nisi in uicinia solis. possum et hoc modo differentiam omnium reddere: coronam si diuiseris, arcus erit, si derexeris, uirga. in omnibus color multiplex, ex caeruleo fuluoque uarius. uirgae soli tantum adiacent, arcus solares lunaresque sunt, coronae om-
11.1 nium siderum. aliud quoque uirgarum genus apparet cum radii per angusta foramina nubium tenues et intenti distantesque inter se deriguntur; et ipsi signa imbrium sunt.

2 Quomodo nunc me hoc loco geram? quid uocem? imagines solis? historici soles uocant et binos ternosque apparuisse memoriae tradunt; Graeci παρήλια appellant, quia in propinquo fere a sole uisuntur aut quia accedunt ad aliquam similitudinem solis. non enim totum imitantur sed magnitudinem eius figuramque. ceterum nihil habent ardoris, hebetes et languidi. his quod nomen imponimus? an facio quod Vergilius? qui dubitauit de nomine, deinde id de quo dubitauerat posuit:

Ω = **Z**α(=**RABV**) ϑ(=**FH**) π(=**PUW**)]

682 figura mutatur **Ψ** : figuram utatur **Z** || **684** similis (simul **R**) **Ψ** : -les **Z** || **688** derexeris *Garrod*[3] : direx- (dux- **R**) **Ω** || **689** ex **Ψ** : et **Z** || **690** lunaresque **Zδ** : tantum l- **ϑυ** : l- tantum **P** || **691–693** aliud – sunt *capiti priori adiunxit Madvig*[2] || **693** deriguntur *Skutsch* : dir- **Ω** || **694** hoc **Zϑ** : *om.* **απ** || **694–695** imagines? soles? *Leo* : ⟨solesne an⟩ imagines solis? *Garrod*[1] || **696** *παρήλια Fortunatus* : par(h)elia (parth- **B** : path- **R**) **Ω**

et quo te nomine dicam,
Rhaetica? nec cellis ideo contende Falernis.

nihil ergo prohibet illas parhelia uocari. sunt autem ima- 3
gines solis in nube uicina et spissa in modum speculi.
quidam parhelion ita definiunt: nubes rotunda et splen-
dida similisque soli. sequitur enim illum nec umquam
longius relinquitur quam fuit cum apparuit. num quis no-
strum miratur si solis effigiem in aliquo fonte aut placido
lacu uidit? non, ut puto. atqui tam in sublimi facies eius
quam inter nos potest reddi, si modo idonea est materia
quae reddat.

Quotiens defectionem solis uolumus deprehendere, po- 12.1
nimus pelues quas aut oleo aut pice implemus, quia pin-
guis umor minus facile turbatur et ideo quas recipit ima-
gines seruat. apparere autem imagines non possunt nisi in
liquido et inmoto. tunc solemus notare quemadmodum
soli luna se opponat et illum tanto maiorem subiecto cor-
pore abscondat, modo ex parte, si ita competît ut in latus
eius incurreret, modo totum. haec dicitur perfecta defec-

703–704 Verg. *Georg.* 2.95–96

Ω = **Z**α(=**RABV**) ϑ(=**FH**) π(=**PUW**)]

703 nomine (mie **W**) **Ω** : carmine *Verg.* || **706** uicina et spissa **Z** : s- et u- **Ψ** : s- et incurua *Garrod*[1] | in modum **Ψ** : immodum **Z** || **707** definiunt **T** : diffin- **Ω** || **709** numquis $\mathbf{L}^2$**α϶PU** : non quis **Z** : numquid **W** || **714** defectionem **αHπ** : -nes **Z** : de defectione **F** | deprehendere (compreh- **U**) **Ψ** : reprendere **Z** || **716** facile **Ψ** : faciei **Z** || **719** soli luna se **Z**, *meliore numero* : l- soli se **Bϑπ** : l- se soli **RA** : se l- soli **V** || **719** obiecto *Vottero*[3] (*sed cf. Cic. Rep. 1.25*) || **721** incurrerit **cod. Palatinus quartus Gruteri** : incurset *Mueck*

tio, quae stellas quoque ostendit et intercipit lucem, tunc scilicet cum uterque orbis sub eodem libramento stetit.
2 quemadmodum ergo utriusque imago in terris aspici potest, ita in aëre, cum sic coactus aër et limpidus constitit ut faciem solis acciperet. quam et aliae nubes accipiunt, sed transmittunt si aut mobiles sunt aut rarae aut sordidae: mobiles enim spargunt illam, rarae emittunt, sordidae turpesque non sentiunt, sicut apud nos imaginem maculosa non reddunt.

13.1 Solent et bina fieri parhelia et plura eadem ratione. quid enim impedit quominus tot sint quot nubes fuerunt aptae ad exhibendam solis effigiem? quidam in illa sententia sunt, quotiens duo simulacra talia existunt, ut iudicent in illis alteram solis imaginem esse, alteram imaginis. nam apud nos quoque cum plura specula disposita sunt ita ut alteri sit conspectus alterius, omnia implentur, et una imago a uero est, ceterae imaginum effigies sunt. nihil enim refert quid sit quod speculo ostendatur: quid-

Ω = **Z**α(=**RABV**) ϑ(=**FH**) π(=**PUW**)]

730 maculosa **δϑPU** : -am **ZRW**[1] ‖ **731** et plura **Z** : *om.* **Ψ** ‖ **732** fuerunt **ZRAVϑπ** : -int **B** : sunt *Hine*[14] *dub.* ‖ **736** cum plura **Ψ** : compl- **Z** ‖ **738** a uero **ZRϑπ** : uera **δ**

quid uidet, reddit. ita illic quoque in sublimi, si sic nubes
fors aliqua disposuit ut inter se conspiciant, altera nubes
solis imaginem, altera imaginis reddit. debent autem hae 2
nubes quae hoc praestant densae esse leues splendidae
planae †naturae solis†. ob hoc omnia eiusmodi simulacra
candida sunt et similia lunaribus circulis, quia ex
⟨re⟩percussu oblique accepto sole resplendent: nam si in-
fra solem nubes fuerit et propior, ab eo dissipatur; longe
autem posita radios non remittet nec imaginem efficiet,
quia apud nos quoque specula, cum procul a nobis ab-
ducta sunt, faciem non reddunt, quia acies nostra non ha-
bet usque ad nos recursum. pluuiarum autem et hi soles 3
(utar enim historica lingua) indicia sunt, utique si a parte

740–742 reddit: Ω = **Z**α(=**RABV**) ϑ(=**FH**) π(=**PUW**) ‖ 742–748 debent–efficiet: Ω = ζ(= **RZ**) α(= **R** (*in margine folii 55*^{v}) **ABV**) ϑ(= **FH**) π(= **PUW**)] ‖ 749 quia apud *sqq.*: Ω = ζ(=**RZ**) δ(=**ABV**) ϑ(=**FH**) π(=**PUW**)]

740 illic *Fortunatus* : -is **Z**ϑπ : -ud α | sic **Z** : *om.* Ψ ‖ 742 imaginis **Z**L^2**H** : -nes δ**F**π : *om.* **R** ‖ 744 planae L^2**H** : -ne ζαπ : plene **F** | natur(a)e solis (s- n- **W**) Ω : nature solide **TCam.DX,** *ut coni. Larisch*[3] : saturae solis *Madvig*[2] : naturae solis ⟨similes⟩ *Leo* : maturae soli *Rossbach*[6] *1481* : ut natura est solis *Garrod*[1] : ⟨uice fu⟩ncturae solis *Oltramare* : naturae solis ⟨simillimae⟩ *Alexander* : naturae ⟨similes⟩ solis *uel* aduersae solis *Codoñer Merino* (*sed* aduersae soli *melius erat*) : naturae soli ⟨simillimae⟩ *Nisbet* : uicinae soli (*cf. 1.11.3*) *Hine*[14] : *an delendum?* ‖ 746 ⟨re⟩percussu W^2, *ut coni. Kroll*[1] ‖ 747 fuerit **ZAVH PU**, **R** *in mg.* : -int **B**W^1 : fiunt **RF** | propior αϑ**PU** : proprior **ZW** : prior **R** ‖ 748 radios **R**Ψ : radio **Z** ‖ 749 quia Ω (*def. J. Müller*[3], *Axelson*[1]) : quomodo *Gertz*[2] : sic *Gercke* : quin *F. Muller* : ⟨quare?⟩ quia *Alexander* ‖ 751 autem ζδ : enim ϑπ | hi ζ**FVP** : hii **ABHW** : hiis **U** ‖ 752 enim ζ**AV** : autem **B**ϑπ

austri constiterunt, unde maxime nubes ingrauescunt; cum utrimque solem cinxit talis effigies, tempestas, si Arato credimus, surgit.

14.1 Tempus est alios quoque ignes percurrere, quorum diuersae figurae sunt. aliquando emicat stella, aliquando ardores sunt, hi nonnumquam fixi et haerentes, nonnumquam uolubiles. horum plura genera conspiciuntur: sunt putei, cum uelut corona cingente introrsus ingens caeli recessus est similis effossae in orbem specu; sunt pithiae, cum magnitudo uasti rotundique ignis dolio similis uel fertur uel uno loco flagrat; sunt chasmata, cum aliquod spatium caeli desedit et flammam uelut dehiscens in ab-
2 dito ostentat. colores quoque horum omnium plurimi sunt: quidam ruboris acerrimi, quidam euanidae ac leuis flammae, quidam candidae lucis, quidam micantes, quidam aequaliter et sine eruptionibus aut radiis fului.

754–755 Arat. *Phaen.* 884–886

Ω = ζ(=**RZ**) δ(=**ABV**) ϑ(=**FH**) π(=**PUW**)]

753 maximae *ed. Ven.*[1] ‖ **758** hi **ζFπ** : hii **H** : *om.* **δ** : et hi *uel* iique *Gercke in app.* ‖ **760** putei *Gercke, Rossbach*[5] : ut ei **ζϑπ** : *om.* **δ** : *βόϑυνοι Casaubon ex codice suo, teste Grutero*[2] : cute *uel* ceuthe *Garrod*[1] ‖ **760** ingens *Erasmi cod. teste Grutero*[2] : igneus **ζϑυ** : ignes **δP** ‖ **761** effoss(a)e **Ψ** : -ssa **ζ** | specu **ζ** : -us **ϑπ** : spelunce **δ** | pithiae *Erasmus*[1] : phyteae **Z**[1] : phiti(a)e (*uel* phic-) **Z**[c]**Rϑπ** : pĥici **A** : phisicle **B** : phiscle **V** : pitheae *Garrod*[1], *fort. recte* (*πιϑίας legitur ap. Phlp. in Mete. 92.34, πιϑείας ap. Procl. Par. Ptol. 2.10, p. 131*) ‖ **766** lenis *Gercke in app., numero minus bono* ‖ **768** *fort.* radîs*?*

Videmus ergo ‘flammarum longos a tergo albescere
tractus’. hae uelut stellae exiliunt et transuolant, uiden- 3
turque longum ignem porrigere propter inmensam celeritatem, cum acies nostra non discernat transitum earum, sed quacumque cucurrerunt, id totum igneum credat. tanta est enim uelocitas motus ut partes eius non dispiciantur, summa prendatur: intellegimus magis qua ierit
stella quam qua eat. itaque uelut igne continuo totum iter 4
signat, quia uisus nostri tarditas non subsequitur momenta currentis, sed uidet simul et unde exiluerit et quo peruenerit. quod fit in fulmine: longus nobis uidetur ignis eius quia cito spatium suum transilit, et oculis nostris occurrit uniuersum per quod deiectus est; at ille non est extenti corporis per omne qua uenit. neque enim tam longa et extenuata in impetum ualent.

Quomodo ergo prosiliunt? adtritu aëris ignis incensus 5
uento praeceps impellitur. non semper tamen uento adtrituue fit: nonnumquam et aliqua oportunitate aëris nasci-

769–770 Verg. *Georg.* 1.367

Ω = ζ(= **RZ**) δ(= **ABV**) ϑ(= **FH**) π(= **PUW**)]

769 *fort. excidit aliquid ante* uidemus | flammarum **cod. Memmianus,** *Verg.* (*cf.* *7.20.1*) : stellarum **Ω** || **770** hi ς, *ut olim coni. Gercke* || **772** earum *ed. Ven.*[1] : eorum **Ω** || **774–775** dispiciantur *Erasmus*[1] : displic- **R** : despic- **ZΨ** || **775** prendatur *Gronouius* : prendantur (pred- **V^1W** : pend- **P**) **Ω** | ⟨non⟩ magis *Larisch*[3] | ierit *amici ap. Gercke* : perit **ζϑπ** : pereat **δ** : parte ierit *Castiglioni*[1] || **776** ita[que] *Watt per litteras* || **779** quod fit ⟨et⟩ *Rossbach*[5] : quod fit ⟨item⟩ *Skutsch* : idem fit *Gercke in app.* || **780** suum **ζL^2U** : sursum **δϑPW** | transilit **ζL^2AV** : transtulit **Bϑπ** || **782** enim **ζϑ** : *om.* **δπ**

tur. multa enim sunt in sublimi sicca calida terrena, inter
quae oritur et pabulum suum subsequens defluit, ideoque
6 uelociter rapitur. 'at quare color diuersus est?' quia refert
quale sit id quod incenditur, quantum et quam uehemens
quo incenditur. uentum autem significant eiusmodi lap-
sus, et quidem ab ea parte qua erumpunt.

15.1 'Fulgores' inquis 'quomodo fiunt quos Graeci σέλα ap-
pellant?' multis ut aiunt modis: potest illos uentorum uis
edere; potest superioris caeli feruor (nam cum tam late
fusus sit ignis, inferiora aliquando, si sunt idonea ac-
cendi, corripit); potest stellarum motus cursu suo excitare
ignem et in subiecta transmittere. quid porro? non potest
fieri ut aër uim igneam usque in aethera elidat, ex qua
2 fulgor ardorue sit uel stellae similis excursus? ex his ful-
goribus quaedam praeceps eunt similia prosilientibus
stellis, quaedam certo loco permanent, et tantum lucis
emittunt ut fugent tenebras ac diem repraesentent, donec
consumpto alimento primum obscuriora sint, deinde
flammae modo quae in se cadit per adsiduam deminutio-
nem redigantur ad nihilum. ex his quaedam in nubibus
apparent, quaedam supra nubes, cum aër spissus ignem
quem propior terris diu pauerat usque in sidera expressit.

Ω = ζ(=**RZ**) δ(=**ABV**) ϑ(=**FH**) π(=**PUW**)]

790 id **Ψ** : *om.* **ζ** | quantum et quam *Gercke* : quantum et **ζϑπ** : et quam **δ** (*cf.* **793** *app.*) || **793** fulgores **Ψ** : quod f- **Z** : quam f- **R** (*cf.* **790** *app.*) | *σέλα Fortunatus* : sela **ZHPU** : sola **R** : scela **F** : chelas **δ** : *quid* **W**[1], *incertum* || **795** superioris **Ψ** : -ores **R** : -or **Z** | tam **ζ** : *om.* **Ψ** || **796** sit ignis **Ψ** : i- s- **ζ** || **800–801** fulgoribus *fort. delendum est, cf.* quaedam || **805–806** deminutionem *Gercke* : rem- **ζϑPU** : dim- **δ** : remissionem **W** || **808** propiorem *Vottero*[3]

horum aliqua non patiuntur moram sed transcurrunt, aut 3
extinguuntur subinde qua reluxerant. haec fulgores di-
cuntur, quia breuis illorum facies et caduca est, nec sine
iniuria decidens; saepe enim fulminum noxas ediderunt.
ab his tacta nos dicimus ⟨siderata⟩ [icta sine fulmine],
quae ἀστερόπληκτα Graeci uocant. at quibus longior 4
mora est et ignis fortior, motumque caeli sequuntur aut
etiam proprios cursus agunt, cometas nostri putant, de
quibus dictum est. horum genera sunt pogoniae et cypa-
rissiae et lampades et alia omnia quorum ignis in exitu
sparsus est. dubium an inter hos ponantur trabes et pith-

817 dictum est] in libro 7 (cf. Praef. XXIV)

Ω = ζ(=**RZ**) δ(=**ABV**) ϑ(=**FH**) π(=**PUW**)]

810 qua **TX** : quam **ζϑπ** : que **δ** | fulgura *Schultess*[1] *12 n. 2* || **813** tacta **H**[c]**π** : acta **ζ** : tecta **δ** : tracta **FH**[1] | siderata *suppl. Thulin*[1] *382–383* (*conl. Plin. Nat. 9.58, 28.226; cf. etiam CGL 2.324.54*) : siderosa *Codoñer Merino* (*conl. CGL 2.183.41*) : fulgurata *Gercke* (*conl. 2.21.2, 2.27.3; cf. etiam Plin. Nat. 15.57 'fulgurata' cod. M* (*'fulgura' codd. Ead, 'fulgora' DFe*), *CGL 5.458.4, 569.27*) : fulgurita *Castiglioni ap. Oltramare* (*cf. Dial. 5.23.6, TLL s.u. fulgurio*) | ⟨id est⟩ icta *Gercke* : ⟨id est fulgure⟩ icta *Vottero*[3] | icta sine fulmine *secl. Hine*[7] (sine fulmine *iam secl. Ruhkopf*) || **814** *ἀστερόπληκτα Jan 262* : *ἀστραπόπληκτα Vassis* (*ἀστραψόπληκτα iam Fortunatus*) : asperoplecta **ζL**[2]**ϑπ** : asperoplectra (asperso- **V**) **δ** || **815** sequuntur *Fortunatus* : sequens (-eris **V**) **Ω** | aut **Ψ** : ut **Z** : autem **R** : aut ⟨qui⟩ *Erasmus*[2] || **816** etiam *om.* **δ** | agens *Shackleton Bailey* || **817** dicendum est *uel* dicemus *Fortunatus, sed cf. Praef. p. XXIV* || **817** pogoni(a)e **ZϑPU** : pag- **Rδ** : perag- **W** || **817–818** cyparissiae *Fortunatus* (*conl. Paul. Fest. p. 51 M.*) : cyt(h)aris(s)i(a)e (*uel* ci-) **ζVHπ** : citharisse **F** : cithare **AB**

iae raro uisi; multa enim conglobatione ignium indi-
gent, cum ingens illorum orbis aliquantum matutini am-
5 plitudinem solis exsuperet. inter haec licet ponas et quod
frequenter in historiis legimus, caelum ardere uisum,
cuius nonnumquam tam sublimis ardor est ut inter sidera
ipsa uideatur, nonnumquam tam humilis ut speciem
longinqui incendii praebeat. sub Tiberio Caesare cohortes
in auxilium Ostiensis coloniae cucurrerunt tamquam
conflagrantis, cum caeli ardor fuisset per magnam partem
noctis parum lucidus, crassi fumidique ignis.
6 De his nemo dubitat quin habeant flammam quam
ostendunt: certa illis substantia est. de prioribus quaeritur
(de arcu dico et coronis) decipiant aciem et mendacio
7 constent, an in illis quoque uerum sit quod apparet. nobis
non placet in arcu aut corona subesse aliquid corporis
certi, sed illam iudicamus speculi esse fallaciam alienum
corpus nihil amplius quam mentientis. non est enim in
speculo quod ostenditur; alioquin non exiret nec alia pro-
tinus imagine obduceretur, nec innumerabiles modo in-
8 terirent modo exciperentur formae. quid ergo? simulacra

Ω = **ζ**(=**RZ**) **δ**(=**ABV**) **ϑ**(=**FH**) **π**(=**PUW**)]

821 aliquantum **ZϑPW** : -tulum **RU** : -to **δ** ‖ **821–822** matutini amplitudinem **Ψ** : a- (-ne **R**) m- **ζ** ‖ **829** ⟨quasi⟩ crassi *Gercke in app.* : ⟨ut⟩ crassi *Vottero*[3], *fort. recte* ‖ **835** sed illam **ζϑπ** : nihil enim **δ** : sed illis *Vottero*[3] | speculi *Larisch*[3] : in speculis **δ** : populis **ζϑPU** : *quid* **W**[1], *incertum* ‖ **836** amplius **ζ** : aliud (*om.* **F**) **Ψ** ‖ **839** exciperentur **AV** (*cf. 1.2.11, 1.5.6, 1.17.2*) : excirentur **B** : eriperentur **ζϑP** : erump- **U** : *quid* **W**[1], *incertum* : exprim- *Geist*[1] *33* (*cf. 1.3.1, 1.3.8, 1.3.13, al.*) : orer- *Leo* : inrumperent *Watt per litteras* | *an* ergo ⟨est⟩? *sed cf. Reynolds ad Dial. 4.5.3*

ista sunt et inanis uerorum corporum imitatio, quae ipsa
a quibusdam ita compositis ut hoc possint detorquentur
in prauum. nam ut dixi sunt specula quae faciem prospi-
cientium obliquent, sunt quae in infinitum augeant ita ut
humanum habitum modumque nostrorum corporum ex-
cedant.

Hoc loco uolo tibi narrare fabellam, ut intellegas quam **16.**1
nullum instrumentum inritandae uoluptatis libido con-
temnat et ingeniosa sit ad incitandum furorem suum. Ho-
stius fuit Quadra obscenitatis in scaenam usque perduc-
tae. hunc diuitem auarum, sestertii milies seruum, diuus
Augustus indignum uindicta iudicauit cum a seruis occi-
sus esset, et tantum non pronuntiauit iure caesum uideri.
non erat ille ab uno tantummodo sexu impurus, sed tam 2
uirorum quam feminarum auidus fuit, fecitque specula
huius notae cuius modo rettuli, imagines longe maiores
reddentia, in quibus digitus brachii mensuram et crassitu-
dinem excederet. haec autem ita disponebat ut cum ui-

842 dixi] 1.5.14

Ω = ζ(=**RZ**) δ(=**ABV**) ϑ(=**FH**) π(=**PUW**)]

841 possint **ζϑ** : -ent **δπ** ‖ **843** in **Ψ** : *om.* **ζ** ‖ **844–845** nostrorum corporum excedant **R**, *numero meliore* : n- e- **Z** : e- n- c- (e- *ante* modumque **V**) **Ψ** | excedat *Jan 262–263* (*sc. facies*) ‖ **849** scenam **ZABHP** : cenam **RVFυ** : canitiem *Shackleton Bailey* : senium *Watt* ‖ **849–850** perduct(a)e **Ω** : pro- ς ‖ **850** sestercii **ϑPU** : sext- **δW** : se sterci **R** : sestertiis (-tisis **Z**[1]) **Z**[c] | milies **L**[2]**δHπ** : miles **RF** : mille **Z** ‖ **852** tantum **ZϑPU** : tamen **RδW** ‖ **854** fuit *om.* ς, *secl. Haase* : fututor *Kroll*[1] ‖ **855** not(a)e **ZδϑPU** : nocte **RW**[1]

rum ipse pateretur auersus, omnes admissarii sui motus
in speculo uideret, ac deinde ipsius membri falsa magni-
3 tudine tamquam uera gaudebat. in omnibus quidem bal-
neis agebat ille dilectum, et aperta mensura legebat uiros,
sed nihilominus mendaciis quoque insatiabile malum
oblectabat. i nunc et dic speculum munditiarum causa re-
pertum! foeda dictu sunt quae portentum illud ore suo
lancinandum dixerit feceritque, cum illi specula ab omni
parte opponerentur ut ipse flagitiorum suorum spectator
esset, et quae secreta quoque conscientiam premunt,
quaeque et sibi quisque fecisse se negat, non in os tan-
4 tum sed in oculos suos ingereret. at hercules scelera con-
spectum sui reformidant. in perditis quoque et ad omne
dedecus expositis tenerrima est oculorum uerecundia.
ille, quasi parum esset inaudita et incognita pati, oculos
suos ad illa aduocauit, nec quantum peccabat uidere con-
tentus, specula sibi per quae flagitia sua diuideret dispo-
neretque circumdedit; et quia non tam diligenter intueri

Ω = ζ(=**RZ**) δ(=**ABV**) ϑ(=**FH**) π(=**PUW**)]

858 auersus **δϑU** : adu- **ζPW** ‖ **859–860** ipsius menbri falsa magnitudine **Z** : i- membri ma- f- **R** : f- ma- (imagine **B**) i- membri **Ψ** ‖ **861** dilectum **ZAVϑπ** : del- **RB** ‖ **865** lancinandum **A**[1]**ϑW** : lacin- **ζP**[c] : lacer- **BV**, **A** *u. l.* : laucin- **U** : lacinantes **P**[1] ‖ **868** queque **L**[2]**ϑU** : quae **Z** : *om.* **R** : et que **δ** : quoque **P**, *fort.* **W**[1] | et sibi *Gercke* (*Axelson*[1] *conf. Ben. 6.38.5*) : ac sibi (sibi *post* quisque **F**) **ζϑW**[1] : accusatus **δ** : acris **P** : atris **U** : ⟨alii aeque⟩ ac sibi *Haase* : ⟨qui⟩ facit sibi *Madvig*[2] : ⟨tacet⟩ ac sibi *Rossbach*[5] : [ac] sibi *Skutsch* : ⟨cum fecerit⟩ sibi *Castiglioni*[1] | os **ZδH** : nos **Rπ** : hos **F** ‖ **869** hercules **ζϑπ** : hercule **V** : hercle **A** : herilem **B** : mehercules *Pinciani cod., fort. recte* (*cf. Hine*[6] *205*) ‖ **870** in perditis **Ψ** : imp- **ζ** ‖ **872–907** ille quasi – immolandus fuit *om.* **B**

poterat cum caput merserat inguinibusque alienis obhae-
serat, opus sibi suum per imagines offerebat. spectabat il- 5
lam libidinem oris sui; spectabat admissos sibi pariter in
omnia uiros; nonnumquam inter marem ac feminas di-
stributus et toto corpore patientiae expositus spectabat
nefanda. quidnam homo impurus reliquit quod in tene-
bris faceret? non pertimuit diem, sed illos concubitus por-
tentuosos sibi ipse ostendit, sibi ipse adprobauit. qu⟨id?
tu⟩ eum non putes in illo habitu et pingi uoluisse?
Est aliqua etiam prostitutis modestia, et illa corpora 6
publico obiecta ludibrio aliquid quo infelix patientia la-
teat obtendunt; adeo in quaedam lupanar quoque uere-
cundum est. at illud monstrum obscenitatem suam spec-
taculum fecerat, et ea sibi ipse ostentabat quibus
abscondendis nulla satis alta nox est. ‘simul’ inquit ‘et ui- 7
rum et feminam patior. nihilominus illa quoque superua-
cua mihi parte alicuius contumelia marem exerceo. om-
nia membra stupris occupata sunt: oculi quoque in
partem libidinis ueniant et testes eius exactoresque sint.

Ω = ζ(=**RZ**) δ(=**AV**) ϑ(=**FH**) π(=**PUW**)]

879 ac ζ**HW** : et δ**FPU** | feminas ζ : -am **Ψ** || **883–884** quid? tu eum non *Hine*[14] : quid? eum non *Brakman*[1] : quem non **ZFPW** : quam non **R** : quem num **HU** : quid non δ : eumque non *Gercke in app.* | quem num putas ... noluisse? *Vottero*[3] || **884** illo ζ : ipso **Ψ** | et ζ : *om.* **Ψ** | uoluisse ζ**A**ϑπ : nol- **V** || **886** ludibrio **Ψ** : lubidrio **Z** : libio **R** || **887** qu(a)edam **Z**ϑ**P** : quodam **R** : quodam modo δ : quadam **U** : *quid* **W**[1], *incertum* : uulgando *Gercke in app.* || **889** ipse ζ : *om.* **Ψ** || **892** ⟨cum⟩ contumelia *Münscher 165* | marem, *sc. uirilitatem* : *locum uarie temptatum explanauit Housman*[2] *405–406* = *Housman*[4] *1178*

etiam ea quae a conspectu corporis nostri positio sub-
mouit arte uisantur, ne quis me putet nescire quid fa-
8 ciam. nil egit natura quod humanae libidini ministeria
tam maligne dedit, quod aliorum animalium concubitus
melius instruxit. inueniam quemadmodum morbo meo et
imponam et satisfaciam. quo nequitiam meam, si ad na-
turae modum pecco? id genus speculorum circumponam
mihi quod incredibilem magnitudinem imaginum reddat.
9 si liceret mihi, ad uerum ista perducerem; quia non licet,
mendacio pascar. obscenitas mea plus quam capit uideat,
et patientiam suam ipsa miretur.' facinus indignum! hic
fortasse cito et antequam uideret occisus est: ad specu-
lum suum inmolandus fuit.

17.1 Derideantur nunc philosophi quod de speculi natura
disserant, quod inquirant quid ita facies nostra nobis et
quidem in nos obuersa reddatur, quid sibi rerum natura
uoluerit quae, cum uera corpora edidisset, etiam simula-
2 cra eorum aspici uoluit, quorsus pertinuerit hanc compa-
rare materiam excipiendarum imaginum potentem – non
in hoc scilicet ut ad speculum barbam uelleremus aut ut
faciem uiri poliremus: in nulla re illa luxuriae negotium
gessit, sed primum omnium, quia inbecilli oculi ad susti-
nendum comminus solem ignoraturi erant formam eius,

Ω = **ζ**(=**RZ**) **δ**(=**A**(**B**)**V**) **ϑ**(=**FH**) **π**(=**PUW**)]

895 a **Ψ** : *om.* **ζ** || **898** maligne **ζ**, *meliore numero* : -na **Ψ** || **903** istas *Vottero*[3], *sed cf. 2.32.5, 2.35.1, 2.55.1, 6.6.1* || **910** quidem **ZAVHπ** : quid **RF** : quod **B** || **911** quae *Vottero*[3] : quod **ZΨ** : quam **R** || **915–978** in nulla – factum est *om.* **B** || **916** gessit *Madvig*[2] : concessit **Ω** || **917** comminus **H**[1] : cum minus **ZW**[1] : cominus **RδFH**[c] : communem **P** : caminus **U**

hebetato illum lumine ostendit. quamuis enim orientem
occidentemque eum contemplari liceat, tamen habitum
eius ipsum qui uerus est, non rubentis sed candida luce
fulgentis, nesciremus, nisi in aliquo nobis umore lenior et
aspici facilior occurreret. praeterea duorum siderum oc- 3
cursum quo interpellari dies solet non uideremus, nec
scire possemus quid esset quod solem nulla obuersante
nube subduceret, nisi liberius humi solis lunaeque imagi-
nes uideremus. inuenta sunt specula ut homo ipse se nos- 4
set, multa ex hoc consecuturus, primum sui notitiam,
deinde ad quaedam consilium: formosus ut uitaret infa-
miam; deformis ut sciret redimendum esse uirtutibus
quidquid corpori deesset; iuuenis ut flore aetatis admone-
retur illud tempus esse discendi et fortia audendi; senex
ut indecora canis deponeret, ut de morte aliquid cogita-
ret. ad haec rerum natura facultatem nobis dedit nosmet
ipsos uidendi.

Fons cuique perlucidus aut leue saxum imaginem red- 5
didit:

Ω = ζ(= **RZ**) δ(= **AV**) ϑ(= **FH**) π(= **PUW**)]

918 illum **ζδ** : illud **ϑ** : *om.* **π** || **923** interpellari **ζ**, *ut coni. Schottus* : -polari **Ψ** || **924–925** quod (quam **R**) solem nulla (nullo **R**) obuersante nube subduceret **ζ** : *om.* **Ψ** || **925** liberi[us] *Gercke in app.* : tolerabilius *Watt* || **926–927** nosceret *ed. Ven.*[1] || **927** consecuturus *Gertz*[2] : -cuntur **ζF** : -qu(u)ntur **Hπ** : -ctantur **δ** | notitiam (*plura om.* **Z**) **Ω** : munditiam *J. Müller*[3] || **930** desset *F. Muller* || **935** leue (lene **F**) saxum **Ω** : leuis lacus *Schultess*[2] : aes leuatum *Gercke in app.* (*sed de speculis lapideis cf. Thphr. Lap. 33, Plin. Nat. 36.196, Suet. Dom. 14.4*) || **935–936** reddidit **ζL**[2] : reddit **Ψ**

nuper me in litore uidi,
cum placidum uentis staret mare.

qualem fuisse cultum putas ad hoc se speculum comentium? aetas illa simplicior et fortuitis contenta nondum in uitium beneficia detorquebat nec inuenta naturae in li-
6 bidinem luxumque rapiebat. primo faciem suam cuique casus ostendit; deinde cum insitus sui mortalibus amor dulcem aspectum formae suae faceret, saepius ea despexere in quibus effigies suas uiderant. postquam deterior populus ipsas subît terras effossurus obruenda, ferrum primum in usu fuit (et id impune homines eruerant si solum eruissent), tunc deinde alia terrae mala, quorum leuitas aliud agentibus speciem suam obtulit, quam hic in poculo ille in aere ad ali[qu]os usus comparato uidit; et mox huic proprie ministerio praeparatus est orbis nondum argentei nitoris, sed †fragilis† uilisque materiae.

7 Tunc quoque cum antiqui illi uiri incondite uiuerent, satis nitidi si squalorem opere collectum aduerso flumine eluerant, cura comere capillum fuit ac prominentem bar-

937–938 Verg. *Ecl.* 2.25–26

Ω = ζ(=**RZ**) δ(=**AV**) ϑ(=**FH**) π(=**PUW**)]

939–940 comentium **Z**$\mathbf{L}^{2}$**ϑ**υ : -ercium **R** : -ertium **P** : cernentium **δ** ‖ **950** alios ς, *ut coni. Erasmus*^{2} : aliquos **Ω** | comparato **RδHπ** : -os **ZF** ‖ **951** proprie **ZHPW** : -io **Rδ** : prope **F** : propri■ (*macula post* i) **U** | preparatus **Ψ** : formatus **ζ** ‖ **951–952** nondum – materiae *fort. secludendum esse coni. Hine*^{14} | argentei nitoris (*om.* sed) **E** : argenti nitor (-ore **Z**) **Ω** ‖ **952** fragilis **Ω** : parabilis *Watt* | materiae *Watt* : -ia **Ω** ‖ **955** ⟨parua⟩ cura *Gercke* (*sed* **953** tunc quoque *repugnare uidit Castiglioni*^{1}) | ⟨de⟩fuit *uel* ⟨non⟩ fuit *Alexander*

bam depectere; at in hac re sibi quisque, non alteri in ui-
cem, operam dabat. ⟨ne⟩ coniugum quidem manu crinis
ille quem effundere olim mos uiris fuit adtrectabatur, sed
illum sibi ipsi sine ullo artifice formosi quatiebant, non
aliter quam iubam generosa animalia. postea iam rerum 8
potiente luxuria specula totis paria corporibus auro argen-
toque caelata sunt, gemmis deinde adornata. et pluris
unum ex his feminae constitit quam antiquarum dos fuit,
non ⟨excepta⟩ illa quae publice dabatur imperatorum
pauperum liberis. an tu existimas auro inlitum habuisse
Scipionis filias speculum, cum illis dos fuisset aes graue?
o felix paupertas quae tanto titulo locum fecit! non cepis- 9
sent illam dotem, si habuissent. at quisquis ille erat cui
soceri loco senatus fuit, intellexit accepisse se dotem
quam fas non esset reddere. iam libertinorum uirgunculis
in unum speculum non sufficit illa dos quam dedit †pro

Ω = **ζ**(=**RZ**) **δ**(=**AV**) **ϑ**(=**FH**) **π**(=**PUW**)]

956 at *uel* set *Castiglioni*[1] : et **Ω** | non alteri **Z** : alteri **RΨ** : non ⟨alter⟩ alteri *Gercke, fort. recte* ‖ **957** *suppl. Haase* ‖ **958** quem **Ψ**, **Z**[c] : quam **Z**[1] : quamque **R** | mos **ZδϑPU** : mox **RW** ‖ **961** potiente **Vϑπ** : -tem **R** : potentiae **Z** : poscente **A** ‖ **964** non ⟨excepta⟩ *Watt* : non *secl. Pincianus* : nempe *Ruhkopf* ‖ **964–965** non – liberis *secl. Castiglioni*[1] ‖ **965** inlitum *Madvig*[2] : indi- **ζϑPU** : incli- **A** : indicium **V**, **W**[1] *ut uid.* (*sed fort.* iud-) ‖ **967** titulo **Ω** : tutori *Geist*[1] *33* ‖ **967–968** non – habuissent *fort. secludendum* | cepissent *Leo* : fecissent **ζ** : fecisset **Ψ** ‖ **968** illam **W**[1], *ut uid., ut coni. Leo* : illa **ζϑPU** : illis senatus **δ** : illis *Vottero* ‖ **971–972** pro alo se **RF PW**[1] : pro animo se **H** : pro animosa **Z** : pro animose **U** : pro se scipio **δ** : senatus pro Scipione *Muretus* : populus Romanus aīo se†. processit enim paulatim in deterius opibus ipsis inuitata luxuria, et incrementum ingens uitia ceperunt, adeoque omnia indiscreta sunt diuersissimis artibus ut quidquid mundus muliebris uocabatur, sarcinae uiriles sint – omnes dico, etiam militares. iam speculum ornatus tantum causa adhibetur? nulli non uitio necessarium factum est.

Ω = **ζ**(=**RZ**) **δ**(=**AV**) **ϑ**(=**FH**) **π**(=**PUW**)]

Scipioni *Scaliger* : senatus populi Romani nomine (*malim* p- R- n- s-) *Madvig*[2] : pro Africano senatus *Leo* : populus Romanus senatus consulto *Rossbach*[5] : populi Romani senatus *F. Muller*
973 inuitata **ζHπ** (*cf. Ep. 76.18, 123.13)* : imitata **F** : mutata **δ** : inritata *Geist*[1] *34* || **974** omnia (*om.* **U**) indiscreta **Ψ** : i- o- **ζ** || **976** ⟨an⟩ iam *Gercke in app.* || **976–977** ⟨non⟩ ornatus ... adhibetur: *Skutsch* || **977** tantum causa (cura **V**) **Ψ** : c- t- **Z** : c- tamen **R**
Explicit liber Vus **R** : Explicit Ius **V** : Explicit liber VIIus **H** : Explicit liber quintus senece naturalium questionum **U** : *om.* **ZABFPW**[1]

L. ANNAEI SENECAE

NATVRALIVM QVAESTIONVM

LIBER SECVNDVS QVI FERTVR

⟨De fulminibus et tonitribus⟩

Omnis de uniuerso quaestio in caelestia sublimia terrena 1.1
diuiditur. prima pars naturam siderum scrutatur, et ma-
gnitudinem et formam ignium quibus mundus includitur,
solidumne sit caelum ac firmae concretaeque materiae,
an ex subtili tenuique nexum, agatur an agat, et infra se
sidera habeat an in contextu sui fixa, quemadmodum
anni uices seruet, solem retro flectat, cetera deinceps his
similia. secunda pars tractat inter caelum terrasque uers- 2
antia. hic sunt nubila imbres niues ⟨uenti terrarum mo-

Ω = ζ(=**RZ**) δ(=**ABV**) ϑ(=**FH**) π(=**PUW**)]

1–4 Incipit VIus de tonitruo et fulguratiouibus **R** : Incipit secundus. De naturalibus questionibus **V** : Incipit VIII **H** : Incipit liber sextus eiusdem **U** : Incipit liber IIIus **W**[1] : *om.* **ZA BFP** : *de uero libri numero cf. Praefationem pp. XXII–XXV* || **4** *suppl. Gercke* (*cf.* **R**) : ⟨De tonitribus, fulminibus fulguribusque⟩ *Vottero*[3] || **9** se **ζδυ** : sese **ϑP** || **11** anni **ZHPW**[1] : an in **RδU** : annus **F** || **12** terrasque **ζϑπ** : -amque **δ** || **13** hic **ZAV ϑπ** : hec **R** : *om.* **B** : hinc **O** | uenti *suppleri posse uidit G. Müller 19 (sed negauit quicquam excidisse)* || **13–14** terrae motus *suppl. Desmarest, qui primus lacunam adgnouit* : terrarum motus *suppl. Vottero*[3] tus fulmina⟩, 'et humanas motura tonitrua mentes', quaecumque aër facit patiturue. haec sublimia dicimus, quia editiora imis sunt. tertia illa pars de aquis terris arbustis satis quaerit, et, ut iurisconsultorum uerbo utar, de omnibus quae solo continentur.

3 'Quomodo' inquis 'de terrarum motu quaestionem eo posuisti loco quo de tonitribus fulminibusque dicturus es?' quia cum motus spiritu fiat, spiritus autem aër sit agitatus, etiamsi subit terras non ibi spectandus est: cogi-
4 tetur in ea sede in qua illum natura disposuit. dicam quod magis tibi mirum uidebitur: inter caelestia de terra dicendum erit. 'quare?' inquis. quia cum propria terrae ipsius excutimus suo loco, utrum lata sit et inaequalis et enormiter proiecta, an tota in formam pilae spectet et in orbem partes suas cogat, alliget aquas an aquis alligetur, ipsa animal sit an iners corpus et sine sensu, plenum quidem spiritus sed alieni, et cetera huiusmodi quotiens in manus uenerint, terram sequentur et in imo conlocabun-
5 tur; at ubi quaeretur quis terrae situs sit, qua parte mundi consederit, quomodo aduersus sidera caelumque posita sit, haec quaestio cedet superioribus, et, ut ita dicam, meliorem condicionem sequetur.

14 Ou. *Met.* 1.55

Ω = **ζ**(=**RZ**) **δ**(=**ABV**) **ϑ**(=**FH**) **π**(=**PUW**)]

14 fulmina *suppl. Hine*[6] (*cf. c. 1.3*) : fulgores *suppl. Haase,* fulgura *Gercke* ‖ **15** quia **δ** : qu(a)e **ζϑπ** ‖ **20** fulminibusque **ζ** : fulgori- **δπ** : fulguri- **ϑ** ‖ **21** cum motus **ZVϑP** : comm- **RABυ** ‖ **24** tibi **ζL**^{2} : *om.* **Ψ** ‖ **26** lata **Ω** : ouata *Russell* (*cf. Var. ap. Cassiod. de artibus ac disciplinis liberalium litterarum 7* (*PL 70.1218D*)) ‖ **31** imo **ZHπ** : uno **RF** : imis **δ**

Quoniam dixi de partibus in quas omnis rerum naturae 2.1
materia diuiditur, quaedam in commune dicenda sunt; et
hoc primum praesumendum, inter ea corpora quibus un-
itas est aëra esse. quid sit hoc, quare praecipiendum fue- 2
rit, scies si paulo altius repetiero et dixero esse aliquid
continuum aliquid commissum. continuatio est partium
inter se non intermissa coniunctio; [unitas … continua-
tio] ⟨commissura⟩ est duorum coniunctorum inter se cor-
porum tactus; ⟨unitas est sine commissura continuatio.⟩
numquid dubium est quin ex his corporibus quae uide- 3
mus tractamusque, quae aut sentiuntur aut senti⟨ri pos-
s⟩unt, quaedam sint composita (illa constant aut nexu
aut aceruatione ⟨aut compactione⟩, ut puta funis frumen-
tum nauis), rursus non composita (ut arbor lapis)? ergo
concedas oportet, ex his quoque quae sensum quidem ef-
fugiunt, ceterum ratione prenduntur, esse in quibusdam

Ω = ζ(= **RZ**) δ(= **ABV**) ϑ(= **FH**) π(= **PUW**)]

38 inter ea **B**[c]**Vϑ W** : interea **ζAB**[1]**P** : iter ea **U** | corpora *Koeler* : compar a **ζϑP** : corpora a **δ** : cum par a **U** : *quid* **W**[1], *incertum* ‖ 39 hoc ⟨et⟩ **V** ‖ 40 unum aliquid *post* esse aliquid *suppl. Gercke; fort.* aliquid unum *post* 41 commissum *supplendum est* ‖ 42–43 unitas … continuatio *post* 44 tactus *transp. Badstübner*[1] | [unitas … continuatio] ⟨commissura⟩ *Hine*[6], *Bongarsium et Badstübner*[1] *secutus* : unitas est sine commissura continuatio **Ω** : et unitas: [sine] commissura [continuatio] *Bongarsius* : [unitas est sine] commissura [continuatio] *Theiler* ‖ 43 est **W**[2], *ut coni. Bongarsius* : et **Ω** : et ⟨commissura⟩ *La Grange* : et ⟨commissura est⟩ *Haase* : et⟨enim commissura est⟩ *Gercke* ‖ 46–47 *suppl. Gercke in app.* ‖ 47 sint composita **ZB** : sunt c- **RAVHP** : c- sunt **FW** : *plura om.* **U** ‖ 48 *suppl. Diels*[2] : ⟨aut iunctura⟩ *suppl. Vottero*[3] | funis **ζδW** : finis **ϑPU**

4 unitatem corporum. uide quomodo auribus tuis parcam: expedire me poteram si philosophorum lingua uti uoluissem, ut dicerem unita corpora. hoc cum tibi remittam, tu inuicem mihi refer gratiam. †quare istud?† si quando dixero unum, memineris me non ad numerum referre, sed ad naturam corporis nulla ope externa sed unitate sua cohaerentis. ex hac nota corporum aër est.

3.1 Omnia quae in notitiam nostram cadunt aut cadere possunt mundus complectitur. ex his quaedam partes eius sunt, quaedam materiae loco relicta; desiderat enim omnis natura materiam sicut ars omnis quae manu con-
2 stat. quid sit hoc, apertius faciam: pars est nostri oculus manus ossa nerui; materia sucus recentis cibi iturus in partes. rursus quasi pars est sanguis nostri, quia ⟨est pars⟩ et tamen est materia; reparat enim uitalia, et nihilominus numero eorum est quibus totum corpus efficitur.

4.1 Sic mundi pars est aër, et quidem necessaria. hic est enim qui caelum terramque conectit, qui ima ac summa sic separat ut tamen iungat: separat quia medius interue-

Ω = ζ(=**RZ**) δ(=**ABV**) ϑ(=**FH**) π(=**PUW**)]

55 quare (quarum **R**) istud **Ω** : 'Quale istud?' *Michaelis*[1] : 'quamnam?' quaeris. ut *Gertz*[2] : quam? istud *Russell* : quorsus istud? *Hine*[6] *in app.* ‖ **63** est **ζϑ** : enim **δπ** ‖ **65** quia ⟨est pars⟩ *Hine*[6] : quia ⟨pars⟩ *Gercke* : qui (*om.* **B**) **Ω** ‖ **66** reparat *Gercke in app.* : preparat **ζL**[2]**ϑ** : pars **W** : parat **δPU** | uitalia *Gercke* : id alia **ZL**[2]**ϑπ** : alia **R** : et alia **δ** ‖ **67** numero **ζπ** : in numero (eorum *ante* numero **B**) **δ**, *fort. recte* : *om.* **ϑ** ‖ **68** et quidem necessaria **AV** : equidem n- **ζϑPU** : n- quidem **B** : equa n- **W**[1] ‖ **69** c(a)elum terramque **Ψ** : terram c(a)elumque **ζ** ‖ **70** tamen **RδP** : inde **ZW**[1] : tam **U** : *om.* **ϑ**

nit; iungit quia utrique per hunc inter se consensus est;
supra se dat quidquid accepit a terris, rursus uim siderum
in terrena transfundit. quasi partem mundi uoco ut ani- 2
malia et arbusta; nam genus animalium arbustorumque
pars uniuersi est, quia in consummationem totius ad-
sumptum, et quia non est sine hoc uniuersum; unum au-
tem animal et una arbor quasi pars est, quia quamuis per-
ierit, tamen id ex quo perit totum est. aër autem, ut
dicebam, et caelo et terris cohaeret; utrique innatus est.
habet autem unitatem quidquid alicuius rei natiua pars
est; nihil enim nascitur sine unitate.

Terra et pars est mundi et materia. pars quare sit non 5.1
puto te interrogaturum, nisi aeque interrogas quare cae-
lum pars sit: quia scilicet non magis sine hoc quam sine
illa uniuersum potest esse, quod cum his uniuersum est
ex quibus ⟨est. rursus materia mundi terra est,⟩ quoniam
ex hac alimenta omnibus animalibus, omnibus satis, om-
nibus stellis diuiduntur, hinc uiritim singulis, hinc ipsi 2
mundo tam multa poscenti subministrantur; hinc profer-

Ω = ζ(= **RZ**) δ(= **ABV**) ϑ(= **FH**) π(= **PUW**)]

71 hunc ζ**L**[2]**B**, *ut coni. Kroll*[1] : hoc **AV**ϑπ ‖ 73 quasi ζϑπ : quem sic δ : ⟨hunc⟩ quasi *Gercke* ‖ 75 consummationem **Z**ϑ**PU** : -ne **R**δ**W** ‖ 83 nisi eque interrogas **f**, *ut coni. Rossbach*[5] : ut (a)eque -gas ζϑπ : ut equ(a)e -ges δ : aut aeque -ges *Pincianus* : aut aeque -ga *Gertz*[2] : ut neque -gas (-garis *mauult Gercke in app., conl. 1.1.2, 2.2.4*) *Kroll*[1], *Leo* ‖ 85 uniuersum δ : -sis ζϑπ ‖ 86 *ex. gr. suppl. Hine*[6] : materia est *suppl. Madvig*[2] | quoniam *Hine*[6] : quam ϑπ : *om.* ζ : id est ex illo et δ : quia *Madvig*[2] ‖ 87 ex hac (hac *om.* **V**) Ψ : *om.* ζ ‖ 88 uiritim **R**ϑ**PW** : uirium **Z** : quicquid est uirium δ : *om.* **U**, *spatio relicto*

tur quo sustineantur tot sidera tam exercitata tam auida per diem noctemque, ut in opere ita in pastu. omnium quidem rerum natura quantum in nutrimentum sui satis sit adprendit; mundus autem quantum in aeternum desiderabat inuasit. pusillum tibi exemplar magnae rei ponam: oua tantum complectuntur umoris quantum ad effectum animalis exituri sat est.

6.1 Aër continuus terrae est, et sic adpositus ut statim ibi futurus sit unde illa discesserit. pars totius est mundi, sed tamen quidquid terra in alimentum caelestium misit, recipit, ut scilicet materia non pars intellegi debeat. ex hoc omnis inconstantia eius tumultusque est.

2 Hunc quidam ex distantibus corpusculis ut puluerem
struunt, plurimumque a uero recedunt. numquam enim
nisi contexti per unitatem corporis nisus est, cum partes
consentire ad intentionem debeant et conferre uires. aër
autem si in atomos inciditur sparsus est; tendi uero dis-
3 iecta non possunt. intentionem aëris ostendent tibi in-
flata nec ad ictum cedentia; ostendent pondera per ma-
gnum spatium ablata gestante uento; ostendent uoces,
quae remissae claraeque sunt prout aër se concitauit.
quid enim est uox nisi intentio aëris ut audiatur linguae
4 formata percussu? quid cursus et motus omnis? nonne in-

Ω = ζ(= **RZ**) δ(= **ABV**) ϑ(= **FH**) π(= **PUW**)]

90 exercitata ζδ : -cita ϑπ, *fort. recte* ‖ **93** adprendit ζ**HPU** : -prehendit δ**F** : -prendere *ut uid.* **W**^{1} ‖ **93–94** desiderabit *Watt* ‖ **97** est δ : *om.* ζϑπ ‖ **104** nisi contexti *Haase* : c- n- δ : n- context(a)e ζϑπ | nisus **ZA**^{c}**BVH** : uisus **RA**^{1}υ, **F** *ut uid.* : uisum **P** ‖ **106** tendi *Fromondus* : teneri (te **P**) Ω ‖ **107** ostendent tibi Ψ : t- o- ζ ‖ **109** ostendent ζδ : -unt ϑπ

tenti spiritus opera sunt? hic facit uim neruis, hic ueloci-
tatem currentibus. hic, cum uehementius concitatus ipse
se torsit, arbusta siluasque conuoluit, et aedificia tota cor-
ripiens in alto frangit. hic mare per se languidum et ia-
cens incitat. ad minora ueniamus: quis sine intentione 5
spiritus cantus est? cornua et tubae et quae aquarum
pressura maiorem sonum formant quam qui ore reddi po-
test, nonne aëris intentione partes suas explicant? consi-
deremus quae ingentem uim per occultum agunt: paruula
admodum semina, et quorum exilitas in commissura lapi-
dum locum inuenit, in tantum conualescunt ut ingentia
saxa deturbent et monumenta dissoluant; scopulos in-
terim rupesque radices minutissimae ac tenuissimae fin-
dunt. hoc quid est aliud quam intentio spiritus, sine qua
nihil ualidum et contra quam nihil ualidum est? esse au- 6
tem unitatem in aëre uel ex hoc intellegi potest, quod
corpora nostra inter se cohaerent. quid enim esset aliud
quod teneret illa quam spiritus? quid est aliud quo ani-
mus noster agitetur? quis esset illi motus nisi intentio?
quae intentio nisi ex unitate? quae unitas nisi haec esset
in aëre? quid autem aliud producit fruges et segetem in-

Ω = **ζ**(= **RZ**) **δ**(= **ABV**) **ϑ**(= **FH**) **π**(= **PUW**)]

113–114 neruis hic uelocitatem **ζ** : n- u- **ϑπ** : et u- n- **δ** || **114** uehementius (*uel* -cius) **ζB** : -ter **AVϑπ** || **116** alto **ζϑπ** : -um **δ** || **119** sonum **ζ** : sonitum **Ψ** || **120** partes **Ψ** : artes **ζ** || **122** et **Ω** : si *Gronouius*[2] || **128** unitatem in aere **Rδϑυ** : in a- u- **ZP** || **129** esset *Hine*[6] *191* : est **Ω** || **130** teneret **ζϑπ** : -net **δ** : -neat *J. Müller*[3] | quid **Ψ** : quid enim **ζ** | quo **RAVϑPU** : quod **ZBW**[1] || **131** agitetur **Ω** : -tatur *Gercke* | esset **ζϑπ** : est **V** : *om.* **AB** | nisi intentio⟨ne⟩ *Hine*[6] *in app.*

becillam ac uirentem erigit, arbores aut distendit in ra-
mos aut in altum exigit, quam spiritus intentio et unitas?
7.1 Quidam aëra discerpunt et in particulas diducunt, ita
ut illi inane permisceant. argumentum autem existimant
non pleni corporis, sed multum uacui habentis, quod aui-
bus in illo tam facilis motus, quod maximis minimisque
2 per illum transcursus est. sed falluntur: nam aquarum
quoque similis facilitas est, nec de unitate illarum du-
bium est, quae sic corpora accipiunt ut semper in contra-
rium acceptis refluant. hanc nostri circumstantiam,
Graeci ἀντιπερίστασιν appellant, quae in aëre quoque si-
cut in aqua fit; circumsistit enim omne corpus a quo im-
pellitur. nihil ergo opus erit admixto inani. sed hoc alias.
8 Esse quaedam in rerum natura uehementia magnique
impetus non est ⟨diu⟩ colligendum. nihil autem nisi in-
tentione uehementius est, tam mehercules quam nihil in-
tendi ab alio poterit nisi aliquid per semet fuerit inten-
tum; dicimus enim eodem modo non posse quicquam ab

Ω = **ζ**(= **RZ**) **δ**(= **ABV**) **ϑ**(= **FH**) **π**(= **PUW**)]

134 uirentem **ζϑπ** : -es **δ** | aut **ζ** : ac **Ψ** || **135** exigit **RA**[1]**BV** **ϑPU** : eri- **Z**, **A** *u. l.* : *quid* **W**[1], *incertum* || **136** discerpunt **ζL**[2]**Hυ** : -crepant **A**[1]**VP** : -sipant **B**, **A** *u. l.* : -crepunt **F** || **141** illarum **ζδU** : -orum **ϑPW** || **144** *ἀντιπερίστασιν Haase* : anteperistas **Zϑπ** : autem per istas **R** : autem *ΠΗΡΙϹΤΑϹΙΝ* (piristasin **V**[c]) **AV**[1] : autem peristasin **B** || **146** inani *Erasmus*[1] : -is **Ω** | hoc **ζFπ** : h(a)ec **δH** || **147** in rerum **Ω** : in aëris *Schultess*[2] : ipsorum *Castiglioni*[1] || **148** non est ⟨diu⟩ *Vottero* : non sit **ζϑPU** : est **δ** : *quid* **W**[1], *incertum* : non sit ⟨diu⟩ *Oltramare* | autem nisi **ζ** : nisi **ϑπ** : enim non **δ** : sui *Gercke* || **149** uehementius *suspectum* : uehemens *Gercke in app.* | me hercules **ζ** : mehercule (*uel* me h-) **VFW** : mehercle **AHP** : me herilem **B** : mi hercle **U**

alio moueri nisi aliquid fuerit mobile ex semet. quid au-
tem est quod magis credatur ex se ipso habere intentio-
nem quam spiritus? hunc intendi quis negabit, cum uide-
rit iactari terram cum montibus, tecta murosque, magnas
cum populis suis urbes, cum totis maria litoribus?

Ostendit intentionem spiritus uelocitas eius et diduc- 9.1
tio. oculi statim per multa milia aciem suam mittunt; uox
una totas urbes simul percutit; lumen non paulatim pro-
repit, sed simul uniuersis rebus infunditur. aqua autem 2
quemadmodum sine spiritu posset intendi? numquid du-
bitas quin sparsio illa, quae ex fundamentis mediae hare-
nae crescens crocum in summam usque amphitheatri alti-
tudinem peruehit, cum intentione aquae fiat? atqui nec
manus nec ullum aliud tormentum aquam potest mittere
aut agere quam spiritus: huic se commodat, hoc attollitur
inserto et cogente, contra naturam suam multa conatur,
et ascendit nata defluere. quid? nauigia sarcina pressa pa- 3
rum ostendunt non aquam sibi resistere quominus mer-
gantur, sed spiritum? aqua enim cederet nec posset pon-
dera sustinere nisi ipsa sustineretur. discus ex loco
superiore in piscinam missus non descendit, sed in sub-
lime resilit: quemadmodum, nisi spiritu referiente? uox 4

Ω = ζ(=**RZ**) δ(=**ABV**) ϑ(=**FH**) π(=**PUW**)]

156 suis **ζ** : *om.* **Ψ** ‖ **160** simul **TX** : semel **Ω** ‖ **161** numquid **δW** : ni quid **ζϑ** : ni quod **P** : inquid **U** ‖ **163** crescens crocum **Z** : ero (*uel* cro) cum **R** : crescens **Ψ** ‖ **164** peruehit *Hine*[6] : -uenit **Ω** ‖ **165** *fort.* altius *iuxta* aquam *supplendum est* ‖ **166** ⟨aeque⟩ quam *Watt per litteras* ‖ **167** multa conatur **Ω** : sursum uocatur *Watt* ‖ **168** pressa **ζ** : depr- **Ψ** ‖ **172–173** in sublime (-mi **L**^{2}) **ζL**^{2} : *om.* **Ψ**, *fort. recte* ‖ **173–176** quemadmodum – tradit *om.* **δ**

autem qua ratione per parietum munimenta transmittitur, nisi quod solido quoque aër inest, qui sonum extrinsecus missum et accipit et proximo tradit? scilicet spiritu non aperta tantum intendens, sed etiam abdita et inclusa; quod illi facere expeditum est, quia nusquam diuisus est, sed per illa ipsa quibus separari uidetur coit secum. interponas licet muros et mediam altitudinem montium, per omnia ista prohibetur nobis esse peruius, non sibi. id enim intercluditur tantum, per quod illum nos sequi possumus; ipse quidem per ipsum transit quo discinditur, et media non circumfundit tantum et utrimque cingit, sed permeat.

10.1 Ab aethere lucidissimo aër in terram usque diffusus est, agilior quidem tenuiorque et altior terris nec minus aquis, ceterum aethere spissior grauiorque, frigidus per se et obscurus; lumen illi calorque aliunde sunt. sed non per
2 omne spatium sui similis est; mutatur a proximis. summa pars eius siccissima calidissimaque et ob hoc etiam tenuissima est, propter uiciniam aeternorum ignium et illos tot motus siderum adsiduumque caeli circumactum; illa pars ima et uicina terris densa et caliginosa est, quia terrenas exhalationes receptat; media pars temperatior, si

Ω = ζ(= **RZ**) δ(= **ABV**) ϑ(= **FH**) π(= **PUW**)]

175 quoque aer **ζW** : a- qu- **ϑPU** ‖ **176** proximo tradit **ζL**^{2} : remittit **ϑπ** ‖ **178** diuisus **A**^{c}**B** : -sa **A**^{1}**V** : -sum **ζϑPU** : diuersus **W**^{1} ‖ **183** quo discinditur *Castiglioni*^{1} : quod sc- (quod c- **W**^{1}) **Ω** : quo sc- **Cam.EX** ‖ **184** utrimque **δϑυ** : -ique **ZP** : -umque **R** ‖ **186** terram **Ψ** : -as **ζ** ‖ **187** altior (arduior **Z**) **Ω** : latior *Vottero*^{3} ‖ **191** hoc **δυ** : hec **ζϑP**, *fort. recte* ‖ **191–192** tenuissima **ζAϑ** : pertenu- **BVPU** : pertimut- **W** ‖ **192** est *hic habent* **ζϑ**, *post* 191 eius **δ** : *om.* **π**

summis imisque conferas, quantum ad siccitatem tenuit-
atemque pertineat, ceterum utraque parte frigidior. nam 3
superiora eius calorem uicinorum siderum sentiunt. infe-
riora quoque tepent, primum terrarum halitu, qui mul-
tum secum calidi adfert, deinde quia radii solis replican-
tur, et quousque redire potuerunt, id duplicato calore
benignius fouent; deinde etiam illo spiritu qui omnibus
animalibus arbustisque ac satis calidus est (nihil enim
uiueret sine calore); adice nunc ignes, non tantum manu 4
factos et certos sed opertos terris, quorum aliqui erupe-
runt, innumerabiles in obscuro et condito flagrant sem-
per. hae tot partes eius fertiles rerum habent quiddam te-
poris, quoniam quidem sterile frigus est, calor gignit.
media ergo pars aëris ab his submota in frigore suo ma-
net; natura enim aëris gelida est.

Qui cum sic diuisus sit, ima sui parte maxime uarius **11.1**
inconstans ac mutabilis est. circa terras plurimum audet
plurimum patitur, exagitatur exagitat, nec tamen eodem

Ω = **ζ**(=**RZ**) **δ**(=**ABV**) **ϑ**(=**FH**) **π**(=**PUW**)]

197 pertineat **ζϑπ** : -net **δ** : *del. Michaelis*[1] || **198** eius *sc. aëris; del. Gemoll*[2] || **206–207** in obscuro et condito flagrant semper *Gercke* (in o- et abscon- f- s- *iam Fickert*) : et o- et con- f- s- **ζϑπ** : in abscon- f- et o- s- (in a- f- s- et o- **B**) **δ** | flagrant semper. ⟨nempe⟩ *uel* flagrant. nempe *Hine*[6] *in app.* || **207** h(a)e **δ** : h(a)ec **ζϑπ** : hinc *Watt per litteras* | eius *sc. terrae* || **207–208** teporis **RA**^{c}**Vϑυ** : temp- **ZA**^{1}**P** : temperiei **B** || **211** ima **E**^{2}, *ut coni. Muretus* : iam **Ω** | uarius **ζ** : uarius et **Ψ** || **212** ac *Gercke* : sic **ζϑπ** : et **ΛV** : est **B**, *ut uid.* | mutabilis **δ** : mira- **ζϑπ** || **213** exagitatur exagitat **ζ** : exagitat et (et *om.* **W**) exagitatur **Ψ** | tamen **Ψ** : t- simul **Z** : t- similis **R**

modo totus adficitur sed aliter alibi, et partibus inquietus
2 ac turbidus est. causas autem illi mutationis et inconstan-
tiae alias terra praebet, cuius positiones hoc aut illo uer-
sae magna ad aëris temperiem momenta sunt, alias side-
rum cursus. ex quibus soli plurimum imputes: illum
sequitur annus, ad illius flexus hiemes aestatesque uer-
tuntur; lunae proximum ius est; sed ceterae quoque stel-
lae non minus terrena quam incumbentem terris spiritum
adficiunt, et cursu suo occursuue contrario modo frigora
modo imbres aliasque terris turbide iniurias mouent.

3 Haec necessarium fuit praeloqui dicturo de tonitru fulminibusque ac fulgurationibus. nam cum in aëre fiant, naturam eius explicari oportebat, quo facilius appareret quid facere aut pati posset.

12.1 Tria sunt quae accidunt: fulgurationes fulmina toni-
trua, quae una facta serius audiuntur. fulguratio ostendit
ignem, fulminatio emittit; illa, ut ita dicam, comminatio
2 est et conatio sine ictu, ista iaculatio cum ictu. quaedam
sunt de quibus inter omnes conuenit, quaedam in quibus
diuersae sententiae sunt. conuenit de illis, omnia ista in
nubibus et e nubibus fieri; etiamnunc conuenit et fulgu-
rationes et fulminationes aut igneas esse aut ignea specie.
3 ad illa nunc transeamus in quibus lis est: quidam putant

Ω = **ζ**(=**RZ**) **δ**(=**ABV**) **ϑ**(=**FH**) **π**(=**PUW**)]

214 partibus ⟨quibusdam constans et quietus, aliis⟩ *suppl. Skutsch* (*sed cf. Axelson*[1] *63*) ‖ **215** causas **Z**$\mathbf{L}^{2}$**δ** : cans **R** : causa **ϑPU** : *quid* $\mathbf{W}^{1}$, *incertum* ‖ **219** flexus **Z** : *om.* **R** : -um **Ψ** ‖ **222** cursu $\mathbf{E}^{2}$**f** : cultu **ζϑπ** : ortu **δ** ‖ **223** turbide (-ine **B**) **Ω** : *del. Haase* : et urbibus *Watt* ‖ **231** ista iaculatio cum ictu **δ**, *fort. ex coniectura* : *om.* **ζϑπ**

inesse ignem nubibus, quidam ad tempus fieri nec prius esse quam mitti. ne inter illos quidem qui praeparant ignem conuenit; alius enim illum aliunde colligit. quidam aiunt radios solis incurrentis recurrentisque et saepius in se relatos ignem excitare. Anaxagoras ait illum ex aethere destillare, et ex tanto ardore caeli multa decidere, quae nubes diu inclusa custodiant. Aristoteles multo ante 4
ignem colligi non putat, sed eodem momento exilire quo fiat; cuius sententia talis est: 'Duae partes mundi in imo iacent, terra et aqua. utraque ex se reddit aliquid: terrenus uapor siccus est et fumo similis, qui uentos fulmina tonitrua facit; aquarum halitus umidus est, in imbres et niues cedit. sed siccus ille terrarum uapor unde uentis 5
origo est, cum coaceruatus est, coitu nubium uehementer actarum eliditur; deinde ui latus nubes proximas feriet. haec plaga cum sono incutitur, qualis in nostris ignibus redditur cum flamma uitio lignorum uirentium crepat; et

241–243 DK 59A84 ‖ **243–263** cf. Arist. *Meteor.* 2.9, 369a10–14, 25–b11

Ω = ζ(=**RZ**) δ(=**ABV**) ϑ(=**FH**) π(=**PUW**)]

237 inesse ignem **ζ** : ig- in- **ϑπ** : *plura om.* **δ** ‖ **240** incurrentis **ζδπ** : introc- (*fort.* intrac- **F**) **ϑ** ‖ **242** destillare **R**, *ut coni. Kroll*[1], *Skutsch* : dist- **ZΨ** : distillari *Muretus* ‖ **243** custodiant **ζV** : -iat **AB** : -iunt **ϑπ** ‖ **243–244** multo ante ignem **Ψ** : i- m- a- **ζ** ‖ **245** imo **ZL**[2]**δπ** : uno **Rϑ** ‖ **248** in **ζ** : et in **A**[c]**BVϑP**, *fort. recte* : et **A**[1]**υ** ‖ **251** actarum *Brennecke 37* : alterum **ζϑπ** : a latere **δ** : impactarum **Cam.DETX** : allisarum *Castiglioni*[1] : ictarum *Winterbottom ap. Hine*[6] *241* : illisarum *Vottero*[3] | ui latus *Gronouius*[4] : ut latius **Ω** : uiolentius *Kroll*[1] | feriet **ZHπ** : fieret **R** : feriat **δF** ‖ **253** uirentium **F** : ur- **ζδHπ**

illic enim spiritus habens aliquid umidi secum conglobatusque rumpitur flamma. eodem modo spiritus ille, quem paulo ante exprimi conlisis nubibus dixi, inpactus aliis
6 nec ⟨*** nec⟩ rumpi silentio potest. dissimilis autem crepitus fit ob dissimilitudinem nubium, quarum aliae maiorem sinum habent aliae minorem. ceterum illa uis expressi spiritus ignis est, qui fulgurationis nomen habet, leui impetu accensus et uanus. ante autem uidemus fulgorem quam sonum audimus, quia oculorum uelocior sensus est et multum aures antecedit.'

13.1 Falsam opinionem esse eorum qui ignem in nubibus seruant per multa colligi potest. si de caelo cadit, quomodo non cotidie fit, cum tantundem semper illic ardeat? deinde nullam rationem reddiderunt quare ignis, quem natura susum uocat, defluat. alia enim condicio nostrorum ignium est, ex quibus fauillae cadunt, quae ponderis aliquid secum habent; ita non descendit ignis, sed praeci-
2 pitatur et deducitur. huic simile nihil accidet in illo igne purissimo, in quo nihil est quod deprimatur; aut si ulla

Ω = ζ(= **RZ**) δ(= **ABV**) ϑ(= **FH**) π(= **PUW**)]

254 enim ζ : *om.* **Ψ** ‖ **257** rumpi ζϑπ : r- nec exilire **δ** : r- ⟨nec teri⟩ *uel* r- ⟨nec extingui⟩ *Hine*[6] *248–249 (uel fort.* ⟨teri nec⟩ r- *uel* ⟨extingui nec⟩ r-) : ⟨transire nec⟩ r- *uel* r- ⟨nec transire⟩ *Goodyear*[2] = *Goodyear*[4] 257 ‖ **258** quarum **Rϑ** : quare **Zδπ** ‖ **259** sinum **RL**[2]**HPU** : suum **Z** : sonum **W** : sonitum **δF** ‖ **261** uano *Gemoll*[2] (*conl. Arist. Mete. 2.9, 369b5 λεπτῇ καὶ ἀσθενεῖ*) ‖ **266** semper illic **Aϑπ** : i- s- **ζBV** ‖ **271** accidet **ζϑπ** : -it **δ** ‖ **272** quod deprimatur aut ⟨deprimat⟩ *Gercke* : quod deprimatur aut ⟨deprimat. aut⟩ *Castiglioni*[1], *sed mauult* quo deprimatur. aut

pars eius exciderit, in periculo totus est, quia totum potest excidere quod potest carpi. deinde illud quod cadit leue est an graue? leue est? non potest ruere: [quod potest carpi, deinde illud] quod cadere leuitas prohibet, illud se in edito tenet. graue est? quomodo illic esse potuit unde
caderet? ‘quid ergo? non aliqui ignes in inferiora ferri so- 3
lent, sicut haec ipsa de quibus quaerimus fulmina?’ fateor. non eunt tamen sed feruntur; aliqua illos potentia deprimit, quae non est in aethere. nihil enim illic iniuria
cogitur, nihil rumpitur, nihil praeter solitum euenit; ordo 4
rerum est, et expurgatus ignis in custodia mundi summa sortitus oras operis pulcherrimi circumit; hinc descendere non potest, sed ne ab externo quidem comprimi, quia in aethere nulli incerto corpori locus est: certa et ordinata non pugnant.

‘Vos, inquam, dicitis, cum causas stellarum transuolan- **14.**1
tium redditis, posse aliquas aëris partes ad se trahere

Ω = **ζ**(=**RZ**) **δ**(=**ABV**) **ϑ**(=**FH**) **π**(=**PUW**)]

274 illud **ζδϑ** : *om.* **π** ‖ **274–276** cadit – illud quod **ζπ** : *om.* **δϑ** ‖ **275** an graue (*uel* graue.) leue est **ZPU** : an graue leue enim **W** : *hic om.* **R**, *post* 277 est *add.* aut graue leue est ‖ **275–276** *secl. Oltramare*[1] *27* ‖ **276** se *Russell ap. Hine*[6] : suo **Ω** : se suo *Oltramare*[1] *27* ‖ **277** edito *Hine*[6] : adito **ζL**[2]**ABϑ** : addito **P** : additu **U** : abdito **VW** : adyto *Oltramare*[1] *27* | tenetur *Rossbach*[3] *942* | est **ζL**[2] : *om.* **Ψ** ‖ **279** de **Ψ** : *om.* **ζ** ‖ **283** custodia **Ω** : -am *Gemoll*[1] ‖ **284** oras **K** : horas **Ω** | pulcherrimi *Madvig*[2] : -me **Ω** | hinc **δ** : hic **ζϑπ** ‖ **285** comprimi **Rθ** : cum primi **Z** : exp- **AV** : dep- **B** : primi **π** ‖ **288** inquam (un- **P**) **ζVϑπ** : inquit **AB**, *fort. recte* ‖ **289** ad se trahere **Ψ** : t- ad se **ζ**

ignem ex loci[s] superiori[bu]s ardore, et sic accendi.' sed plurimum interest utrum aliquis dicat ignem ex aethere decidere, quod natura non patitur, an dicat ex ignea ui calorem in ea quae subiacent transilire. non enim illinc
2 ignis cadit, quod non potest fieri, sed hic nascitur. uidemus certe apud nos, late incendio peruagante, quasdam insulas quae diu concaluerunt ex se concipere flammam; itaque ueri simile est etiam in aëre summo id quod ignis rapiendi naturam habet accendi calore aetheris superpositi. necesse est enim et imus aether habeat aliquid aëri simile, et summus aër non sit dissimilis imo aetheri, quia non fit statim in diuersum ex diuerso transitus; paulatim ista in confinio uim suam miscent, ita ut dubitare possis ad⟨hoc⟩ aër an [hoc] iam aether sit.

15 Quidam ex nostris existimant aëra, cum in ignem et aquam mutabilis sit, non detrahere aliunde causas flammarum nouas: ipse enim se mouendo accendit, et cum densos compactosque nubium sinus dissipat, necessario uastum in tam magnorum corporum diruptione reddit sonum. illa porro nubium difficulter cedentium pugna ali-

Ω = ζ(=**RZ**) δ(=**ABV**) ϑ(=**FH**) π(=**PUW**)]

290–291 ex locis – ignem *om.* **δ** ‖ **290** loci superioris *Castiglioni*[1] : locis superioribus **ζϑπ** | ardore **ZϑPU** : ardere **R**, *et fort.* **W**[1] : *del. Michaelis*[1] : *post* sic *transp. Oltramare* ‖ **296** que diu **δ** : quamdiu **ζϑπ** ‖ **297** id quod *Gercke* : in qua **ζ** : qui **δ** : in quo **ϑπ** ‖ **299** enim **ζπ** : enim ut **δϑ** | ⟨summo⟩ aëri *Jortin 402* ‖ **300** imo **ζδ** : summo **ϑπ** ‖ **303** adhoc aër an *Castiglioni*[1] : an aer an hoc **ζAVHπ** : an aer an **F** : hoc an aer an **B** : [an] aër an hoc *Gercke* : [an] aër adhoc ⟨an⟩ (*uel* an *pro* iam *scribendum*) *Watt per litteras* ‖ **306** cum **ZVHU** : con- **RAFPW** : *om.* **B**

quid confert ad concitandum ignem, sic quemadmodum ferro ad secandum aliquid manus confert, sed secare ferri est.

16 Quid ergo inter fulgurationem et fulmen interest? dicam: fulguratio est late ignis explicitus, fulmen est coactus ignis et [in] impetu iactus. solemus duabus manibus inter se iunctis aquam concipere et compressa utrimque palma in modum siponis exprimere. simile quiddam et illic fieri puta: nubium inter se compressarum angustiae medium spiritum eiciunt, et hoc ipso inflammant ac tormenti modo emittunt. nam ballistae quoque scorpionesque tela cum sono expellunt.

17 Quidam existimant igneum spiritum per frigida atque umida meantem sonum reddere. nam ne ferrum quidem ardens silentio tinguitur, sed si in aquam feruens massa descendit, cum multo murmure extinguitur.

Vt Anaximenes ait, spiritus incidens nubibus tonitrua edit, et dum luctatur per obstantia atque interscissa uadere, ipsa ignem fuga accendit.

18 Anaximandros omnia ⟨ista⟩ ad spiritum rettulit: 'Tonitrua' inquit 'sunt nubis ictae sonus.' quare inaequalia

326–328 cf. DK 13A17 ‖ **329–337** DK 12A23

Ω = ζ(=**RZ**) δ(=**ABV**) ϑ(=**FH**) π(=**PUW**)]

315 impetu **δ** : in impetu **ζϑπ** : in impetum **DETX** ‖ **322** igneum **ZW** : in eum **RϑPU** : ipsum **AV** : istum **B** ‖ **326** ut **ζϑπ** : ita ut **δ** : *del. Haase* ‖ **327** dum **Rϑπ** : cum **Z** : deinde cum **δ** | interscissa **Z** (*uel* **Z**^{c}), **IIU** : intercis(s)a **RδPW**, *fort.* **Z**^{1} : intercisam **F** ‖ **327–328** ⟨e⟩uadere **TX** ‖ **329** anaximandros **W**^{2}, *Fortunatus* : -drus (-dius **P**) **Ω** | *suppl. Hine*^{6}

sunt? quia et ipse ⟨spiritus⟩. quare et sereno tonat? quia tunc quoque per crassum et scissum aëra spiritus prosilit. at quare aliquando non fulgurat, et tonat? quia spiritus infirmior non ualuit in flammam, in sonum ualuit. quid est ergo ipsa fulguratio? aëris diducentis se corruentisque iactatio, languidum ignem nec exiturum aperiens. quid est fulmen? acrioris densiorisque spiritus cursus.

19 Anaxandros ait omnia ista sic fieri ut ex aethere aliqua uis in inferiora descendat: ita ignis inpactus nubibus frigidis sonat; at cum illas interscindit, fulget, et minor uis ignium fulgurationes facit, maior fulmina.

20.1 Diogenes Apolloniates ait quaedam tonitrua igne, quaedam spiritu fieri: illa ignis facit quae ipse antecedit et nuntiat; illa spiritus quae sine splendore crepuerunt.
2 utrumque sine altero efficax esse aliquando concedo, ita tamen ut non discreta illis potestas sit, sed utrumque ab utroque effici possit. quis enim negabit spiritum magno impetu latum, cum effecerit sonum, effecturum et ignem? quis autem non et hoc concedet, aliquando ig-

338–341 cf. DK 59A84 || **342–344** DK 64A16, Diogenes T31b Laks

Ω = **ζ**(=**RZ**) **δ**(=**ABV**) **ϑ**(=**FH**) **π**(=**PUW**)]

331 *suppl. Hine*[6] : ictus inaequalis est **δ** : *om.* **ζϑπ** : spiritus inaequalis est *Diels DK I.87* || **335** corruentis **δϑPW**, *suspectum* : corrumpentis **U** : conuentis **Z** : coniuentis **R** : conitentis *Hine*[6] *in app.* : circumeuntis *Watt* || **338** Anaxandros *uix sanum* : Anaximandros **A**[1]**W**[2] : Anaxagoras *Opsopoeus* : Archelaus *Koeler* || **342** apolloniates **Zδ** : opollomates **R** : ap(p)ol(l)imates *uel* -in(i)ates **ϑπ** || **345** efficax *Gercke* : effixa **Rϑπ** : *om.* **Z** : fieri et **δ** || **349** quis **ϑπ** : aut quis **ζ** : quisnam **δ**

nem quoque posse inrumpere nubes et non exilire, si plu-
rium aceruo nubium, cum paucas perscidisset, oppressus
est? ergo et ignis ibit in spiritum perdetque fulgorem, et
spiritus dum secat aëra incendet. adice nunc quod ne- 3
cesse est impetus fulminis et praemittat spiritus agatque
ante se, et a tergo trahat uentum, cum tam uasto ictu aëra
inciderit; itaque omnia, antequam feriantur, intremes-
cunt uibrata uento quem ignis ante se pressit.

Dimissis nunc praeceptoribus nostris incipimus per nos 21.1
moueri, et a confessis transimus ad dubia. quid in con-
fesso est? fulmen ignem esse, aeque fulgurationem, quae
nil aliud est quam flamma futura fulmen si plus uirium
habuisset; non natura ista sed impetu distant. esse illum 2
ignem color ostendit, qui non est nisi ex ⟨eo⟩; ostendit
effectus: magnorum enim saepe incendiorum causa ful-
men fuit; siluae illo concrematae et urbium partes; etiam
quae non percussa sunt tamen adusta cernuntur, quae-

Ω = **ζ**(=**RZ**) **δ**(=**ABV**) **ϑ**(=**FH**) **π**(=**PUW**)]

350 quoque posse inrumpere **ζ** : p- qu- irrump- **ϑπ** : qu- p-erump- **A** : qu- erump- p- **BV** || **350–351** plurium **Zϑπ** : -rimum **R** : -rimarum **δ** || **351** perscidisset **RH** : percid- **Zδπ** : perord- *ut uid.* **F** || **353** spiritus **ζϑ** : speciem **δW** : spem **PU** | secat aëra *Madvig*^{2} : secat infra **R** : secata (-cuta **W**^{1}) infra **ZΨ** || **353** incendet **Ψ**, **Z**^{1} *ut uid.* : inten- **R**, **Z**^{c} *ut uid.* || **357** uibrata uento **ABϑPW** : uibrato u- **VU** : uiuibramento **R** : uibramento **Z** || **359–360** in confesso **Rϑπ** : in -ssio **Z** : enim -ssi (-ssum **B**) **δ** || **360** esse **ζϑπ** : esse et **δ** || **361** nil **ζϑπ** : nihil **δ** || **362** illud *Gercke*^{1} *62, sed cf. Hine*^{6} *287* || **363** color **ζϑπ** : calor **δ**, *fort. recte* | nisi ex eo **G**, *ut coni. Madvig*^{2} : nisi ex eo quod **DE TX** : nisi ex (et **W**^{1}) (*spatio post* ex *relicto* **ϑ**) **ϑπ** : nisi ex igne **Z**, *ut coni. Günther ap. Gercke* : nisi ex se ut **R** : *om.* **δ**

dam uero ueluti fuligine colorantur. quid quod omnibus
3 fulguratis odor sulphuris est? ergo et utramque rem
ignem esse constat, et utramque rem meando inter se lo-
coque distare: fulguratio enim est non perlatum usque in
terras fulmen, et rursus fulmen dicas licet fulgurationem
4 esse in terras usque perductam. non ad exercendum
uerba diutius hoc idem tracto, sed ut cognata esse ista et
eiusdem notae ac naturae probem. fulguratio est paene
fulmen. uertamus istud: fulmen est plus quiddam quam
fulguratio.

22.1 Quoniam constat utramque rem ignem esse, uideamus
quemadmodum ignis fieri soleat apud nos; eadem enim
ratione et supra fiet. ⟨fit⟩ duobus modis, uno si ⟨ictu⟩ ex-
citatur, sicut e lapide, altero si adtritu inuenitur, sicut
cum duo ligna inter se diutius fricta sunt. (non omnis hoc
tibi materia praestabit, sed idonea eliciendis ignibus, si-
cut laurus hederae et alia in hunc usum nota pastoribus.)
2 potest ergo fieri ut nubes quoque ignem eodem modo uel
percussae reddant uel adtritae. uideamus quantis procel-

Ω = ζ(=**RZ**) δ(=**ABV**) ϑ(=**FH**) π(=**PUW**)]

368 fulguritis *Fortunatus* ‖ **369** meando inter se **ζAϑπ** : i- se m- **BV** ‖ **369–370** locoque **ζ** : *om.* **Ψ** ‖ **371–372** fulmen^{2} (*om.* **R**) dicas (-at **R**) – perductam *hoc ordine* **ζ** : licet fulmen dicas fulgurationem esse usque **L**^{2} : licet dicas fulmen esse fulg- usque in ter- perd- **AVϑπ** : *plura om.* **BL**^{1} ‖ **372** exercenda *Madvig*^{2}, *fort. recte* ‖ **373** tracto **ζ** : pertr- **Ψ** ‖ **379** fiet **ζϑPW** : fit **δ** : fieri solet **U** | fit *suppl. Gercke,* fit autem *Casauboni codex* : hic fit *suppl. Winterbottom ap. Hine*^{6} | duobus ⟨scilicet⟩ *Castiglioni*^{5} *170* | ictu *hic suppl. Winterbottom ap. Hine*^{6}, *post* excitatur *iam Gercke* ‖ **381** ligna inter se **Ψ** : i- se l- **ζ** | fricta **ζ** : str- **Ψ**

lae ruant uiribus, quanto uertantur impetu turbines: id
quod obuium fuit dissipatur et rapitur, et longe a loco suo
proicitur. quid ergo mirum si tanta uis ⟨ignem⟩ excutit 3
uel aliunde uel sibi? uides enim quantum feruorem sen-
sura sint corpora horum transitu trita. nec hoc in his tan-
tum debet credi accidere quorum ingens in confesso po-
tentia est, sed fortasse nubes quoque in nubem incitatae, **23**.1
premente uento et leuiter urgente, ignem euocabunt qui
explendescat nec exiliat; minore enim ui ad fulgurandum
opus est quam ad fulminandum. superioribus [libris] col- 2
legimus in quantum feruorem quaedam adfricta perduce-
rentur; cum autem aër mutabilis in ignem †his† maximis
uiribus (id est suis) cum in uentum conuersus est adtera-
tur, ueri simile est ignem excuti, caducum et cito inter-
iturum, quia non ex solida materia oritur, nec in qua pos-

Ω = ζ(= **RZ**) δ(= **ABV**) ϑ(= **FH**) π(= **PUW**)]

386 ruant uiribus ζ : u- r- Ψ, *numero minus bono* ‖ **386–387** id quod **DE** : in quo **Z** : inquam **R** : in quod ϑπ : id in quod tormentum δ : ideo quod *Gercke in app.* ‖ **388** *suppl.* **Cam.DETX** ‖ **390** sint *Gronouio attribuit Gercke* : sunt Ω | nec hoc ζ, *ut coni. Madvig*² : ne hoc ϑπ : nihil δ ‖ **390–391** in his tantum ζ : t- in h- ϑπ : tamen in h- **B** : tamen tantum in h- **AV** ‖ **391** debet δ : debere ζϑπ | accidere *Madvig*² : ac siderum **Z**ϑπ : ac secundum **R** : ac in ui siderum **AV** : siderum **B** ‖ **392** *post* est *commate dist. Madvig*², *puncto uulgo* | nubem ζϑπ : -es **AV** : *om.* **B** ‖ **393** premente *Bentley* : fremente δ : frementes **R**ϑπ : frentes (fe **Z**¹) **Z**ᶜ | leuiter **Z**δϑ**PW** : len- **RU** ‖ **395** superioribus *delendum aut* ⟨in⟩ sup- *scribendum coni. Hine*⁶, *sed cf. Colum. 5.5.6* | libris ζϑπ : *om.* δ ‖ **396** adfricta *Gruterus*² : ad fricta **R** : adflictam **Z** : astricta δϑ**U** : attrita **P** : adstricta **W** : *fort.* adflicta (*cf. 5.14.4*) ‖ **397** hi(i)s **R**ϑπ : *om.* **Z**δ : is **L**² : sit, et *Hine*⁶ *in app.* ‖ **398** id est **Z**ϑ**PU** : -que **R** : *om.* δ**W**

sit consistere. transit itaque, tantumque habet morae
quantum itineris et cursus; sine alimento proiectus est.
24.1 'Quomodo' inquit 'cum dicatis ignis hanc esse naturam
ut petat superiora, fulmen terram petit? aut ⟨* * * aut⟩
falsum est quod de igne dixistis; est enim illi aeque su-
sum iter quam deosum.' utrumque uerum potest esse.
ignis enim natura in uerticem surgit, et, si nihil illum pro-
hibet, ascendit; sicut aqua natura defertur, si tamen ali-
qua uis accessit quae illam in contrarium circumageret,
2 illo intenditur unde imbre deiecta est. fulmen autem ea-
dem necessitate qua excutitur ⟨deicitur⟩. id his ignibus
accidit quod arboribus quarum cacumina trahi possunt
ita ut terram spectent, si tenera sunt, etiam ut attingant;
sed cum permiseris, in locum suum exilient. itaque non
est quod eum spectes cuiusque rei habitum qui illi non
3 ex uoluntate est. si igni permittes ire quo uelit, caelum, id
est leuissimi cuiusque sedem, petet; ubi est aliquid quod
eum feriat et ab impetu suo auertat, id non natura sed
seruitus iussit.

Ω = ζ(=**RZ**) δ(=**ABV**) ϑ(=**FH**) π(=**PUW**)]

404 *lacunam statuit et ex. gr.* ⟨terram non petit aut⟩ *suppl. Gercke in app.* : ⟨falsum est hoc aut⟩ *Garrod*[1] (*malim* ⟨hoc falsum est aut⟩) : ⟨ego fallor aut⟩ *Vottero*[3] ‖ **405** de igne **D^2TX**, *ut coni. Pincianus* : deinde **Ω** ‖ **406** deosum *Hine*[6] : deors- **Ω** ‖ **411** *suppl. Gercke* : decidit *suppl.* **A^c** | id **RAVϑπ** : in **ZB** : idem *Gertz*[2] ‖ **414** resilient *Gercke in app.* ‖ **416** permittes **δFP**, *ut coni. Fickert* : -eres **ζHυ** ‖ **417** petet *Hine*[6] : repetet (-portet **U**) **Ψ**, *fort. recte* : impetet **Z** : impetit **R** ‖ **418** eum **Ψ** : illum **ζ** ‖ **419** iussit *Schultess*[2] : eius sit **ζ** : eius fit (eius *ante* seruitus **A**) **Ψ**

'Dicis' inquit 'nubes adtritas edere ignem, cum sint 25
umidae, immo udae; quomodo ergo possunt gignere
ignem, quem non magis ueri simile est ex nube ⟨fieri⟩
quam ex aqua ⟨quae⟩ ex nube nascitur?' primum in nu- 26.1
bibus non aqua est, sed aër spissus et ad gignendam
aquam praeparatus, nondum in illam mutatus sed iam
pronus et uergens. non est quod existimes eam colligi,
tum effundi; simul fit et cadit. deinde si concessero umi- 2
dam esse nubem et conceptis aquis plenam, nihil tamen
prohibebit ignem ex umido quoque educi, immo ex ipso,
quod magis mireris, umore. quidam negauerunt quic-
quam in ignem posse mutari priusquam mutatum esset in
aquam; potest ergo nubes salua quam continet aqua
ignem parte aliqua sui reddere, ut saepe alia pars ligni ar-
det, alia sudat. nec hoc dico, non contraria ista esse inter 3
se et alterum altero perimi, sed ubi ualentior ignis quam
umor est, uincit; rursus cum copia umoris exsuperat, tunc
ignis sine effectu est; itaque non ardent uirentia. refert

Ω = ζ(=**RZ**) δ(=**ABV**) ϑ(=**FH**) π(=**PUW**)]

420 inquit (-id **R**) ζ : -is Ψ ‖ **422** fieri *suppl.* (*post* est **E**) **DETX** : nasci *post* 423 aqua *suppl. Garrod*[1], gigni *eodem loco Alexander* ‖ **423** quam – nascitur *Madvig*[1] *36* : quam ex (ex *om.* **U**) aqua. ex nube nascitur ζϑπ : quam ex aqua generari. ignis qui nascitur δ ‖ **424** spissus Ψ : spissatus ζ, *fort. recte* | et *Hine*[6] : est ζϑπ : *om.* δ ‖ **426** eam Ψ : illam **Z** : illum **R** ‖ **426–427** colligi tum **Z**ϑπ : c- tamen **R** : tum c- sed δ ‖ **427** si Ψ (*Axelson*[1] *101 n. 40 conf. 7.32.4*) : etiamsi ζ ‖ **428** et ζ : *om.* Ψ ‖ **429** prohibebit ζ : -hibet Ψ ‖ **430–431** quicquam in ignem ζ : in i- qu- Ψ ‖ **432** aquam **Ω** : aëra *Gercke* ‖ **433** ut Ψ : *om.* ζ | pars Ψ : pars eiusdem ζ ‖ **434–435** inter se *hic habet* ζ : *post* contraria **V**ϑπ : *post* dico **AB** ‖ **437** est δ : *om.* ζϑπ

ergo quantum aquae sit; exigua enim non resistet nec
4 uim ignis impediet. quidni? maiorum nostrorum memoria, ut Posidonius tradit, cum insula in Aegaeo mari surgeret, spumabat interdiu mare et fumus ex alto ferebatur; nox demum prodebat ignem, non continuum sed ex interuallis emicantem fulminum more, quotiens ardor in-
5 fernus iacentis super undae pondus euicerat. deinde saxa euoluta rupesque, partim inlaesae, quas spiritus antequam urerentur expulerat, partim exesae et in leuitatem pumicis uersae. nouissime cacumen usti montis emicuit; postea ⟨ad⟩ altitudinem adiectum, et saxum illud in ma-
6 gnitudinem insulae creuit. idem nostra memoria Valerio Asiatico consule iterum accidit. quorsus haec rettuli? ut appareret nec extinctum ignem mari superfuso, nec impetum eius grauitate ingentis undae prohibitum exire. ducentorum passuum fuisse altitudinem Asclepiodotus auditor Posidonii tradit per quam diremptis aquis ignis

439–457 Posid. F 228, T 41 a Edelstein-Kidd, F 324, F 329, T 21 a Theiler

Ω = ζ(=**RZ**) δ(=**ABV**) ϑ(=**FH**) π(=**PUW**)]

438–439 nec uim ignis *codici* **E** *perperam attribuit Fickert* : uim ignis **ζϑπ** : nec ignem **δ** || **440** tradit **ζ** : -didit **Ψ**, *fort. recte* || **442** nox demum *Madvig*[2] : non demum **ζ** : nam demum **Ψ** : nocte unda *Hine*[6] || **443** fulminum **FW** : flum- **ζδHPU** || **446** urerentur **E**[2], *ut coni. Pincianus* : uerter- (ueter- **R** : -etur **AV**) **ζδW**[1] : uerrer- **H** : uerer- **F** : uerr- **P** : ferr- **U** || **448** *suppl. Rossbach*[5] | altitudinem **ζP** : -dine **δϑυ** : -dini *Erasmus*[2] | ad latitudinem *uel* latitudini *Axelson*[1] || **450** h(a)ec **AVϑPU** : hoc **ζB**, **W** *ut uid.* || **454** tradit **R** : -itur **Z** : -idit **Ψ** | diremptis *Pincianus* : -reptis (-rectis **W**) **Ω**

emersit. quod si inmensa aquarum uis flammarum ex 7
imo subeuntem uim non potuit opprimere, quanto minus
impedire poterit ignem nubium tenuis umor et roscidus?
adeo res ista non adfert ullam moram ut contra causa
ignium sit, quos non uidemus emicare nisi impendente
caelo. serenum sine fulmine est; non habet istos metus
dies purus, ne nox quidem nisi obscura nubibus. 'quid 8
ergo? non aliquando etiam apparentibus stellis et nocte
tranquilla fulgurat?' sed scias licet illic nubes esse unde
splendor effertur, quas uideri a nobis terrarum tumor non
sinit. adice nunc quod fieri potest ut nubes subm⟨iss⟩ae 9
et humiles ignem adtritu suo reddant, qui in superiora expressus in parte caeli sincera puraque uisitur, sed fit in sordida.

Tonitrua distinxere quidam ita ut dicerent unum esse **27.1**
genus cuius graue sit murmur, quale terrarum motum antecedit cluso uento et fremente. hoc quomodo uideatur illis fieri dicam: cum spiritum intra se clusere nubes, in 2
concauis earum partibus uolutatus aër similem agit mugitibus sonum, raucum et aequalem atque continuum, uti-

Ω = ζ(=**RZ**) δ(=**ABV**) ϑ(=**FH**) π(=**PUW**)]

456 subeuntem uim **Ψ** : -euntium ζ : -euntium uim *Fortunati cod.* (*sed* subeuntium *ante* ex; *ante* uim *posuit Gercke in app.*), *fort. recte* ‖ **457** impedire **Cam.DETX** : in ea edere **ζϑπ** : in ea extinguere **AV** : extinguere **B** : intercludere *Castiglioni ap. Oltramare* ‖ **458** ut ζ, *ut coni. Madvig*[2] : quod **L**[2]**ϑυ** : que **δP** | causa *Madvig*[2] : causas (caus **R**) **Ω** ‖ **465** summissae *Schultess*[2] : summ(a)e **Ω** ‖ **466** ignem attritu suo ζ : a- s- i- **Ψ**, *numero minus bono* ‖ **472** intra **RZ**[c]**Vϑυ** : inter **Z**[1]**ABP** ‖ **473** earum partibus ζ : p- e- **Ψ** ‖ **474** atque ζ : et (*om.* **P**) **Ω** ‖ **474–475** utique ζ : itaque **Ψ**

que ubi etiam umida illa regio est et exitum cludit; ideo-
que eiusmodi tonitrua uenturi praenuntia imbris sunt.
3 aliud genus est acre, acerbum, quod crepitum magis dixe-
rim quam sonum, qualem audire solemus ut cum super
caput alicuius dirupta uesica est. talia eduntur tonitrua
cum conglobata nubes dissoluitur, et eum quo distenta
fuerat spiritum emisit. hic proprie fragor dicitur, subitus
et uehemens, quo edito concidunt homines et exaniman-
tur; quidam uero uiui stupent et in totum sibi excidunt,
quos uocamus attonitos, quorum mentem sonus ille cae-
4 lestis loco pepulit. hic fieri illo quoque modo potest, ut
inclusus aër caua nube et motu ipso extenuatus diffunda-
tur; deinde dum maiorem sibi locum quaerit, a quibus
inuolutus est sonum patitur. quid autem? non quemad-
modum inlisae inter se manus plausum edunt, sic inlisa-
rum inter se nubium sonus potest esse, magnus, quia ma-
gna concurrunt?
28.1 'Videmus' inquit 'nubes inpingi montibus nec sonum
fieri.' primum omnium non quocumque modo inlisae
sunt sonant, sed si apte compositae ad sonum edendum:

Ω = ζ(=**RZ**) δ(=**ABV**) ϑ(=**FH**) π(=**PUW**)]

475 claudit **Ψ** : eludit **ζL**[2] ‖ **475–476** ideoque **ζ** : ideo **Ψ** ‖ **477** crepitum *Erasmus*[1] : acerbum **Ω** | magis **ζAB** : mage **Vϑπ** ‖ **478** sonum **ζϑπ** : sonorum **δ** | ut **Rϑπ** : *om.* **Zδ**, *fort. recte* ‖ **481** emisit (di- **F**[1]) **ζϑπ** : emittit **δ** ‖ **485** hic **ζHU** : hoc **δFPW** ‖ **486** inclusus **Cam.DETX** : incussus (-cursus **V**) **Ω** | ipsius *Gercke in app.* ‖ **487–488** a quibus – patitur *suspectum* : ⟨ruptis⟩ quibus inuolutus est, sonum facit *Shackleton Bailey* : a quibus i- est ⟨ictus⟩ sonum parit *Watt* ‖ **489** inter se **Ψ** : et i- se **Z** : *om.* **R**

auersas inter se manus conlide, non plaudent, sed palma
cum palma collata plausum facit; et plurimum interest
utrum cauae concutiantur an planae et extentae. deinde
non tantum ire nubes oportet, sed agi magna ui et procel-
losa. etiamnunc mons non findit nubem sed digerit, et 2
primam quamque partem eius soluit. ne uesica quidem
quocumque modo spiritum emisit sonat: si ferro diuisa
est, sine ullo aurium sensu exit; rumpi illam oportet ut
sonet, non secari. idem de nubibus dico: nisi multo im-
petu dissiluere, non resonant. adice nunc quod nubes in
montem actae non franguntur sed circumfunduntur, et in
aliquas partes montis ante incidunt quam in ipsum; in ar-
bores ramos frutices aspera saxa et eminentia ita didu-
cuntur ut, si quem habent spiritum, multifariam emit-
tant; qui nisi uniuersus erumpit, non crepat. hoc ut scias, 3
uentus qui circa arborem finditur sibilat, non tonat. lato,
ut ita dicam, ictu et totum globum simul dissipante opus
est, ut sonitus erumpat qualis auditur cum tonat.

Praeter haec natura aptus est aër ad uoces. quidni? **29**
cum uox nihil aliud sit quam ictus aër? debent ergo nu-

Ω = ζ(=**RZ**) δ(=**ABV**) ϑ(=**FH**) π(=**PUW**)]

495 auersas **Rϑυ** : aduersus **Z** : aduersas $\mathbf{L}^2$**P** : aduerse **δ** | plaudent **Zϑπ** : -dunt **Rδ** || **499** findit $\mathbf{L}^2$**ϑPU** : fing- **ζ** : confund- **δW** || **503** sonet **Ψ** : solent **ζ** || **506** ante incidunt quam in ipsum *Hine*^{4} *191* : ante ne id umquam in ipsum **ζ** : *om.* **Ψ** || **507** saxa *delendum esse suspicatur Hine*^{6} *in app.* || **508–509** ut … emittant *Haase* : et (*om.* **δ**) … emittunt **Ω** || **509** crepat **Ψ** : concr- **ζ** || **510** uentus **Zδ**$\mathbf{U}^1$: -to **R** : -tos **ϑP**$\mathbf{W}^1$ | qui **Z**$\mathbf{L}^2$**δυ** : -que **R** : qu(a)e **ϑP** | sibilat **Zδ** : si uiuat **Rϑπ** || **511** simul *Hine*^{6} : semel **ζϑπ** : *om.* **δ**

bes utrimque in se ferri, et cauae et intentae. uides enim
quanto uocaliora sint uacua quam plena, quanto intenta
quam remissa; item tympana et cymbala sonant, quia illa
repugnantem ex interiore parte spiritum pulsant, haec et
ipsa aere non nisi cauo tinniunt.
30.1 Quidam, inter quos et Asclepiodotus est, iudicant sic-
corum[dam] quoque corporum concursu tonitrum et ful-
mina excuti posse. Aetna aliquando multo igne abun-
dauit, ingentem uim harenae urentis effudit; inuolutus
est dies puluere, populosque subita nox terruit. illo tem-
pore aiunt tunc plurima fuisse fulmina et tonitrua, quae
concursu aridorum corporum facta sunt, non nubium,
quas ueri simile est in tanto feruore aëris nullas fuisse.
2 aliquando Cambyses ad Hammonem misit exercitum,
quem harena austro mota et more densae niuis incidens
texit, deinde obruit. tunc quoque ueri simile est fuisse to-
3 nitrum fulminaque adtritu harenae sese adfricantis. non

Ω = ζ(=**RZ**) δ(=**ABV**) ϑ(=**FH**) π(=**PUW**)]

515 in se ferri *Schultess*[2] : inseri **ζϑπ** : dissecari **δ** : ingeri *uel* incitari *Vottero*[3] || **516** uocaliora **ζϑ** : calidiora (calli- **W**) **A**[1]**Vυ** : ualid- **B** : ocalid- **P** : sonor- **A**[c] | sint **ζP** : sunt **δϑυ** || **517** item **Ψ** : idem **ζ** || **518** interiore *Pincianus* : ulter- (-ri **U**) **Ω** || **518–519** et ipsa **ζϑπ** : ad ipsum **δ** || **519** aere **ς** : (a)era **Ω** : *del. Leo* : aëra ⟨intra se includentia⟩ *Gercke in app.* : aëra ⟨pulsantia⟩ *Hine*[6] *334* | non nisi cauo (concauo **U**) **ZRϑπ** : nisi concauo non **δ** : nisi concaua non **C** : non nisi uacua *Leo* : non nisi caua *Hine*[6] *334 dub.* || **520** quos et **ζ** : quos **Ψ** || **520–521** siccorum *Hine*[6] : sic quorundam **Ω** || **521** quoque **Ψ** : quoque inter se **ζ** | tonitrum **Bϑπ** : -truum **ZAV** : -thrum **R** || **525** tunc **Ψ** : illo tempore **ζ** : *del. Fortunatus* : quam *Castiglioni*[5] *199* || **528** hamm- **ζB** : amm- **AVϑπ** || **529** et **δ** : etiam **ζL**[2]**ϑπ** | dense **ζL**[2] : *om.* **Ψ**

repugnat proposito nostro ista opinio: diximus enim utri-
usque naturae corpora efflare terras, et sicci aliquid et
umidi in toto aëre uagari. itaque si quid tale interuenit,
nubem fecit solidiorem et crassiorem quam si tantum
simplici spiritu texeretur; illa frangi potest et edere so- 4
num. ista quae dixi, siue incendiis uaporantibus aëra re-
pleuerunt, siue uentis terras uerrentibus, necesse est nu-
bem faciant ante quam sonum. nubem autem tam arida
quam umida conserunt; est enim ut diximus nubes spissi-
tudo aëris crassi.

Ceterum mira fulminis, si intueri uelis, opera sunt nec **31**.1
quicquam dubii relinquentia quin diuina sit illius ac sub-
tilis potentia. loculis integris et inlaesis conflatur argen-
tum. manente uagina gladius ipse liquescit, et inuiolato
ligno circa pila ferrum omne destillat. stat fracto dolio ui-
num, nec ultra triduum ille rigor durat. illud aeque inter 2
adnotanda ponas licet, quod et hominum et ceterorum
animalium quae icta sunt caput spectat ad exitum fulmi-
nis, quod omnium percussarum arborum contra fulmina
astulae surgunt. quid quod malarum serpentium et alio-
rum animalium quibus mortifera uis inest, cum fulmine
icta sunt, uenenum omne consumitur? 'unde' inquit

540 diximus] 2.26.1

Ω = ζ(=**RZ**) δ(=**ABV**) ϑ(=**FH**) π(=**PUW**)]

539 faciant **TX** : -iat (*om.* **B**) **Ω** | sonum **Ψ** : umbrem **R** : niuem **Z** || **543** illius *Kroll*[1] : -is **Ω** : -i *Gemoll*[2] || **544** et ζ : ac **Ψ** || **546** destillat *Kroll*[1] : dist- **Ω** || **547** ille rigor **ζABϑυ** : r- i- **VP**, *fort. recte* || **551** malarum **RδH** : -orum **Zπ** : *plura om.* **F**

'scis?' in uenenatis corporibus uermis non nascitur; ful-
32.1 mine icta intra paucos dies uerminant. quid quod futura
portendunt, nec unius tantum aut alterius rei signa dant,
sed saepe longum fatorum sequentium ordinem nuntiant,
et quidem notis euidentibus, longeque clarioribus quam
si scriberentur?
2 Hoc inter nos et Tuscos, quibus summa est fulgurum
persequendorum scientia, interest: nos putamus quia nu-
bes conlisae sunt fulmina emitti; illi existimant nubes
conlidi ut fulmina emittantur. nam cum omnia ad deum
referant, in ea opinione sunt tamquam non quia facta
sunt significent, sed quia significatura sunt fiant. eadem
tamen ratione fiunt siue illis significare propositum siue
3 consequens est. 'quomodo ergo significant, nisi ideo mit-
tuntur?' quomodo aues, non in hoc motae ut nobis occur-
rerent, dextrum auspicium sinistrumque fecerunt. 'et il-
las' inquit 'deus mouit.' nimis illum otiosum et pusillae
4 rei ministrum facis, si aliis omina, aliis exta disponit. ista
nihilominus diuina ope geruntur si non a deo pennae
auium reguntur, nec pecudum uiscera sub ipsa securi
formantur. alia ratione fatorum series explicatur, indicia
uenturi ubique praemittens, ex quibus quaedam nobis fa-

Ω = ζ(=**RZ**) δ(=**ABV**) ϑ(=**FH**) π(=**PUW**)]

558 quidem notis **DE** : quidem e notis **Z**^{c} (*quid* **Z**^{1}, *incertum*) : qui ei de totis **Rϑ** : qui eidem totis **P** : qui ei de tot **U** : quid ei de totis **W**^{1} *ut uid.* : quidem decretis (secr- **B**) **δ** || **562** illi **ζ** : ipsi **Ψ** || **565** significent **D**^{2}**TX** : -cant **Ω** || **567** ergo **RδϑU** : *om.* **ZPW**^{1} || **568–569** occurrerent **AVϑπ** : -erint **ζ** : -ant **B** || **569** auspicium **δ**, *et fort.* **W**^{1} : hospicium (*uel* -tium) **ζL**^{2}**ϑPU** || **571** omina *Gronouius*^{2} : somnia **Ω** || **572** si non *ς*, *ut coni. Gercke* : sed non **ζϑπ** : si **δ** : et non *Castiglioni*^{1}

miliaria, quaedam ignota sunt. quidquid fit, alicuius fu-
turae rei signum est. fortuita et sine ratione uaga diuina-
tionem non recipiunt; cuius rei ordo est, etiam praedictio
est. 'cur ergo aquilae hic honor datus est, ut magnarum 5
rerum faceret auspicia, aut coruo et paucissimis auibus,
ceterarum sine praesagio uox est?' quia quaedam non-
dum in artem redacta sunt, quaedam uero ne redigi qui-
dem possunt ob nimium remotam conuersationem. cete-
rum nullum animal est quod non motu et occursu suo
praedicat aliquid. non omnia scilicet [quaedam] notantur.
auspicium obseruantis est, ad eum itaque pertinet qui in 6
illud derexit animum. ceterum fiunt et illa quae pereunt.
quinque stellarum potestates Chaldaeorum obseruatio ex- 7
cepit. quid? tu tot illa milia siderum iudicas otiosa lu-
cere? quid est porro aliud quod errorem maximum incu-
tiat peritis natalium quam quod paucis nos sideribus
adsignant, cum omnia quae supra nos sunt partem nostri
sibi uindicent? submissiora forsitan propius in nos uim
suam derigunt, [et] eaque frequentius mota aliter nos ali-
terque prospiciunt. ceterum et illa quae aut inmota sunt 8
aut propter uelocitatem uniuerso parem inmotis similia

Ω = ζ(=**RZ**) δ(=**ABV**) ϑ(=**FH**) π(=**PUW**)]

576–577 futur(a)e rei **ζ** : r- f- **Ψ**, *numero minus bono* || **581–582** quedam nondum **δ** : n- ista **ζ** : n- **ϑπ** || **582** redactae *Hine*[6] *in app.* || **585** qu(a)edam **ζϑPW**[1], *del. Hine*[6] : sed quedam **δU** || **586** [ob]seruantis *Michaelis*[1] || **587** illud **ζ** : ea **ϑπ** : eo **δ** | direxit **Ω** || **593** propius **δϑU** : -prius **ζPW** || **594** derigunt **E** : dir- (digerunt **F**) **Ω** | [et] eaque *Watt* : et ea qu(a)e (quia *uel* quod **W**[1]) **Ω** : *aut* ea qu(a)e *delendum aut* utpote *scribendum coni. Shackleton Bailey* non extra ius dominiumque nostri sunt. aliud ⟨nos aliter⟩ aspicit, et distributis rem officîs tractant. non magis autem facile est scire quid possint quam dubitari debet an possint.

33 Nunc ad fulmina reuertamur, quorum ars in haec tria diuiditur: quemadmodum exploremus, quemadmodum interpretemur, quemadmodum expiemus. prima pars ad formulam pertinet, secunda ad diuinationem, tertia ad propitiandos deos, quos bono fulgure rogare oportet, malo deprecari; rogare ut promissa firment, deprecari ut remittant minas.

34.1 Summam esse uim fulminis iudicant, quia quidquid alia portendunt, interuentus fulminis tollit; quidquid ab hoc portenditur fixum est, nec alterius ostenti significatione mutatur. quidquid exta, quidquid aues minabuntur, secundo fulmine abolebitur; quidquid fulmine denuntia-
2 tum est, nec extis nec aue contraria refellitur. in quo mihi falli uidentur. quare? quia uero uerius nihil est. si aues futura cecinerunt, non potest hoc auspicium fulmine inritum fieri; aut non futura cecinerunt. non enim nunc auem comparo et fulmen, sed duo ueri signa, quae, si ue-

Ω = **ζ**(=**RZ**) **δ**(=**ABV**) **ϑ**(=**FH**) **π**(=**PUW**)]

597 *ex. gr. suppl. Hine*[6] : ⟨alia⟩ *uel* ⟨alium⟩ aliud *Madvig*[2] || **598** aspicit et *Axelson*[1] : auspicet **R** : aspiciet **Z** : aspice et (et *om.* **B**) **Ψ** : aspicit *Madvig*[2] | officîs *Skutsch, Rossbach*[5] : officiis *Faber 261* : efficis **Ω** | tractant *Gronouius*[1] : -tas **Ω** : -ta **D**[2]**TX** || **598–599** non *post* autem *transp. Summers*[2] || **599** dubitari **ζBϑπ** : -tare **AV** | dubitare [debet] *uel* ⟨dubitare, si⟩ dubitari debet *Gercke* || **602** quemadmodum exploremus **δ**, *suspectum* : *om.* **ζϑπ** || **603** expiemus **Z** : expleamus **R** : exoremus **δ** : exploremus **ϑπ**

rum significant, paria sunt. itaque ⟨si⟩ quae fulminis in-
teruentus submouet extorum uel auguri indicia, male in-
specta exta, male seruata auguria sunt. non enim refert
utrius rei species maior sit uel natura potentior; si utra-
que res ueri attulit signa, quantum ad hoc par est. si dicas 3
flammae maiorem uim esse quam fumi, non mentieris,
sed ad indicandum ignem idem ualet flamma quod fu-
mus. ⟨si⟩ itaque hoc dicunt, 'quotiens aliud exta signifi-
cabunt, aliud fulmina, fulminum erit auctoritas maior',
fortasse consentiam. si hoc dicunt, 'quamuis altera res ue-
rum praedixisset, fulminis ictus priora deleuit et ad se fi-
dem traxit', falsum est. quare? quia nihil interest quam
multa auspicia sint: fatum unum est; quod si bene primo
auspicio intellectum est, secundo non interit. ita dico: 4
non refert an aliud sit per quod quid[em] quaerimus, quo-
niam de quo quaeritur idem est. fatum fulmine mutari
non potest. quidni? nam fulmen ipsum fati pars est.

'Quid ergo? expiationes procurationesque quo perti- 35.1
nent, si inmutabilia sunt fata?' permitte mihi illam rigi-
dam sectam tueri eorum qui †excipiunt† ista, et nihil

Ω = ζ(= **RZ**) δ(= **ABV**) ϑ(= **FH**) π(= **PUW**)]

618 si quae *Gercke in app.* : qu(a)e (*om.* **P**) **Ω** : si *Fortunati codd.* ‖ **619** augurî *Skutsch* : -rii **ζϑπ** : -riorum **δ** ‖ **621** utrius **AB**^{c}**VFH**^{c}υ : utriusque **ZB**^{1}**H**^{1}**P** : utritus **R** ‖ **624** quod **ZL**^{2} **δϑPU** : quam **RW**^{1} ‖ **625** si *hic suppl. Castiglioni*[1], *post* itaque **DE** ‖ **630** sint **RAVϑπ** : sunt **ZB** | si bene *Fortunatus* : si bene nec **δ** : sibi ne **ζϑπ** ‖ **632** quid **W**^{2}, *ut coni. Castiglioni*[1] : quidem **ϑPU** : *om.* **ζL**^{2}**δW**^{1}, *fort. recte* : uerum *uel* quidem ⟨uerum⟩ *Watt* ‖ **635–636** pertinent **Ψ** : -et **ζ** ‖ **637** excipiunt **Ω** : exsibilant *Fromondus* : despiciunt *Madvig*[2] : expiamenta (*del.* et) *Rossbach*[6] *1482* : ⟨risu⟩ excipiunt *Oltramare*

2 esse aliud quam aegrae mentis solacia existimant. fata aliter ius suum peragunt, nec ulla commouentur prece; non misericordia flecti, non gratia sciunt; cursum inreuocabilem ingressa ex destinato fluunt. quemadmodum rapidorum aqua torrentium in se non recurrit, ne moratur quidem, quia priorem superueniens praecipitat, sic ordinem fati rerum aeterna series rotat, cuius haec prima lex est, stare decreto.

36 Quid enim intellegis fatum? existimo necessitatem rerum omnium actionumque quam nulla uis rumpat. hanc si sacrificiis aut capite niueae agnae exorari iudicas, diuina non nosti. sapientis quoque uiri sententiam negatis posse mutari; quanto magis dei, cum sapiens quid sit optimum in praesentia sciat, illius diuinitati omne praesens sit!

37.1 Agere nunc causam eorum uolo qui procuranda existimant fulmina, et expiationes non dubitant prodesse aliquando ad submouenda pericula, aliquando ad leuanda,
2 aliquando ad differenda. quid sit quod sequatur, paulo post persequar. interim hoc habent commune nobiscum, quod nos quoque existimamus uota proficere salua ui ac

Ω = ζ(=**RZ**) δ(=**ABV**) ϑ(=**FH**) π(=**PUW**)]

639 aliter **Ω**, *quod def. Axelson*[1] : irrevocabiliter **W**[2]**Cam. DEX** : aequaliter *Gercke* : inplacabiliter *Hine*[6] *373 dub.* : ⟨non⟩ aliter *Watt* | iussu[u]m *Parroni*[1] ‖ **640** flecti *Haase* : -tit **Ω** | *post* sciunt *dist. Haase, post* gratia **Ω** ‖ **641** ingressa *Haase* : -gesta **Ω** ‖ **642** ne **ZW**, *ut coni. Gertz*[1] *80* : nec **RδϑU** : sed **P** ‖ **653** qui procuranda **ζBV** : p- qui (que **U** : quam **W**, *ut uid.*) **Aϑπ** ‖ **654** fulmina **Ψ** : fulgura **ζ** | prodesse **δ** : prodest (potest **P**) **ζϑπ** ‖ **656** sequatur **ζδH**, *suspectum* : -itur **Fπ** : -antur *Haase* : iudicent *uel* sentiant *ex. gr. Hine*[6] *376–377*

potestate fatorum. quaedam enim a dis inmortalibus ita
suspensa relicta sunt ut in bonum uertant si admotae dis
preces fuerint, si uota suscepta; ita non est hoc contra fa-
tum, sed ipsum quoque in fato est.
'Aut futurum' inquit 'est aut non. si futurum est, fiet, 3
etiamsi uota non suscipis. si non est futurum, etiamsi sus-
ceperis uota, non fiet.' falsa est ista interrogatio, quia il-
lam mediam inter ista exceptionem praeteris: futurum est
hoc, sed si uota suscepta fuerint.
'Hoc quoque' inquit 'ipsum necesse est fato compren- **38.**1
sum sit, ut aut suscipias uota aut non.' puta me tibi ma-
nus dare et fateri hoc quoque fato esse comprensum, ut
utique fiant uota: ideo fient. fatum est ut hic disertus sit, 2
sed si litteras didicerit; at eodem fato continetur ut litte-
ras discat: ideo docendus est. hic diues erit, sed si naui-
gauerit; at in illo fati ordine quo patrimonium illi grande
promittitur, hoc quoque protinus †adfatum† est, ut et
nauiget: ideo nauigabit. idem tibi de expiationibus dico:
effugiet pericula, si expiauerit praedictas diuinitus minas;
at hoc quoque in fato est, ut expiet: ideo expiat. ista no- 3
bis opponi solent, ut probetur nihil uoluntati nostrae re-

Ω = ζ(=**RZ**) δ(=**ABV**) ϑ(=**FH**) π(=**PUW**)]

659 a dis *codici* **E** *perperam attribuit Fickert* : adhis **Z** : a diis **RBVϑPU** : aliis **A** : *quid* **W**^{1}, *incertum* ‖ **660** dis (*inter* ad- *et* motae **Z**) **ZH** : diis **RδFPU** : *om.* **W** ‖ **666–667** est hoc **ζPU** : h- e- **δϑW** ‖ **668–669** comprensum **ζL**^{2} : -prehensum **Ψ** ‖ **670** comprensum **R** : -pressum **Z** : -prehensum **Ψ** ‖ **675** adfatum (ad f- **U**) **Ω** : confatum **Z** *u. l., ut uid.* : adiectum *Russell ap. Hine*^{6} *377* : adnexum *Hine*^{6} *in app.* : *del. Watt* | et **ζϑυ** : etiam **P** : *om.* **δ** ‖ **678** est **δ** : *om.* **ζϑπ** | expiat (*om.* **W**^{1}) **ζϑπ** : -abit **δ**, *fort. recte*

lictum, et omne ius faciendi ⟨fato⟩ traditum. cum de ista
re agetur, dicam quemadmodum manente fato aliquid sit
in hominis arbitrio; nunc uero id de quo agitur explicui,
quomodo, si fati certus est ordo, expiationes procuratio-
nesque prodigiorum pericula auertant: quia non cum fato
4 pugnant, sed et ipsae in lege fati sunt. 'quid ergo' inquis
'aruspex mihi prodest? utique enim expiare mihi etiam
non suadente illo necesse est.' hoc prodest, quod fati mi-
nister est; sic cum sanitas debeatur fato, debetur et me-
dico, quia ad nos beneficium fati per huius manus uenit.

39.1 Genera fulgurum tria esse ait Caecina, consiliarium,
auctoritatis, et quod status dicitur. consiliarium ante rem
fit sed post cogitationem, cum aliquid in animo uersanti-
bus aut suadetur fulminis ictu aut dissuadetur. auctorita-
tis est ubi post rem factam uenit, quam bono futuram ma-
2 loue significat. status est ubi quietis nec agentibus
quicquam, ne cogitantibus quidem, fulmen interuenit, et
aut minatur aut promittit aut monet. hoc monitorium uo-
cat, sed nescio quare non idem sit quod consiliarium;
3 nam et qui monet consilium dat. sed habeat aliquam di-
stinctionem, et ob hoc separetur a consiliario, quia illud

Ω = ζ(=**RZ**) δ(=**ABV**) ϑ(=**FH**) π(=**PUW**)]

680 faciendi ⟨fato⟩ *Michaelis*[1] : fato *Erasmus*[1] | traditum **Ω** : sublatum *uel* extra nos positum *Castiglioni*[1] : infractum *Vottero*[3] || **685** et ipse **Z** : ipse **R** : ipsa **Ψ** | fati **WCam.DX** : dati **ζHP** : data **δFU** || **686** mihi[1] **Ψ** : *om.* **ζ** || **687** non **δ** : con- **ζP** : cum **ϑ** : *incertum utrum* con- *an* cum **W**[1] : *plura om.* **U** || **688** debeatur **E**[2]**W** : uideatur **ζϑPU** : uideatur esse **δ** || **693** fulminis **Ψ** : e f- **Z** : *plura om.* **R** || **696** ne *Bentley, Madvig*[2] : nec (neque **W**) **Ω**

suadet dissuadetque, hoc solam euitationem impendentis
periculi continet (ut cum timemus ignem, fraudem a pro-
ximis, insidias ⟨aut a * * *⟩ aut a seruis). etiamnunc ta- 4
men et aliam distinctionem utriusque uideo: consilia-
rium est quod cogitanti factum est, monitorium quod
nihil cogitanti. habet autem utraque res suam proprie-
tatem: suadetur deliberantibus, sed ultro monentur.

Primum omnium non sunt fulminum genera, sed signi- **40.**1
ficationum. nam fulminum genera sunt illa: quod tere-
brat, quod discutit, quod urit. quod terebrat subtile est et
flammeum, cui per angustissimum fuga est, ob sinceram
et puram flammae tenuitatem; quod dissipat, congloba- 2
tum est, et habet admixtam uim spiritus coacti ac procel-
losi. itaque illud fulmen per id foramen quo ingressum
est ictu facto redit et euadit; huius late sparsa uis rumpit
icta, non perforat. tertium illud genus, quod urit, multum 3
terreni habet, et igneum magis est quam flammeum; ita-
que relinquit magnas ignium notas quae percussis inhae-
reant. nullum quidem sine igne fulmen uenit, sed tamen
hoc proprie igneum dicimus quod manifesta ardoris ue-

Ω = **ζ**(=**RZ**) **δ**(=**ABV**) **ϑ**(=**FH**) **π**(=**PUW**)]

703 insidias ⟨aut a * * *⟩ aut *Hine*[6] *381* : i- ⟨aut ab hostibus⟩ aut *Watt* : i- aut (autem **R**) **ζϑπ** : aut i- **δ** : i- [aut] *codicis E correctori perperam attribuit Fickert* ‖ **704** et **ζ** : *om.* **Ψ** ‖ **707** deliberantibus⟨, non deliberantes⟩ *suppl. Gercke* | sed *Madvig*[2] : et **Ω** : at *Erasmus*[2] : *del. Oltramare* ‖ **708** primum **f**, *ut coni. Axelson*[1] : -mo **Ω** ‖ **709–710** terebrat **ZAV**^{c}**H**^{c}**P**^{c}**U** : tenebr- **RV**^{1}**F** : ter(r)eb- **BH**^{1}**P**^{1}**W**^{1} ‖ **710** terebrat **ζAHPU** : tenebr- **VF** : ter(r)eb- **BW** ‖ **714** quo **U** : quod **ζδϑPW** | ingressum **Ψ** : egressum (-ssa **R**) **ζ** ‖ **715** ictu facto *Hine*[6] *in app.* : sicut factum **ζ** : *om.* **Ψ**

4 stigia inprimit, quod aut urit aut fuscat. tribus modis urit:
aut adflat et leui iniuria laedit, aut comburit, aut accen-
dit. omnia ista urunt, sed genere et modo differunt: quod-
cumque combustum est utique et ustum est, at quod
5 ustum est non utique combustum est; item quod accen-
sum est ⟨utique et ustum est, at quod ustum est non uti-
que accensum est⟩: potest enim illud ipso transitu ignis
ussisse. quis nescit uri quaedam nec ardere, nihil autem
ardere quod non et uratur? unum hoc adiciam: potest ali-
quid esse combustum nec accensum, potest accensum
6 esse nec combustum. nunc ad id transeo genus fulminis
quo icta fuscantur. hoc aut decolorat aut colorat. utrique
distinctionem suam reddam: decoloratur id cuius color
uitiatur, non mutatur; coloratur id cuius alia fit quam fuit
facies, tamquam caerulea uel nigra uel pallida.

41.1 Haec adhuc Etruscis philosophisque communia sunt:
in illis dissentiunt, quod fulmina a Ioue iudicant mitti, et
tres illi manubias dant. prima, ut aiunt, monet et placata
est, et ipsius Iouis consilio mittitur. secundam mittit qui-
dem Iuppiter, sed ex consilii sententia; duodecim enim
deos aduocat. hoc fulmen boni aliquid aliquando facit,
sed tunc quoque non aliter quam ut noceat; ne prodest
2 quidem inpune. tertiam manubiam idem Iuppiter mittit,

Ω = ζ(=**RZ**) δ(=**ABV**) ϑ(=**FH**) π(=**PUW**)]

726–727 *suppl. Hine ap. Shackleton Bailey* || **728** quaedam *codici* **E** *perperam attribuit Fickert* : quidem **ζδϑU** : quod **P**, $\mathbf{W}^{1}$ *ut uid.* || **731** nec **ϑπ** : non **ζ** : *plura om.* **δ** || **737** illis **ζ** : -ud **ϑπ** : -o **AV** : hoc **B** | a Ioue iudicant *Hine*^{6} : nouem iudicant **ζ** : dicunt a ioue **δ** : nouem dicunt **ϑπ** || **738** illi $\mathbf{ZL}^{2}$**ϑπ** : *om.* **Rδ** || **739** iouis consilio **Zϑπ** : c- i- **Rδ** | secundam **ζ** : -dum **Ψ**

sed adhibitis in consilium dis quos superiores et inuolutos uocant, quia uastat in quae incidit, et utique mutat statum priuatum publicumque quem inuenit. ignis enim nihil esse quod fuit patitur.

In his prima specie, si intueri uelis, errat antiquitas. 42.1
quid enim tam imperitum est quam credere fulmina e nubibus Iouem mittere, columnas, arbores, nonnumquam statuas suas petere, ut inpunitis sacrilegis, percussoribus, incendiariis, pecudes innoxias feriat? et ad suum sumi consilium a Ioue deos, quasi in ipso parum consili sit? illa laeta esse et placata fulmina quae solus excutiat, perniciosa quibus mittendis maior turba numinum intersit?
si a me quaeris quid sentiam, non existimo tam hebetes 2
fuisse ut crederent Iouem iniquae uoluntatis aut manus

Ω = ζ(=**RZ**) δ(=**ABV**) ϑ(=**FH**) π(=**PUW**)]

744 dis **RH** : diis **ZAVF**π : deis **B** || **745** in qu(a)e **Z**ϑυ : que **R** : et δ : in quem **P** | incidit **Cam.DEX** : -cludit Ω | utique **WCam.DEX** : ut quae **Z** : utque **R** : inique δ : ut qu(a)e includit et ut qu(a)e ϑ**PU** || **746** publicumque ζ : et publicum Ψ || **747** fuit patitur **Cam.DEX** : sit p- **R**Ψ : sipatur **Z** || **748** *post* specie *dist. Fickert* (*sed* his *om., cod.* **E** *secutus*), *post* his *uulgo* | si (*om.* **B**) – antiquitas Ψ : intuere uelut rudis antiquitas errat ζ || **751** ut δυ : uti ζϑ**P** || **751–752** percussoribus, incendiariis *Schultess*[2] : percussis ouibus incensis aris Ω || **752** ad suum (asuum **Z**) sumi ζ : sumi *post* 753 consilium *add.* **L**[2] : ad suum Ψ : adsumi in *Castiglioni*[1], *fort. recte* || **753** consilî *Alexander* : -ii (-ium **RB**) Ω || **755** intersit *Garrod*[2] : -fuit ζϑπ : -fluat δ || **756** a me quaeris *Fickert* : me qu- ζϑπ : qu- a me δ || **757** iniqu(a)e ϑ**U** : utquae **Z** : ut que **RP** : aut non eque δ : *quid* **W**[1], *incertum* || **757–758** manus parum certae *Hine*[6] : manus (min- **Z**) partum certe ζ : certe minus paratum (esse *add.* δ) Ψ

parum certae. utrum enim tunc cum emisit ignes quibus innoxia capita percuteret, scelerata transiret, noluit iu-
3 stius mittere, an non successit? quid ergo secuti sunt cum haec dicerent? ad coercendos imperitorum animos sapientissimi uiri indicauerunt ineuitabilem metum. ut aliquid supra nos timeremus, utile erat in tanta audacia scelerum esse aduersus quod nemo sibi satis potens uideretur; ad conterrendos itaque eos quibus innocentia nisi metu non placet, posuerunt supra caput uindicem, et quidem armatum.

43.1 Quare ergo id fulmen quod solus Iuppiter mittit placabile est, perniciosum id de quo deliberauit, et quod aliis quoque dis auctoribus misit? quia Iouem, id est regem, prodesse etiam solum oportet, nocere non nisi cum pluri-
2 bus uisum est. discant ii, quicumque magnam inter homines potestatem adepti sunt, sine consilio ne fulmen quidem mitti; aduocent, considerent multorum sententias, nociturum temperent, hoc sibi proponant, ubi aliquid percuti debet, ne Ioui quidem suum satis esse consilium.

Ω = **ζ**(=**RZ**) **δ**(=**ABV**) **ϑ**(=**FH**) **π**(=**PUW**)]

762 indicauerunt **B**, *ut coni. Erasmus*[1] : iud- **ζAVϑπ** | metum **ζδ** : motum **ϑπ** || **762–763** metum – utile *dist. Axelson*[1] : metum, ut … timeremus. utile *uulgo* || **765** conterrendos **AP** : contere- **ζBVϑυ** || **769** est **Ψ** : *om.* **ζ** | deliberauit **RδϑPW** : lib- **ZU** || **770** dis **ζ** : diis **Ψ** || **771–772** cum pluribus **ζδϑυ** : compl- **P** || **772** ii *Watt per litteras* : hi **VP** : hii **AB ϑW** : hiis **U** : inquit **ζ** || **773** potestatem adepti sunt **ζ** : sapientiam a- s- **A** : a- s- sapientiam **ϑπ** : potentiam a- s- **BV** || **775** nocitura *Goodyear*[2] = *Goodyear*[4] *257*

In hoc quoque tam imperiti non fuerunt ut Iouem exi- 44.1
stimarent tela mutare. poeticam istud licentiam decet:

est aliud leuius fulmen, cui dextra Cyclopum
saeuitiae flammaeque minus, minus addidit irae;
tela secunda uocant superi;

illos uero altissimos uiros error iste non tenuit ut existi- 2
marent Iouem ⟨modo grauioribus,⟩ modo leuioribus ful-
minibus et lusoriis uti. sed uoluerunt admonere eos qui-
bus aduersus peccata hominum fulminandum est non
eodem modo omnia esse percutienda: quaedam stringi
debere, quaedam adfligi ac discuti, quaedam admoneri.

Ne hoc quidem crediderunt, Iouem, qualem in Capito- 45.1
lio et in ceteris aedibus colimus, mittere manu fulmina;
sed eundem quem nos Iouem intellegunt, rectorem custo-
demque uniuersi, animum ac spiritum mundi, operis
huius dominum et artificem, cui nomen omne conueniet.
uis illum fatum uocare? non errabis: hic est ex quo su- 2
spensa sunt omnia, causa causarum. uis illum prouiden-
tiam dicere? recte dic⟨es⟩: is est enim cuius consilio huic

780–782 Ou. *Met.* 3.305–307

Ω = ζ(=**RZ**) δ(=**ABV**) ϑ(=**FH**) π(=**PUW**)]

781 minus minus **ABϑP** : m- minas **Z** : m- **RVυ** ‖ **784** *hic suppl. Haase, post* 785 uti **W**², *Fickert in app.* : ⟨modo saeuioribus⟩ *hic suppl. Walter*⁴ ‖ **788** quaedam adfligi ac discuti *Hine*² *304–305* (affligi *etiam Codoñer Merino in app.*) : qu- ad elegi ac disti **R** : *om.* **Z** : qu- eligi ac (ad **F**) distingui (-stringi **P**) **ϑπ** : qu- eligi et distingui **δ** ‖ **790** manu **ζδϑυ** : m- sua **P** ‖ **793** conueniet **ζ** : -it **Ψ** ‖ **796** recte **Ψ** : -tissime **ζ** | dices: is *Gercke in app.* (*et* enim est *transp.*) : dicis (-es **B**) **Ω**

mundo prouidetur, ut inoffensus exeat et actus suos ex-
3 plicet. uis illum naturam uocare? non peccabis: hic est ex quo nata sunt omnia, cuius spiritu uiuimus. uis illum uocare mundum? non falleris: ipse est enim hoc quod uides totum, partibus suis inditus, et se sustinens et sua. idem Etruscis quoque uisum est, et ideo fulmina mitti dixerunt a Ioue quia sine illo nihil geritur.

46 'At quare Iuppiter aut ferienda transit aut innoxia ferit?' in maiorem me quaestionem uocas, cui suus dies, suus locus dandus est. interim hoc dico, fulmina non mitti a Ioue, sed sic omnia esse disposita ut etiam quae ab illo non fiunt tamen sine ratione non fiant, quae illius est. nam etiamsi Iuppiter illa nunc non facit, Iuppiter fecit ut fierent. singulis non admouet manum: uim et causam omnibus dedit.

47 Huic illorum diuisioni non accedo: aiunt aut perpetua esse fulmina aut finita aut prorogatiua. perpetua, quorum significatio in totam pertinet uitam, nec unam rem denuntiat, sed contextum rerum per omnem deinceps aetatem futurarum complectitur; haec sunt fulmina quae prima accepto patrimonio et in nouo hominis aut urbis

Ω = ζ(=**RZ**) δ(=**ABV**) ϑ(=**FH**) π(=**PUW**)]

797 inoffensus **ϑπ** : in offensis **ζ** : inconfusus **δ** | exeat (exea **R**) **Ω** : [ex]eat *Hine*[6] *398 dub.* : ex ⟨ordine⟩ eat *Watt* ‖ **800** est enim **ζδPU** : enim **FW** : enim est **H** ‖ **810** admouet manum **W**^{2}ς, *ut coni. Gercke* : ad omne et manum (omnibus *add.* **P**) **ζϑπ** : adest sed signum **δ** | uim **ζ** : et uim **Ψ** : sed uim ς, *ut coni. Gercke* ‖ **813** prorogatiua (-tura **BV**, *fort.* **W**^{1}) **ZBVF**υ : prerog- (-tura **A**) **RAH** : perrog- **P** ‖ **814–815** denuntiat **O**, *ut coni. Haase* : id den- **Z** : id en- **RΨ** ‖ **817** urbis *Fortunatus* : orb- **Ω**

statu fiant. finita ad diem utique respondent. prorogatiua sunt quorum minae differri possunt, auerti tollique non possunt.

Dicam quid sit quare huic diuisioni non consentiam. **48.1**
nam et quod perpetuum uocant fulmen finitum est (aeque enim ad diem respondet, nec ideo minus finitum est quia multa significat), et quod prorogatiuum uidetur finitum est (nam illorum quoque confessione certum est quousque impetretur dilatio: priuata enim fulgura negant ultra decimum annum, publica ultra tricesimum posse differri; hoc modo et ista finita sunt, quia ultra quod non prorogentur inclusum est). omnium ergo fulminum et omnis euentus dies stata est; non potest enim ulla incerti esse comprensio.

Quae inspicienda sint in fulgure passim et uage dicunt, 2
cum possint sic diuidere quemadmodum ab Attalo philosopho, qui se huic disciplinae dediderat, diuisa sunt: ut inspiciant ubi factum sit, quando, cui, in qua re, quale, quantum. haec si digerere in partes suas uoluero, quid postea faciam? in inmensum procedam.

Ω = **ζ**(=**RZ**) **δ**(=**ABV**) **ϑ**(=**FH**) **π**(=**PUW**)]

818 fiant **Ω** : fiunt ς, *Fortunatus* ‖ **822–823** aeque – est *om.* **ϑ** ‖ **823** enim **ζW** : enim talia **δ** : enim est **P** : ea in est **U** | respondet *Oltramare* : -ent **ζδπ** ‖ **824** multa **ζϑ**, *fort.* **W**¹ : multum **PU** : multum tempus **δ** ‖ **825** confessione **Bϑπ** : -fusione **ζAV** ‖ **826** impetretur **ζδ** : -tratur **ϑπ** ‖ **828** non **ζϑ** : *om.* **δπ** ‖ **830** est *ed. Ven.*¹ : sit (fit **AB**) **Ω** ‖ **831** comprensio **ζ** : -prehensio **Ψ** ‖ **834** dediderat **ζF** : dederat **δHυ** : crediderat **P** ‖ **835** in qua re **RδHU** : quare **Z** : ubi quare **F** : in quarum **P**, *fort.* **W**¹ ‖ **836** quid **ABϑπ** : quod **ζV** ‖ **837** inmensum **ζL**²**δ** : -sam **H**¹**P** : -sa **FH**ᶜ, *fort. recte* : uniuersum **U** : *quid* **W**¹, *incertum*

49.1 Nunc nomina fulgurum quae a Caecina ponuntur
perstringam, et quid de eis sentiam exponam. ait esse po-
stulatoria, quibus sacrificia intermissa aut non rite facta
repetuntur; monitoria, quibus docetur quid cauendum
sit; pestifera, quae mortem exiliumque portendunt; falla-
cia, quae per speciem alicuius boni nocent (dant consula-
tum malo futurum gerentibus, et hereditatem cuius con-
pendium magno luendum sit incommodo); dentanea,
2 quae speciem periculi sine periculo adferunt; perempta-
lia, quibus tolluntur priorum fulminum minae; adtestata,
quae prioribus consentiunt; †atertanea†, quae in cluso fi-
unt; obruta, quibus iam prius percussa nec procurata feri-
untur; regalia, cum forum tangitur uel comitium, aut
principalia urbis liberae loca, quorum significatio regnum
3 ciuitati minatur; inferna, cum e terra exiliuit ignis; hospi-

Ω = **ζ**(=**RZ**) **δ**(=**ABV**) **ϑ**(=**FH**) **π**(=**PUW**)]

839 perstringam *Pincianus* : aperte perstringam **W**^{2} : aperte stringam (strung- **Z**) **Ω** ‖ **842** portendunt **ζB** : pret- (-dit **U**) **AVϑπ** ‖ **845** luendum sit incommodo (s- l- i- **V**) **Ψ** : i- l- s- **ζ** | dentanea *suspectum* : ostentanea *Schmeisser 27* (*cf. Seru. auct. Aen. 8.429 'ostentatorium'*) ‖ **846–847** peremptalia **δ** : peremitalia **ζϑπ** : peremtalia **fOW**^{2}, *fort. recte* ‖ **848** atertanea (att- **F**) **ζϑP** : attertauca (-rrauca **B** : -rcauca **V**) **δ** : aterranea **υ** : opertanea *Thulin*^{2} *74* (*cf. Plin. nat. 10.156, Mart. Cap. 1.45*) : adterranea **Cam.E** | incluso **ζδϑPW** : in clauso **U** ‖ **848–849** inclusa f⟨er⟩iunt *Gercke in app.* ‖ **850** cum forum *Haase* : cum eorum **ζϑπ** : quorum ui **δ** | uel … aut **ϑπ** : aut … aut **ζ** : uel … uel **δ** ‖ **851** significatio **ζδ** : -ione **ϑπ** ‖ **851–852** regnum ciuitati **Ψ** : c- r- **ζ** ‖ **852** minatur **δ** : -nuatur **ζH** : -nuantur **PW**^{1} : -nuitur **U** : muniatur **F** | exiliuit **ZHPU** : -lit **R** : -liunt **δ** : -luit **F**, *fort.* **W**^{1}

talia, †quae sacrificiis ad nos Iouem arcessunt, et,† ut uerbo eorum molliore utar, inuitant (sed non irasceretur inuitatus: nunc uenire eum magno consultantium periculo adfirmant); auxiliaria, quae inuocata sed aduocantium bono ueniunt.

Quanto simplicior diuisio est qua utebatur Attalus no- **50.**1
ster, uir egregius, qui Etruscorum disciplinam Graeca
subtilitate miscuerat. ex fulminibus quaedam sunt quae
significant id quod ad nos pertinet, ⟨* * * id quod ad nos
non pertinet,⟩ quaedam aut nihil significant aut id cuius
intellectus ad nos non peruenit. ex his quae significant 2
quaedam sunt laeta, quaedam aduersa, ⟨quaedam
mixta⟩, quaedam nec aduersa nec laeta. aduersorum hae
species sunt: aut ineuitabilia mala portendunt, aut euitabilia, aut quae minui possunt, aut quae prorogari. laeta
aut mansura significant aut caduca. mixta aut partem ha- 3
bent boni, partem mali, aut mala in bonum, aut bona in
malum uertunt. nec aduersa nec laeta sunt quae aliquam

Ω = ζ(=**RZ**) δ(=**ABV**) ϑ(=**FH**) π(=**PUW**)]

853 ⟨iuxta⟩ *uel* ⟨secundum⟩ quae *Gercke* : cum *Thulin*[2] *127 n. 1* | *aut* sacrificiis ⟨inuocata⟩ *aut* arcessunt⟨ur⟩ et ad nos Iouem *scribendum esse coni. Hine*[6] *409–410* | arcessunt **ζϑπ** : accers- **L**[2]**δ** || **854** molliore **ζ** : -ri **Ψ** | sed non **Cam. D**[2]**EX** : se dño (sedño **W**[1]) **ζAϑπ** : se domino **V** : *plura om.* **B** | irasceretur ς : nasc- (*plura om.* **B**) **Ω** || **855** eum **ϑPU** : cum **ζδW**[1] | consultantium *Haase III p. xxv* : insult- (uisu t- **F**) **ζϑπ** : inuit- **δ** || **861–862** *lacunam statuit et* aut id quod ad nos non pertinet *suppl. Gemoll*[2] : ⟨quaedam significant id quod ad nos non pertinet⟩ *suppl. Hine*[6] *in app.* || **863** eis *Watt per litteras* || **864–865** *suppl.* ς, *Gronouius*[3] || **868** mansura ⟨bona⟩ *Gertz*[2] || **869** aut bona **δHπ** : aut bonum **FR**[c] : uel bonum **Z** : *om.* **R**[1]

nobis actionem significant qua nec terreri nec laetari de-
bemus, aut peregrinationem, in qua nec metus quicquam
51 nec spei sit. reuertor ad ea fulmina quae significant qui-
dem aliquid, sed quod ad nos non pertineat; tamquam
iterum eodem anno †idem hominum† futurum fulmen
quod factum est. nihil significant [fulmina] aut id cuius
notitia nos effugit, ut illa quae in uastum mare spargun-
tur aut in desertas solitudines; quorum significatio uel
nulla est uel perit.

52.1 Pauca adhuc adiciam ad enarrandam uim fulminis,
quae non omnem materiam eodem modo uexat. ualen-
tiora, quia resistunt, uehementius dissipat, cedentia non-
numquam sine iniuria transit. cum lapide ferroque et du-
rissimis quibusque confligit, quia uiam necesse est per
illa impetu quaerat, itaque facit qua effugiat; at teneris et
rarioribus parcit, quamquam flammis oportuna uidean-
tur, quia transitu patente mitius uenit. loculis itaque inte-
gris, ut dixi, pecunia quae in his fuit conflata reperitur,
quia ignis tenuissimus per foramina occulta transcurrit;
quidquid autem in tigno solidum inuenit et contumax,

888 dixi] 2.31.1

Ω = ζ(=**RZ**) δ(=**ABV**) ϑ(=**FH**) π(=**PUW**)]

872 aut **Ω** : ut ς ‖ **875** idem hominum **ζϑπ** : idem **δ** : idem homini **E**^{2} : eidem homini *Gertz*^{2} : eidem homini ⟨idem⟩ *Hine*^{6} *in app.* ‖ **875–876** fulmen quod **δ** : fulmenque (-men quae **Z**) **ζϑπ** ‖ **876** fulmina *om.* **P**, *del. Schultess*^{2} ‖ **881** omnem materiam eodem modo **ζ** : e- mo- o- ma- **Ψ**, *numero minus bono* ‖ **885** illa **δFPU** : -am **ζHW**^{1} | qua **δ** : qu(a)e **ζϑπ** | at teneris **B** : aten- **V** : ac ten- (-ebris **FP**, *fort.* **W**^{1}) **ζAϑπ** ‖ **887** mitius *Ryba* : minus **Ω** | uenit (perit **F**) **Ω** : saeuit *Erasmus*^{1}

uincit. non uno autem, ut dixi, modo saeuit, sed quid 2
quaeque uis fecerit ex ipso genere iniuriae intelleges, et
fulmen opere cognosces. interdum in eadem materia
multa diuersa eiusdem fulminis uis facit, sicut in arbore
quod aridissimum ⟨est⟩ urit, quod durissimum et solidis-
simum est terebrat et frangit, summos cortices dissipat,
interiores libros [in parte interiori arboris] rumpit ac scin-
dit, folia pertundit ac stringit. uinum gelat, ferrum et aes
fundit.

Illud est mirum, quod uinum fulmine gelatum, cum ad 53.1
priorem habitum redit, potum aut exanimat aut dementes
facit. quare id accidat quaerenti mihi illud occurrit: inest
uis fulmini pestifera; ex hoc aliquem remanere spiritum
in eo umore quem coegit gelauitque simile ueri est; nec
enim alligari potuisset nisi aliquod illi esset additum uin-
culum. praeterea olei quoque et omnis ungenti taeter post 2
fulmen odor est, ex quo apparet inesse quandam subtilis-
simo igni et contra naturam suam acto pestilentem poten-
tiam, qua non icta tantum cadunt, sed adflata ⟨* * *⟩.

Ω = ζ(= **RZ**) δ(= **ABV**) ϑ(= **FH**) π(= **PUW**)]

892 intelleges *Gercke* : -gis **Ω** ‖ **893** cognosces **Zϑπ** : -cis **Rδ** ‖ **895** *hic suppl. ed. Ven.*[1], *post* quod[1] *suppl.* **W**[2] ‖ **897** in parte *del. Fortunatus* | interiori **U**, *ut coni. Gercke* : -oris **ζδϑPW** : *del. Gothofredus* | arboris **Rδϑυ** : *om.* **ZP**, *del. Opsopoeus* ‖ **898** uinum **Zϑπ** : humum **Rδ** ‖ **903** hac **W**[2] ‖ **904** gelauitque **ζ** : congel- **Ψ** ‖ **906** olei **δ** : olet (det **F**) **ζϑπ** ‖ **908** suam **ζ** : *om.* **Ψ** | pestilentem **ZδW** : -tam **PU** : pestis lentam **Rϑ** ‖ **909** qua (quo **δ**) … cadunt **Ω** : quo … laedantur *uel* qua … laedat *Schultess*[2] | sed **ζϑπ** : sed et **δ** | *post* adflata *excidisse ex. gr.* uitientur (*malim* -antur) *uidit Gertz*[2] praeterea quocumque decidit fulmen, ibi odorem esse sulphuris certum est, qui quia natura grauis est saepius haustus alienat.

3 Sed ad haec uacui reuertemur. fortasse enim libebit ostendere quam omnia ista a philosophia parente artium fluxerint. illa primum et quaesiuit causas rerum, et obseruauit effectus, et, quod in fulminis inspectione longe potentissimum est, initiis rerum exitus contulit.

54.1 Nunc ad opinionem Posidonii reuertar. e terra terrenisque omnibus pars umida efflatur, pars sicca et fumida; haec fulminibus alimentum est, illa imbribus. quidquid in aëra sicci fumosique peruenit, id includi se nubibus non fert sed rumpit cludentia; inde est sonus quem nos
2 tonitrum uocamus. in ipso quoque aëre quidquid extenuatur simul siccatur et calfit. hoc quoque si inclusum est, aeque fugam quaerit et cum sono euadit, ac modo uniuersum eruptionem facit eoque uehementius intonat,
3 modo per partes et minutatim. ergo tonitrua hic spiritus exprimit dum aut rumpit nubes aut peruolat; uolutatio

918–948 Posid. F135 Edelstein-Kidd, F325 Theiler

Ω = **Z**α(= **RABV**) ϑ(= **FH**) π(= **PUW**)]

911 qui (qua **B**) **Ψ** : *om.* **Z** | sepius **Ψ** : diutius **Z** || **915** fluxerint *Koeler* : -erunt (*fort.* -it **W**[1]) **Ω** || **916** fulminis **Ψ** : -num **Z** || **916–917** potentissimum **Z** : melius **Ψ** || **918** reuertar **Z** : -tor **Ψ** || **919** ⟨halitus⟩ pars[1] *Watt* : ⟨effertur halitus,⟩ pars[1] *ex. gr. suppl. Hine*[14] || **921** includi **Ψ** : -usi **Z** || **923** tonitrum **AVϑPW**[1] : -uum **ZBU** || **924** calfit **ZϑP** : calefit υ : caluit **R** : calet δ || **926** uniuersum **ZU**[2], *ut coni. Zimmermann ap. Gercke* : -sam (-sa **P**) **Ψ**

autem spiritus in nube conclusi ualentissimum est adte-
rendi genus.

Tonitrua, ut puto, nihil aliud sunt quam icti aëris soni-
tus; feriri nisi dum aut terit aut rumpit[ur] non potest. 'et 55.1
si conliduntur' inquit 'inter se nubes, fit is quem deside-
ras ictus.' sed non uniuersus; neque enim tota totis con-
currunt, sed partibus partes; nec sonant mollia nisi inlisa
duris sint. itaque non auditur fluctus nisi inpactus est.
'ignis' inquit 'demissus in aquam sonat dum extinguitur.' 2
puta ita esse: pro me est. non enim ignis tunc sonum effi-
cit, sed spiritus per extinguentia effugiens. ut dem tibi et
fieri ignem in nube et extingui, spiritu nascitur et adtritu.
'quid ergo?' inquit, 'non potest aliqua ex his transcurren- 3
tibus stellis incidere in nubem et extingui?' existimemus
posse aliquando et hoc fieri; nunc naturalem causam
quaerimus et adsiduam, non raram fortuitamque. puta
enim me confiteri uerum esse quod dicis, aliquando post
tonitrua emicare ignes stellis transuersis et cadentibus si-

Ω = **Zα(=RABV) ϑ(=FH) π(=PUW)]**

931 ut puto **ZL**[2] : autem **RA** : enim **W** : *om.* **BVϑPU** | icti **U**, *ut coni. Axelson*[1] : tetri uel citi **W** : citi **ZαϑP** || **932** feriri *Axelson*[1] : ferri **ZϑP** : fieri **RU** : *om.* **W**[1] : qui fieri **δ** | terit (terr- **BP**) **ZδϑPW** : teritur **U**, *ut coni. Fortunatus* : currit **R** | rumpit *Leo* : -itur **Ω** || **932–933** et si *Hine*[6] : etsi **Ω** : etiamsi *Gercke* : at si *Winterbottom ap. Hine*[6] *app.* : sed et si *Hine*[6] *425* || **933** inquit inter se nubes **ZB** : inter se inquit n- **RAϑPU** : inquit n- inter se **V** : inter se n- inquit **W**[1] || **936** sint **RBϑπ** : sunt **ZAV** || **937** demissus **B** : dim- **ZAVϑπ** || **938** puta **α** : -at **Zϑπ** || **945** quod **Ψ** : quid **Z** || **946–947** similes **Ψ** : -libus **Z**

miles: non ob hoc tonitrua facta sunt, sed cum hoc fieret tonitrua facta sunt.

4 Clidemos ait fulgurationem speciem inanem esse, non ignem; sic enim per noctem splendere motu remor⟨um m⟩are. dissimile est exemplum: illic enim splendor intra ipsam aquam apparet; qui fit in aëre, erumpit et exilit.

56.1 Heraclitus existimat fulgurationem esse uelut apud nos incipientium ignium conatum et primam flammam incertam, modo intereuntem, modo resurgentem.

Haec antiqui fulgetra dicebant. tonitrua nos pluraliter dicimus, antiqui autem tonitrum dixerant aut tonum. (hoc apud Caecinam inuenio, facundum uirum, qui habuisset aliquando in eloquentia nomen, nisi illum Cicero-
2 nis umbra pressisset.) etiamnunc illo uerbo utebantur an-
tiqui quo nos producta una syllaba utimur: dicimus enim

949–952 cf. *FGH* 323F31; DK 62.1 ‖ **953–955** DK Vol. I, p. 492.6–8

Ω = **Zα**(=**RABV**) **ϑ**(=**FH**) **π**(=**PUW**)]

947–948 sed cum – facta sunt *om.* **α** ‖ **948** tonitrua facta sunt *del. Hine*[6] *in app.* ‖ **949** speciem **ZA**[c]**U** : et (etiam **R**) s- **αϑPW** : et ⟨fulminationem (*uel* fulmen)⟩ s- *Hine*[6] *in app.* ‖ **950** splendere *Kroll*[1] : -dorem **Ω** | motu **U**, *fort.* **W**[1], *ut coni. Schultess*[2] : -um **ζϑP** : morum **R** : *om.* **δ** ‖ **950–951** remor⟨um m⟩are *Vottero 147* : remorare **RHP** : remorari **Z** : remorum uideri **AV** : *om.* **B** : memorare **F** : remeare **U** : *quid* **W**[1], *incertum* : remo mare *Brennecke 41–42* : remor⟨um in m⟩ari *Vottero*[3] ‖ **956** tonitrua **Ψ** : -traia **Z** ‖ **957** dixerant **Rϑ**, **W**[1] *ut uid.* (*def. Axelson*[1]) : -runt **ZδPU** ‖ **958** qui *Muretus* : et qui **Cam. DETX** : si (sed **W**[1]) **Ω** ‖ **959** aliquando **Zϑπ** : *om.* **α** : aliquod *Watt* ‖ **960** etiamnunc **Z** : etiam non **RBϑπ** : etiam num **AV**

ut splendēre sic fulgēre, at illis ad significandam hanc e
nubibus subitae lucis eruptionem mos erat correpta me-
dia syllaba uti, ut dicerent fulgĕre.
Quid ipse existimem quaeris; adhuc enim alienis opi- 57.1
nionibus commodaui manum. dicam: fulgurat cum re-
pentinum late lumen emicuit. id euenit ubi in ignem aër
extenuatis nubibus uertitur, nec uires quibus longius pro-
siliret inuenit. non miraris, puto, si aëra aut motus exte- 2
nuat aut extenuatio incendit; sic liquescit excussa glans
funda, et adtritu aëris uelut igne destillat. ideo plurima
aestate sunt fulmina quia plurimum calidi est; facilius
autem adtritu calidorum ignis existit. eodem autem modo 3
fit fulgur, quod tantum splendet, et fulmen, quod mitti-
tur. sed illi leuior uis alimentique minus est, et, ut breui-
ter dicam quod sentio, fulmen est fulgur intentum. ergo
ubi calidi fumidique natura emissa terris in nubes incidit
et diu in illarum sinu uolutata est, nouissime erumpit, et
quia uires non habet, splendor est; at ubi illa fulgura plus 4
habuere materiae et maiore impetu arserunt, non appa-
rent tantum sed decidunt. quidam existimant utique ful-
men reuerti, quidam aliquando subsidere, ubi alimenta
praegrauauerunt et fulmen ictu languidiore delatum est.
At quare fulmen subitum apparet, nec continuatur ad- 58.1

Ω = **Zα(=RABV) ϑ(=FH) π(=PUW)**]

962 significandam **Ω** || **963** eruptionem **Ψ** : rupt- **Z** || **965** existimem (-en **R**) **Ψ** : -ent **Z** || **971** destillat *Gercke* : dist- **Ω** || **972** quia **Ω** : qua *Haase* || **974** fulgur **HU** : -gor **ZαFPW** || **974–975** mittitur **αH** : menti- **ZFPW** : incuti- **U** : intendi- **Cam.DE** : incendit *Fickert* : *fort.* emittitur (*cf.* *2.12.1*) || **978** illarum **AVF** : -orum **ZRBHπ** | erumpit **Ψ** : rump- **Z** || **982** aliquando **Z** : *om.* **Ψ**, *fort. recte*

siduus ignis? quia celerrimum est mirique motus: simul
et nubes rumpit et aëra incendit, deinde desinit flamma
motu quiescente. non enim adsiduus est spiritus cursus,
ut ignis possit extendi. sed quotiens fortius ipsa iacta-
tione se accendit, fugiendi impetum capit; deinde, cum
euasit et pugna desinit, ex eadem causa modo usque ad
terram profertur, modo ante dissoluitur, si minore ui pres-
2 sus est. quare oblique fertur? quia spiritu constat, spiritus
autem obliquus est flexuosusque; et quia natura ignem
susum uocat, iniuria deosum premit. incipit autem obli-
quum esse iter dum neutra uis alteri cedit, et ignis in su-
3 periora nititur, in inferiora deprimitur. quare frequenter
cacumina montium feriuntur? quia opposita sunt nubi-
bus, et e caelo cadentibus per haec transeundum est.

59.1 Intellego quid dudum desideres, quid efflagites: 'malo'
inquis 'fulmina non timere quam nosse. itaque alios doce
quemadmodum fiant; ego mihi metum illorum excuti
2 uolo, non naturam indicari.' sequor quo uocas; omnibus
enim rebus omnibusque sermonibus aliquid salutare mis-
cendum est. cum imus per occulta naturae, cum diuina
tractauimus, uindicandus est a malis suis animus ac sub-

Ω = **Z**α(=**RABV**) ϑ(=**FH**) π(=**PUW**)]

985 celerrimum est **A**^{1}ς, *ut coni. Fortunatus* : celerum est **L**^{2}**V**ϑυ : celer (cal- **B**^{1}) est **RA**^{c}**B**^{c}**P** : celerum est et **Z** | mirique (-que *om.* **W**^{1}) **L**^{2}**Ψ** : merisque **Z** | motus **Ψ** : met- **Z** || **990** desinit **Z**αϑ**PW** : desiit **U**ς, *Erasmus*^{1} || **991** dissoluitur **Ψ** : -lutus **Z** || **993** quia **RB** : quod **A** : qui **ZV**ϑπ || **994** susum **Z** : surs- **Ψ** | deosum *Hine*^{6} : deors- **Ω** || **996** nititur **Z** : n- et **Ψ** || **997–998** opposita (oppressa **R**) sunt nubibus (o- n- s- **F**) **Ψ** : n- o- s- **Z**, *numero minus bono* || **998** cadentibus **Ψ** : ced- **Z** || **1005** tractauimus **Z**ϑπ : -tamus α, *fort. recte*

inde firmandus, quod etiam eruditis et hoc unum agen-
tibus necessarium est, non ut effugiamus ictus rerum
(undique enim tela in nos iaciuntur), sed ut fortiter
constanterque patiamur. inuicti esse possumus, incon- 3
cussi non possumus, quamquam interim spes subit incon-
cussos quoque esse nos posse. ‘quemadmodum?’ inquis.
contemne mortem, et omnia quae ad mortem ducunt
contempta sunt, siue illa bella sunt, siue naufragia, siue
incursus ferarum, siue ruinarum subito lapsu prociden-
tium pondera. numquid facere amplius possunt quam ut 4
corpus ab animo resoluant? hoc nulla diligentia euitat,
nulla felicitas donat, nulla potentia euincit. alia uaria
†fortitudine† disponit, mors omnes aeque uocat; iratis
dis propitiisque moriendum est. animus ex ipsa despera- 5
tione sumatur. ignauissima animalia quae natura ad fu-
gam genuit, ubi exitus non patent, temptant pugnam cor-
pore inbelli. nullus perniciosior hostis est quam quem

Ω = **Z**α(=**RABV**) ϑ(=**FH**) π(=**PUW**)]

1008 tela in nos **ZVϑυ** : in n- t- **AB** : t- **P** ‖ **1011–1013** nos posse – contempta sunt siue *om.* **α** ‖ **1013** sunt[1] **Cam.DETX** : sint **Zϑπ** | sunt[2] **Z** : sint **Ψ** | siue[3] **ZB** : seu **RAVϑπ** ‖ **1014** incursus **Z** : morsus **Ψ** | siue **Z** : seu **Ψ** ‖ **1017** alia **B** : talia **ZRAVϑπ** : talia ⟨fors⟩ *Oltramare* : talia ⟨fatum⟩ *Lana 3 n. 2* | uarie *Pincianus* : uario *Haupt*[1] *333* ‖ **1018** fortitudine **ZRAVϑπ** : formidine **B** : fortuna *Opsopoeus* : fors ordine *Haupt*[1] *333* : fors libidine *Haase* : sorte fortuna *uel* sorte natura *Hine*[6] *442* | *ante* mors *dist.* **δυ**, *post* mors **ZϑP**, *post* uocat **R** ‖ **1019** dis **ZH** : diis **αFPW** : *om.* **U** ‖ **1020** animalia **Ψ** : per a- **Z** ‖ **1021** patent **Zϑπ** : -et **α**, *fort. recte* | pugnam *Gronouius*[2] : pugnant **Z** : fugam **Ψ** ‖ **1022** quam **αϑυ** : quem **Z** : qua **P**

audacem angustiae faciunt, longeque uiolentius semper
ex necessitate quam ex uirtute confligitur, aut certe paria
6 conantur animus magnus ac perditus. cogitemus nos,
quantum ad mortem, perditos esse. et sumus. ita est, Lu-
cili: omnes reseruamur ad mortem. totum hunc quem ui-
des populum, totum quem usquam cogitas esse, cito na-
tura reuocabit et condet, nec de re sed de die quaeritur:
7 eodem citius tardiusue ueniendum est. quid ergo? non
tibi timidissimus omnium uidetur et insipientissimus qui
magno ambitu rogat moram mortis? nonne contemneres
eum qui, inter perituros constitutus, beneficii loco peteret
⟨* * *⟩ ultimus ceruicem? idem facimus: magno aestima-
8 mus mori tardius. in omnes constitutum est capitale
supplicium, et quidem constitutione iustissima. nam,
quod maximum solet esse solacium extrema passuris,
quorum eadem causa, sors eadem est. sequeremur traditi
a iudice aut magistratu, et carnifici nostro praestaremus
obsequium: quid interest utrum ad mortem iussi eamus
9 an nati? o te dementem et oblitum fragilitatis tuae, si
tunc mortem times cum tonat! ita est? in hoc salus tua
uertitur? uiues si fulmen effugeris? petet te gladius, petet

Ω = **Zα**(=**RABV**) **ϑ**(=**FH**) **π**(=**PUW**)]

1024 confligitur ς, *ut coni. Haupt*[1] *333* : corrigitur **Ω** : concurritur *Madvig*[2] *442 n. 1* || **1026** ita **Ψ** : pia **Z** || **1028** totum **Rϑπ** : totumque **Z** : *om.* **δ** || **1030** tardiusue **α** : tardius **Zϑπ**, *numero minus bono* || **1034** ultimus ceruicem **ZRϑπ** : ut u- c- praeberet **δ** : u- extendere c- **E**[2] : ⟨ut praeberet⟩ u- c- *Goodyear*[2] = *Goodyear*[4] *257* || **1036** nam *del. Fortunatus* || **1038** eadem[1] *Bongarsius, Gronouius*[1] : enim **Ω** (quorum causa eadem, eadem sors erit *iam Gruterus*[1]) || **1042** ita est **ZRϑPW**[1] : ita **U** : itane **δ** || **1043** petet[1] **δ** : repetet **ZRϑπ**

lapis, petet bilis. non maximum ex periculis tuis sed spe-
ciosissimum fulmen est. male scilicet actum erit tecum si 10
sensum mortis tuae celeritas infinita praeueniet, si mors
tua procuratur, si ne [te] tunc quidem cum ⟨ex⟩spiras su-
peruacuus, sed alicuius magnae rei signum es. male scili-
cet tecum agitur si cum fulmine conderis. sed pauescis ad 11
caeli fragorem, et ad inane nubilum trepidas, et quotiens
aliquid effulsit, †exspiras†. quid ergo? honestius putas
deiectione perire quam fulmine? eo itaque fortior aduer-
sus caeli minas surge, et cum undique mundus exarserit,
cogita nihil habere te tanta morte perdendum. quod si 12
tibi parari credis illam caeli confusionem, illam tempesta-
tum discordiam, si propter te ingestae inlisaeque nubes
strepunt, si in tuum exitium tanta ignium uis excutitur,
at tu solacii loco numera tanti esse mortem tuam. sed 13
non erit huic cogitationi locus: casus iste donat metum,

Ω = Zα(=**RABV**) ϑ(=**FH**) π(=**PUW**)]

1044 ex ϑπ : et **Z** : e **AV** : est **B** : *om.* **R** ‖ **1046** pr(a)eueniet ϑπ : -nerit **ZAV** : -niat **RB** ‖ **1047** si ne *Pincianus* : sine te **ZR**ϑπ : si tu δ | *suppl. Pincianus* ‖ **1049** pauescis **Ψ** : -ci **Z** ‖ **1050** inane α**H**π : mane (-nu *uel* -na **Z**[1]) **Z**[c]**L**[2]**F** ‖ **1051** ex(s)piras (spiras **R**) **Ω** : desperas *Leo* : extimescis *Hine*[6] *in app.* : ⟨prope⟩ exspiras *Watt* ‖ **1052** deiectione **T** : dilect- **ZR**ϑπ : deiect- animi **B** : deiect- anime **V** : dilect- animi **A** ‖ **1053** exarserit (-sit **B**) **Ψ** : -seris **Z** ‖ **1055–1056** tempestatum δϑπ : -tatium **Z**, *fort. recte* : temptatum **R** ‖ **1056** inlis(a)eque **Z**ϑ**U** : inles- α**PW**[1] ‖ **1057** ignium uis **Z**ϑυ : u- i- α**P**

et inter cetera hoc quoque commodum eius, quod expectationem sui antecedit. nemo umquam timuit fulmen nisi quod effugit.

L. ANNAEI SENECAE

NATVRALIVM QVAESTIONVM

LIBER TERTIVS QVI FERTVR

⟨De aquis terrestribus⟩

Praef. 1 Non praeterit me, Lucili uirorum optime, quam magnarum rerum fundamenta ponam senex, qui mundum circumire constitui et causas secretaque eius eruere atque

Ω = **Zα(=RABV) ϑ(=FH) π(=PUW)**]

1060 eius ⟨est⟩ *add.* **R**, *fort. recte* || **1061** sui **Z** : suam **Rϑπ** : tuam **δ** || **1061–1062** nisi quod **ZAϑ** : n- quam **R** : n- qui **BV**[1] : non quod **PW** : quod non **U, V** *u. l.*

Explicit liber IIus **V** : Explicit liber VIII **H** : Explicit liber IIIus **W** : *om.* **ZABFPRU**

3 1–4 Liber IIIus **A** *in mg.* : incipit IIIus de naturalibus questionibus **V** : Incipit IX **H** : Incipit liber VIus de aquis frigidis uel calidis **R** : Incipit liber septimus senece **U** : Incipit liber IIIIus **W** : *om.* **ZBFP** : *de uero libri numero uide Praefationem pp. XXII–XXV* || **4** *suppl. Gercke* (*conl. 3.1.1*) || **5** praeterît *Stahl*[1] *3* || **6–7** circumire **Z** : circuire **Ψ**

aliis noscenda prodere. quando tam multa consequar,
tam sparsa colligam, tam occulta perspiciam? premit a 2
tergo senectus et obicit annos inter uana studia consum-
ptos. tanto magis urgeamus et damna aetatis male exem-
ptae labor sarciat. nox ad diem accedat, occupationes re-
cidantur, patrimonii longe a domino iacentis cura
soluatur, sibi totus animus uacet, et ad contemplationem
sui saltim in ipso fine respiciat. faciet, ac sibi instabit, et 3
cotidie breuitatem temporis metietur; quidquid amissum
est, id diligenti usu praesentis uitae recolliget. fidelissi-
mus est ad honesta ex paenitentia transitus.

Libet igitur mihi exclamare illum poetae incluti uersum:

tollimus ingentes animos et maxima paruo
tempore molimur.

21–22 Vagellius fr. 2 (p. 156 Buechner, p. 347 Courtney); Vagellio primus adscripsit Bergk 635–636, Lucano Unger[2] 26–28, Neroni Gercke in app., Lucilio Herrmann[2] 16, 66

Ω = **Z**α(=**RABV**) ϑ(=**FH**) π(=**PUW**); γ *habet* **17** fidelissimus – **18** transitus]

8 prodere **ZR**ϑυ : producere δ : perdere **P** ‖ **9–10** premit a tergo *Erasmus*[2] : pr(a)emittat (preterm- **W**) ergo **Ω** : premat ergo *Haase* : remittat ergo *Oltramare* ‖ **10** obicit *Erasmus*[2] : -iat **Ω** ‖ **11** tanto – **15** respiciat *interlocutori dedit Gercke* ‖ **13** patrimonii (p- *ante* recidantur **BV**) longe (alonge **W**) **Ψ** : patrimonium lege **Z** | a domino (-nio **V**) δϑπ : a domini **Z** : ad omnia **R** ‖ **15** saltim **ZRAVF**π (*cf. Ep. 8.4, 91.10* [*codd. B*[c]ψ]) : -tem **BH** (*cf. 6.1.7*) | fine **Z**ϑ : fuge π : fuga **R** : fuge impetu δ ‖ **19** igitur ϑπ : itaque **Z** : *om.* α

hoc dicerem si puer iuuenisque molirer (nullum enim
non tam magnis rebus tempus angustum est); nunc uero
ad rem seriam, grauem, inmensam postmeridianis horis
4 accessimus. faciamus quod in itinere fieri solet: qui tar-
dius exierunt, uelocitate pensant moram. festinemus, et
opus nescio an ⟨in⟩superabile, magnum certe, sine aeta-
tis excusatione tractemus. crescit animus quotiens coepti
magnitudinem aspexit, et cogitat quantum proposito, non
quantum sibi supersit.

5 Consumpsere se quidam dum acta regum externorum
componunt, quaeque passi inuicem ausique sunt populi.
quanto satius est sua mala extinguere quam aliena poste-
ris tradere! quanto potius deorum opera celebrare quam
Philippi aut Alexandri latrocinia, ceterorumque qui exi-
tio gentium clari non minores fuere pestes mortalium
quam inundatio qua planum omne perfusum est, quam
6 conflagratio qua magna pars animantium exarsit! quem-
admodum Hannibal Alpes superiecerit scribunt, quem-
admodum confirmatum Hispaniae cladibus bellum Ita-
liae inopinatus intulerit, fractisque rebus, etiam post

Ω = **Z**α(=**RABV**) **ϑ**(=**FH**) **π**(=**PUW**); **γ** *habet* **29** cre-
scit – **31** supersit]

23 ⟨et⟩si *Gertz*[1] *52 n.* ‖ **25** postmeridianis horis **Z**, *ut coni. Erasmus*[1] (*cf. Dial. 9.17.7, Parroni*[2]) : post meridianas (-diem **R** : -dinas **W**[1]) horas **Ψ** ‖ **28** *suppl. Kroll*[2] ‖ **29** quotiens ⟨sibi⟩ (*et* ostendit) *Garrod*[2] : qu- ⟨quis⟩ *Alexander* (*cf. 6.23.3*) ‖ **30** aspexit **Zγ** (*cf. Parroni*[2]) : ostendit **RAVϑπ** : ostenderit **B** : attendit *Erasmus*[2] ‖ **39** exarsit *Gemoll*[2] : exaruit **Ω** ‖ **40** alpes superiecerit **ϑπ** : s- a- **RA**[1] : superauerit a- **BV**, **A** *u. l.* : a- superauerit **Z** ‖ **41** confirmatus *Haase* ‖ **42** inopinatus intulerit **Ψ** : in ordinatu sint uel erit **Z** | -que **Ψ** : *om.* **Z**

Carthaginem pertinax, reges pererrauerit contra Romanos
ducem promittens, exercitum petens, quemadmodum
non desierit omnibus angulis bellum senex quaerere:
adeo sine patria pati poterat, sine hoste non poterat!
Quanto satius est quid faciendum sit quam quid fac- 7
tum quaerere, ac docere eos qui sua permisere fortunae
nihil stabile esse ab illa datum, munus eius omne aura
fluere mobilius! nescit enim quiescere, gaudet laetis tri-
stia substituere, utique miscere. itaque secundis nemo
confidat, aduersis nemo deficiat: alternae sunt uices re-
rum. quid exultas? ista quibus eueheris in summum nes- 8
cis ubi te relictura sint: habebunt suum, non tuum finem.
quid iaces? ad imum delatus es, nunc locus est resur-
gendi. in melius aduersa, in deterius optata flectuntur. ita 9
concipienda est animo uarietas non priuatarum tantum
domuum, quas leuis casus impellit, sed publicarum. re-
gna ex infimo coorta supra imperantes constiterunt, ue-
tera imperia in ipso flore ceciderunt; iniri non potest nu-
merus quam multa ab aliis fracta sint. nunc cum maxime
deus extruit alia, alia submittit, nec molliter ponit sed ex

Ω = **Z**α(=**RABV**) **ϑ**(=**FH**) **π**(=**PUW**); γ *habet* **51** secundis – **52** deficiat, **56** in melius – flectuntur]

43 cartaginem **Ψ** : karthag- **Z** ‖ **47–48** sit quam quid (quod **AV**) factum (sit *add.* **α**) **Ψ** : quam sit factum sit **Z** ‖ **49** esse ab illa datum **Z** : ab i- d- e- **Rϑπ** : ad illam d- e- **δ** | munus **Z** : *om.* **Ψ** | omne *Hine*[4] *194* : omni **Z** : omnia **Ψ** ‖ **57** priuatarum **Ψ** : -torum **Z** ‖ **58** domuum **δϑπ** : domitum **R** : domum **Z** (*cf. TLL 5.1.1951.63–67*) | quas **Ψ** : quam **Z** ‖ **60** iniri **Z**, *ut coni. Muretus* : inueniri **Ψ** | non **Ψ** : *om.* **Z** ‖ **61** quam multa ab **Ψ** : multas **Z** ‖ **62** alia summittit **Ψ** : s- a- **Z**

10 fastigio suo nullas habitura reliquias iactat. magna ista quia parui sumus credimus: multis rebus non ex natura sua sed ex humilitate nostra magnitudo est.

Quid praecipuum in rebus humanis est? non classibus maria complesse, nec in Rubri maris litore signa fixisse, nec deficiente ad iniurias terra errasse in oceano ignota quaerentem, sed animo omne uidisse et, qua maior nulla uictoria est, uitia domuisse. innumerabiles sunt qui populos, qui urbes habuerunt in potestate, paucissimi qui se.
11 quid est praecipuum? erigere animum supra minas et promissa fortunae, nil dignum putare quod speres. quid enim habes quod concupiscas? qui a diuinorum conuersatione quotiens ad humana reccideris, non aliter caligabis quam quorum oculi in densam umbram ex claro sole redierunt.
12 quid est praecipuum? posse laeto animo aduersa tolerare, quidquid acciderit sic ferre quasi uolueris tibi accidere. debuisses enim uelle si scisses omnia ex decreto dei fieri.
13 flere, queri et gemere desciscere est. quid est praecipuum? animus contra calamitates fortis et contumax, luxuriae non auersus tantum sed infestus, nec auidus periculi nec fugax, qui sciat fortunam non expectare sed

Ω = **Zα**(=**RABV**) **ϑ**(=**FH**) **π**(=**PUW**); **γ** *habet* **63** magna – **66** humanis, **69** animo – **95** non putes]

66 in **ZL**^{2}**γδ** : *om.* **Rϑπ** || **69** uicisse **fς**, *ut coni. G. Müller 29* || **71** habuerunt **γΨ** : -rint **Z** || **73** nil **Zγ** : nihil **Ψ** || **74** habes **Zγ** (*cf. Ep. 30.4, Cic. Sen. 68, Att. 9.12.4*) : dignum habet **Ψ** : habet *Skutsch* | qui a **ZHU** : quia **FPW**^{1} : qua **R** : quia a **δ** || **75** reccideris *Hine*[14] : recid- **Ω** || **77** aduersa **Ψ** : dura **Zγ**, *fort. recte* || **78** uolueris tibi **Zγϑπ** : t- u- **α** || **79** decreto **γΨ** : credito **Z** || **82** auersus **Zγ**(*codd.* **abce**)**Bϑ** : adu- **γ**(*cod.* **d**)**AVπ** : inu- **R**

facere, et aduersus utramque intrepidus inconfususque
prodire, nec illius tumultu nec huius fulgore percussus.
quid est praecipuum? non admittere in animo mala con- 14
silia, puras ad caelum manus tollere, nullum bonum pe-
tere quod ut ad te transeat aliquis dare debet aliquis amit-
tere, optare (quod sine aduersario optatur) bonam
mentem, cetera magno aestimata mortalibus, etiamsi quis
domum casus attulerit, sic intueri quasi exitura qua uene-
rint. quid est praecipuum? altos supra fortuita spiritus tol- 15
lere, hominis meminisse ut, siue felix eris, scias hoc non
futurum diu, siue infelix, scias hoc te non esse si non pu-
tes. quid est praecipuum? in primis labris animam ha- 16
bere. haec res efficit non e iure Quiritium liberum sed e
iure naturae. liber est autem qui seruitutem suam effugit.
haec est adsidua et ineluctabilis et per diem ac noctem
aequaliter premens, sine interuallo sine commeatu. sibi 17
seruire grauissima est seruitus, quam discutere facile est
si desieris multa te poscere, si desieris tibi referre merce-
dem, si ante oculos et naturam tuam posueris et aetatem,
licet prima sit, ac tibi ipse dixeris 'quid insanio? quid an-
helo? quid sudo? quid terram, quid forum uerso? nec
multo opus est nec diu.'

Ω = **Z**α(=**RABV**) ϑ(=**FH**) π(=**PUW**); γ *habet* **97** liber – effugit, **99** sibi – **100** seruitus]

86 animo **Ψ** (*cf. Axelson*[1], *TLL 1.750.44–49, 752.36–37*) : animum **Z**γ || **88** ad **Z**γ**AVW** : a **RB**ϑ**PU** || **96–97** e iure *bis* **Z**ϑ : euenire *bis* απ || **97** sui *Muretus* || **106** *hic fere* **R** *a stirpe* π *deriuari incipit*

18 Ad hoc proderit nobis rerum inspicere naturam: primum discedemus a sordidis; deinde animum ipsum, quo summo magnoque opus est, seducemus a corpore; deinde in occultis exercitata subtilitas non erit in aperta deterior. nihil est autem apertius his salutaribus quae contra nequitiam nostram furoremque discuntur, quae damnamus nec ponimus.

1.1 Quaeramus ergo de terrestribus aquis, et inuestigemus qua ratione fiant – siue, ut ait Ouidius, 'fons erat illimis nitidis argenteus undis', siue, ut ait Vergilius,

unde per ora nouem uasto cum murmure montis
it mare proruptum et pelago premit arua sonanti,

siue, ut apud te, Iunior carissime, inuenio, 'Eleus Siculis

114–115 Ou. *Met.* 3.407 || **116–117** Verg. *Aen.* 1.245–246 || **118–119** Lucilius Iunior fr. 4 (p. 157 Buechner, p. 348–349 Courtney)

Ω =**Zδ**(=**ABV**) **ϑ**(=**FH**) **π**(=**PRUW**); **γ** *habet* **106** primum – **107** animum, **108** seducamus [*sic*] a corpore]

106 rerum inspicere **Z** : i- r- **Ψ** || **106–107** primum **Zγ** : -mo **Ψ** || **108** summo **Ψ** (*cf. Klammer*[1] *26, Axelson*[2]) : sano **Z** | magnoue *Kroll*[2] | deinde **Ω** : denique *uel* tum demum *Gercke in app.* (*sed cf. TLL 5.1.411.10–13*) || **111** nostram (-rum **B**) **Ψ** : -ra **Z** || **113** terrestribus *Schultess*[2] : terris (de *add.* **R**) quibus **Zϑπ** : *om.* **δ** || **114–115** ut – siue **Ψ** : *om.* **Z** || **117** it **Hϱ**, *Vergili codd. plerique* : in **ZδW**, *Vergili cod.* V^1 : id **F**, *Vergili cod.* F^1 : item **U** | proruptum **Z**, *Vergili codd.* $F^1 M^1 R V^1 \omega$, *'melius' iudice Seruio* : pre- **Ψ**, *Vergili codd.* $F^2 M^2 \gamma V^2$ *adr, Tib. Cl. Donatus* || **118** carissime **ZVυ** : kar- **ABϑϱ** (*cf.* *3.26.6, 5.18.16*) | eleus **B**, *ut coni. Pincianus* : Elius *Gercke* : elisus **ZH** : elisius **AVFπ**

de fontibus exilit amnis', si⟨ue⟩ qua ⟨alia⟩ ratio aquas subministrat – quomodo tot flumina ingentia per diem noctemque decurrant, quare alia hibernis aquis intumescant, alia in defectu ceterorum amnium crescant. Nilum 2
interim seponemus a turba, propriae naturae ac singularis, et illi suum diem dabimus. nunc uulgares aquas persequamur, tam frigidas quam calentes, in quibus [calentibus] quaerendum erit utrum calidae nascantur an fiant. de ceteris quoque disseremus quas insignes aut sapor aut aliqua reddit utilitas: quaedam enim oculos, quaedam neruos iuuant, quaedam inueterata et desperata a medicis uitia percurant, quaedam medentur ulceribus, quaedam interiora potu fouent et pulmonis ac uiscerum querelas leuant, quaedam supprimunt sanguinem.

Tam uarius singulis usus quam gustus est. [aut … ue- 2.1
nas.] aliae dulces sunt, aliae uarie asperae: quippe interueniunt salsae amaraeque, aut medicatae, ex quibus sulphuratas dicimus, ferratas, aluminosas. indicat uim sapor.

124 dabimus] in libro 4a

Ω = **Zδ**(=**ABV**) **ϑ**(=**FH**) **π**(=**PRUW**)]

119 si⟨ue⟩ qua *Gercke ap. Gercke-Norden 54* : si qua **Zϑπ** : que **δ** : quomodo *ς* | alia *suppl. Hine*[14] ‖ **120** subministrat **W**[1] **Cam.E** : -traret **ZϑϱU** : -tret **δ** | flumina **δHπ** : fulm- **ZF** ‖ **122** amnium **δϑRU** : annium **Z** : animum **P** : annuum **W** ‖ **124** diem **Ψ** : *om.* **Z** ‖ **124–125** persequamur **Zϑυ** : -emur **δ** : prosequamur **ϱ** ‖ **125–126** *secl. Fortunatus* ‖ **129** inueterata **δ** : ueterata **ϑυ** (*cf. Plin. Nat. 32.141 'ulceribus ueteratis'* [*'inueteratis' coni. Mayhoff*]) : uetera **Zϱ** (*cf. Ep. 57.5*) | a **Ψ** : *om.* **Z** ‖ **133–134** aut – uenas *ad* 145–146 *transp. Codoñer Merino* ‖ **134** uarie asperae *Gertz*[2] : uari(a)e. asper(a)e (*sine puncto* **U**) **Ω**

2 habent praeterea multa discrimina, primum tactus (frigidae calidaeque sunt), deinde ponderis (leues et graues sunt), deinde coloris (purae sunt, turbidae, caeruleae, lucidae), deinde salubritatis (sunt enim utiles, sunt mortiferae). sunt quae cogantur in lapidem, quaedam tenues, quaedam pingues. quaedam alunt, quaedam sine ulla bibentis ope transeunt, quaedam haustae fecunditatem adferunt.

3 ⟨Aut stant omnes aquae aut eunt; aut colliguntur aut uarias habent uenas.⟩ ut stet aqua aut fluat loci positio efficit: in deuexo fluit, in plano aut supino continetur et stagnat. aliquando in aduersum spiritu impellitur: tunc cogitur, non fluit. colligitur ex imbribus, ex suo fonte natiua est. nihil tamen prohibet eodem loco aquam et colligi et nasci; quod in Fucino uidemus, in quem montes circumiecti quidquid fudit pluuia deriuant, sed magnae

Ω = **Zδ**(=**ABV**) **ϑ**(=**FH**) **π**(=**PRUW**)]

137 tactus **δϑϱW** : -u **ZU** ‖ **139–141** sunt^{2} – mortiferae *om.* **δ** ‖ **139** cerule(a)e **Hυ** : c(a)erul(a)e **ZFϱ** ‖ **139–140** lucid(a)e (-ile **U**) **Zϑπ** (*cf. 7.11.3, TLL 7.2.1706.10–13*) : luridae *G. Müller 30* : liuide **E**^{2} ‖ **141–142** sunt – pingues *secl. Haase* ‖ **145–146** *uide ad* **133–134** ‖ **147** in deuexo (ideu- **B**) **Ψ** : inde uexo **Z** | aut supino **Z** : et deuexo **ϑπ** : *om.* **δ** : et conuexo *Leo, Pusch ap. Gercke* : et depresso *Gercke in app.* : et deiecto *Kroll*^{1} : et supino *Oltramare* ‖ **148** spiritu **δϑU** : -um **ZL**^{2}**ϱW** ‖ **150** et **Z** : *om.* **Ψ** ‖ **151** fucino **ϑπ** : fusc- **Zδ** ‖ **152** pluuia **Cam.DET**, **W**^{1} *u. l., ut coni. Opsopoeus* : fluuia **Zϑπ** : fluuii **δ** | sed **Zϑπ** : sed et **δ**, *fort. recte* in ipso latentesque uenae sunt. itaque etiam cum hiberni defluxere torrentes, faciem suam seruat.

Primum ergo quaeramus quomodo ad continuandos 4
fluminum cursus terra sufficiat, unde tantum aquarum exeat. miramur quod accessionem fluminum maria non sentiant: aeque mirandum est quod detrimentum exeuntium terra non sentit. quid est quod illam aut sic impleuerit ut praebere tantum ex recondito possit, aut subinde sic suppleat? quamcumque rationem reddiderimus de flumine, eadem erit riuorum ac fontium.

Quidam iudicant terram quidquid aquarum emisit rur- 5
sus accipere, et ob hoc maria non crescere, quia quod influxit non in suum uertunt sed protinus reddunt. occulto enim itinere subit terras et ⟨quod⟩ palam uenit secreto reuertitur; colaturque in transitu mare, quod per multiplices terrarum anfractus uerberatum amaritudinem ponit et prauitatem; in tanta soli uarietate saporem exuit et in sinceram aquam transit.

Ω = **Zδ**(=**ABV**) **ϑ**(=**FH**) **π**(=**PRUW**)]

153 in ipso latentesque **ϑπ** : -que latentes in i- **Z** : latentesque in i- **AV** : latentesque **B** | uenae **Z** : uene unde **Rυ** : uel uene unde **P** : und(a)e **δϑ** ‖ **154** seruat **δ**, *ut coni. Fortunatus* : -ant **Zϑπ** ‖ **161–162** flumine **Ψ** : fulm- **Z** ‖ **166** et **Zϑπ** : sed **δ** | *suppl. Koeler* ‖ **168** anfractus (*uel* amfr-) **Ψ** : anfructus **Z** | uerberatum **ZVϑϱU** : -atur **W**[1] : ubertatum **AB** : euerberatum *Castiglioni*[1] (*conl. 5.12.2, 6.27.3*) : percribratum *C. F. W. Müller* : cribratum *Hine*[14] ‖ **169** prauitatem *secl. Garrod*[2] | saporem **Zϑ ϱU** : uap- **W**[1] : saporis (*sed ante* in tanta) **δ** : *secl. Fickert* | in **Ψ** : *om.* **Z**

6.1 Quidam existimant, quidquid ex imbribus terra conci-
pit, id illam rursus emittere; et hoc argumenti loco po-
nunt, quod paucissima flumina in his sunt locis quibus
2 rarus est imber. ideo siccas aiunt Aethiopiae solitudines
esse paucosque inueniri in interiore Africa fontes, quia
feruida natura caeli sit et paene semper aestiua. squalidae
itaque sine arbore, sine cultore harenae iacent raris imbri-
bus sparsae, quos statim conbibunt. at contra constat
Germaniam Galliamque et proxime ab illis Italiam abun-
dare riuis, abundare fluminibus, quia caelo umido utun-
tur et ne aestas quidem imbribus caret.
7.1 Aduersus hoc multa posse dici uides. primum ego tibi
uinearum diligens fossor adfirmo nullam pluuiam esse
tam magnam quae terram ultra decem in altitudinem pe-
des madefaciat. omnis umor intra primam crustam con-
2 sumitur nec in inferiora descendit. quomodo ergo imber
suggerere potest amnibus uires, qui summam humum tin-
guit? '⟨at⟩ pars maior eius per fluminum alueos in mare
aufertur. exiguum est quod sorbeat terra, nec id seruat:
aut enim arida est et absumit in se quidquid infusum est,
aut satiata, si quid supra desiderium cecidit, excludit; et
ideo primis imbribus non augentur amnes, quia totos in
3 se terra sitiens trahit.' quid quod quaedam flumina erum-

Ω = **Z**δ(=**ABV**) ϑ(=**FH**) π(=**PRUW**)]

171–172 concepit **W**[2]ς, *ut coni. Skutsch* || **172** id **H** : et id **F** : ad **Z**π : in δ || **173** in *secl. Alexander* || **174** siccas **Ψ** : sic eas **Z** || **179** proximam **GL** || **180** abundare[2] **Z** : et **Ψ** || **181** caret (-eret **R**) **Ψ** : parcet **Z** || **184** ultra **Ψ** : -am **Z** || **188** *suppl. Watt per litteras* : 'pars' ⟨inquit⟩ *suppl. J. Müller*[1] *19–20, qui* **188** pars – **193** trahit *interlocutori dedit*

punt saxis et montibus? his quid conferent pluuiae, quae per nudas rupes deferuntur nec habent terram cui insidant? adice quod siccissimis locis putei in altum acti ultra ducentorum aut trecentorum pedum spatium inueniunt aquarum uberes uenas in ea altitudine in quam pluuia non penetrat, ut scias illic non caelestem esse nec collecticium umorem sed, quod dici solet, uiuam aquam. illo quoque argumento haec opinio refellitur, quod qui- 4
dam fontes in summo montis cacumine redundant. apparet illos susum agi aut ibi concipi, cum omnis pluuialis aqua decurrat.

Quidam existimant, quemadmodum in exteriore parte 8
terrarum uastae paludes iacent magnique et nauigabiles lacus, quemadmodum ingenti spatio maria porrecta sunt infusa uallibus, sic interiora terrarum abundare aquis dulcibus, nec minus illas late stagnare quam apud nos oceanum et sinus eius, immo eo latius quia plus terra in altum patet. ergo ex illa profunda copia isti amnes egeruntur. quos quid miraris si detractos terra non sentit, cum adiectos maria non sentiant?

Quibusdam haec placet causa: aiunt habere terram in- 9.1
tra se recessus cauos et multum spiritus, qui necessario frigescit umbra graui pressus, deinde piger et inmotus in

Ω = **Z**δ(=**ABV**) ϑ(=**FH**) π(=**PRUW**)]

194 ⟨e⟩ saxis *Gemoll*[2] (*cf. 6.8.3, Ben. 5.24.1, Ep. 56.10, 64.1; sed uide ad Nat. 5.13.3*) ‖ **199** pluuia **ZL**[2] : aqua **Ψ** ‖ **200** collecticium **Z**ϑ : -tiuum δπ ‖ **205** exteriore **Z**δ : -ori ϑπ ‖ **209** late **Z**, *post* stagnare *add.* **L**[2] : *om.* **Ψ** ‖ **210** quia **Z**δϑ**P**υ : quod **R** : quo **T** ‖ **212** detractos terra **Z** : t- d- **Ψ**, *numero minus bono* ‖ **214** Quibus[dam] *Gercke* (*sed cf. Oltramare*) ‖ **216** deinde **Ψ** : dein **Z** (*cf. Hine*[6] *21*)

2 aquam, cum se desiit ferre, conuertitur. quemadmodum
supra nos aëris mutatio imbrem facit, ita infra terras flu-
men aut riuum. supra nos non potest stare segnis diu et
grauis (aliquando enim sole tenuatur, aliquando uentis
expanditur, itaque interualla imbribus magna sunt); sub
terra uero quidquid est quod illum in aquam conuertat
idem semper est, umbra perpetua, frigus aeternum, in-
exercitata densitas: semper ergo praebebit fonti aut flu-
3 mini causas. placet nobis terram esse mutabilem: haec
quoque quidquid efflauit, quia non libero aëre excipitur,
crassescit protinus et in umorem conuertitur. habes pri-
mam aquarum sub terra nascentium causam.

10.1 Adicias etiam licet quod fiunt omnia ex omnibus, ex
aqua aër, ex aëre aqua, ignis ex aëre, ex igne aër. quare
ergo non ex terra fiat aqua? quae si in alia mutabilis, est
etiam in aquam, immo maxime in hanc. utraque enim
cognata res est, utraque grauis, utraque densa, utraque in
extremum mundi compulsa. ex aqua terra fit: cur non
2 aqua fiat e terra? 'at magna flumina sunt.' cum uideris
quanta sint, rursus ex quanto prodeant aspice. miraris,
cum labantur adsidue, quaedam uero concitata rapiantur,
quod praesto sit illis aqua semper noua; quid si mireris
quod, cum uenti totum aëra impellant, non deficit spiri-
tus sed per dies noctesque aequaliter fluit, nec, ut flu-

Ω = **Z**δ(=**ABV**) ϑ(=**FH**) π(=**PRUW**)]

217 desiit (desid- **W**[1]) **δϑπ** : desit **Z** || **218** aeris mutatio **Z** : mut- (imit- **F**) a- **Ψ** || **221** itaque **Ψ** : intaque **Z** | imbribus magna **Z** : m- i- **Ψ**, *numero minus bono* || **226** excipitur **Z**, *meliore numero* : conc- **Ψ** || **231** non ex **Zϑ** : non e **ϱU** : non **VW** : ne **AB** | si ⟨est⟩ *Hine*[14] || **235** fiat (*plura om.* **W**[1]) **Ω** : fiet *Gercke in app.* || **236** sint **Z**, *ut coni. H. J. Müller 5 n. 3* : sunt **Ψ**

mina, certo alueo fertur, sed per uastum caeli spatium
lato impetu uadit? quid si ullam undam superesse mireris
quae superueniat tot fluctibus fractis? nihil deficit quod 3
in se redit. omnium elementorum alterni recursus sunt:
quidquid alteri perit in alterum transit, et natura partes
suas uelut in ponderibus constitutas examinat, ne portio-
num aequitate turbata mundus praeponderet. omnia in 4
omnibus sunt. non tantum aër in ignem transit sed num-
quam sine igne est: detrahe illi calorem, rigescet, stabit,
durabitur; transit aër in umorem sed nihilominus non est
sine umore; et aëra et aquam facit terra sed non magis
umquam sine aqua est quam sine aëre. et ideo facilior est
inuicem transitus quia illis in quae transeundum est iam
mixta sunt. habet ergo terra umorem: hunc exprimit. ha- 5
bet aëra: hunc umbra inferni frigoris densat ut faciat
umorem. ipsa quoque mutabilis est in umorem: natura
sua utitur.

'Quid ergo?' inquit, 'si perpetuae sunt causae quibus **11.1**
flumina oriuntur ac fontes, quare aliquando siccantur,
aliquando quibus non fuerunt locis exeunt?' saepe motu
terrarum itinera turbantur et ruina interscindit cursum

Ω = **Zδ**(=**ABV**) **ϑ**(=**FH**) **π**(=**PRUW**)]

241 ⟨quae⟩ certo ... feruntur *J. Müller*[3] | fertur **δ** : feruntur **Zϑπ** : *fort. delendum esse coni. Madvig*[2] || **243** quod **B**, *ut coni. Fortunatus* : quia **ZAVϑπ** || **244** omnium **Ψ** : o mei aī **Z** | ⟨cursus et⟩ recursus *Hine*[14] (*cf. Dial. 12.20.2, Ep. 88.26*) || **245** transit **Ψ** : sit **Z** || **246** ponderibus **Ω** : lancibus *Hine*[14] *dub.* || **249** rigescet **δFH**[c]**ϱU** : -cit **ZH**[1]**W**[1] || **250** transit *Fortunatus* : -iet **Ω** : *fort.* transit et | est **ZL**[2] : *om.* **Ψ** || **252** facilior **Ψ** : -lius **Z** || **255** inferni **Z** (*uide Axelson*[1]) : hiberni **Ψ**

aquis, quae retentae nouos exitus quaerunt et aliquo im-
petum faciunt, aut ipsius quassatione terrae aliunde alio
2 transferuntur. apud nos solet euenire ut amisso canali suo
flumina primum refundantur, deinde, quia perdiderunt
uiam, faciant. hoc ait accidisse Theophrastus in Coryco
monte, in quo post terrarum tremorem noua uis fontium
3 emersit. [sunt] qui alias quoque causas interuenire opina-
tur quae aut euocent aquas aut cursu suo deiciant et auer-
tant. fuit aliquando aquarum inops Haemus, sed cum
Gallorum gens a Cassandro obsessa in illum se contulis-
set et siluas cecidisset, ingens aquarum copia apparuit,
quas uidelicet in alimentum suum nemora ducebant; qui-
bus euersis umor, qui desiit in arbusta consumi, superfu-
4 sus est. idem ait et circa Magnesiam accidisse. sed, pace
Theophrasti dixisse liceat, non est hoc simile ueri, quia

264–288 Theophr. fr. 216 Fortenbaugh

Ω = Zδ(=ABV) ϑ(=FH) π(=PRUW)]

262 aquis qu(a)e (quod **W**[1]) **Ψ** : aquisque **Z** | retent(a)e **ϑ** : recente **PW**[1] : recentes **A**[1]**VRU** : resistentes **B**, **A** *u. l.* : retentis **Z** ‖ **265** primum (*om.* **B**) **Ψ** : -mo **Z** ‖ **266** theophrastus (theof- **BF**) **Ψ** : -phratus **Z** ‖ **268** [sunt] qui *Axelson*[1] : sunt (sun *uel* sim **F**) qui **Zϑπ** : sicut **AB** : sic et **V** : [sunt] cui *Gercke* : scilicet *Rossbach*[5] | causas (casus **δ** : *om.* **W**[1]) interuenire **Ψ** : i-c- **Z** ‖ **268–269** opinatur **δ** : -antur **Zϑπ** ‖ **269** aut[1] *Axelson*[1] : aliter **ZAVϑπ** : *om.* **B**, *uulgo* : similiter *Gercke in app.* : in aliud iter *Rossbach*[5] : alio *Leo* | euocent ς, *ut coni. Fortunatus* : uocant **Zϑπ** : uocent **AV** : auoce **B** : perducant *Leo* : deuocent *Castiglioni*[1] : reuocent *Vottero*[3] ‖ **273** sui **f, cod. Anicianus** ‖ **274** euersis **cod. Britannicus Gronouii** : emers- **Zϑπ** : excis- **δ** | desiit **Ψ** : desit **Z**

fere aquosissima sunt quaecumque umbrosissima; quod
non eueniret si aquas arbusta siccarent; quibus alimen-
tum ex proximo est, fluminum uero uis ex intimo manat,
ultraque concipitur quam radicibus euagari licet. deinde
succisae arbores plus umoris desiderant: non enim tan-
tum id quo uiuant, sed quo crescant trahunt.

Idem ait circa Arcadiam, quae urbs in Creta insula fuit, 5
fontes et riuos substitisse, quia desierit coli terra diruta
urbe; postea uero quam cultores receperit, aquas quoque
recepisse. causam siccitatis hanc ponit, quod obduruerit
constricta tellus nec potuerit imbres inagitata transmit-
tere. quomodo ergo plurimos uidemus in locis desertissi-
mis fontes? plura denique inuenimus quae propter aquas 6
coli coeperunt quam quae aquas habere coeperint quia
colebantur. non esse enim pluuialem hanc, quae uastis-
sima flumina a fonte statim magnis apta nauigîs defert,
ex hoc intellegas licet quod per hiemem aestatemque par
est a capite deiectus. pluuia potest facere torrentem, non
potest amnem aequali inter ripas suas tenore labentem,
quem non faciunt imbres sed incitant.

Ω = **Zδ(=ABV) ϑ(=FH) π(=PRUW)**]

284 riuos υ, *ut coni. Opsopoeus* : uiros **Zϑϱ** : lacus **δ** | quia desierit (deseruit **F**^{1} : deseruerit **F**^{c}) coli terra **Ψ** (quia *etiam* **L**^{2}) : qui adhesierit coli cura **Z** ‖ **285** receperit ς, *Erasmus*^{1} : perc- **ZL**^{2}**δF**^{c}**Hϱ** : acc- **F**^{1} : prec- **W**^{1} : percepit **U** : iterum ceperit *Gercke in app.* : denuo acceperit *Skutsch* ‖ **286** recepisse **Zϑπ** : perc- **δ** ‖ **290** quam que **δϑυ** : quamque **Z** : quam qua **P** : quanquam **R** ‖ **292** apta **B**, *ut coni. Pincianus* : acta **ZA Vϑυ** : actis **ϱ** | nauigîs *Skutsch* : -iis (nauibus **B**) **Ω** ‖ **295** amnem **Z**, *ut coni. Gronovius*^{2} : autem **ϑπ** : *om.* **δ**

12.1 Paulo repetamus hoc altius, si uidetur, et scies te non
habere quod quaeras, cum ad ueram amnium originem
accesseris. flumen nempe facit copia cursusque aquae pe-
rennis. ergo quaeris a me quomodo aqua fiat? interrogabo
2 inuicem quomodo aër fiat aut terra. sed si in rerum na-
tura elementa sunt quattuor, non potes interrogare unde
aqua sit: quarta enim pars naturae est. quid ergo miraris
si rerum naturae tam magna portio potest aliquid ex se
3 semper effundere? quomodo aër, et ipse quarta pars
mundi, uentos et auras mouet, sic aqua riuos et flumina.
si uentus est fluens aër, et flumen est fluens aqua. satis et
multum illi uirium dedi cum dixi 'elementum est'; intel-
13.1 legis quod ab illo proficiscitur non posse deficere. adi-
ciam, ut Thales ait, 'ualentissimum elementum est.' hoc
fuisse primum putat, ex hoc surrexisse omnia. sed nos
quoque aut in eadem sententia aut in uicinia eius sumus:
dicimus enim ignem esse qui occupet mundum et in se
cuncta conuertat: hunc euanidum languentemque consi-
dere, et nihil relinqui aliud in rerum natura igne restincto
2 quam umorem; in hoc futuri mundi spem latere. ita ignis

310 cf. DK 11A12

Ω = **Zδ**(=**ABV**) **ϑ**(=**FH**) **π**(=**PRUW**)]

298 amnium *Pincianus* : omnium **Ω** || **301** *c. 14.2* Aegyptii – cultae *post* terra *transp. Haase* || **305** ipse **ZBV** : ipsa **Aϑπ** || **307** et[1] *del. Gemoll*[2] | et[2] *del. Muretus* || **308** multum **Ω** : nimium *Garrod*[2] || **310** ut **Zϑ** : *om.* **δϱU** : *quid* **W**[1], *incertum* || **312** aut[1] **Aϑπ** : ut **ZV** : *om.* **B** | uicinia eius *Madvig*[2] : ultima eius **Ω** : uicina *coni., deinde repudiauit Gruterus*[2] : simillima eius *C. F. W. Müller 484* : uicina eius *Oltramare* || **316** spem **ZF** : spiritus **δHπ**

exitus mundi est, umor primordium. miraris ex hoc posse
amnes semper exire qui pro omnibus fuit et ex quo sunt
omnia? hic [umor] in diductione rerum ad quartas redac-
tus est, sic positus ut sufficere fluminibus edendis, ut
riuis, ut fontibus posset.

Quae sequitur Thaletis inepta sententia est. ait enim **14.**1
terrarum orbem aqua sustineri et uehi more nauigii, mo-
bilitateque fluctuare tunc cum dicitur tremere; 'non est
ergo mirum si abundat umore ad flumina profundenda,
cum in umore sit totus.' hanc ueterem et rudem senten- 2
tiam explode: nec ⟨ * * * nec⟩ est quod credas in hunc or-
bem aquam subire per rimas et facere sentinam.

Aegyptii quattuor elementa fecerunt, deinde ex singu-
lis bina [maria]: aëra marem iudicant qua uentus est, fe-

322–326 DK 11A15

Ω = **Zδ**(=**ABV**) **ϑ**(=**FH**) **π**(=**PRUW**)]

317–318 ex hoc posse amnes semper exire **ZϑU** : ex h- s- a- e- (posse *om.*) **ϱ** : s- e- ex h- p- a- **W** : a- ex h- p- e- s- **δ** ‖ **319** *secl. Haase* ‖ **320** sic **Ω** : ⟨et⟩ sic *Gercke in app.* | fluminibus **Ψ** : fulm- **Z** ‖ **323–324** mobilitateque **Zϑπ** : m- eius **δ** ‖ **324** est (*om.* **W**[1]) **Ω** : esse *Diels*[2] ‖ **325** (h)abundat **Ω** : -det **Cam.E** | humore **Z** : (h)umor **Ψ** (*sed* terrarum orbis *subiectum subauditur, cf. Axelson*[1] *42 n. 40*) | flumina **Ψ** : fulm- **Z** ‖ **326** totum *Kroll*[1], *Skutsch* ‖ **327** *lacunam indicaui* : nec ⟨uerisimile est terram in aquis natare, nec⟩ *ex. gr. supplendum esse uel* non est quod *scribendum esse coni. Hine*[14] ‖ **329** Aegyptii – **335** cultae *ab hoc loco aliena esse Haase iudicauit, et post c. 12.1* aut terra *transtulit* ‖ **330** maria (mare **U**) **Ω** : *secl. Skutsch* : maria et feminea **Cam.DE** : paria ς | aera **Z**, *ut coni. Haase II p. vi* : aerem **Ψ** | qua **Z** : quia (-que **W**[1]) **Ψ**

minam qua nebulosus et iners; aquam uirilem uocant
mare, muliebrem omnem aliam; ignem uocant masculum
qua ardet flamma, et feminam, qua lucet innoxius tactu;
terram fortiorem marem uocant, ⟨ut⟩ saxa cautesque, fe-
3 minae nomen adsignant huic tractabili et cultae. mare
unum est, ab initio scilicet ita constitutum; habet suas
uenas quibus suppletur atque aestuat. quomodo maris sic
et huius aquae mitioris uasta [maris] uis in occulto est,
quam nullius fluminis cursus exhauriet. abdita est uirium
ratio: tantum ex illa quantum semper fluere ⟨pos⟩sit
emittitur.

15.1 Quaedam ex istis sunt quibus adsentire possumus, sed
hoc amplius censeo: placet natura regi terram, et quidem
ad nostrorum corporum exemplar, in quibus et uenae
sunt et arteriae, illae sanguinis hae spiritus receptacula.
in terra quoque sunt alia itinera per quae aqua, alia per
quae spiritus currit; adeoque ad similitudinem illa huma-
norum corporum natura formauit ut maiores quoque no-
2 stri aquarum appellauerint uenas. sed quemadmodum in

Ω = Zδ(=ABV) ϑ(=FH) π(=PRUW)]

331 qua **Z** : quia **Ψ** || **334** *suppl. Garrod*[2] || **336** unum est **Cam., W**[2] *ut uid.* : est unum **δ** : unde est **Zϑπ** || **337** suppletur **Z** : impl- **Ψ** (*cf. 1.pr.4*) || **338** et **Ψ** : *om.* **Z** | maris **Zϑπ** : *om.* **δ** : umoris *C. F. W. Müller* | in occulto uis *Haupt*[1] *330–331* : uia in o- **Z** : in o- uia **Ψ** : materia (*pro* maris uia) in o- *Gercke in app.* : in o- uena *Rossbach*[6] *1482* || **340** semper fluere possit *C. F. W. Müller* : s- f- sit **Zϑπ** : superfluum sit **δ** : semper fluere opus sit **Cam.DET** : superfluxit *Codoñer Merino* || **342** possumus **ZA**[c]**BVϑW**[1] : -imus **A**[1]**ϱU** || **345** arteri(a)e **Ψ** : ast- **Z** | h(a)e **Aϑϱ** : haec **Z** : hee **BU** : *incertum utrum* hee *an* hec **W** || **347** illa *Haase* : -am (*post* adeoque **δ**) **Ω** || **349** appellauerint **ZδU** : -runt **ϑϱW**

nobis non tantum sanguis est sed multa genera umoris,
alia necessarii alia corrupti ac paulo pinguioris (in capite
cerebrum, muci saliuaeque et lacrimae, in ossibus medul-
lae, et quiddam additum articulis per quod citius flectan-
tur ex lubrico), sic in terra quoque sunt umoris genera
complura: quaedam quae matura durentur (hinc est om- 3
nis metallorum fructus, ex quibus petit aurum argentum-
que auaritia, et quae in lapidem ex liquore uertuntur), in
quaedam uero terra umorque putrescunt (sicut bitumen
et cetera huic similia). haec est causa aquarum secundum
legem naturae uoluntatemque nascentium.

Ceterum ut in nostris corporibus ita in illa saepe umo- 4
res uitia concipiunt: aut ictus aut quassatio aliqua aut
loci senium aut frigus aut aestus corrupere naturam; et
suppuratio contraxit umorem, qui modo diuturnus est,
modo breuis. ergo ut in corporibus nostris sanguis, cum 5
percussa uena est, tam diu manat donec omnis effluxit
aut donec ⟨coeunte⟩ uenae scissura subsedit atque inter-

Ω = **Zδ**(=**ABV**) **ϑ**(=**FH**) **π**(=**PRUW**)]

351 alia[2] **Ψ** : aliter **Z** ‖ **352–353** in ossibus medullae *ante* muci *habet* **Ω**, *huc transp. Gemoll*[2] ‖ **355** matura **V**, *ut coni. Fortunatus* : natura **AB** : mature **Zϑπ** : maturitate *Shackleton Bailey* | durantur **W**[2], *ut coni. Oltramare* ‖ **356** fructus *Codoñer Merino, Vottero*[3] (*conl. Ep. 23.5, Liu 45.40.2*) : humus **Ω** : numerus *Kroll*[2] ‖ **361–362** humores **Ψ** : -em **Z** ‖ **363** corrupere **FH**[c] : corrumpere **ZδH**[1]**ϱU** : *quid* **W**[1], *incertum* ‖ **364** suppuratio **Z** (*uide Hine*[4] *195*) : sulp(h)ur- (sulfur- **A** : suphur- **P**) **Ψ** | qui **Ψ** : quo **Z** ‖ **366** percussa uena (uena *post* est **B**) **Ψ** : u- p- **Z** ‖ **367** *suppl. Watt* : in *suppl. Gercke* | atque **Ω** : seque *Rossbach*[5] ‖ **367–368** interclus⟨us⟩ est *Watt* : interclusit (intra- **U**) **ZAVϑπ** : iter clausit **B** : interclusio *Busche* : interclusit ⟨uiam⟩ *Skutsch*

clus⟨us⟩ est, uel aliqua alia causa retro dedit sanguinem,
ita in terra solutis ac patefactis uenis riuus aut flumen ef-
6 funditur. interest quanta aperta sit uena, quae modo con-
sumpta aqua deficit, modo excaecatur aliquo impedi-
mento, modo coit uelut in cicatricem comprimitque
quam perfecerat uiam; modo illa uis terrae, quam esse
mutabilem diximus, desinit posse alimenta in umorem
7 conuertere. aliquando autem exhausta replentur, modo
per se uiribus recollectis, modo aliunde translatis. saepe
enim inania adposita plenis umorem in se auocauerunt;
saepe terra, si facilis in tabem est, ipsa soluitur et umes-
cit; idem euenit sub terra quod in nubibus, ut spissetur
⟨aër⟩, grauiorque quam ut manere in natura sua possit gi-
gnat umorem; saepe colligitur roris modo tenuis et dis-
persus liquor, qui ex multis in unum locis confluit (sudo-
rem aquileges uocant, quia guttae quaedam uel pressura
8 loci eliduntur uel aestu euocantur). haec tenuis unda uix

374 diximus] 3.10

Ω = **Zδ**(=**ABV**) **ϑ**(=**FH**) **π**(=**PRUW**)]

369 in terra **δ** : inter **Zϑϱ W**^{1} : intra **U** ‖ **373** perfecerat **Zϑϱ W** : -rit **BV** : prefecerat **U** : patefecit **A** : patefecerat **T**, *ut coni. Haase* ‖ **377** auocauerunt (eu- **F**^{1}) **F**^{c}**HPU** : adu- **ZR**, *fort. recte* : attrahunt **δ** : auocauerit **W** ‖ **378** in tabem est **Z** : e- in t- **ϑ**, *numero minus bono* : in talem (*sed fort.* est in talem **W**^{1}) **π** : in aliud **δ** ‖ **379** ⟨saepe⟩ idem *Haase* ‖ **380** *suppl. Haase* : ⟨uapor⟩ *Fromondus* ‖ **380–381** gignat **DT** : sig- **Ω** ‖ **382–383** sudorem **Ψ** : -es **Z** ‖ **383** aquileges **ϑP** : aqualiges **Z** : aqua (leges **L**^{1}) **L**^{2} : aque leges **δ** : aquile ges **R** : aquilegos **U**, *et fort.* **W**^{1}

fonti sufficit. at ex magnis cauernis magnisque conceptibus excidunt amnes, nonnumquam leuiter emissi, si aqua tantum pondere se suo detulit, nonnumquam uehementer et cum sono, si illam spiritus intermixtus eiecit.

'Sed quare quidam fontes senis horis pleni senisque 16.1
sicci sunt?' superuacuum est nominare singula flumina
quae certis mensibus magna, certis angusta sunt, et occa-
sionem fabulis quaerere, cum possim eandem causam
omnibus reddere. quemadmodum quartana ad horam ue- 2
nit, quemadmodum ad tempus podagra respondet, quem-
admodum purgatio, si nihil obstitit, statum diem ser-
uat, quemadmodum praesto est ad mensem suum partus,
sic aquae interualla habent quibus se retrahant et quibus
reddant. quaedam autem interualla minora sunt et ideo
notabilia, quaedam maiora nec minus certa. ecquid hic 3

Ω = **Z**δ(=**ABV**) ϑ(=**FH**) π(=**PRUW**)]

385 at *Pincianus* : et **Z**δϑυ : uel ϱ : sed *Gercke in app.* : *del. Rossbach*[5] | cauernis *Diels ap. TLL 3.630.8–11* : causis **Ω** : caueis *Diels ap. Gercke* (*sed coni. Gercke, teste TLL*) || **386** excidunt **Z**ϑπ (*cf. 6.8.4*) : exced- δ : exe- *Haase III p. xxv* : exili- *C. F. W. Müller* | leuiter **Z**ϑπ (*def. Löfstedt*[2] *74*) : *plura om.* δ : leniter *Shackleton Bailey* (*quo recepto fort.* missi *scribendum esse coni. Hine*[14]*; cf. TLL 8.1176.43–49*) || **387** tantum pondere se suo **Z** : p- se suo (suo se **B**) t- **Ψ** || **391** sunt **Ψ** : sint **Z** || **392** fabulis **Z** (*uide Hine*[13]) : singulis **Ψ** : ⟨in⟩ singulis *Madvig*[2] || **393** omnibus (-nis **F**) **Ψ** (*cf. Lucr. 5.620, Sen. Nat. 2.46*) : omnium **Z** || **395** purgatio si **Ψ** : purga uos **Z** || **397** retrahant **Ψ** : -hunt **Z** || **398** reddant **Ω** : redeant **Cam.DEX** : se reddant **T** : reddantur *Castiglioni*[1] (*sed Wistrand 74 confert Cic. Fam. 6.6.4, Liu. 23.20.8, Verg. Aen. 1.439–440, 587; adde* [*Ou.*] *Am. 3.5.29*) || **399** ecquid *Haase* : et quid (et quod **R**) **Ω**

mirum est cum uideas ordinem rerum et naturam per constituta procedere? hiems numquam aberrauit; aestas suo tempore incaluit; autumni uerisque, unde solet, facta mutatio est; tam solstitium quam aequinoctium suus dies rettulit.

4 Sunt et sub terra minus nota nobis iura naturae, sed
non minus certa. crede infra quidquid uides supra. sunt
et illic specus uasti, †sunt ingentesque† recessus ac spatia
suspensis hinc et inde montibus laxa, sunt abrupti in infi-
nitum hiatus qui saepe inlapsas urbes receperunt et in-
5 gentem ruinam in alto condiderunt – haec spiritu plena
sunt; nihil enim usquam inane est –, ⟨sunt⟩ et stagna ob-
sessa tenebris et lacus ampli. animalia quoque illis inna-
scuntur, sed tarda et informia ut in aëre caeco pinguique
concepta et aquis torpentibus situ, pleraque ex his caeca

405–417 Theophr. fr. 217 Fortenbaugh

Ω = **Z**δ(=**ABV**) ϑ(=**FH**) π(=**PRUW**)]

400 ordine rerum naturam et *coni. J. Müller*[3] ‖ **402** unde **Zϑπ** : ut **δ** : quando *Haase III p. xxvi* (*sed 'unde' uim temporalem habere recte iudicauit Michaelis*[2]*; Axelson*[2] *212–213 confert Ep. 88.34, 99.22, 110.4*) | solet **Zδϑϱ U** : solis **W**, *ut coni. Gercke in app.* | facta **Ω** : stata *Leo* ‖ **403** suus *Vincentius Bellouac. Speculum Naturae 5.29, ut coni. Michaelis*[2] : suos **Ω** ‖ **404** rettulit *Gertz*[2] : retu- **Ω** ‖ **406** sunt *om.* **U** ‖ **407** sunt *del.* **J**[2], *ante* uasti *transp. Castiglioni*[5] *197* | sunt ⟨inmanes cauernae⟩ ingentesque *ex. gr. suppl. Hine*[14] | ingentesque **Zϑ** : ingensque **π** : ingentes **δ**, *fort. recte* ‖ **408** inde **Ψ** : illinc **Z** ‖ **411** *suppl. Madvig*[2] ‖ **412** et **Ψ** : ac **Z** | lacus ampli *Haupt*[1] *335* : locis amplis **Ω** : ⟨ * ⟩ locis amplis *Haase* : lacus ampli⟨tudine immane⟩s *Castiglioni*[5] *200–201* ut talpae ac subterranei mures, quibus deest lumen quia superuacuum est; inde, ut Theophrastus adfirmat, pisces quibusdam locis eruuntur.

Multa hoc loco in mentem tibi ueniunt quae urbane 17.1
⟨ut⟩ in [re incredibili] fabula dicas: 'non cum retibus ali-
quem nec cum hamis sed cum dolabra ire piscatum! ex-
pecto ut aliquis in mari uenetur!' quid est autem quare
non pisces in terram transeant, si nos maria transîmus,
permutauimus sedes? hoc miraris accidere? quanto incre- 2
dibiliora sunt opera luxuriae! quotiens naturam aut mentitur aut uincit! in cubili natant pisces, et sub ipsa mensa capitur qui statim transferatur in mensam. parum uidetur recens mullus nisi qui in conuiuae manu moritur. uitreis ollis inclusi adferuntur, et obseruatur morientium color,

Ω = **Zδ**(=**ABV**) **ϑ**(=**FH**) **π**(=**PRUW**)]

415 ac **Z** : et **Ψ** | quibus **Z**, **W**^{1} *ut uid.* : quia **δϑϱU** | quia **Zϑπ** : quod **δ** || **417** *post* eruuntur *lacunam indicauit Gercke in app., et* adhuc spirantes *uel* qui reuiuiscunt cum (in olla) coquuntur *ex. gr. suppl.* || **418** in mentem tibi **Z** : t- in m- (tibi *ante* hoc loco **B**) **Ψ** | uenient *Muretus* | qu(a)e **Ω** : dicta *Gercke* : quare *Alexander* : quibus *Vottero*^{3} || **419** *suppl.* **Cam.DET** | in [re incredibili] *Hine*^{14}, *Watt per litteras* : in re incredibili **ϑPU** : in rem credibilem **Z** : in re credibili **δR** : incredibili **W**^{1} | fabula dicas *Hine*^{14}, *Watt per litteras* : fabulae dicas **Z** : fabulam (famu- **R**) dicas (f- dicam scilicet **B**) **Ψ** : [fabulam] dicas *Haase, fort. recte* : dicas: 'fabulae' *Warmington* | retibus **Ψ** : spatiis **Z** || **421** uenetur *Pincianus* : uersetur **Ω** : uerset arua *Alexander* || **422** ⟨in⟩ maria **V**, *ut coni. Fortunatus* | transîmus *scripsi* : -imus **Ω** || **423** permutauimus *Haase* : -abimus **Ω** || **424** naturam **δ** : -ra **Zϑπ** || **425** uincit **δϱ** : -itur **Zϑυ** || **427** mullus **δϑ** : mulus **ZL**^{2} : nullus **π** (*et sim. u.* **427, 458, 470**) || **427** uitreis **Ψ** : -eus **Z** || **428** afferuntur (auf- **W** : -unt **B**) **Ψ** : ad fenus **Z**

quem in multas mutationes mors luctante spiritu uertit.
3 alios necant in garo et condiunt uiuos. ubi sunt qui fabulas putant piscem uiuere posse sub terra et effodi, non capi? quam incredibile illis uideretur si audirent natare in garo piscem, nec cenae causa occidi sed super cenam, cum multum diuque in deliciis fuit et oculos ante quam gulam pauit!

18.1 Permitte mihi paulum quaestione seposita castigare luxuriam. ‘nihil est’ inquis ‘mullo exspirante illo formosius. ipsa conluctatione animam adficienti rubor primum, deinde pallor suffunditur, squamaeque uariantur, et ⟨in⟩ incertas facies inter uitam ac mortem coloris est uagatio. longa somniculosae inertisque luxuriae neglegentia quam sero exper⟨recta est, quam⟩ sero circumscribi se et fraudari tanto bono sensit. hoc adhuc tam pulchro spectaculo

Ω = Zδ(=ABV) ϑ(=FH) π(=PRUW)]

430 condiunt **Z** : -dunt **Ψ** | ubi *Madvig*[2] : hi(i) **Ω** : et *Pincianus* || **433** causa **Ψ** : -am **Z** | occidi sed *Madvig*[2] : occidisse (acc- **F**) **Zϑπ** : occisum esse (esse *om.* **B**) **δ** : occidi nisi *Schultess*[2] || **434** diuque **Z** : *om.* **Ψ** | oculos **Ψ** : o- illorum **Z** || **436** *caput 18 hic om.* **B**, *post libri 4b finem habet* | paulum *hic* **Z**, *post* quaestione *add.* **L**[2], *fort. recte* : *om.* **Ψ** || **437** illo **T** : illis **Zϑπ** : *om.* **δ** : in olla *Vassis* || **438** animam afficienti ς : animae aff- **Zϑπ** : animam efflantis **δ** : animae deficientis *Gercke* || **439** squamaeque *Leo, Skutsch* : quam (a)eque **Ω** || **439–440** in incertas *Gercke* : in ceteras **ZVϑ**$\mathbf{P}^{c}$**RW** : inter ceteras $\mathbf{P}^{1}$**U** : incertas **AB** || **441** som(p)niculose **δϑPW** : sumni- **ZR** : soni per maculose **U** | neglegentia *codici* **Z** *perperam attribuit Gercke in app.* : -tiam **Z** : *om.* **Ψ** || **442** experrecta est, quam sero *Hine*[14] : expres(s)ero (expresso **W**) **Ω** : experrecta *Erasmus*[2] : expressa sero *Ruhkopf*

piscatores fruebantur. quo coctum piscem? quo exani- 2
mem? in ipso ferculo exspiret.’ mirabamur tantum illis
esse fastidium ut nollent attingere nisi eodem die cap-
tum, qui, ut aiunt, saperet ipsum mare. ideo cursu adue-
hebatur, ideo gerulis cum anhelitu et clamore properanti-
bus dabatur uia. quo peruenere deliciae! iam pro putrido 3
his est piscis occisus. ‘hodie eductus est.’ ‘nescio de re
magna tibi credere. ipse oportet †me credas†. huc adfera-
tur, coram me animam agat.’ ad hunc fastum peruenit
uenter delicatorum ut gustare non possint nisi quem in
ipso conuiuio natantem palpitantemque uiderunt. tantum
ad sollertiam luxuriae pereuntis accedit, tanto[que] subti-
lius cotidie et elegantius aliquid excogitat furor usitata
contemnens! illa audiebamus: ‘nihil est melius saxatili 4
mullo’, at nunc audimus: ‘nihil est moriente formosius.
da mihi in manus uitreum in quo exultet ⟨et⟩ trepidet.’
ubi multum diuque laudatus est, ex illo perlucido uiuario

Ω = **Zδ**(=**ABV**) **ϑ**(=**FH**) **π**(=**PRUW**)]

445–446 illis esse **Z** : i- inesse **AV**[c]**ϑπ** : in i- esse **B** : in i- inesse **V**[1] ‖ **447** ipsum **Ψ** : illum **Z** ‖ **451** credere, ipse **Ψ** : ipse credere **Z** : credere; ipsi *Oltramare* | me credas **Zϑπ** : me (ut **B**) tibi c- **δ** : mihi (mi *Vassis*) credam *Erasmus*[1] : me credere *Oltramare* : nec caesus *Kroll*[1] : integer nans *Leo* : intrepidus *Gercke in app.* : me doceat *Hine*[14] ‖ **452** fastum **Cam.DET** : fest- (*quid* **W**[1], *incertum*) **Ω** ‖ **454** conuiuio **Ψ** : -uiuo **Z** | tantum *Haase* : quantum (*quid* **W**[1], *incertum*) **Zϑπ** : quanti **δ** ‖ **455** pereuntis *Opsopoei cod.* (*def. Axelson*[1]) : pereunt. is **Z** : pereunt. (pertinet **U**) hi(i)s **Ψ** : serpentis *Kroll*[2] : superbientis *Oltramare* | tanto *Fortunatus* : tantoque **Ω** ‖ **457** saxatile *Haase III p. xxvi* ‖ **459** *suppl.* **λ** ‖ **460** diuque **δ** : ubique (ibi- **R**) **Zϑπ** | luctatus ς, *ut coni. Triller 316 sq.*

5 extrahitur. tunc, ut quisque peritior est, monstrat: ‘uide
quomodo exarserit rubor omni acrior minio! uide quas
per latera uenas agat! ecce sanguineum putes uentrem!
quam lucidum quiddam caeruleumque sub ipso tempore
effulsit! iam porrigitur et pallet et in unum colorem com-
6 ponitur.’ ex his nemo morienti amico adsidet, nemo ui-
dere mortem patris sui sustinet, quam optauit. quotus
quisque funus domesticum ad rogum sequitur! fratrum
propinquorumque extrema hora deseritur, ad mortem
7 mulli concurritur: ‘nihil est enim illa formosius.’ non
tempero mihi quin utar interdum temerarie uerbis et pro-
prietatis modum excedam: non sunt ad popinam denti-
bus et uentre et ore contenti: oculis quoque gulosi sunt.
19.1 Sed ut ad propositum reuertar, accipe argumentum ma-
gnam uim aquarum in subterraneis occuli, fertilem foe-
dorum situ piscium: si quando erupit, effert secum in-
mensam animalium turbam, horridam aspici et turpem
2 ac noxiam gustu. certe cum in Caria circa Idymum urbem
talis exiluisset unda, perierunt quicumque illos ederant
pisces, quos ignoto ante eam diem caelo nouus amnis
ostendit. nec id mirum: erant enim pinguia et differta ut
ex longo otio corpora, ceterum inexercitata et tenebris sa-

Ω = **Z**δ(=**ABV**) ϑ(=**FH**) π(=**PRUW**)]

461 ut – monstrat ϑυ : ut quisquis peritior (ut p- qu- ϱ) est monstrat δϱ : ut quique periciores extiterint monstrant **Z** ‖ **467** patris **Ψ** : -ri **Z** ‖ **467** quotus δ : quietus **Z**ϑπ ‖ **468** sequitur **Z**ϑπ : prosequ- δ ‖ **469** ad **Ω** : usque ad **Z** ‖ **471** et **Ψ** : et ex **Z** ‖ **475** occuli δ : occultis **Z**ϑπ ‖ **478** in caria δ : in paria **ZFPW** : imparia **HRU** ‖ **480** ignoto **Ψ** : -tos **Z** ‖ **482** tenebris **Ω** : ⟨caeno⟩ tenebris *uel* caeno *Busche* (*conl. Ep. 95.25*) : ⟨caeno in⟩ tenebris *uel* ⟨in⟩ tenebris *malim* : taetris *Watt*

ginata et lucis expertia, ex qua salubritas ducitur. nasci 3
autem posse pisces in illo terrarum profundo sit indicium
quod anguillae latebrosis locis nascuntur, grauis et ipsae
cibus ob ignauiam, utique si altitudo illas luti penitus ab-
scondit.

Habet ergo non tantum uenas aquarum terra, ex quibus 4
conriuatis flumina effici possint, sed amnes magnitudinis
uastae, quorum aliis semper in occulto cursus est ⟨ * * * ⟩,
donec aliquo terrae sinu deuorentur, alii sub aliquo lacu
emergunt. nam quis ignorat esse quaedam stagna sine
fundo? quorsus hoc pertinet? ut appareat hanc aquam
magnis amnibus aeternam esse materiam, cuius non tan-
guntur extrema †sicut flumina fontes†.

'At quare aquis sapor uarius?' propter quattuor causas: **20.**1
ex solo prima est per quod fertur; secunda ex eodem, si
mutatione eius nascitur; tertia ex spiritu qui in aquam
transfiguratus est; quarta ex uitio quod saepe concipiunt
corruptae per iniuriam. hae causae saporem dant aquis 2

Ω = **Z**δ(=**ABV**) ϑ(=**FH**) π(=**PRUW**)]

485 anguill(a)e … nascuntur **Ψ** : anguilla e … nascitur **Z** || **486–487** abscondidit *Rossbach*[6] *1482* || **490** *lacunam indicauit Gercke, et* ⟨alii aliquatenus aperte (in aperto *mauult Hine*[14]) fluunt,⟩ *suppl.* || **491** aliquo terre sinu **Z** : a- s- t- (aliquos mutare **B**) **Ψ** | aliquo hiatu terrae deuocentur (euocentur *mauult Hine*[14]) *Gemoll*[2] || **492** nam *Kroll*[1] : iam **Ω** || **493** hinc aquae *Gercke in app.* : hanc aquarum *Castiglioni*[1] || **494** (a)eternam **Ψ** : mater- **Z** || **495** sicut **Ψ** : sic **Z** | flumina **ZBϑP**υ : -num **AV** : fulmina **R** | fontes **Z**ϑπ : -tium δ | sicut flumina fontes *delendum esse coni. Hine*[14] *dub.* || **497–498** si mutatione *Gronouius*[1] : simulatione **Z**ϑπ : similitudine δ

uarium, hae medicatam potentiam, hae grauem spiritum
odoremque pestiferum, hae leuitatem grauitatemque,
⟨hae⟩ aut calorem nimium aut rigorem. interest utrum
loca sulphure an nitro an bitumine plena transierint; hac
3 ratione corruptae cum uitae periculo bibuntur. illinc illud
de quo Ouidius ait

> flumen habent Cicones quod potum saxea reddit
> uiscera, quod tactis inducit marmora rebus;

medicatum est et eius naturae habet limum ut corporibus
⟨se⟩ adglutinet et obduret. quemadmodum Puteolanus
puluis, si aquam attigit, saxum est, sic e contrario haec
4 aqua, si solidum tetigit, haeret et figitur. inde est quod res
abiectae in †eundem† lacum lapideae subinde extrahun-

507–508 Ou. *Met.* 15.313–314

Ω = **Z**δ(=**ABV**) ϑ(=**FH**) π(=**PRUW**)]

501 grauem spiritum **Ψ** : -es -us **Z** || **502** odoremque **Z** : color- **Ψ** | pestiferum – grauitatemque *om.* **δ** | h(a)e leuitatem **ϑπ** : *om.* **Z** | grauitatem **ϑπ** : gratuitatem **Z** || **503** *suppl. Haase* | nimium aut *Shackleton Bailey* : aut n- **Zϑπ** : n- et **δ** || **504** transierint **ABW** : -ierunt **ZϑU** : -irent **V** : -erunt **P** : -eunt **R** || **505** corrupt(a)e **Ψ** : -tum **Z** | bibuntur **Ψ** : bibitur **Z** | illinc (*add.* est) **δ** : -ic **Zϑπ** || **507** flumen **L**[2]**Ψ**, *Ouid.* : fulm- **Z** | saxea **Ψ** : saxa ea **Z** || **509** medicatum **ϑϱ** : -camentum **Zδυ** | corporibus **Zϑπ** : -pora **δ** || **510** *suppl.* **Cam.DE** || **512** figitur **Z** : affig- **Ψ**, *numero minus bono* | inde **Ψ** : id **Z** || **513** abiect(a)e **δϑυ** : abictae **Z** : abiecta **F**[1] : adiecte **ϱ** | eundem **Ω** : eius modi *Gertz*[2] : Tyaneum (*conl. Vitr. 8.3.9*) *'uel tale aliquid' Gercke in app.* : Euryminaeum *Garrod*[2] (*conl. Plin. Nat. 31.29*), *sed melius fuisset* Erymnaeum (*cf. Str. 9.5.22, C443, Plin. Nat. 4.32*) : Velinum *Vottero*[3] (*conl. Plin. 2.226*), *sed lacus qui extra Italiam situs est hic desideratur* | lacum **Ω** : locum **ς** || **513–514** extrahuntur **Ψ** : detr- **Z**

tur. quod in Italia quibusdam locis euenit: siue uirgam siue herbam siue frondem demerseris, lapidem post paucos dies extrahis. circumfunditur enim corpori limus adliniturque paulatim. hoc minus tibi uidebitur mirum si notaueris Albulas et fere sulphuratam aquam circa canales suos tubosque durari.

5 Aliquam harum habent causam illi lacus 'quos quisquis faucibus hausit,' ut idem poeta ait, 'aut furit aut patitur mirum grauitate soporem.' similem habent uim mero, sed uehementiorem: nam quemadmodum ebrietas, donec exsiccetur, dementia est, aut nimia grauitate defertur in somnum, sic huius aquae sulphurea uis, et ⟨* * *⟩ habens quoddam acrius ex aëre noxio uirus, mentem aut furore mouet aut sopore opprimit. hoc habet mali 6

Lynceius amnis,
quem quicumque parum moderato gutture traxit
haut aliter titubat quam si mera uina bibisset.

520–522 Ou. *Met.* 15.320–321 ‖ **528–530** Ou. *Met.* 15.329–331

Ω = **Zδ**(=**ABV**) **ϑ**(=**FH**) **π**(=**PRUW**)]

514 quibusdam **Z** : in qu- **δ** : qu- in **ϑπ** ‖ **515** siue herbam **Z** : *om.* **Ψ** ‖ **516** extrahis **Ω** : -hes **A**^{1} ‖ **519** tubosque *Albertus Magnus, Meteor. 2.3.18, ut coni. Muretus* : cibosque **Zϑπ** : riuosque **δ** ‖ **520** ali[qu]am (*sic Haase*) naturam habent [causam] *Rossbach*^{6} *1483* ‖ **520–521** quisquis (quisque **ϱ**) **Ω**, *Ouidi codd. FPUWahs*$_1$*s*$_2$*v* : si quis *Ouidi codd. Ee*^{2}*npr* ‖ **522** habent **Cam.EX** : -et **Ω** ‖ **524** aut *Shackleton Bailey* : et (*om.* **U**) **Ω** ‖ **525** *lacunam indicat et ex. gr.* ⟨ipsa per se grauis et⟩ *suppl. Hine*^{14} ‖ **525–526** et habens **Zϑπ** : habet **δ** : habens *Haase* ‖ **526** quoddam **ZBFπ** : quiddam **AVH** ‖ **528** linceius **ZAF** **H**^{c}**PU** : liceius **BH**^{1} : linceus **VR** : linteus **W** : li(n)c(h)estius

21.1 In quosdam specus qui despexere moriuntur. tam uelox malum est ut transuolantes aues deiciat. talis est aër, talis locus ex quo letalis aqua destillat. quod si remissior fuit aëris et loci pestis, ipsa quoque temperatior noxa nihil amplius quam temptat neruos uelut ebrietate torpentes.
2 nec miror si locus atque aër aquas inficit similesque regionibus reddit per quas et ex quibus ueniunt. pabuli sapor apparet in lacte, et uini uis existit in aceto; nulla res est quae non eius quo nascitur notas reddat.
22 Aliud est aquarum genus quod nobis placet coepisse cum mundo: siue ille aeternus est, hoc quoque fuit semper, siue initium aliquod est illi, haec quoque aqua disposita cum toto est. quae sit haec, quaeris? oceanus et quodcumque ex illo mare terras interluit. iudicant quidam flumina quoque quorum inenarrabilis natura est cum ipso mundo traxisse principia, ut Histrum, ut Nilum, uastos amnes magisque insignes quam ut dici possit ean-
23 dem illis originem quam ceteris esse. haec est ergo aqua-

Ω = Zδ(=ABV) ϑ(=FH) π(=PRUW)]

et sim. Ouidi codd., unde Lyncestius *eiusdem edd., et hic Fortunatus* **533** destillat *Gronouius* (*cf. 2.12.3, 31.1, 57.2; Ep. 24.5, 66.51, 78.1*) : dist- **Ω** ‖ **537–538** sapor **Ψ** : lacte **Z** ‖ **540** aliud – **554** ratio *ante* **496** *transp. Haase III p. xxvi dub.* ‖ **540** nobis placet **Ψ** : p- n- **Z** ‖ **541** hoc **ZL**^{2}**δϑW** : hic **ϱ** : hec **U**, *ut coni. Fickert in app.* | haec quoque ⟨aqua⟩ *Oltramare* ‖ **542** h(a)ec **Zϑπ** : hoc **δ** | aqua **Z** : *om.* **Ψ** | haec quoque aqua *del. Castiglioni*^{5} *199–200* ‖ **542–543** disposita cum toto **Z** : cum t- d- **ϑπ**, *numero minus bono* : cum t- dispositum **δ** ‖ **543–544** quodcumque **Ψ** : quoc- **Z** ‖ **547** dici possit **Ψ** (possit **L**^{2}) : di post **Z** ‖ **547–548** eandem **δϑϱW** : eadem **ZU** ‖ **548** quam (cum **B**) **Ψ** : -que **Z**

rum, ut uidetur, diuisio: quaedam ⟨cum mundo natae
sunt, quaedam⟩ post illum; ex his posterioribus ⟨quae-
dam terrenae sunt, quaedam⟩ caelestes, quas nubila ex-
cutiunt; ex terrenis aliae sunt ut ita dicam supernatantes,
quae in summa humo repunt, aliae abditae, quarum red-
dita est ratio.

Quare quaedam aquae caleant, quaedam etiam fe- **24.**1
rueant in tantum ut non possint esse usui, nisi aut in
aperto euanuerunt aut mixtura frigidae intepuerunt, plu-
res causae redduntur. Empedocles existimat ignibus quos
multis locis terra opertos tegit aquam calescere, si sub-
iecti sunt ei solo per quod aquis transcursus est. facere 2
solemus dracones et miliaria et complures formas in qui-
bus tenui aere fistulas struimus per decliue circumdatas,
ut saepe eundem ignem ambiens aqua per tantum fluat
spatii quantum efficiendo calori sat est. frigida itaque in-
trat, effluit calida. idem sub terra Empedocles existimat 3

558–566 DK 31 A 68

Ω = **Z**δ(=**ABV**) ϑ(=**FH**) π(=**PRUW**)]

549 ut uidetur diuisio quaedam **Z** : d- qu- ut u- ϑπ : d- ut quibusdam u- δ ‖ **549–550** *ex. gr. suppl. Hine*[6] *11, lacunam statuit Michaelis*[2] : ⟨simul cum mundo, quaedam⟩ *suppl. Codoñer Merino* ‖ **549–551** quaedam [post illum] ex his posterioribus caelestes *Oltramare*[1] *26* ‖ **550** illum **Z**ϑπ : -am δ | his **Z** : *om.* Ψ | posterioribus, *sc. eis aquis quae post mundum natae sunt; cf. TLL 10.2.208.54–72* ‖ **550–551** *ex. gr. suppl. Hine*[6] *11* ‖ **551–552** excutiunt Ψ : -untur **Z** ‖ **557** intepuerunt Ψ : -ere **Z** ‖ **560** ei *Haase III, p. xxvi, Michaelis*[2] : et **Z**ϑπ : *om.* δ ‖ **562** tenui ere **Z** : tenui creta δ : (a)ere ϑ : ere tenui π ‖ **564** calori (col- **R**) **L**[2]δϑϱ**W** : -is **ZU** ‖ **565** terra Ψ : t- quoque **Z**

fieri; quem non falli crede Baianis, quibus balnearia sine igne calfiunt: spiritus in illa feruens ⟨ex⟩ loco aestuanti infunditur; hic per tubos lapsus non aliter quam igne subdito parietes et uasa balnei calfacit. omnis denique frigida transitu mutatur in caldam, nec trahit saporem e ua-
4 porario, quia clusa praelabitur. quidam existimant per loca sulphure plena uel nitro euntes aquas calorem beneficio materiae per quam fluunt trahere; quod ipso odore gustuque testantur. reddunt enim qualitatem eius qua caluere materiae. quod ne accidere mireris, uiuae calci aquam infunde: feruebit.

25.1 Quaedam aquae mortiferae sunt, nec odore notabiles nec sapore. circa Nonacrinam in Arcadia Styx appellata ab incolis aduenas fallit, quia non facie, non odore suspecta est, qualia sunt magnorum artificum uenena quae deprehendi nisi morte non possunt. haec autem de qua paulo ante rettuli aqua summa celeritate corrumpit, nec

Ω = **Zδ**(=**ABV**) **ϑ**(=**FH**) **π**(=**PRUW**)]

566 crede Baianis *G. Müller 32–33* (*conl. Plin. Nat. 31.5*) : credebant. in (*sine puncto* **R**) **Ω** : credent ii *Pincianus* || **567** calfiunt **Zϑ** : calef- (tale f- **B** : -faciunt **V**) **δπ** | *suppl. Codoñer Merino* | aestuarii *Haase III p. xxvi* || **568** per tubos *Muretus* : pertusos **ZϑPυ** : per riuos **δ** : percussos **R** || **569** calfacit **Z**, $\mathbf{V}^c$: calef- **Ψ** || **570** in caldam in caldam **Z** (*cf. Dial. 3.12.4, Ep. 77.9, 83.5*) : in calidam **Ψ** | tradit *Gronouius*^{2}, *fort. recte* || **570–571** e uaporario ς, *ut coni. Gronouius*^{1} : euaporatio (euaratio **P**) **Ω** || **572** nitro euntes **Hυ**, *ut coni. Gertz*^{2} : introeuntes **ZδFϱ** || **577** odore **δU** : ore **Zϑϱ** : hore $\mathbf{W}^1$ || **578** Nonacrinam *Pfeiffer ad Callim. frag. 413* : nonacrinum (nonagr- **B** : nouacr- **U**) *uel* non a- **Ω** : Nonacrin *Fortunatus, fort. recte* || **580** Magorum [artificum] *temptat Warmington, sed confert 4a.pr.5, 1.pr.16*

remedio locus est, quia protinus hausta duratur, nec aliter
quam gypsum sub umore constringitur et alligat uiscera.
est aeque noxia aqua in Thessalia circa Tempe, quam et 2
fera et pecus omne deuitat. per ferrum et aes exit, tanta
uis illi est etiam dura mordendi. ne arbusta quidem ulla
alit, et herbas necat.

Quibusdam fluminibus uis inest mira. alia enim sunt 3
quae pota inficiunt greges ouium intraque certum tempus
quae fuere nigrae albam ferunt lanam, quae albae uene-
rant, nigrae abeunt. hoc in Boeotia amnes duo efficiunt,
quorum alteri ab effectu Melas nomen est. uterque ex eo-
dem lacu exeunt, diuersa facturi. in Macedonia quoque, 4
ut ait Theophrastus, qui facere albas oues uolunt ⟨ad Ha-
liacmonem⟩ adducunt, quem ut diutius potauere, non
aliter quam infectae mutantur. at si illis lana opus fuit
pulla, paratus gratuitus infector est: ad Peneon eundem
gregem appellunt. auctores bonos habeo esse in Galatia

594–599 Theophr. fr. 218D Fortenbaugh

Ω = **Zδ**(=**ABV**) **ϑ**(=**FH**) **π**(=**PRUW**)]

584 sub umore **Zϑπ** : umore *post* alligat (*om.* uiscera) **δ** : sub pulmone *Garrod*[2] | constringitur **Zϑπ** : -it **δ** ‖ **585** aeque **Z** : autem **Ψ** : item *Schultess*[2] ‖ **587** ne **Z**, *ut coni. Gertz*[1] *80* : nec **Ψ** ‖ **588** et **Ψ** : *om.* **Z** ‖ **591** fuere **Zϑϱ W** : -runt **δU** : fuerant *hic uel* 591–592 uenerunt *scribendum esse coni. Gertz*[1] *104, sed cf. Uhl 40* | nigre **fT** : nigra **Ω** ‖ **592** boetia *uel* b(o)ecia **Ω** ‖ **595** ⟨est flumen ad (ad *om.* **A**) quod⟩ qui (que **B**) **δ** : ⟨amnis est ad quem⟩ qui **Cam.DET** ‖ **595–596** *suppl. Gercke*[1] *64–65, conl. Plin. Nat. 31.14* ‖ **598** Peneon *scripsi* (*cf. 6.25.2*) : peneion (-ori **U**) **Ω** ‖ **599** appellunt **ZVF** : -ant **BHπ** : inpellunt **A** | bonos *Schottus* : bono uos **Z** : nouos **Ψ**

flumen quod idem in omnibus efficiat, esse in Cappadocia quo poto equis nec ulli praeterea animali color mutetur et spargatur albo cutis.

5 Quosdam lacus esse qui nandi imperitos ferant notum est. erat in Sicilia, est adhuc in Syria stagnum in quo natant lateres et mergi proiecta non possunt, licet grauia sint. huius rei palam causa est: quamcumque uis rem expende et contra aquam statue, dummodo utriusque par sit modus: si aqua grauior est, leuiorem rem quam ipsa est fert, et tanto supra se extollet quanto erit leuior; [grauiora descendent] at si aquae et eius rei quam contra pensabis par pondus erit, nec pessum ibit nec extabit, sed exaequabitur aquae et natabit quidem, sed paene mersa
6 ac nulla eminens parte. hoc est cur quaedam tigna supra aquam paene tota efferantur, quaedam ad medium submissa sint, quaedam ad aequilibrium aquae descendant. namque cum utriusque pondus par est, neutra res alteri cedit; grauiora descendunt, leuiora gestantur. graue autem et leue est non aestimatione nostra sed comparatione
7 eius quo uehi debet. itaque ubi aqua grauior est hominis

600–614 tota : **Ω** = **Z**δ(=**ABV**) ϑ(=**FH**) π(=**PRUW**); **614** efferantur …: **Ω** = **Z** ϑ(=**FH**) π(=**PRUW**)]

600 omnibus ϑπ (*cf. Axelson*[1]) : ouibus **Z**δ ‖ **606** palam **Z**ϑ : *om.* δπ ‖ **608** quam **Ψ** : qua **Z** ‖ **609–610** grauiora descendent *interpolationem fortasse redolere, sed uerba genuina esse iudicauit Castiglioni*[1] ‖ **610** descendent ϑϱ**W** : -derent **Z** : -dant **AV** : -dunt **B** : -deret **U** ‖ **610–611** pensabis (-bilis **F**) **Ψ** : -bit **Z** ‖ **611** pessum **Z**^{c}δϑϱ : pens(s)um **Z**^{1}υ ‖ **614** *post* tota *usque ad libri 4a finem deficit* δ ‖ **617** descendunt ς : deced- **ZHU** : decid- ϱ**W**^{c} (*fort. prima manu*) : *om.* **W**^{1} : disced- **F** ‖ **618** estimatione (extim- υ) **Ψ** : existim- **Z**

corpore aut saxi, non sinit id quo non uincitur mergi. sic euenit ut in quibusdam stagnis ne lapides quidem pessum eant. de solidis et duris loquor; sunt enim multi pumicosi ac leues, ex quibus quae constant insulae in Lydia natant; Theophrastus est auctor. ipse ad Cutilias natan- 8
tem insulam uidi, [in] alia in Vadimonis lacu uehitur (lacus in Statoniensi est). Cutiliarum insula et arbores habet et herbas alit; tamen aqua sustinetur et in hanc atque illam partem non uento tantum sed aura compellitur, nec

622–624 Theophr. fr. 206 Fortenbaugh

Ω = **Z** **ϑ**(=**FH**) **π**(=**PRUW**)]

620 corpore **ZU** : -ris **ϑϱW**[1] | aut **Ψ** : at **Z** | saxi (sauxi **F**) **Ω** : saxo *Skutsch* : ⟨pondere⟩ saxi *Castiglioni*[1] (*sed Axelson*[1] *conf. 3.20.4 'corpori'; cf. etiam Vitr. 2.3.4, 2.5.2*) | sinit **L**[2]**ϑϱW** : sunt **ZU** ‖ **622** multi **Ψ** : *om.* **Z** ‖ **623** ac leues *Oltramare*[1] *32* : adeues **Z** : et leues **Ψ** | qu(a)e **ϑυ** : -que **Z** : *om.* **ϱ** | Lydia *Hermolaus Barbarus ad Plin. Nat. 2.209* (*cf. etiam Var. R. 3.17.4, Mart. Cap. 9.928*) : india **Ω** ‖ **624** natant **Ω** : natare *Garrod*[2] : natant ⟨ut⟩ *Watt* | theophrastus (*uel* the(o)fr-) est auctor **Ω** : auctore Theophrasto *Hermolaus ibid.* | Cutilias *et* **626** Cutiliarum *Erasmus*[2] (Cutyliam *iam Hermolaus*) (*cf. RE 2.299–300; Paradox. Florent. 37.2*) : cutillas *et* cutillarum **Ω** ‖ **625** uidi *Fortunatus* : uado **Ω** : uado ⟨uidi⟩ *Rossbach*[6] *1483* | alia *Fortunatus* : in alia **ZW**[1] : ialia **H** : et alia **F** : italia **ϱ** : lalia **U** | Vadimonis *Hermolaus ad Plin. Nat. 2.209* (*cf. RE 7A.2.2053–2054*) : uadosis (huand- **W**[1]) **Ω** ‖ **625–626** lacus in **Ω** : ⟨alia⟩ in lacu *Hermolaus ibid.* : lacus in ⟨agro⟩ *Gercke in app.* ‖ **626** in (lacu) Statoniensi *Hermolaus ibid.* (*cf. Str. 5.2.9, C226 Στατωνία; Vitr. 2.7.3 'praefectura Statonensi'*) : in Stationensi *Fortunati uetus lectio* : in statione nisi **ZFW**[1] : in stat- uisi **HP** : in stat- nisus (*uel* uis-) **R** : ista ratione nisi **U** ‖ **627** alit **Z**, *meliore numero* : nutrit (-iit **P**) **Ψ**

umquam illi per diem ac noctem uno loco statio est; adeo
9 mouetur leui flatu. huic duplex causa est: aquae grauitas
medicatae ⟨et⟩ ob hoc ponderosae, et ipsius insulae materia uectabilis, quae non est corporis solidi, quamuis arbores alat. fortasse enim leues truncos frondesque in lacu
10 sparsas pinguis umor adprehendit ac uinxit. itaque etiam
si qua in illa saxa sunt, inuenies exesa et fistulosa, qualia sunt quae duratus umor efficit, utique circa medicatorum fontium ⟨* * *⟩ riuosque ubi purgamenta aquarum coaluerunt et spuma solidatur: necessario leue est quod ex uentoso inanique concretum est.
11 Quorundam causa non potest reddi: quare aqua Nilo-
tica fecundiores feminas faciat, adeo ut quarundam uiscera longa sterilitate praeclusa ad conceptum relaxauerit; quare quaedam in Lycia aquae conceptum feminarum custodiant, quas solent petere quibus parum tenax uulua est. quod ad me attinet, pono ista inter temere uulgata. creditum est quasdam aquas scabiem adferre corporibus, quasdam uitiliginem et foedam ex albo uarietatem, siue

Ω = **Z** **ϑ**(=**FH**) **π**(=**PRUW**)]

630 huic **Ψ** : hinc **Z** ‖ **631** *suppl.* **λ** | ob hoc ponderosae *fort. secludendum est* | ponderos(a)e **Ψ** : -sa **Z** | et ipsius **Ψ** : ipius **Z** ‖ **632** qu(a)e **Ψ** : quia **Z** ‖ **633** lacu **Z**, *ut coni. Pincianus* : -us **Ψ** ‖ **634** uinxit **H** : uincxit **Z** : uinixit **F** : iunxit **RU**, **P** *ut uid.* : cinxit $\mathbf{W}^1$ ‖ **635** exesa **ZF**, $\mathbf{H}^c$ *u. l.* : aquosa $\mathbf{H}^1\pi$ ‖ **637** riuos. qu(a)e **Ω** : riuos, quae *Fortunatus* : ⟨stagna⟩ riuosque *Skutsch* : ⟨ripas⟩ riuosque *Castiglioni*[1] : riuos, [quae] *Gercke* : ⟨ora⟩ riuosque *Hine*[14] | riuos ubique *Codoñer Merino in app.* ‖ **637–638** coaluerunt *Erasmus*[1] : collu- (colu- **υ**) **Ω** ‖ **640–641** nilotica **Z** : uilot- **F** : in loc- **H** : uiolit- **ϱ** : molit- **υ** ‖ **647** uitiliginem *Erasmus*[1] : uitii (uicii **Z**) legem **Ω**

infusa siue pota sit. quod uitium habere aiunt aquam ex
rore collectam. quis non grauissimas esse aquas credat 12
quae in crystallum coeunt? contra autem est: tenuissimis
enim hoc euenit, quas frigus ob ipsam tenuitatem facil-
lime gelat. unde autem fiat eiusmodi lapis, apud Graecos
ex ipso nomine apparet: crystallum enim appellant aeque
hunc perlucidum lapidem quam illam glaciem ex qua
fieri lapis creditur. aqua enim caelestis minimum in se
terreni habens cum induruit, longioris frigoris pertinacia
spissatur magis ac magis, donec omni aëre excluso in se
tota compressa est, et umor qui fuerat lapis factus est.
Aestate quaedam flumina augentur, ut Nilus, cuius **26.**1
alias ratio reddetur. Theophrastus est auctor in Ponto
quoque quosdam amnes crescere tempore aestiuo. quat-
tuor esse iudicant causas: aut quia tunc maxime in umo-
rem mutabilis terra sit, aut quia maiores in remoto im-
bres sint, quorum aqua per secretos cuniculos reddita
tacite suffunditur; tertia, si crebrioribus uentis ostium 2
caeditur et reuerberatus fluctu amnis restitit, qui crescere
uidetur quia non effunditur; quarta siderum ratio est:

659–661 Theophr. fr. 211 D Fortenbaugh || **660** alias] 4 a.1–2

Ω = Z ϑ(=FH) π(=PRUW)]

648 siue **Ψ** : seu **Z**, *ut coni. Skutsch* | habere aiunt **Z** : dicunt (habent **R**) habere (h- *om.* **H**^{1}, *post* aquam *habent* **H**^{c}**W**) **Ψ** || **649** crassissimas *Gertz*^{2} (*sed cf. Plin. Nat. 31.56*) || **653** *κρύσταλλον Fortunatus* | appellant **Ψ** : apparent **Z** || **656** frigoris *bis habet* **Z** || **658** factus **Z** : effectus **Ψ**, *numero minus bono* || **662** iudicat ς, *fort. recte* || **666** reuerberatus **Z** : -atur **Hϱ W** : -ato **U**, *ut coni. Pincianus* : reliberatur **F** : reuerberante *Nisbet* | restitit **Zϑ W** : resistit **ϱ U** | crescere **Ψ** : -cente **Z**

haec enim quibusdam mensibus magis urgent et exhauriunt flumina; cum longius recesserunt, minus consumunt atque ⟨ad⟩trahunt; ita quod impendio solebat, id incremento accidit.

3 Quaedam flumina palam in aliquem specum decidunt et sic ex oculis auferuntur. quaedam consumuntur paulatim et intercidunt, eadem ex interuallo reuertuntur recipiuntque et nomen et cursum. causa manifesta est: sub terra uacat locus, omnis autem natura umor ad inferius et ad inane defertur. illo itaque recepta flumina cursus egere secreto; sed cum primum aliquid solidi quod obstaret occurrit, perrupta parte quae minus ad exitum repugnabat, repetiere cursum suum.

4 sic ubi terreno Lycus est potatus hiatu,
existit procul hinc alioque renascitur ore.
sic modo conbibitur, tacito modo gurgite lapsus
redditur Argolicis ingens Erasinus in undis.

681–684 Ou. *Met.* 15.273–276

Ω = **Z** **ϑ**(=**FH**) **π**(=**PRUW**)]

670 *suppl. Hine*[14] : trahunt **ZHπ** : contr- **F** : ⟨ex⟩trahunt *Skutsch* | impendi **cod. Anicianus** : impendi iis *Madvig*[2] || **671** accedit **E** (*sed cf. 6.26.1, TLL 2.295.68–296.9*) || **676** uacat *Erasmus*[1] : uagatur **Ω** | umor natura *Hine*[14] || **678** secreto **Ω** (*cf. 3.5.1*) : secretos **f**, *ut coni. Castiglioni*[1], *fort. recte* || **679** repugnabat **Z** : -auit **Ψ** || **681** Lycus *ed. Lips. ex Ouidio* : locus **Z** : lacus **L**[2]**Ψ** | potatus (port- **W**) **Ψ** : potitus **Z** : epotus *Ouid.* || **682** alioque **Ψ** : alio quae **Z** || **683** conbibitur **U**, *Ouidi codd. plerique* : conliibitur **Z** : cum bibitur **ϑϱW**, *Ouidi cod. U* | tacito (tanto **W**[1]) **Ω** : tecto *uel* toto *Ouidi codd.* || **684** erasinus **Ψ** : era sinus **Z** | undis **Ω** : aruis *uel* agris *Ouidi codd.*

idem et in oriente Tigris facit: absorbetur, et desideratus diu tandem longe remoto loco, non tamen dubius an idem sit, emergit.

Quidam fontes certo tempore purgamenta eiectant, ut 5
Arethusa in Sicilia quinta quaque aestate per Olympia.
inde opinio est Alpheon ex Achaia eo usque penetrare et
agere sub mari cursum, nec ante quam in Syracusano li-
tore emergere, ideoque his diebus quibus Olympia sunt,
uictimarum stercus secundo traditum flumini illic redun-
dare. hoc et a te creditum est, ut in prima parte ⟨dixi⟩, 6
Lucili carissime, et a Vergilio, qui adloquitur Arethusam:

sic tibi, cum fluctus subter labere Sicanos,
Doris amara suam non intermisceat undam.

est in Chersoneso Rhodiorum fons qui post magnum inter-
uallum temporis foeda quaedam turbidus ex intimo fun-
dat, donec liberatus eliquatusque est. hoc quibusdam lo- 7
cis fontes faciunt, ut non tantum lutum sed folia
testasque et quidquid putre lacuit expellant. ubique au-

694 in prima parte] 3.1.1 ‖ **696–697** Verg. *Ecl.* 10.4–5

Ω = **Z** **ϑ**(=**FH**) **π**(=**PRUW**)]

685 idem et in oriente **Ψ** : demetin orientem **Z** | et[2] **Ψ** : ac **Z** ‖ **690** ex **Ψ** : et **Z** | eo **Ψ** : illo **Z** ‖ **691** mari **Z**, *ut coni. Skutsch* : mare **Ψ** ‖ **692** his **Ω** : iis *Muretus, fort. recte* ‖ **694** dixi *suppl. Gercke,* apparet *Kroll*[1] ‖ **695** carissime **ZU** : km̄e **HϱW** : ratione **F** | uirgilio **Ω** | aret(h)usam (-cusam **W**[1]) **Ψ** : -tunsam **Z** ‖ **697** suam … undam **Z**, *Verg.* : suas … undas **Ψ** ‖ **699–700** fundat **Zϑ϶U** : -it **W**, *ut coni. Gercke in app.* ‖ **700** eliquatusque **Ψ** : -atus que **Z**

tem facit mare, cui haec natura est ut omne inmundum
stercorosumque litoribus inpingat. quaedam uero partes
maris certis temporibus hoc faciunt, ut circa Messenen et
Mylas fimo quiddam simile turbulenti [a]uis maris pro-
fert, feruetque et exaestuat non sine colore foedo, unde il-
8 lic stabulare Solis boues fabula est. sed difficilis ratio est
quorundam, utique ubi tempus eius rei de qua quaeritur
inobseruatum uel incertum est. itaque proxima quidem
inueniri et uicina non potest causa. ceterum publica est
illa: omnis aquarum stantium clusarumque natura se pur-
gat. nam in his quibus cursus est, non possunt uitia consi-
stere, quae secunda uis defert et exportat. illae quae non

Ω = **Z** **ϑ**(=**FH**) **π**(=**PRUW**)]

703 cui **Ω** : cuius **Cam.DE** (*sed cf. Dial. 4.27.1*) || **704** stercorosumque **Ψ** : sterco rosumque **Z** || **705** Messenen *Gercke* : -enem **Ω** : -anam *Hermolaus ad Plin. Nat. 2.220* || **706** fimo *Hermolaus ibid.* : fimum **L**^{2}**HPU** : funum **ZR** : fumum **F** : finum **W**^{1}, *ut uid.* | quiddam simile *Hermolaus ibid.* : quidem sil(a)e **Zϑϱ** : quidem uile **U** : quod simile **W**^{1}, *ut uid.* | turbulenti uis maris *uel* -lenta ui mare *Rossbach*^{6} *1483* : -lenti auis mare **Z** : -lente auis mare **Ψ** : -lentae uis mare *Gercke* : -lenta uis maris *Castiglioni*^{1} : -lente saeuiens mare *Leo* || **707** exestuat **H**, **Z**^{c} : estuat **Z**^{1}**Fϱ U** : extuat **W** | colore **Zϑ** : cal- **π** : od- *Fortunatus* || **709** ubi **WCam.DET,** *ut coni. Fromondus* : inibi **ZHPU** : nubi **F** : timbi **R** | eius rei de **Cam.DET** : eius pelde **Z** : eius uel (uel *om.* **W**) de **Ψ** : eluuiei de *Gercke* || **710** inobseruatum **Ω** : obs- *Fortunati cod.* : ⟨non⟩ inobs- *Oltramare* : ut obs- *Garrod*^{2} | uel **Cam.DEOT** : sed **Ω** : seu *Shackleton Bailey* (*malim* siue) : sic *Garrod*^{2} : et *Muretus* || **712** omnium *Gercke in app.* || **713** his (illis **W**) **Ω** : iis *Castiglioni*^{5} *200* || **714** secunda uis **Zϑ** : secunda **ϱU** : secum unda **W** : secunda uis ⟨fluminis⟩ *suppl. Hine*^{14}

emittunt quidquid insedit, magis minusue aestuant. mare uero cadauera instrumentaque et naufragiorum reliquias alias ex intimo trahit, nec tantum tempestate fluctuque, sed tranquillum quoque placidumque purgatur.

Admonet me locus ut quaeram, cum fatalis diluuii dies 27.1
uenerit, quemadmodum magna pars terrarum undis obruatur: utrum oceani uiribus fiat, et externum in nos pelagus exsurgat, an crebri sine intermissione imbres et elisa aestate hiems pertinax inmensam uim aquarum ruptis nubibus deiciat, an flumina tellus largius fundat aperiatque fontes nouos, an non sit una tanto malo causa, sed omnis ratio consentiat, et simul imbres cadant, flumina increscant, maria sedibus suis excita procurrant, et omnia uno agmine ad exitium humani generis incumbant. ita est. nihil difficile naturae est, utique ubi in fi- 2
nem sui properat. ad originem rerum parce utitur uiribus, dispensatque se incrementis fallentibus: subito ad ruinam toto impetu uenit. quam longo tempore opus est ut conceptus ad puerperium perduret infans! quantis laboribus tener educatur! quam diligenti nutrimento obnoxium

Ω = **Z** **ϑ**(=**FH**) **π**(=**PRUW**)]

716 instrumentaque *Rossbach*[2] *46 n. 30* : stramentaque (stam- **P**) **Ω** | naufragiorum **X**, *ut coni. Haupt*[2] *449* : -gorum **Ω** || **716–717** reliquias alias *Hine*[14] : reliqua similia **Ω** : reliquiis similia *Erasmus*[2] : reliqua *Gruterus*[2] : reliqua spolia *Castiglioni*[1] || **719** admonet **Z** (*cf. Ep. 118.10*) : sed monet **ϑυ** : sed mouet **ϱ** | diluuii dies **Z** : dies dil- **Ψ** : dies diluuî *Skutsch* || **725** an **Z**, *ut coni. Gertz*[2] : aut **Ψ** || **727** procurrant **Z**, *ut coni. Gertz*[1] *70* : perc- **Ψ** || **728** exitium **ZHϱ** : -tum **Fυ** || **731** se **L^2Hπ** : *om.* **F** : se et **Z** || **732** ueniet *Skutsch* : uadit *Castiglioni*[1] || **734** educatur tener *Alexander*

nouissime †his† corpus adolescit! at quam nullo negotio soluitur! urbes constituit aetas, hora disturbat; momento fit cinis, diu silua. magna tutela stant ac uigent omnia,
3 cito ac repente dissiliunt. quidquid ex hoc statu rerum natura flexerit, in exitium mortalium satis est. ergo cum affuerit illa necessitas temporis, multas simul fata causas mouent. neque enim sine concussione mundi tanta mutatio est.

4 Vt quidam putant, inter quos Fabianus est, primo inmodici cadunt imbres, et sine ullis solibus triste nubilo caelum est, nebulaque continua, et ex umido spissa caligo, numquam exsiccantibus uentis. inde uitium satis est, segetum sine fruge surgentium marcor. tunc corruptis quae seruntur manu, palustris omnibus campis herba suc-
5 crescit. mox iniuriam et ualidiora sensere: solutis quippe radicibus arbusta procumbunt, et uitis atque omne uirgultum non tenetur solo, quod molle fluidumque est, †iam nec gramina aut pabula laeta aquis sustinet†. fame

Ω = **Z** **ϑ**(=**FH**) **π**(=**PRUW**)]

735 his **Z** : *om.* **Ψ**, *fort. recte* : ⟨iuue⟩nis *Hine*[14] : ⟨homi⟩nis *Watt per litteras* ‖ **736** disturbat **Z** (*uide Hine*[4] *195*) : dissoluit **Ψ** ‖ **741** tanta **Ψ** : -to **Z** ‖ **742–743** *dist. Axelson*[1] : … est, ut quidam … Fabianus est. *uulgo* ‖ **743–744** immodici (immodi **P**[1]) **Ψ** : immo dici **Z** ‖ **745** nebulaque ς, *ed. Ven.*[1] : nubilaque (-que *om.* **W**[1]) **Ω** ‖ **751** est **ϑϱU** : *om.* **ZW**[1] ‖ **752** nec iam *Hine*[14] | gramina aut (nec **R**) pabula **Ψ** : gramina aut pabulum aut **Z** : aut gramina aut pabula *Hine*[14] *dub.* | ⟨laxatum⟩ *uel* ⟨uictum⟩ *uel* ⟨madefactum⟩ aquis *Shackleton Bailey* : aquas *Watt* | sustinent **F**[1], *ut coni. Madvig*[2] laboratur, et manus ad antiqua alimenta porrigitur, ilex et quercus excutitur, et quaecumque in arduis arbor commissura adstricta lapidum stetit. labant ac madent tecta, 6 et in imum usque receptis aquis fundamenta desidunt, ac tota humus stagnat. frustra titubantium fultura temptatur: omne enim firmamentum in lubrica figitur et lutosa humo; nihil stabile est.

Postquam magis magisque ingruunt nimbi, et conge- 7 stae saeculis tabuerunt niues, deuolutus torrens altissimis montibus rapit siluas male haerentis, et saxa resolutis remissa compagibus rotat, abluit uillas et intermixtos dominis greges deuehit, uulsisque minoribus tectis, quae in transitu abduxit, tandem in maiora uiolentius aberrat, urbes et implicitos trahit moenibus suis populos, ruinam an naufragium querantur incertos; adeo simul et quod opprimeret et quod mergeret uenit. auctus deinde processu aliis quo⟨que⟩ in se torrentibus raptis, passim plana po-

Ω = **Z** **ϑ**(=**FH**) **π**(=**PRUW**)]

753 ilex **Z** : qua i- est **F** : quia i- est **H** : qua lex est **ϱ** : que ilex est **υ** : quare ilex est $\mathbf{L}^{1}$, est *del.* $\mathbf{L}^{2}$ || **757** fultura **Ψ** : fulta **Z** || **758** lubrica *Gercke* : -co **Ω** || **760** ingruunt **Ω** : -uerunt **T**, *ut coni. Waldaestel 45, numero minus bono; de temporum uariatione cf. Hammelrath 5–6, Hine*^{6} *326–327* || **762** herentis **Z** : -tes **Ψ** | resolutis **Z**, *ut coni. Gronouius*^{2} : reuol- (reuoluit **R**) **Ψ** || **764** tectis **Ψ** : lec- **Z** || **765** uiolentius **TX** : -tus **Ω** || **766** implicitos **Ψ** : -plict- **Z** | an **Z**$\mathbf{L}^{2}$**Hυ** : aut **Fϱ** || **767** naufragium **Ψ** : naufraug- **Z** || **768** mergeret **Hπ** : -retur **Z** : iungeret **F** || **769** aliis quoque *Castiglioni*^{1} (*cf. Axelson*^{1}) : aliquo **Ω** : aliquot *Gronouius*^{2} : aliisque *Madvig*^{2} | passim plana **Z** : plana (palma **R**) pa- **Ψ**, *numero minus bono* pulatur. nouissime in maria magna gentium clade onustus effunditur.

8 Flumina uero suapte natura uasta et sine tempestatibus
rapida alueos reliquerunt. quid tu esse Rhodanum, quid
putas Rhenum atque Danuuium, quibus torrens etiam in
canali suo cursus est, cum superfusi nouas sibi fecere ri-
9 pas ac scissa humo simul excessere alueo? quanta cum
praecipitatione uoluuntur, ubi per campestria fluens Rhe-
nus ne spatio quidem languit, sed latissimas uelut per an-
gustum aquas impulit, cum Danuuius non iam radices
nec media montium stringit, sed iuga ipsa sollicitat, fe-
rens secum madefacta montium latera rupesque disiectas
et magnarum promunturia regionum, quae fundamentis
laborantibus a continenti recesserunt. deinde non inue-

Ω = **Z ϑ**(=**FH**) **π**(=**PRUW**)]

770 in maria magna gentium clade *Shackleton Bailey* : in materia magna gentium clarus **Ω** : in mare miseria gentium clarus *Rossbach*[6] *1483* : in maestitia magna gentium clarus *Castiglioni*[1] : in maria magna gentium ⟨strage⟩ elatus (elatus **E**) *Watt* ‖ **770–771** honustus effunditur **Z** : (h)onustusque diff- **ϑυ** : honestusque def- **ϱ** ‖ **772** sine **Z** (*uide Hine*[4] *192–193*) : *om.* **Ψ** ‖ **775** superfusi **T** : -fuse **Ψ** : -fuisse **Z** | fecere (fac- **U**) **Ψ** : fece **Z** ‖ **776** scissa **ZRυ** : scisso **H** : cissa **FP** | excessere alueo **Ψ** : excesserunt alueo egerunt **Z** ‖ **778** languit sed *Oltramare* : languisset **Z** : languidus (-giuidus **U**) sed **Ψ** ‖ **779** impulit *Castiglioni*[1], *Oltramare* : -pluit **Z** : -plet **Ψ** : -pellit *Michaelis*[2] ‖ **780–781** stringit – montium **Ψ** : *om.* **Z** ‖ **781** madefacta (male- **R**) **Ψ** : labefacta *Pincianus* : summa detracta *Busche* ‖ **782** et **Ψ** : sed et **ZL**[2] | promunturia *Axelson*[1] (*cf. 5.13.2*) : -munctoria **ZW** : -montoria **ϑϱ** : permuntoria **U** ‖ **783** labantibus *Haase* : labe ruentibus *G. Müller 34* (*sed cf. 6.17.3, 6.25.2–4*)

niens exitum (omnia enim sibi ipse praecluserat) in or-
bem redit, ingentemque terrarum ambitum atque urbium
uno uertice inuoluit. interim permanent imbres, fit cae- 10
lum grauius, adsidue malum ex malo colligit. quod olim
fuerat nubilum nox est, et quidem horrida ac terribilis in-
tercursu luminis diri. crebra enim micant fulmina, procel-
laeque quatiunt mare, tunc primum auctum fluminum
accessu et sibi angustum. iam enim promouet litus, nec
continetur suis finibus, sed prohibent exire torrentes
aguntque fluctum retro. pars tamen maior ut maligno
ostio retenta restagnat, et agros in formam unius lacus re-
digit.

Iam omnia qua prospici potest aquis obsidentur. omnis 11
tumulus in profundo latet, et inmensa ubique altitudo
est. tantum in summis montium iugis uada sunt. in ea ex-
celsissima cum liberis coniugibusque fugerunt, actis ante
se gregibus. diremptum inter miseros commercium ac
transitus, quoniam quidquid submissius erat, id unda
compleuit. editissimis quibusque adhaerebant reliquiae 12

Ω = **Z ϑ**(=**FH**) **π**(=**PRUW**)]

784 sibi ipse **Z** : i- s- **ϑP**[c]**RW**, *numero minus bono* : i- **P**[1]**U** || **786** permanant *Haase* || **787** adsidue *Hine*[14] : adsidui **Z** : ac si diu **ϑPW**[1] : ac sic diu **L**[2]**R** : ac siderum **U** : ac sic dum *Kroll*[1] | malum **Ψ** : causas mali **Z** || **789** fulmina **ϑRυ** : flum- **ZP** || **790** auctum **Cam.ET** : actum **Zϑϱ W** : a cliuo **U** || **792** sed **Ω** : ideo *uel* sic *Gercke* : *del. Castiglioni*[1] | prohibentur *Leo* (*sed cf. Axelson*[1]) || **794** formam **Cam.E** : -a **Ω** | lacus (*fort.* lu- **Z**[1]) **ZL**[2] : laci **Ψ** (*cf. TLL 7.2.860.71–861.17*) || **796** qua **L**[2]**ϑW** : quam **Z** : que **ϱU** | potest **ϑ** : potes **π** : solet **Z** || **798** in ea **Ω** : eo in *Gercke* : in [ea] *Madvig*[2] || **798–799** excelsissima *del. Haase* || **800** diremptum **T**, *ut coni. Erasmus*[1] : -reptum (-rectum **W**) **Ω**

generis humani, quibus in extrema perductis hoc unum solacio fuit, quod transierat in stuporem metus. non uacabat timere mirantibus; ne dolor quidem habebat locum, quippe uim suam perdit in eo qui ultra sensum mali mi-
13 ser est. ergo insularum modo eminent 'montes et sparsas Cycladas augent,' ut ait ille poetarum ingeniosissimus egregie, sicut illud pro magnitudine rei dixit, 'omnia pontus erat, deerant quoque litora ponto,' ni tantum impetum ingenii et materiae ad pueriles ineptias reduxisset:
14 'nat lupus inter oues, fuluos uehit unda leones.' non est res satis sobria lasciuire deuorato orbe terrarum. dixit ingentia et tantae confusionis imaginem cepit cum dixit:

> exspatiata ruunt per apertos flumina campos,
> cumque satis arbusta simul pecudesque uirosque
> tectaque cumque suis rapiunt penetralia templis.
> si qua domus mansit, culmen tamen altior huius
> unda tegit, pressaeque labant sub gurgite turres.

807–808 Ou. *Met.* 2.264 || **809–810** Ou. *Met.* 1.292 || **812** Ou. *Met.* 1.304 || **815–819** Ou. *Met.* 1.285–288a, 289b–290

Ω = Z ϑ(=FH) π(=PRUW)]

805 ne **ZHW**^{1} : nec **FϱU** || **810** erat **ZϑϱW**, *Ouidi codd. εELNU* : erant **U**, *Ouidi codd. MPW^{1}e* | ni **Hϱ** : in **FU** : non **Z** : *quid* **W**^{1}, *incertum* || **812** nat **L**^{2}**HϱU** : at **Z** : nad **F** : nam **W**^{1} | fuluos – leones **Ψ** : *om.* **Z** || **814** ⟨con⟩cepit *Kroll*^{1}, *Barthel ap. Gercke, sed uide Axelson*^{1} || **815** apertos **Ψ** : aptos **Z** || **816–819** cumque – tegit **Z** : *om.* **Ψ** || **817** templis **Z** : sacris *Ouid.* || **818** *post* mansit *scripsit Ouidius* potuitque resistere tanto / indeiecta malo || **819** labant **ZHϱW** : latent **F**, *Ouid.* : iacent **U**

magnifice haec, si non curauerit quid oues et lupi faciant.
natari autem in diluuio et in illa rapina potest? aut non
eodem impetu pecus omne quo raptum erat mersum est?
concepisti imaginem quantam debebas obrutis omnibus 15
terris, caelo ipso in terram ruente. perfer: scies quid de-
ceat, si cogitaueris orbem terrarum natare.

Nunc ad propositum reuertamur. sunt qui existiment **28.**1
inmodicis imbribus uexari terras posse, non obrui. magno
impetu magna ferienda sunt: faciet pluuia segetes malas,
fructum grando decutiet, intumescent nimbis flumina,
sed resident. quibusdam placet moueri mare et illinc cau- 2
sam tantae cladis accersere: non potest torrentium aut
imbrium aut fluminum iniuria fieri tam grande naufra-
gium. ubi instat illa pernicies, mutarique humanum ge-
nus placuit, fluere adsiduos imbres et non esse pluuiis
modum concesserim; suppressis aquilonibus et flatu sic-
ciore, austris⟨que excitatis⟩, nubes et amnes abundare.
sed adhuc in damna profectum est:

Ω = **Z** **ϑ**(=**FH**) **π**(=**PRUW**)]

820 h(a)ec si **Ψ** : is **Z** | is non curauerit *bis* **Z** ‖ **821** aut **Ω** : an **T**, *ut coni. Gemoll*[2] ‖ **822** impetu **Ψ** : ip- **Z** ‖ **823** debebas **Ψ** : tegebas (*uel* deg-) **Z**[1] : tangebas **Z**[c] ‖ **824** terram **Cam.EX** : -a **Ω** ‖ **829** nimbis *J. Müller*[3] : riuis **Ω** : riui et *Watt* : niuibus *Hine*[14] ‖ **830** mouere *Haase* (*sed Gercke confert § 7 'ordiri meliora, uetera finiri'; cf. etiam Axelson*[1]) ‖ **831** accersere (accen- **H**[1]) **Z** **H**[c]**R** : accendere **F** : accessere **P** : ac(c)erscere **υ** : accersiri *ed. Ven.*[1] : accrescere *G. Müller 35* ‖ **833** instat **Ψ** : nutat **Z** ‖ **834–835** pluuiis modum **Z** : m- p- **Ψ** ‖ **835** concesserim **Ψ** : -int **Z** | et flatu **Ψ** : efflatis **Z** ‖ **835–836** sicciore austri *Gemoll*[2] ‖ **836** *ex. gr. suppl. Hine*[14]

sternuntur segetes et deplorata colonis
uota iacent, longique perit labor inritus anni.

3 non laedi terrae debent sed abscondi. itaque cum per ista
prolusum est, crescunt maria, sed super solitum, et fluc-
tum ultra extremum tempestatis maximae uestigium mit-
tunt. deinde a tergo uentis [s]urgentibus ingens aequor
euoluunt, quod longe a conspectu antiqui litoris frangi-
tur. deinde ubi litus bis terque prolatum est, et pelagus in
alieno constitit, uelut amota mole comminus procurrit
4 aestus ex imo recessu maris. nam ut aëris, ut aetheris, sic
huius elementi larga materia est, multoque in abdito ple-
nior. haec fatis mota, non aestu (nam aestus fati ministe-
rium est), attollit uasto sinu fretum agitque ante se.
deinde in miram altitudinem erigitur et illis tutis homi-
num receptaculis superest. nec id aquis arduum est, quo-
5 niam aequo terris fastigio ascendunt. si quis excelsa perli-

838–839 Ou. *Met.* 1.272–273

Ω = Z ϑ(=FH) π(=PRUW)]

839 anni **Ψ** : amni **Z** ‖ **840** itaque **Z** : denique **Ψ** ‖ **841–842** fluctum **Ψ** : fru- **Z** ‖ **843** urgentibus *Gronouius*^{1} : surg- **Ω** ‖ **843–844** (a)equor euoluunt (-uit **ϱ**) **Ψ** : aequore uoluunt **Z** ‖ **844** antiqui **Z** : ueteris **ϑU**, *fort. recte* : interioris **ϱ** : *quid* **W**^{1}, *incertum* ‖ **845** bis terque **Fπ** : bis **H** : bisterque **Z** ‖ **846** amota mole *Warmington* (*Degl' Innocenti Pierini 159–160 conf. Ou. Met. 1.279–280*) : amoto malo **ZFUW**^{c} : admoto malo **HϱW**^{1} : amoto uallo *Shackleton Bailey* : amoto magno ⟨claustro⟩ *Watt* | comminus **U** : cominus **ϑP**^{c} : cum minus **ZP**^{1}**W** : cum cominus **R** | procurrit (per- **U**) **Ψ** : cuc- **Z** ‖ **851** illis **Ω** : illinc *Kroll*^{1} : ipsis *Watt* ‖ **852** aquis **Ψ** : aliquis **Z** ‖ **853** ascendunt *Gronouius*^{2} : -det **ZHϱU** : -deret **W** : descendet **F**

bret, maria paria sunt: nam par undique sibi ipsa tellus est; caua eius et plana eius exiguo inferiora sunt editis; adeo in rotundum orbis aequatus est. in parte autem eius et maria sunt, quae in unius aequalitatem pilae coeunt. sed quemadmodum campos intuentem quae paulatim deuexa sunt fallunt, sic [cum] non intellegimus curuaturas maris, et uidetur planum quidquid apparet. at illud aequale terris est, ideoque ut effluat non magna mole tollendum est: satis est illi, ut supra paria ueniat, leuiter exsurgere; nec a litore, ubi inferius est, sed a medio, ubi ille cumulus est, defluit.

Ergo ut solet aestus aequinoctialis sub ipsum lunae so- 6
lisque coitum omnibus aliis maior undare, sic hic qui ad occupandas terras emittitur, solitis maximisque uiolentior plus aquarum trahit, nec antequam supra cacumina eorum quos perfusurus est montium creuit deuoluitur. per centena milia quibusdam locis aestus excurrit innoxius, et ordinem seruat: ad mensuram enim crescit iterumque decrescit. at illo tempore solutus legibus sine 7

Ω = **Z ϑ**(=**FH**) **π**(=**PRUW**)]

855 eius[1] *del. Garrod*[3] | planis *Gercke in app.* : plano *Alexander* | eius[2] *om.* **F**, *fort. recte* : editis *Schultess*[2] | exiguo **Z** : *om.* **Ψ** || **855–856** editis; adeo *Nisbet* : sed istis adeo (a deo **R**) **Ω** : sed totus a deo *Schultess*[2] : sed ipsi alueo *Gercke in app.* || **857** unius **Ω** : uniuersam *Schultess*[2] || **858** intuentem qu(a)e **Ψ** : -emque **Z** || **859** sic **T** : sic co **Z** : sic cum **ϑU** : siccum **P** : sicut **RW** | intelligimus **Ψ** : intellimus **Z** || **860** at **Ψ** : ad **Z** : ut *Oltramare* || **861** magna **Ψ** : -ne **Z** || **861–862** tollendum est **Z** : se (*om.* **ϱ**) tollet dum **Ψ** || **863** a[1] **Ψ** : ad **Z** || **865** solet **H**[c]**W**[1] : sol et **ZFH**[1]**ϱU** || **866** sic (si **W**[1]) **Ψ** : *om.* **Z** || **867** occupandas **Ψ** : tupendas **Z** | -que **Zϑ** : *om.* **π**, *ut coni. Gemoll*[2] modo fertur. 'qua ratione?' inquis. eadem qua conflagratio futura est. utrumque fit cum deo uisum est ordiri meliora, uetera finiri. aqua et ignis terrenis dominantur; ex his ortus, ex his interitus est. ergo quandoque placuere res nouae mundo, sic in nos mare inmittitur desuper, ut feruor ignisque, cum aliud genus exiti placuit.

29.1 Quidam existimant terram quoque concuti et dirupto solo noua fluminum capita detegere, quae amplius ut e pleno profundant⟨ur⟩.

Berosos, qui Belum interpretatus est, ait ista cursu siderum fieri. adeo quidem adfirmat ut conflagrationi atque diluuio aeque tempus adsignet. arsura enim terrena contendit quandoque omnia sidera quae nunc diuersos agunt cursus in Cancrum conuenerint, sic sub eodem posita uestigio ut recta linea exire per orbes omnium possit; inundationem futuram cum eadem siderum turba in Capricornum conuenerit. illic solstitium, hic bruma conficitur, magnae potentiae signa, quando maxima in ipsa mutatione anni momenta sunt.

882–891 Berosos *FGH* 680T9, F21; fr. 37 Schnabel

Ω = **Z** **ϑ**(=**FH**) **π**(=**PRUW**)]

874 est^{2} **ZL**^{2} : *om.* **Ψ** ‖ **875** terrenis **Ψ** : -na **Z** : ⟨in⟩ terrena *Hine*^{14} ‖ **876** ex **ZHπ** : et ex **F** ‖ **877** nouae *Fortunatus* : -uo **Ω** | inmittitur **Z** : emitt- **Ψ** ‖ **878** exitî *Skutsch* : exitii **Ω** ‖ **879–881** *ante* **892** et istas *transp. Oltramare* ‖ **880** qu(a)e **Ψ** : quem **Z** ‖ **881** profundantur ς, *ut coni. Skutsch* : -ant **Ω** ‖ **882** belum **Cam.**^{2}**D**, *ut coni. Fortunatus* : bellum **Ω** ‖ **884** aeque **Z** : *om.* **Ψ** ‖ **885** quandoque **Ψ** : qu- cum **Z** | nunc **Ψ** : non **Z** ‖ **887** possit (-int **U**) **Ψ** : positi **Z** ‖ **890** maxima *scripsi* : -me **Z** : *om.* **Ψ** | ipsas *Gercke in app.* ‖ **890–891** mutatione **ZR** : -es **ϑPυ** ‖ **891** anni **Ψ** : amni **Z**

Et istas ego receperim causas (neque enim ex uno est 2
tanta pernicies), et illam quae in conflagratione nostris
placet hoc quoque transferendam puto: siue animal est
mundus, siue corpus natura gubernabile ut arbores ut
sata, ab initio eius usque ad exitum quidquid facere quid-
quid pati debeat inclusum est. ut in semine omnis futuri 3
hominis ratio comprensa est, et legem barbae canorum-
que nondum natus infans habet (totius enim corporis et
sequentis auctus in paruo occultoque lineamenta sunt),
sic origo mundi non minus solem et lunam et uices side-
rum et animalium ortus quam quibus mutarentur terrena
continuit. in his fuit inundatio, quae non secus quam
hiems, quam aestas lege mundi uenit. itaque non pluuia 4
istud fiet sed pluuia quoque, non incursu maris ⟨sed⟩
maris quoque incursu, non terrae motu sed terrae quoque
motu, non concussione ⟨mundi sed mundi quoque con-
cussione⟩. omnia adiuuabunt naturam ut naturae consti-
tuta peragantur. maximam tamen causam ad se inundan-
dam terra ipsa praestabit, quam diximus esse mutabilem
et solui in umorem.

Ω = **Z** **ϑ**(= **FH**) **π**(= **PRUW**)]

892 neque **Ψ** : nene **Z** ‖ **894** quoque **Ψ** : quo **Z** | transferendam **Z** : -dum **Ψ** | animal *Cudworth cap. III.xxvi* : -ma **Ω** ‖ **897** debet *Axelson*[2] *201 n. 8* | omnis **Ψ** : -i **Z** ‖ **898** comprensa **Z** : -prehensa **Ψ** ‖ **899** -que **Ψ** : *om.* **Z** ‖ **900** auctus *Busche* : actus **Ω** : aetatis *ed. Ven.*[1] : status *Axelson*[2] | liniamenta **Z**, *ut coni. Fortunatus* : -to (linea- **RU**) **Hπ** : ligamento **F** ‖ **904** uenit **Ψ** : -is **Z** ‖ **905–906** maris maris **ϑυ** : maris **Z** : *plura om.* **ϱ** | sed *suppl.* **D**[2], *Muretus* ‖ **906** motu **ϑυ** : -us **ZL**[2] : -um **ϱ** ‖ **907** motu, non concussione *Hine*[4] *194* : motu **Ψ** : non concussione **ZL**[2] ‖ **907–908** *suppl. Hine ibid.* ‖ **908** naturam **Ψ** : *om.* **Z**, *fort. recte* ‖ **911** solui **Ψ** : s- ex se **Z**

5 Ergo quandoque erit terminus rebus humanis, cum partes eius interire debuerint abolerique funditus totae, ut de integro rudes innoxiique generentur nec supersit in deteriora praeceptor, plus umoris quam semper fuit fiet. nunc enim elementa ad id quod debetur pensa sunt. aliquid oportet alteri accedat, ut quae libramento stant inaequalitas turbet. accedet umori: nunc enim habet quo ambiat terras, non quo obruat; quidquid illi adieceris, necesse est
6 in alienum locum exundet. uide ergo ne terra quoque debeat minui, ut ualidiori infirma succumbat. incipiet ergo putrescere, dehinc laxata ire in umorem et adsidua tabe defluere. tunc exilient sub montibus flumina, ipsosque
7 impetu quatient. inde arua tacta manabunt; solum omne aquas reddet; summi scaturient montes. quemadmodum in morbum transeunt sana et ulceri uicina consentiunt, ut quaeque proxima terris fluentibus fuerint, ipsa soluentur stillabuntque, deinde decurrent, et hiante pluribus locis

Ω = Z ϑ(=FH) π(=PRUW)]

913 abolerique **Cam.**, *ut coni. Castiglioni*[2] *65* : -eriue **Ω** ‖ **914** rudes innoxiique **Z** : tot(a)e rudes innoxi(a)eque **Ψ** | rudes ⟨homines⟩ *Hine*[14] ‖ **916** debetur (-bentur **R**) **Ψ** : -bent **Z** ‖ **918** humori **Ψ** : humor **Z** : humor humori **Cam.E** ‖ **919** adieceris (dei- **F**) **Ψ** : -rit **Z** ‖ **920** quoque **Z** : *om.* **Ψ** ‖ **920–921** debeat **Zϑυ** : debebat **P** : debat **R** : de⟨bito ha⟩beat *Badstübner*[1] : ualeat *Gemoll*[2] ‖ **921** minui *Madvig*[2] : minus **Ω** ‖ **922** dehinc **L²Ψ** : dein **Z**, *fort. recte* (*cf. Dial. 9.12.4, Ep. 94.54*) ‖ **924** impetu **W²**, *ut coni. Erasmus*[1] : -us **Ω** | arua *Koeler* (*cf. Axelson*[1] *5 n. 11*) : aura **Ω** ‖ **926** consentiunt **Ψ** : -iant **Z** : con⟨tagium⟩ sentiunt *Gercke in app.* (*sed cf. TLL 4.401.68–74*) ‖ **927** soluentur **Z** : elu- **Hϱ** : eleu- **Fυ** ‖ **928** decurrent **Z**, *ut coni. Castiglioni*[1] : curr- **Ψ**

saxo per fretum salient et inter se maria component. nihil erunt Hadria, nihil Siculi aequoris fauces, nihil Charybdis, nihil Scylla. omnes nouum mare fabulas obruet, et hic qui terras cingit oceanus, extrema sortitus, ueniet in medium. quid ergo est? nihilo minus tenebit alienos 8
menses hiems, aestas prohibebitur, et quodcumque terras sidus exsiccat, compresso ardore cessabit. peribunt tot nomina, Caspium et Rubrum mare, Ambracii et Cretici sinus, Propontis et Pontus, cum ⟨dilu⟩uies illa omnibus rebus unum aequor induxerit; peribit omne discrimen, confundetur quidquid in suas partes natura digessit. non muri quemquam, non turres tuebuntur. non proderunt templa supplicibus nec urbium summa, quippe fugientes unda praeueniet, et ex ipsis arcibus deferet. alia ab oc- 9
casu, alia ab oriente concurrent. unus humanum genus dies condet. quidquid tam longa fortunae indulgentia excoluit, quidquid supra ceteros extulit, nobilia pariter at-

Ω = **Z** **ϑ**(=**FH**) **π**(=**PRUW**)]

929 per *del. Madvig*[2] : per⟨inde⟩ *Gercke in app.* : per ⟨hiatum⟩ *Voss ap. Gercke* : per⟨manans⟩ *Castiglioni*[1] | salient *Fortunatus* : -iet (-ique **U**) **Ω** | inter se maria **Z** : m- i- se **Ψ**, *numero minus bono* | component *Fortunatus* (*uide Axelson*[1] *5 n. 11*) : -et **Ω** ‖ **934** quodcumque **ϑ** : quod cum **Z** : quicumque **ϱ** : quocumque **U** : de quacumque **W**[1] ‖ **936** mare **Ψ** : *om.* **Z** | Ambracii *Fortunatus* : ambraci (-ci *s. l.*) **Z** : ambraici **Fπ** : ambriaci **H** | cretici **Ω** : Syrtici *Oltramare in app.* ‖ **937** propontis **Ψ** : -nitis **Z** ‖ **937–938** cum – induxerit **Z** : *om.* **Ψ** | diluuies *uel* dies *uel* pernicies *Hine*[4] *191–192* : uies **Z** : niues *Oltramare*[1] *21 n. 1* | illa *Oltramare ibid.* : -am **Z** ‖ **938** unum *Russell ap. Hine*[4] *192* : non **Z** ‖ **944** dies condet **Z** : c- d- **Ψ**, *numero minus bono* ‖ **945** ⟨ig⟩nobilia *Brakman*[1] que adornata, magnarumque gentium regna pessum dabit.

30.1 Sunt omnia, ut dixi, facilia naturae, utique ⟨quae⟩ a
primo facere constituit, ad quae non subito sed ex denun-
tiato uenit. iam autem a primo die mundi, cum in hunc
habitum ex informi unitate discederet, quando mergeren-
tur terrena decretum est; et ne sit quandoque uelut in
nouo opere dura molitio, olim ad hoc maria se exercent.
2 non uides ut fluctus in litora tamquam exiturus incurrat?
non uides ut aestus fines suos transeat et in possessionem
terrarum mare inducat? non uides ut illi perpetua cum
claustris suis pugna sit? quid porro? istinc tantum unde
tumultum uides metus est, e mari et magno spiritu erum-
3 pentibus fluuiis? ubi non umorem natura disposuit, ut
undique nos cum uoluisset adgredi posset? mentior nisi
eruentibus terram umor occurrit, et quotiens aut auaritia
nos defodit aut aliqua causa penetrare altius cogit,

948 dixi] 3.27.2

Ω = **Z** **ϑ**(=**FH**) **π**(=**PRUW**)]

946 adornata **Ω** : adulterata *Gercke in app.* (*sed uide Busche*) || **948** *suppl. Muretus* || **949** ad qu(a)e **ϑPυ** : atque **ZR** || **952** ne sit **Ψ** : nescit **Z** || **954** tamquam **Ψ** : quanquam **Z** | exiturus *def. Axelson*[1] *conl. 3.27.10, Prop. 3.5.37* || **956** inducat **ZF** : -ant **L**^{2}**Hυ** : -atur **ϱ** || **957** tantum unde **Z** : u- t- **Ψ**, *fort. recte* || **958** est **Ψ** : -que **Z** || **961** aut auaritia **L**^{2}, *ut coni. Mueck* : aut aut auar- **Z** : auar- aut **Ψ** : auar- auri *Schultess*[2] : aut auri auar- *Hine*[14] *dub.* || **962** nos *hic habent* **ZL**^{2}, *post* **961** quotiens **Ψ** | aliqua **Ω** : alia *Gercke in app.* | ⟨terras⟩ altius *Garrod*[2]

eruendi finis a liquido est. adice quod inmanes sunt in
abdito lacus et multum maris conditi, multum fluminum
per operta labentium. undique ergo erit causa diluuio, 4
cum aliae aquae subterfluant terras, aliae circumfluant,
quae diu coercitae uincent, et amnes amnibus iungent,
paludibus stagna. omnium tunc mare ora fontium imple-
bit, et maiore hiatu soluet. quemadmodum corpora nostra
[a] deiectu uenter exhaurit, quemadmodum in sudorem
eunt uires, ita tellus liquefiet et, aliis causis quiescenti-
bus, intra se quo mergatur inueniet. sed magis omnia coi-
tura crediderim.

Nec longa erit mora exitii: temptatur diuelliturque 5
concordia. cum semel aliquid ex hac idonea diligentia re-
miserit mundus, statim undique ex aperto atque abdito,
superne, ab infimo, aquarum fiet inruptio. nihil est tam 6
uiolentum, tam incontinens sui, tam contumax infestum-
que retinentibus, quam magna uis undae. utetur libertate
permissa, et iubente natura, quae scindit circumitque

Ω = **Z** **ϑ**(=**FH**) **π**(=**PRUW**)]

963 eruendi *Muretus* : -enti **Ω** : erumpendi *Leo* : ⟨idem⟩ eruendi *Castiglioni*[1] | aliquido **ZL**[2] (a li- *def. Alexander*) : aliquando **Ψ** ‖ **965** labentium **Ψ** : labent uim **Z** ‖ **966** subterfluant **cod. Memmianus** : -fluunt **Ω** ‖ **967** ⟨e⟩uincent *Castiglioni*[1] ‖ **968** omnium **Ψ** : -ibus **ZL**[2] | mare **Ψ** : maria **Z** ‖ **969** ⟨re⟩soluet *Hine*[14] ‖ **970** *del. Hine*[14] | a deiectu **Z** : ad egestum **Ψ** ‖ **971** tellus **Ψ** : stellus **Z** ‖ **972–973** coitura **Ω** : ruit- *Gronouius*[2] ‖ **973** crediderim **Ψ** : -int **Z** ‖ **975** idonea (yconia **U**) **Ψ** : isti donea **Z** : diutina *Kroll*[1] : instituta *Oltramare in app.* : ⟨cot⟩idiana *Watt* : *fort.* custodia | diligentia **Ψ** : -am **Z** : *fort.* diligenti ‖ **976** atque **Z** : et **Ψ** ‖ **980** circumitque **HP** : -uitque **FW** : -uiterque **R** : -uitumque **U** : circum idque **Z**

complebit. ut ignis diuersis locis ortus cito miscet incendium, flammis coire properantibus, sic momento se redundantia pluribus locis maria committent.

7 Nec ea semper licentia undis erit, sed peracto exitio generis humani, extinctisque pariter feris, in quarum homines ingenia transierant, iterum aquas terra sorbebit, iterum pelagus stare aut intra terminos suos furere coget, et reiectus e nostris sedibus in sua secreta pelletur oceanus,
8 et antiquus ordo reuocabitur. omne ex integro animal generabitur, dabiturque terris homo inscius scelerum et melioribus auspicîs natus. sed illis quoque innocentia non durabit, nisi dum noui sunt. cito nequitia subrepit; uirtus difficilis inuentu est, rectorem ducemque desiderat; etiam sine magistro uitia discuntur.

Ω = **Z** **ϑ**(=**FH**) **π**(=**PRUW**)]

981 complebit **Ψ** : -euit **Z** ‖ **984** semper **Ψ** : *om.* **Z** ‖ **986** transierint *Watt* ‖ **986–987** iterum^2 *Pincianus* : terram **Zϑ** : terra **π** : ⟨iterum⟩ terra **W**^{2} : auster *Gercke in app.* ‖ **987** et *del. Gercke in app.* ‖ **988** e **Ψ** : se **Z** ‖ **989–990** generabitur ς, *Fortunatus* : gloriabitur **Ψ** : orietur **Z** ‖ **991** auspicîs *Alexander* : -iis **Ω** ‖ **993** inuentu est **Ψ** (*sed quid* **W**^{1}, *incertum*): inuentus **Z** ‖ **994** etiam **Zϑ** : et **π**

Explicit liber IX **H** : *om.* **ZFπ** : finis tertii *add. in mg.* **F**^{2}

L. ANNAEI SENECAE

NATVRALIVM QVAESTIONVM

LIBER QVARTVS 'A' QVI FERTVR

De Nilo

Delectat te, quemadmodum scribis, Lucili uirorum op- **Praef.**1
time, Sicilia et officium procurationis otiosae, delectabit-
que si continere id intra fines suos uolueris, nec efficere
imperium quod est procuratio. facturum hoc te non du-
bito. scio quam sis ambitioni alienus, quam familiaris
otio et litteris. turbam rerum hominumque desiderent qui
se pati nesciunt; tibi tecum optime conuenit. nec est mi- 2
rum paucis istud contingere: imperiosi nobis ipsi ac mo-
lesti sumus; modo amore nostri modo taedio laboramus;
infelicem animum nunc superbia inflamus, nunc cupidi-
tate distendimus, alias uoluptate lassamus, alias sollicitu-

Ω = **Z** **ϑ**(=**FH**) **π**(=**PRUW**); **γ** *habet* **10** turbam – **21** superiores]

1–4 Incipit liber X **H** : Incipit liber VIIus quare nilus crescat estate **R** : Incipit liber octavus senece naturalium questionum **U** : Incipit liber IIIIus **W** : *om.* **ZFP** : *de uero libri ordine uide Praefationem pp. XXII–XXV* || **4** De nilo **Cam.**, *ut coni. Gercke* || **5** lucili **Ψ** : lucidi **Z** || **6** ⟨neg⟩otiosae *Gercke in app.* || **8** imperium **Ψ** : impepertum **Z** || **10** desiderent **Zγϑυ** (*Axelson*[1] *conf. Ep. 92.28*) : -ant **ϱ** || **12** imperiosi *Erasmus*[1] : imperio si *uel* imperio. si **Ω** | ipsi ac *Alexander* : ac **Zγ** : ipsi **Ψ** || **13** modo[1] **Zγ**, *ut coni. Pincianus* : si modo **Ψ**

dine exurimus. quod est miserrimum, numquam sumus
singuli; necesse est itaque adsidua sit in tam magno uitio-
rum contubernio rixa.
3 Fac ergo, mi Lucili, quod facere consuesti: a turba te
quantum potes separa, ne adulatoribus latus praebeas. ar-
tifices sunt ad captandos superiores. par illis, etiamsi
bene caueris, non eris. sed mihi crede: proditioni, si ca-
4 pieris, ipse te trades. habent hoc in se naturale blanditiae:
etiam cum reiciuntur placent; saepe exclusae nouissime
recipiuntur. hoc enim ipsum imputant quod repelluntur,
et subigi ne contumelia quidem possunt. incredibile est
quod dicturus sum, sed tamen uerum: ea maxime patet
quisque qua tegitur. [fortasse enim ideo, quia patet, peti-
5 tur.] sic ergo formare ut scias non posse te consequi ut sis
impenetrabilis. cum omnia caueris, per ornamenta
f⟨er⟩ieris. alius adulatione clam utetur, parce, alius ex
aperto, palam, rusticitate simulata, quasi simplicitas illa,

Ω = **Z ϑ**(=**FH**) **π**(=**PRUW**); **γ** *habet* **23** hoc in se habent – **24** placent]

16 ⟨et⟩ quod *Skutsch, sed Castiglioni*[3] *242 et Axelson*[2] *conferunt Ep. 87.10, 120.6, Dial. 6.3.3* ‖ **22–23** proditioni si capieris **Ω** : cap- proditione, nisi *Madvig*[2] : proditione si cap- *Gercke in textu,* -one nisi cap- *in app.* : -one [si] cap- *Leo* : -oni, nisi (*uel* ni) caueris *Castiglioni*[2] : -oni si patueris *Garrod*[2] ‖ **25** recipiuntur **TJ**[2] : reici- **Ω** | imputant *bis* **Z** ‖ **27–28** patet quisque **Z**, *ut coni. Alexander* : quisque (usque **R** : *quid* **W**[1], *incertum*) p- **Ψ**, *numero minus bono* ‖ **28** tegitur *Axelson*[2] : petitur (pat- **W**) **Ω** ‖ **28–29** fortasse – petitur **ϑϱW** : *om.* **ZU**, *del. Leo* ‖ **29–30** ut sis impenetrabilis **Ψ** : ne si ispen- **Z** ‖ **31** ferieris **D**[2]**X**, *ut coni. Oltramare* : feriere *Gronouius*[4] : fieris **Z** : fiet **Ψ** | parce **Ψ** : -ceat **Z** ‖ **31–32** ex aperto palam **Ψ** : p- ex a- **Z**

non ars sit. Plancus, artifex ante Vitellium maximus, aiebat non esse occulte nec ex dissimulato blandiendum.
'perit' inquit 'procari si latet.' plurimum adulator cum de- 6
prensus est proficit, plus etiamnunc si obiurgatus est, si erubuit. futuros multos in persona tua Plancos cogita, et hoc non esse remedium tanti mali, nolle laudari. Crispus Passienus, quo ego nil cognoui subtilius in omnibus quidem rebus, maxime in distinguendis et enarrandis uitiis, saepe dicebat adulationibus ⟨nos⟩ non cludere ostium sed operire, et quidem sic quemadmodum opponi amicae solet, quae si impulit grata est, gratior si effregit.

Demetrium egregium uirum memini dicere cuidam li- 7
bertino potenti facilem sibi esse ad diuitias uiam quo die paenituisset bonae mentis. 'nec inuidebo uobis' inquit 'hac arte; sed docebo eos quibus quaesito opus est, quemadmodum non dubiam fortunam maris, non emendi uendendique aleam subeant, non incertam fidem ruris incer-

Ω = **Z** **ϑ**(= **FH**) **π**(= **PRUW**)]

33 ars sit **L**^{2}**ϑϱU** : arsit **ZW**^{1} | uitellium **ZL**^{2}, *ut coni. Lipsius ad Tac. Ann. 6.32* : uilleium **ϑU** : uille ium (uim **R**) **ϱ** : *quid* **W**^{1}, *incertum* : Velleium *Muretus* || **35** procari **Ψ** : proscaris **Z** || **35** plurimum – **37** erubuit *Planco dat Lambertz RE 20.2017* || **35–36** deprensus **ZFϱ** : -prehensus **HU** : -pressus **W** || **37** in persona tua, *uarie temptatum, def. Axelson*^{2} *conl. 4a.pr.15, Dial. 6.1.2, 12.19.2, Ben. 3.21.2* || **39** nil **Ψ** : nichil **Z** || **40** enarrandis **Z** : curandis **Ψ** | uitîs *Skutsch, fort. recte* || **41** nos *suppl. Fickert* : adulationibus **Ω** : adulationi nos *Muretus* || **42** operire *Lipsius ad Tac. Ann. 12.6* : aper- **Zϑυ** : *plura om.* **ϱ** || **46** uobis inquit **Z** : i- u- **Ψ** || **48–49** non emendi – subeant *bis* **Z** || **49** aleam *Muretus* : latam **Z** : litem (litt- **R**) **ϑϱU** : *quid* **W**^{1}, *incertum* | incertam fidem **ZW** (*fort.* **W**^{2}), *ut coni. Erasmus*^{1} : incerta fide **ϑϱU**

tiorem fori temptent, quemadmodum non solum facili
sed etiam hilari uia pecuniam faciant gaudentisque des-
8 polient. te' inquit 'longiorem Fido Annaeo iurabo et
Apollonio pycte, quamuis staturam habeas ⟨pi⟩theci cum
Thraece compositi. hominem quidem non esse ullum li-
beraliorem non mentiar, cum possis uideri omnibus do-
nasse quidquid dereliquisti.'
9 Ita est, mi Iunior: quo apertior est adulatio, quo impro-
bior, quo magis frontem suam perfricuit, cecidit alienam,
hoc citius expugnat. eo enim iam dementiae uenimus ut
10 qui parce adulatur pro maligno sit. solebam tibi dicere
Gallionem, fratrem meum, quem nemo non parum amat,
etiam qui amare plus non potest, alia uitia non nosse, hoc
unum odisse. ab omni illum parte temptasti: ingenium
suspicere coepisti omnium maximum et dignissimum,

Ω = **Z ϑ**(=**FH**) **π**(=**PRUW**)]

51 uia **ϑϱW** : uiam **ZU** | gaudentisque **Z** : -tesque **Ψ** || 52 anneo **W**[2]**ς** : ammeeo **Z** : an me eo **ϑϱ** : anme et **U** : anne eo **W**[1], *ut uid.* || 53 pycte (*uel πύκτῃ*) *Gercke* : pycta *Fortunatus* : pict(a)e **ϑϱW** : pie te **U** : *om.* **Z** | pitheci cum *Kroll*[1] : pithecii cum *Alexander* : thecisum **ZL**[2]**H** : thesi sum **F** : thetisum **ϱU** : threci. sum **W** : Threcis in (Threcem) *Turnebus 21.19* : Threcis cum *Lipsius*[1] *2.9* : nani cum *Friedländer 327* || 54 ullum **Zϱ** : illum **ϑυ** || 56 dereliquisti **Ψ** : delisti **Z** || 57 mi *Fortunatus* : mihi **Ω** || 58 cecidit **Ψ** : cic- **Z** | alienam **Z**, *ut coni. Muretus* : aliam **Ψ** || 59 ut *Muretus* : quod **Ω** : quo *Rossbach*[6] *1483* || 60 parce **Ψ** : parte **Z** | sit **ZR** : fit **ϑPυ** | solebas mihi *Pincianus* || 62 alia **D**[1]**ς**, *ut coni. Pincianus* : talia **Ω** || 63 unum *Shackleton Bailey* : enim **Z** : eum (cum **R**) **Ψ** : autem **ς** | odisse **Ψ** : ud- **Z** || 64 suspicere **Z**, *ut coni. Erasmus*[1] : suscip- **ϑϱU** : *quid* **W**[1], *incertum*

quod consecrari malles quam conteri – pedes abstulit;
frugalitatem laudare coepisti, quae sic a nostris moribus
resiluit ut illos nec habere nec damnare uideatur – prima
statim uerba praecidit; coepisti mirari comitatem et in- 11
compositam suauitatem, quae illos quoque quos transit
abducit, gratuitum etiam in obuios meritum (nemo enim
mortalium uni tam dulcis est quam hic omnibus, cum in-
terim – tanta naturalis boni uis est, ubi artem simulatio-
nemque non redolet – nemo non imputari sibi bonitatem
publicam patitur) – hoc quoque loco blanditiis tuis resti-
tit, ut exclamares inuenisse te inexpugnabilem uirum
aduersus insidias quas nemo non in sinum recipit; eo 12
quidem magis hanc eius prudentiam et in euitando ineui-
tabili malo pertinaciam te suspicere confessus es, quia
speraueras posse apertis auribus recipi, quamuis blanda
diceres, quia uera dicebas – sed eo magis intellexit ob-
standum; semper enim falsis a uero petitur auctoritas.
nolo tamen displiceas tibi quasi male egeris mimum, et
quasi ille aliquid iocorum aut doli suspicatus sit. non de-
prehendit te sed reppulit.

Ω = **Z ϑ**(=**FH**) **π**(=**PRUW**); **γ** *habet* **70** nemo – **71** omnibus]

65 consecrari **Ω** (*def. Goodyear*^{1} *150, conl. Dial. 9.9.7, Ep. 66.1–2; cf. Watt*) : conseruari *Pincianus* | malles *Pincianus* : -et **Ω** ‖ **66** qua *Gronouius*^{2} | nostris **ZL**^{2} : nobis **Ψ** : nouis *Haase* | moribus *suppl. Haase* : morsibus **Z** : maioribus **L**^{2} : *om.* **Ψ** ‖ **70–73** *dist. Axelson*^{1} ‖ **78** suspicere *Erasmus*^{1} : suscip- **Ω** ‖ **81** petitur auctoritas *Gercke* : petitura ueri ritas **Z** : petitur ueritas **L**^{2}**ϑ** : petitur petita (-itura **υ**) ueritas **π** ‖ **82** mimum **H** : in imum **Z** : nimium **FϱW** : in uirum **U** ‖ **84** reppulit **Z** : repu- **ϑP**^{c}**υ** : depu- **P**^{1}**R**

13 Ad hoc exemplar componere. cum quis ad te adulator
accesserit, dicito: ‘uis tu ista uerba, quae iam ab alio ma-
gistratu ad alium cum lictoribus transeunt, ferre ad ali-
quem qui, paria facturus, uult quidquid dixeris audire?
ego nec decipere uolo nec decipi possum. laudari me a
uobis, nisi laudaretis etiam malos, uellem.’

Quid autem necesse est in hoc descendere ut te petere
comminus possint? longum inter uos interuallum sit.
14 cum cupieris bene laudari, quare hoc ulli debeas? ipse te
lauda. dic: ‘liberalibus me studîs tradidi. quamquam pau-
pertas alia suaderet, et ingenium eo duceret ubi praesens
studi pretium est, ad gratuita deflexi: ad carmina me et
15 ad salutare philosophiae contuli studium. ostendi in
omne pectus cadere uirtutem, et eluctatus natalium angu-
stias, nec sorte me sed animo mensus, par maximis steti.
non mihi in amicitia Gaetulici Gaius fidem eripuit, non
in aliorum persona infeliciter amatorum Messallina et
Narcissus, diu publici hostes antequam sui, propositum

Ω = **Z** ϑ(=**FH**) π(=**PRUW**)]

85 adulator **Ψ** : lauda- **Z**, *fort. recte, sed cf. pr. 3, 6* ‖ **86** ista **Ψ** : *om.* **Z** ‖ **87–88** aliquem **Ψ** : alia? quem **Z** ‖ **88** dixeris **W**^{2}, *ut coni. Fortunatus* (*def. Axelson*^{2}) : -rit **Ψ** : dixit **Z** : dixerim *Gercke* ‖ **91** [in] hoc *Skutsch* ‖ **92** interuallum **Ψ** : inter malum **Z** ‖ **93** cum cupieris **Ψ** : cum concup- **Z** ‖ **94** liberalibus (-abilibus **R**) **Ψ** : -aribus **Z** | studîs *scripsi* : -iis **Ω** ‖ **95** alia suaderet **Z** : alias uad- **Ψ** | eo duceret *Muretus* : obduc- **Ω** : eo abduc- *Gronouius* ‖ **96** studî *Skutsch* : -ii **Ω** | deflexi – me *dist. Hine*[14] : deflexi ad carmina. me **Z** : carmina deflexi (flexi **F**^{1} : deflexit ϱ) me **Ψ** ‖ **97** salutare philosophi(a)e **Ψ** : p- s- **Z** ‖ **100** amicitia **Ψ** : -cicias **Z** ‖ **101** Messallina *Erasmus*^{2} : messalia **Z** : messala **Ψ** ‖ **102** narcis(s)us **Ψ** : -issu **Z**

meum potuerunt euertere. ceruicem pro fide opposui;
nullum uerbum mihi quod non salua bona conscientia
procederet excussum est; pro amicis omnia timui, pro me
nihil, nisi ne parum bonus amicus fuissem. non mihi mu- 16
liebres fluxere lacrimae, non e manibus ullius supplex pe-
pendi, nihil indecorum nec bono nec uiro feci. periculis
meis maior, paratus ire in ea quae minabantur, egi gratias
fortunae quod experiri uoluisset quanti aestimarem fi-
dem. non debebat mihi paruo res tanta constare. ne exa-
minaui[t] quidem diu (neque enim paria pendebant)
utrum satius esset me perire pro fide an fidem pro me.
non praecipiti impetu ⟨me⟩ in ultimum consilium quo 17
me eriperem furori potentium misi. uidebam apud
Gaium tormenta, uidebam ignes. sciebam olim sub illo in
eum statum res humanas decidisse, ut inter misericordiae
exempla haberentur occisi; non tamen ferro incubui nec
in mare aperto ore desilui, ne uiderer pro fide tantum
mori posse.' adice nunc inuictum muneribus animum et 18
in tanto auaritiae certamine numquam suppositam ma-
num lucro; adice uictus parsimoniam, sermonis modes-

Ω = **Z** **ϑ**(=**FH**) **π**(=**PRUW**); **γ** *habet* **104** nullum – **105** est, **122** adice – **124** reuerentiam]

103 euertere **Ψ** : concut- **Z**, *fort. recte* ‖ **107–108** sup(p)lex pependi **Ψ** : s- pendendi (pendendi s- $\mathbf{Z}^1$) $\mathbf{Z}^c$ ‖ **111–112** examinaui ς, *ut coni. Michaelis*[2] : -uit **Zυ** : exanimauit $\mathbf{L}^2$**ϑϱ** ‖ **112** quidem **Z**, *ut coni. Madvig*[2] : quidem me (me qu- **R**) **Ψ** ‖ **114** me *alicubi supplendum esse coni. Gertz*[2], *post* ultimum *suppl. Gercke in app., hic suppleui* ‖ **118** exempla **Z** : opera **Ψ** | haberetur occidi *Erasmus*[2] (*sed cf. Axelson*[1]) | ferro incubui **Ψ** : i- f- **Z** ‖ **119** aperto *explanauit Turnebus 21.19, conl. Hom. Od. 12.350* : operto ς, *ut coni. Koch* ‖ **120** nunc **Ω**

tiam, aduersus minores humanitatem, aduersus maiores reuerentiam. post haec ipse te consule uerane an falsa memoraueris: si uera sunt, coram magno teste laudatus es, si falsa, sine teste derisus es.

19 Possum et ipse nunc uideri te aut captare aut experiri. utrumlibet crede et omnes timere a me incipe. Vergilianum illud exaudi, 'nusquam tuta fides,' aut Ouidianum, 'qua terra patet, fera regnat Erinys: in facinus iurasse putes,' aut illud Menandri (quis enim non in hoc ingenii sui magnitudinem concitauit, detestatus consensum generis humani tendentis ad uitia?): omnes ait malos uiuere, et in scaenam, uelut rusticus, poeta prosiluit; non senem excipit, non puerum, non feminam, non uirum, et adicit non singulos peccare nec paucos, sed iam ⟨sceleri⟩ scelus esse contextum.

20 Fugiendum ergo et in se recedendum est, immo etiam a se recedendum. hoc tibi, etsi diuidimur mari, praestare temptabo, ut subinde te iniecta manu ad meliora perdu-

129 Verg. *Aen.* 4.373 || **130–131** Ou. *Met.* 1.241–242 || **131–137** Menand. fr. 931 Koerte (ex *Agroeco* sumptum esse suspicatus est Rossbach[6] 1483)

Ω = Z ϑ(=FH) π(=PRUW)]

125 memoraueris **TM** : -rim **Ω** || **127** et ipse nunc uideri **Ψ** : u- et i- n- **Z** | te **Z**, *ut coni. Erasmus*[1] : a te **Ψ** || **128** incipe **Ψ** : -pi **ZL**[2] || **129** exaudi *Gruteri amicus* : excludi **Ω** || **131–132** ingenii sui magnitudinem **Z** : m- i- s- **Ψ** || **132–133** generis humani **Z** : h- g- **Ψ** || **134** scaenam – prosiluit *dist. Axelson*[2] *69 n. 8* | poeta *del. Rossbach*[6] *1483* : potus *Schultess*[2] || **136** iam **Ω** : uitam *uel* ⟨uitam⟩ iam *Warmington* | *suppl. Watt, conl. Dial. 3.16.3* || **138** est *hic* **ϑϱ**, *post* **139** recedendum **Z**, *utroque loco* **U** : *om.* **W**

cam. et ne solitudinem sentias, hinc tecum miscebo ser-
mones. erimus una qua parte optimi sumus, dabimus
inuicem consilia non ex uultu audientis pendentia. longe 21
te ab ista prouincia abducam, ne forte magnam esse hi-
storiis fidem credas et placere tibi incipias quotiens cogi-
taueris: ‘hanc ego habeo sub meo iure prouinciam quae
maximarum urbium exercitus et sustinuit et fregit, cum
inter Carthaginem et Romam ingentis belli praemium ia-
cuit; quae quattuor Romanorum principum, id est totius
imperi, uires contractas in unum locum uidit aluitque;
⟨quae⟩ Pompeii fortunam erexit, Caesaris fatigauit, Le-
pidi transtulit, omnium cepit; quae illi ingenti spectaculo 22
interfuit ex quo liquere mortalibus posset quam uelox fo-
ret ad imum lapsus e summo, quamque diuersa uia ma-
gnam potentiam fortuna destrueret. uno enim tempore ui-
dit Pompeium Lepidumque ex maximo fastigio aliter ad
extrema deiectos, cum Pompeius alienum exercitum fu-
geret, Lepidus suum.’

Itaque, ut totum inde te abducam, quamuis multa ha- 1.1
beat Sicilia in se circaque se mirabilia, omnes interim
prouinciae tuae quaestiones praeteribo, et in diuersum
cogitationes tuas abstraham. quaeram enim tecum id

Ω = **Z** **ϑ**(=**FH**) **π**(=**PRUW**)]

142 optimi **Ψ** : opti **Z** ‖ **144–145** esse historiis **Z** : h- e- **Ψ**, *numero minus bono* ‖ **145** fidem **Ψ** : *om.* **Z** ‖ **148** premium **Z** : pretium **Ψ** ‖ **149** quae *Gertz*[2] : cum **Ω** ‖ **150** imperi *scripsi* : -ii **Ω** | aluitque *Gertz*[2] : aliud que **Z** : aliudque **L**[2]**HϱU** : aliud quoque **F** : aliumque **W**[1], *ut uid.* ‖ **151** *suppl. Oltramare* : cum *suppl. Gertz*[2] | erexit **Ω** : flex- *Schultess*[2] | fatigauit **Ψ** : fasti- **Z** ‖ **152** transtulit **Ω** : transduxit *Schultess*[2] ‖ **158** ⟨et⟩ suum *Alexander*

quod libro superiore distuli, quid ita Nilus aestiuis mensi-
bus abundet. cui Danuuium similem habere naturam phi-
losophi tradiderunt, quod et fontis ignoti et aestate quam
2 hieme maior sit. utrumque apparuit falsum: nam et caput
eius in Germania esse comperimus, et aestate quidem in-
cipit crescere, sed adhuc manente intra mensuram suam
Nilo, primis caloribus, cum sol uehementior inter ex-
trema ueris niues mollit, quas ante consumit quam tu-
mescere Nilus incipiat. reliquo uero aestatis minuitur, et
ad hibernam magnitudinem redit atque ex ea demittitur.
at Nilus ⟨non⟩ ante exortum Caniculae augetur mediis
aestibus; ultra aequinoctium adhuc liquitur.

2.1 Hunc nobilissimum amnium natura extulit ante humani generis oculos, et ita disposuit ut eo tempore inundaret Aegyptum quo maxime usta feruoribus terra undas altius traheret, tantum hausura quantum sufficere sicci-

163 libro superiore] 3.1.2, 3.26.1

Ω = Z ϑ(=FH) π(=PRUW)]

163 superiore **Ψ** : *om.* **Z** ‖ **164–165** philologi *Gercke in app., conl. 6.26.2* ‖ **165** et fontis ignoti **Ψ** : e fontibus ignotis **Z** ‖ **169** inter **Zϑ** (*cf. TLL 7.1.2131.14–26*) : intra **π** ‖ **170** ueris ⟨et initia aestatis⟩ *Watt per litteras* ‖ **172** ex ea demittitur (dim- $\mathbf{FP^2}$ **RW**) $\mathbf{L^2\Psi}$, *suspectum* : ex eadem it **Z** : ex ea decrescit *Hine*[14] *dub.* ‖ **173** non *suppl. Hine*[13] | exortum **Ψ** (*cf. 7.15.1*) : ortum **Z** | *fort.* medîs ‖ **174** ⟨et⟩ ultra *Hine*[13] : ultra⟨que⟩ *Watt per litteras* | adhuc liquitur *Hine*[13] : adhuc dicit **Z** : *om.* **Ψ** ‖ **175** amnium **ZH** : ann- **FP** : annum **R** : animum **U** : *quid* $\mathbf{W^1}$, *incertum* ‖ **175–176** ante humani generis oculos (o- h- g- **R**) et **Ψ** : arte g- h- (*om.* o- et) **Z** ‖ **176** eo **Ψ** : eodem **Z** ‖ **178** hausura $\mathbf{E^2}$, *ut coni. Fortunatus* (ausura *Fortunati codd.*) : usura (-am **U**) **Zϑυ** : mensuram **ϱ** ‖ **178–179** sufficere siccitate annua **Z** : siccitati annu(a)e suff- **Ψ**

tati annuae posset. nam in ea parte qua in Aethiopiam
uergit, aut nulli imbres sunt aut rari, et qui insuetam
aquis caelestibus terram non adiuuent. uno ut scis in hoc 2
Aegyptus spes suas habet: proinde aut fertilis annus aut
sterilis est, prout ille largus influxit aut parcior. ‘nemo
aratorum respicit caelum’: quare non cum poeta meo io-
cor et illi Ouidium suum inpingo, qui ait ‘nec pluuio
supplicat herba Ioui’?

Vnde crescere incipiat si comprehendi posset, causae 3
quoque incrementi inuenirentur. nunc uero magnas soli-
tudines peruagatus et in paludes diffusus, ⟨insulisque

183–184 uide app. crit. ‖ **185–186** Tibull. 1.7.26 (Ouidio a Seneca perperam adscriptum; minus probabiliter de loco Ouidi deperdito putat Borucki 49–50)

Ω = **Z** **ϑ**(=**FH**) **π**(=**PRUW**)]

179 posset **Z**, *ut coni. C. F. W. Müller* : -it **Ψ** | in[1] **Ψ** : *om.* **Z** | qua **Zϑυ** : que **ϱ** ‖ **181** aquis c(a)elestibus **Ψ** : c- a- **Z** | uno *Hine*[14] : unam **Ω** ‖ **181–182** in hoc aegiptus spes suas **Z** : (a)egiptus in hoc spem (speciem **ϱ**) suam **Ψ** ‖ **182–183** fertilis … sterilis **Z** : sterilis … fertilis **Ψ** ‖ **183** largus **Z** : magnus **Ψ** | parcior (-tior **RW**) **Ψ** : patior **Z** ‖ **183–184** nemo – caelum *Lucili poetae uerba esse putauit Ruhkopf; Senecam eius uerba consulto mutasse uidit Gercke; itaque ipsa Lucili uerba uix erui possunt* ‖ **184–185** meo iocor **ϑϱ** : in eo loco **Z** : meo ioco **U** : meo locor **W** ‖ **187** crescere ⟨Nilus⟩ *Gercke in app.* ‖ **188** *fort. post* inueniretur *lacuna statuenda est* (*cf. Lucan. 10.287–306*) ‖ **189–190** ⟨insulisque in-⟩ (*cf. Plin. Nat. 5.53, Diod. 1.33.4*; ⟨et in⟩gentibus ⟨insulis⟩ *iam Michaelis*[2]), *siue* ⟨arenis in-⟩ (*cf. Diod. 1.32.4*) *suppl. Diels*[1] *22 = Diels*[3] *398*

in⟩gentibus sparsus, circa Philas primum ex uago et errante colligitur. Philae insula est aspera et undique praerupta. duobus in unum coituris amnibus cingitur, qui Nilo mutantur et eius nomen ferunt. urbem tota complec-
4 titur. ab hac Nilus magnus magis quam uiolentus egressus Aethiopiam, harenas[que] per quas iter ad commercia Indici maris est praelabitur. excipiunt eum Cataractae,
5 nobilis insigni spectaculo locus. ibi per arduas abscisasque pluribus locis rupes Nilus insurgit et uires suas concitat. frangitur enim occurrentibus saxis, et per angusta luctatus, ubicumque uincit aut uincitur, fluctuat, et illic primum excitatis aquis quas sine tumultu leni alueo duxerat, uiolentus et torrens per malignos transitus prosilit, dissimilis sibi, quippe ad id lutosus et turbidus fluit. at ubi scopulos et acuta cautium uerberauit, spumat, et illi non ex natura sua sed ex iniuria loci color est; tandemque eluctatus obstantia, in uastam altitudinem subito destitutus cadit, cum ingenti regionum circumiacentium

Ω = Z ϑ(=FH) π(=PRUW)]

190 gentibus **Zϑυ** : et ingent- **ϱ** ‖ **193** et eius **Ψ** : eiusque **Z** | tota *Gercke* : -am **Ω** ‖ **194–195** egressus **Ψ** : *om.* **Z** ‖ **195** -que *om.* **O**, *del. Haase* ‖ **196** eum (enim **ϱ**) **L**^{2}**Ψ** : *om.* **Z** ‖ **197–198** abscisasque **Z** : exci- **Ψ** ‖ **199–200** luctatus **Z** : eluct- **Ψ**, *numero minus bono* ‖ **201** primum excitatis **Z** : e- p- **Ψ** | leni **Z**, *ut coni. Erasmus*^{2} : leui **Ψ** ‖ **203** fluxit *Skutsch* ‖ **204** ubi **Z**, *ut coni. Fortunatus* : ubi in **Ψ** : ubi ui *Busche* | et acuta *hic* **Z**, *post* spumat *in ras.* **L**^{2} (*Axelson*^{2} *conf. Apul. Met. 5.27 'per saxa cautium'*) : *om.* **Ψ** ‖ **206–207** ⟨solo⟩ destitutus *Rossbach*^{5} ‖ **207–208** regionum circumiacentium strepitu **Z** : c- r- s- **ϑU**, *numero minus bono* : c- s- r- **ϱ** : circumaccentium regionis s- **W**^{1}, *ut uid.*

strepitu. quem perferre gens ibi a Persis conlocata non potuit, obtusis adsiduo fragore auribus, et ob hoc sedibus ad quietiora translatis.

6 Inter miracula fluminis incredibilem incolarum audaciam accepi. bini paruula nauigia conscendunt, quorum alter nauem regit, alter exhaurit. deinde multum inter rapidam insaniam Nili et reciprocos fluctus uolutati, tandem tenuissimos canales tenent, per quos angusta rupium effugiunt; et cum toto flumine effusi, nauigium ruens manu temperant, magnoque spectantium metu in caput missi, cum iam deploraueris mersosque atque obrutos tanta mole credideris, longe ab eo in quem ceciderunt loco nauigant, tormenti modo missi. nec mergit illos cadens unda, sed planis aquis tradit.

7 Primum incrementum Nili circa insulam quam modo rettuli Philas uisitur. exiguo ab hac spatio petra diuiditur: Ἄβατον Graeci uocant, nec illam ulli nisi antistites calcant. illa primum saxa auctum fluminis sentiunt. post magnum deinde spatium duo eminent scopuli (Nili uenas uocant incolae), ex quibus magna uis ⟨aquae⟩ funditur, non tamen quanta operire possit Aegyptum. in haec ora stipem sacerdotes et aurea dona praefecti cum sollemne

Ω = **Z** **ϑ**(=**FH**) **π**(=**PRUW**)]

208 ibi a persis **ϑU** : ibi aspersis **ϱ** : ibi asperis **W**[1], *ut uid.* : a persis ibi **Z** || **209** obtusis **Ψ** : obst- **Z** || **218** deploraueris *Madvig*[2] : adplor- **Ω** || **223** uisitur **ZF**, **H** *u. l.* : nascitur **H**[1]**π** | hac **Z**, *ut coni. Pincianus* : hoc **Ψ** || **224** *Ἄβατον Fortunatus* : abaton (abit- **U**) **Ω** || **225** illa – sentiunt *post* **227** incolae *transp. Gertz*[2], *conl. Lucan. 10.325–326; sed cf. Diels*[1] 24 = *Diels*[3] *400* || **226** uenas *bis* **Z** || **227** aquae *hic suppleui, ante* uis *Koeler* : uis ⟨fluminis⟩ *Gercke in app.* (*conl. 6.8.4.*) : ui *Haase*

8 uenit sacrum iaciunt. hinc iam manifestus nouarum uirium Nilus alto ac profundo alueo fertur, ne in latitudinem excedat obiectu montium pressus. circa Memphim demum liber et per campestria uagus in plura scinditur flumina, manuque canalibus factis, ut sit modus in deriuantium potestate, per totam discurrit Aegyptum. initio diducitur, deinde continuatis aquis in faciem lati ac turbidi maris stagnat. cursum illi uiolentiamque eripit latitudo regionum in quas extenditur, dextra laeuaque totam am-
9 plexus Aegyptum. quantum creuit Nilus, tantum spei in annum est. nec computatio fallit agricolam, adeo ad mensuram fluminis terra respondet, quam fertilem facit Nilus. is harenoso ac sitienti solo et aquam inducit et terram. nam cum turbulentus fluat, omnem in siccis atque hiantibus locis faecem relinquit, et quidquid pingue secum tulit, arentibus locis adlinit, iuuatque agros duabus ex causis, et quod inundat et quod oblimat. itaque quidquid non adluit, sterile ac squalidum iacet; si creuit super debitum, nocuit.

10 Mira itaque natura fluminis, quod cum ceteri amnes abluant terras et euiscerent, Nilus, tanto ceteris maior,

Ω = **Z** **ϑ**(=**FH**) **π**(=**PRUW**)]

231–232 latitudinem *Fortunatus* : alt- **Ω** || **232–233** memphim (*uel* -ym) demum (d- m- **ϱ**) **Ψ** : memphidemum **Z** || **234–235** in deriuantium **Fυ** : in diriu- **Hϱ** : inde riu- **Z** || **238–239** amplexus **ϑϱW** : compl- **ZU**, *fort. recte* || **241** terra **Z**, *quod post* respondet *suppl. Haase* : *om.* **Ψ** || **242** is **Ψ** : his **Z** || **243** fluat **Z** : fiat **Ψ** || **244** locis **Ω** : sulcis *Skutsch* (*sed cf. Axelson*[1]) || **246** inundat **Ψ** : obinundat **Z** | oblimat **L** : -liniat **ZFR** : -linat **HPυ** || **247** adluit *Garrod*[2] : adiuuit **Ω** : adiit ς : adiuit *Leo, Skutsch*

adeo nihil exes[i]t nec abradit ut contra adiciat uires, mi-
nimumque in eo sit quod solum temperat. inlato enim
limo harenas saturat ac iungit, debetque illi Aegyptus
non tantum fertilitatem terrarum sed ipsas. illa facies pul- 11
cherrima est cum iam se in agros Nilus ingessit. latent
campi opertaeque sunt ualles, oppida insularum modo
extant, nullum mediterraneis nisi per nauigia commer-
cium est, maiorque est laetitia gentibus quo minus terra-
rum suarum uident. sic quoque cum se ripis continet Ni- 12
lus, per septena ostia in mare emittitur. quodcumque ex
his elegeris, amnis est; multos nihilominus ⟨non⟩ ignobi-
les ramos in aliud atque aliud litus exporrigit.

Ceterum beluas marinis uel magnitudine uel noxa pa-
res educat, et ex eo quantus sit aestimari potest, quod in-
gentia animalia et pabulo sufficienti et ad uagandum loco
continet. Balbillus uirorum optimus, perfectusque in 13
omni litterarum genere rarissime, auctor est, cum ipse
praefectus obtineret Aegyptum, Heracleotico ostio Nili,

Ω = **Z** **ϑ**(=**FH**) **π**(=**PRUW**)]

251 exest *Hine*^{14} (*cf. Ep. 79.2*) : exesit **Z** : exedit **HϱU** (*cf. TLL 5.2.1315.19–21*) : excedit **FW** ‖ 251–252 minimumque **ZϑW**, *ut coni. Fortunatus* : nimiumque **ϱU** ‖ 252 temperat **ϑυ** : -ant **Z** : -et **ϱ** ‖ 253 (a)egiptus (-te **W**^{1}) **Ψ** : -tos **Z**, *fort. recte* ‖ 257 nullum **Z** : nullum in **Ψ** ‖ 261 amnis **Z** (*cf. Amm. Marc. 22.15.10*) : mare **Ψ** | *suppl. Alexander* ‖ 262 atque aliud **Z**, *ut coni. Erasmus*^{1} : et aliud **L**^{2} : aqu(a)e **Ψ** | exporrigit **Z** : porr- **Ψ**, *numero minus bono* ‖ 266 profectusque *codici* **E** *perperam attribuit Fickert* ‖ 267 rarissime **λ** : -mi **ZL**^{2}**ϑυ** : -mus **ϱ** ‖ 268 heracleotico **HU** : heradeo- **Z** : eracheo- **F** : heraclea- **ϱ** : haraclea- **W**^{1}

quod est maximum ex ⟨septem⟩, spectaculo sibi fuisse delphinorum a mari occurrentium et cocodrillorum a flumine aduersum agmen agentium uelut pro partibus proelium. cocodrillos ab animalibus placidis morsuque inno-
14 xiis uictos. his superior pars corporis dura et impenetrabilis est etiam maiorum animalium dentibus, at inferior mollis ac tenera. hanc delphini spinis, quas dorso eminentes gerunt, submersi uulnerabant, et in aduersum enisi diuidebant. rescissis hoc modo pluribus, ceteri uelut acie uersa refugerunt, fugax animal audaci, audacissi-
15 mum timido! nec illos Tentyritae generis aut sanguinis proprietate superant, sed contemptu et temeritate. ultro enim insequuntur fugientisque iniecto trahunt laqueo. plerique pereunt, quibus minus praesens animus ad persequendum fuit.

16 Nilum aliquando marinam aquam detulisse Theophrastus est auctor. biennio continuo regnante Cleopatra non ascendisse, decimo regni anno et undecimo, constat. significatam aiunt duobus rerum potientibus defectionem:

284–285 Theophr. fr. 214B Fortenbaugh

Ω = **Z** **ϑ**(=**FH**) **π**(=**PRUW**)]

269 *suppl. Diels*[1] : ex spectaculo **ZϑP** : expect- **RU** : spectaculo (-o **W**[2] *in ras.; quid* **W**[1], *incertum*) **W**, *ed. Ven.*[3] ‖ **270** *et* **272** cocodrill- **Ψ** : corcodril- **Z**, *fort. recte* (*cf. TLL s. u.*) ‖ **273–274** impenetrabilis (-tralis **R**) **Ψ** : pen- **Z** ‖ **277** rescissis **Z** : rescisis **ϑ** : recisis **L**[2]**π** ‖ **279** timido **ϑυ** : tum- **Zϱ** | Tentyritae *Fortunatus* : tinciri te **Z**[c] (*quid* **Z**[1], *incertum*) : tintirit(a)e **ϑ** : tanti rite **ϱ** : tincti cite **U** : ...uite **W**[1] (tamen *in ras. scripsit et* uite *expunxit* **W**[2]) ‖ **280** proprietate **Ψ** : aliqua pr- **Z** ‖ **281** fugientisque **Z** : -tesque **Ψ**

Antonii enim Cleopatraeque defecit imperium. per nouem annos non ascendisse Nilum superioribus saeculis Callimachus est auctor.

Sed nunc ad inspiciendas causas propter quas aestate 17
Nilus crescat accedam, et ab antiquissimis incipiam. Anaxagoras ait ex Aethiopiae iugis solutas niues ad Nilum usque decurrere. in eadem opinione omnis uetustas fuit: hoc Aeschylus, Sophocles, Euripides tradunt. sed falsum esse argumentis pluribus patet. primum Aethiopiam 18
feruentissimam esse indicat hominum adustus color, et Trogodytae, quibus subterraneae domus sunt. saxa uelut igne feruescunt, non tantum medio sed inclinato quoque die; ardens puluis nec humani uestigii patiens; argentum replumbatur, signorum coagmenta soluuntur, nulli materiae superne adornatae manet operimentum. auster quoque, qui ex illo tractu uenit, uentorum calidissimus est.

288–290 Callim. fr. 44 Pfeiffer || **293–295** DK 59 A 91 || **295** Aesch. *Supp.* 559, inc. fab. F 300.4–5 Radt | Soph. inc. fab. F 882 Radt | Eur. *Hel.* 3, *Archelaus* fr. 228.3–5 Nauck²

Ω = **Z** **ϑ**(=**FH**) **π**(=**PRUW**)]

288 enim cleopatr(a)eque (deo- **R** : -que *om.* **ϱ**) **Ψ** : et cleopatre qua **Z** || **295** (a)esc(h)ilus (exch- **U** : -inus **F**) **Ψ** : -irus **Z** || **296** argumentis **Ψ** : -tibus **Z** | primum **ZR** : -am **ϑPυ** || **298** Trogodytae *Diels*¹ : trogodit(a)e **Ω** : Troglodytae *Erasmus*¹, *cf. Lyd. Mens. 4.107, p. 144.18 Τρωγλοδυτῶν* | sunt ⟨propter calorem⟩ *Skutsch e Lydo ibid. οὐ φέροντες τὸν ἥλιον* || **299** igne *Skutsch, meliore numero* : igni **ZϑW** (*cf. Dial. 6.26.6, Ben. 4.38.2, 7.27.1, Tro. 578*) : illi **ϱ** : ignis **U** || **301** nulli **Z** : nullum **Ψ** || **302** superne adornate **Z** : superad- **Ψ**, *fort. recte* || **303** est *om.* **ϱ**, *del. Skutsch*

nullum ex his animalibus, quae latent bruma, umquam reconditur; etiam per hiemes in summo et aperto serpens est. Alexandriae quoque, quae longe ab inmodicis caloribus posita est, niues non cadunt; superiora pluuia carent.
19 quemadmodum ergo regio tantis subiecta feruoribus duraturas per totam aestatem niues recipit? quas sane aliqui montes illic quoque excipiant: numquid magis quam Alpes, quam Thraciae iuga aut Caucasus? atqui horum montium flumina uere et prima aestate intumescunt, deinde hibernis minora sunt; quippe uernis temporibus imbres niuem diluunt, reliquias eius primus calor dissi-
20 pat. nec Rhenus nec Rhodanus nec Hister nec Caystrus subiacens Tmolo aestate proueniunt; et illis altissimae, ut in septemtrion⟨al⟩ibus iugis, sunt niues. Phasis quoque per idem tempus et Borysthenes crescerent, si niues flu-

304–314 diluunt : **Ω** = **Z** **ϑ**(=**FH**) **π**(=**PRUW**); **314** reliquias ... : **Ω** = **Z** **π**(=**PRUW**)]

304 *post* bruma *dist. Vassis, post* latent *uulgo* | bruma umquam **ϑυ** : u- b- **ϱ** : brumalium quam **Z** ‖ **305** aperto **Ψ** : -ta **Z** ‖ **306** Alexandriae *Fortunatus* : -ia **Ψ** : -ea **Z** (*unde* -eae *conicere possis; sed cf. Apoc. 8.3, Dial. 9.9.5, Ep. 102.21)* | quae **Z**, *ut coni. Fortunatus* : *om.* **Ψ** ‖ **310** numquid **Z**$\mathbf{L^2}$**H** : numquam **Fυ** : non quod **ϱ** ‖ **313** *post* uernis *desinit* **H** | teporibus *Gronouius*[2] ‖ **314** *post* diluunt *desinit* **F** | reliquias **Z**$\mathbf{L^2}$**W** : -quas **ϱU** ‖ **316** subiacens Tmolo *Gercke*[1] *94* : subiacent molo **ZϱW** : subiacent. in sola **U** : ⟨qui montibus⟩ subiacent Nili modo *Shackleton Bailey* | illis **Ω** : illic **DX**, *ut coni. Vassis* : illi (*sc. Tmolo*) *Hine*[14] ‖ **317** septemtrionalibus *Erasmus*[1] : -trionibus **Ω** | iugis **Z**$\mathbf{L^2}$**U** : iuges **W** : iugiter **ϱ** | s⟨uppet⟩unt *Watt per litteras, Nisbet* ‖ **318** per idem **Z**$\mathbf{L^2}$**U** : per idiem $\mathbf{W^1}$, *ut uid.* : per indie **ϱ** | Borysthenes *Muretus* : bor(r)istenes **Z**$\mathbf{L^2}$**U** : boris tenens $\mathbf{W^1}$: horis tenes **ϱ** | si **Z**$\mathbf{L^2}$**υ** : ut **ϱ**

mina possent contra aestatem magna producere. praeter- 21
ea si haec causa attolleret Nilum, aestate prima plenissi-
mus flueret; tunc enim maxime integrae adhuc niues ex
mollissimoque tabes est. Nilus autem per menses quat-
tuor liquitur, et illi aequalis accessio est.
Si Thaleti credis, etesiae descendenti Nilo resistunt, et 22
cursum eius acto contra ostia mari sustinent: ita reuerbe-
ratus in se recurrit; nec crescit, sed exitu prohibitus resi-
stit, et quacumque mox potuit in se congestus erumpit.
Euthymenes Massiliensis testimonium dicit: 'nauigaui'
inquit 'Atlanticum mare. inde Nilus fluit, maior quamdiu
etesiae statum tempus obseruant; tunc enim eicitur mare
instantibus uentis. cum resederunt, et pelagus conquies-
cit minorque descendenti inde uis Nilo est. ceterum dul-
cis mari sapor est, et similes Niloticis beluae.' quare ergo, 23
si Nilum etesiae prouocant, et ante illos incipit incremen-
tum eius et post eos durat? praeterea non fit maior quo

324–327 cf. DK 11A16 ‖ **328–333** FHG 4, p. 408 Mueller (cf. Jacoby *RE* 6.1509–1511)

Ω = **Z** π(=**PRUW**)]

321 integr(a)e **ZP** : et int- **R** : integer **U** : iuge **W** ‖ **324** descendenti *Fortunati codd.* : -ente **ZL**^{2} : -ent **U** : -unt **W** : discedent ϱ ‖ **325** cursum **W**, *ut coni. Diels*^{1} : -su **Z**ϱ**U** | mari **W**^{1} : maris **Z**ϱ**U** ‖ **325–326** reuerberatus π (*cf. 3.26.2*) : uerb- **Z** ‖ **327** in se congestus *Oltramare* : in se conce- **ZL**^{2} : inconce- ϱ**U** : conce- **W**^{1} : ui conge- *Gercke, Skutsch* ‖ **330** statum **ZW**^{1} : statutum **U** : *om.* ϱ ‖ **331** resederunt **ZL**^{2}υ, *ut coni. Madvig*^{2} : -rit ϱ ‖ **332** descendenti **DT** : -tis **Ω** ‖ **334** prouocant et ante ς : -ant et tantae **L**^{2} : -ant ante **ZU** : -ante tante ϱ**W**^{1}

illi flauere uehementius, nec remittitur incitaturque prout illis impetus fuit, quod fieret si illorum uiribus cresceret. quid quod etesiae litus Aegyptium uerberant, et contra illos Nilus descendit, inde uenturus unde illi, si origo ab illis esset? praeterea ex mari purus et caeruleus efflueret,
24 non ut nunc turbidus uenit. adice quod testimonium eius testium turba coarguitur. tunc erat mendacio locus; cum ignota essent externa, licebat illis fabulas mittere. nunc uero tota exteri maris ora mercatorum nauibus stringitur, quorum nemo narrat initium Nili aut mare saporis alterius: quod natura credi uetat, quia dulcissimum quodque
25 et leuissimum sol trahit. praeterea quare hieme non crescit? et tunc potest uentis concitari mare aliquanto quidem maioribus; nam etesiae temperati sunt. quod si e mari ferretur Atlantico, semel oppleret Aegyptum: at nunc per gradus crescit.

Ω = **Z** *π*(=**PRUW**)]

336 flauere **DXW**^{2}, *ut coni. Fortunatus* : fauere (fan- **U**) **Ω** ‖ **338** egyptium (*uel* egi- : -tum **P**) **Ω** : egipti **L**^{2} ‖ **339** descendit **ϱU** : asc- **ZL**^{2}**W**^{1} | illi si **ZL**^{2}**U** : illis si **ϱ** : *quid* **W**^{1}, *incertum* ‖ **341** uenit **Ω** : ueniret *Fortunati cod., fort. recte* : ueniet *Skutsch* : *del. Hine*^{14} | adice *Garrod*^{2} : age **Ω** ‖ **343** licebat **Zυ** : lib- **ϱ** | mittere **Ω** : miscere *Haase* : nectere *Geist*^{1} *41* (*cf. Ben. 1.4.5, Minuc. Fel. 31.4*) ‖ **345** initium **ZL**^{2}**U**, *ut coni. Haupt*^{1} *336* : nuntium **ϱ** : iniuriam **W** ‖ **346** quod **Zυ** : que **ϱ** : quam **L**^{2} | quodque **PW** : quidque **Z** : quoque **R** : quidquid **U** ‖ **347** quare ⟨aquae⟩ *Geist*^{1} *42* ‖ **347–348** crescit **T**, *ut coni. Fortunatus* : -cunt **Ω** ‖ **348** aliquanto **ZL**^{2} : -ndo *π* ‖ **350** at **W** : ac **ZϱU**

Oenopides Chius ait hieme calorem sub terris conti- 26
neri: ideo et specus calidos esse et tepidiorem puteis
aquam, itaque uenas interno calore siccari. sed in aliis
terris augeri imbribus flumina, Nilum quia nullo imbre
adiuuetur tenuari, deinde crescere per aestatem, quo tem-
pore frigent interiora terrarum et redit rigor fontibus.
quod si uerum esset, omnia aestate flumina crescerent, 27
omnes putei aestate abundarent. deinde falsum est calo-
rem hieme sub terris esse maiorem. at quare specus et pu-
tei tepent? quia aëra rigentem extrinsecus non recipiunt.
itaque non calorem habent, sed frigus excludunt. ex ea-
dem causa aestate frigid⟨i fi⟩unt, quia ad illos remotos
seductosque calefactus aër non peruenit.

Diogenes Apolloniates ait: ‘sol umorem ad se rapit. 28

352–357 cf. DK 41 A 11 ‖ **365–384** DK 64 A 18, Diogenes T 35 a Laks

Ω = **Z** π(= **PRUW**)]

352 oenopides **P**υ : enop- **Z** : onop- **R** | calorem sub terris π : s- t- c- **Z** ‖ **353** calidos **ZL**^{2}υ : cauosos ϱ ‖ **354** aquam **ZL**^{2} : quam ϱ**W**^{1} : quas **U** ‖ **355** augeri **ZL**^{2}υ : -gent ϱ ‖ **358** omnia *hic* **Z**υ, *ante* crescerent *add.* **L**^{2} : *om.* ϱ ‖ **359** falsum est **Z**υ : *om.* ϱ ‖ **361** rigentem **ZL**^{2}**R**υ (*cf. 4b.4.2; 5.6*) : et rigentem **P** : frigentem *Leo, Skutsch* ‖ **362** itaque **ZL**^{2} : ita π ‖ **363** aestate frigidi fiunt *Skutsch* : estate frigidunt **Z** : estate frigidum **L**^{2} : est at refrigidunt (atre- **P** : -fridunt **P**^{1}) ϱ : estate frigidi dicuntur **U** : estate frigiduntur (*uel* -dantur) **W**^{1} : aestate frigidi sunt *Diels*^{1} | ad illos **ZL**^{2}**U** : ab illo ϱ**W** ‖ **364** seductosque **RU** : sed duct- (sedduct- **Z**^{1}) **Z**^{c}**PW** | aer **Z**υ : *supra* cale- *add.* **L**^{2} : *om.* ϱ

hunc adsiccata tellus ex mari ducit, tum ex ceteris aquis. fieri autem non potest ut alia sicca sit tellus, alia abundet: sunt enim perforata omnia et inuicem peruia, et sicca ab umidis sumunt. alioquin nisi aliquid ⟨liquidi⟩ terra acciperet, exaruisset. ergo undique sol trahit, sed ex
29 his quae premit, maxime: haec meridiana sunt. terra cum exaruit, plus ad se umoris adducit. ut in lucernis oleum illo fluit ubi exuritur, sic aqua illo incumbit quo eam uis caloris et terrae aestuantis arcessit. unde ergo trahit? ex illis scilicet partibus semper hibernis. septemtrionalia exundant: ob hoc Pontus in inferum mare adsidue fluit rapidus, non ut cetera maria alternatis ultro citro aestibus, ⟨sed⟩ in unam partem semper pronus et torrens. quod nisi tacitis itineribus quod cui⟨que⟩ deest reddere-

366–377 maria : **Ω** = **Z** *π*(=**PRUW**); **377** alternatis ... : *π*(=**PRUW**)]

366 tum **Z** : cum **ϱUL**^{1}, *del.* **L**^{2} : *quid* **W**^{1}, *incertum* : ipsum *uel* ⟨mare exhaus⟩tum *Gercke* : ⟨mari da⟩tum *Garrod*^{2} (*sed uide Laks 215–216*) ‖ **367** alia^1 **Z** : ima **L**^{2} : auia *π* | sit **ZU** : sic **ϱW** ‖ **369** alioquin **L**^{2}**υ**, *ut coni. Madvig*^{2} : alioquim **Z** : aliquando **ϱ** | aliquid ⟨liquidi⟩ *Gertz*^{1} *149 n.* : aliunde *Diels*^{1} ‖ **371** que *π* : *om.* **Z** | premit **Zυ**, *ut coni. Fromondus* : -munt **ϱ** ‖ **372** exaruit ⟨magis⟩ *Gercke ap. Gercke-Norden 52, conl. Lyd. Mens. 4.107, p. 145.24 ὅσῳ μᾶλλον ξηροτέρα* ‖ **373** eam **Zυ** : *om.* **ϱ** ‖ **375** septemtrionalia *Gercke in app.* (-nales *in textu*) : -nalis **Ω** : quae aquis *Diels*^{1} ‖ **376** inferum **ZU**, **W**^{2} *ut uid.* : infernum **ϱ** : *quid* **W**^{1}, *incertum* : nostrum *Hine*^{14} ‖ **377** *post* maria, *ut uidetur, deficit* **Z**, *sed post* cetera *euanida litterarum uestigia uix legi possunt* ‖ **377–378** estibus **DT** : estatibus *π* ‖ **378** *suppl. Fortunatus* ‖ **379** quod^1 *del. Gross 168* | tacitis *Rehm RE 17.584* (*conl. 3.26.1, Lucan. 10.249*) : facit his **ϱW**^{1} : faceret hiis **U** : factis *Diels*^{1} : facile his *Madvig*^{2} : foratis *Rossbach*^{6} *1483* | ⟨ut⟩ quod^2 *Oltramare* | cuique **Cam.T** : cui *π*

tur, quod cuique superest emitteretur, iam aut sicca es-
sent omnia aut inundata.' interrogare Diogenem libet 30
quare, cum pertusa sint cuncta et inuicem commeent,
non omnibus locis aestate maiora sint flumina. 'Aegyp-
tum sol magis percoquit: itaque Nilus magis crescit. sed
in ceteris quoque terris aliqua fluminibus fit adiectio.'
deinde quare ulla pars terrae sine umore est, cum omnis
ad se ex aliis regionibus trahat, eo quidem magis quo ca-
lidior est? deinde quare Nilus dulcis est, si haec illi e
mari unda est? nec enim ulli flumini dulcior gustus …

E capitibus huius libri deperditis Iohannes Laurentius Lydus haec excerpsit (De mensibus 4.107, p. 146.3–147.6 Wuensch):

ὁ δὲ Ἡρόδοτος παρὰ πάντων τῶν ποταμῶν ἕλκειν τὸν ἥλιον τὸ ὑγρόν φησι τὴν πρόσγειον νότου ζώνην

393–397 Hdt. 2.24–27

π(=**PRUW**)]

382 quare υ, *ut coni. Fortunatus* : quasi ϱ | cum pertusa sunt **T** : percussa sint **L**[2] : cum ptusa sint **U** : cum percussa sunt **W**[1] : conpertus a(nimu)s ϱ : quoniam pertusa sunt *Gercke in app.* | commeent *Fortunati cod.* : -eant ϱ**U** : cum meant **W**[1] || **383** sint **PW** : sunt **R** : sit **U** || **384** sed ⟨quomodo fieri potest, ut absumptis aquis non solum hic abundet sed⟩ *suppl. Gercke* || **385** fit ς : fiat π | adiectio υ : abiec- ϱ || **387** quidem (quidem *etiam* **L**[2]) magis quo **U** : quod magis quo **PW**[1] : quo magis **R** : -que magis quo *Fortunati cod.* || **388** illi e **RU** : illic e **PW**[1] || **389** flumini ϱ : -num **U** : -na **W**[1], *ut uid.* | *post* gustus *deficit* π | lucii annei senece de naturalibus quaestionibus liber VIIus explicit **R** : Expliciunt octo libri senece naturalium questionum **U** : *om.* **ZϑPW**

διατρέχοντα, πρὸς δὲ τῷ θέρει πρὸς βορρᾶν ἐκκλίνοντα ἐκκαλεῖσθαι τὸν Νεῖλον, καὶ διὰ ταύτην τὴν αἰτίαν αὐτὸν ἀναχεῖσθαι κατὰ τὸ θέρος.

οἱ δὲ Αἰγύπτιοί φασι τοὺς ἐτησίους πάσας ἐξ ὑπερτέρου τὰς νεφέλας ἐπὶ τὸν νότον ἐξωθεῖν καὶ ἐκεῖθεν βαρείας καταφερομένης βροχῆς ἀναβλύζειν τὸν Νεῖλον.

Ἔφορός γε μὴν ὁ Κυμαῖος ἐν τῇ πρώτῃ τῶν ἱστοριῶν φησιν ἀραιὰν εἶναι κατὰ φύσιν τὴν Αἴγυπτον, καὶ κατ' ἔτος ἐπαγομένης ἰλύος ὑπὸ τοῦ Νείλου στεγανοῦσθαι, τὸν δὲ ποταμὸν δίκην ἱδρῶτος κατὰ τὸν καιρὸν τοῦ καύματος ἐπὶ τὰ κουφότερα καὶ ἀραιότερα καταρρεῖν.

ἀλλὰ καὶ Θρασυάλκης ὁ Θάσιος τοὺς ἐτησίους φησὶν ἐξωθεῖν τὸν Νεῖλον· τῆς γὰρ Αἰθιοπίας ὑψηλοῖς παρὰ τὰ καθ' ἡμᾶς ὄρεσι διεζωσμένης, ὑποδεχομένης τε τὰς νεφέλας πρὸς τῶν ἐτησίων ὠθουμένας ἐκδιδόναι τὸν Νεῖλον·

ὡς καὶ Καλλισθένης ὁ Περιπατητικὸς ἐν τῷ τετάρτῳ βιβλίῳ τῶν Ἑλληνικῶν φησιν ἑαυτὸν συστρατεύσασθαι Ἀλεξάνδρῳ τῷ Μακεδόνι, καὶ γενόμενον ἐπὶ τῆς Αἰθιοπίας εὑρεῖν τὸν Νεῖλον ἐξ ἀπείρων ὄμβρων κατ' ἐκείνην γενομένων καταφερόμενον.

402–407 *FGH* 70F65b Jacoby ‖ **408–412** cf. DK 35A1 ‖ **413–417** *FGH* 124F12(a) Jacoby

402 *πρώτῃ*] *ῑᾱ Marx* ‖ **411** *ἐπιδιδόναι Gercke*

ἀλλὰ καὶ Δικαίαρχος ἐν περιόδῳ γῆς ἐκ τῆς Ἀτλαντικῆς θαλάττης τὸν Νεῖλον ἀναχεῖσθαι βούλεται. ποικίλαι μὲν οὖν αἱ περὶ αὐτοῦ δόξαι, τὸ δ' ἀληθὲς κατὰ τοὺς ἀνθρώπους τέως οὐδαμοῦ· κατὰ γὰρ τὸ λόγιον 'τὸ δ' ἀτρεκὲς ἐν βαθεῖ ἐστι'.

L. ANNAEI SENECAE

NATVRALIVM QVAESTIONVM

LIBER QVARTVS 'B' QVI FERTVR

De nubibus

[In huius libri capitibus perditis Seneca de causis roris, pruinae, grandinis et niuis scripsit (cf. 4b.3.6, 13.2); nec dubitari potest quin etiam de nubium et pluuiae causis locutus sit. Anaxagoram aliquam ob rem irrisit (cf. 4b.3.6), fortasse quia, phi-

418–419 Dicaearchus fr. 113 Wehrli

4b Ω = **Z** δ(=**ABV**) ϑ(=**FH**) π(=**PRUW**)]

422 *βάθει ἐστί Gercke*
4b 1–4 Lucii annei senece de naturalibus questionibus liber incipit de grandine et niue ϱ : Liber primus senece de naturalibus questionibus **U** : Incipit liber Vus **W**[1] : *om.* **ZH** : *libro priori hunc adiungunt* **δF** : *libros 4a et 4b, Koelerum secutus, Haase seiunxit* ‖ **4** de nubibus **H** *in libri fine* (*uide* **275** *app.*)

losophorum libertate abusus, niuem atram esse dixerat (uide Hine[5], Gross 195).

Auctor ignotus libri qui 'De mundi celestis terrestrisque constitutione' inscribitur (cf. Praefationem, XXX) fortasse ea quae de niue, de grandine, et de Anaxagora scripsit ex huius libri parte deperdita sumpsit (uide Hine[11]).]

3.1 … grandinem hoc modo fieri si tibi adfirmauero quo
apud nos glacies fit, gelata nube tota, nimis audacem rem
fecero. itaque ex his me testibus numera secundae notae,
qui uidisse quidem se negant. aut quod historici faciunt
et ipse faciam: illi cum multa mentiti sunt ad suum arbi-
trium, unam aliquam rem nolunt spondere, sed adiciunt:
2 'penes auctores fides erit.' ergo si mihi parum credis, Po-
sidonius tibi auctoritatem promittet tam in illo quod
praeterît quam in hoc quod secuturum est. grandinem
enim fieri ex nube aquosa iam et in umorem uersa sic ad-
3 firmabit tamquam interfuerit. quare autem rotunda sit
grando, etiam sine magistro scire possis, cum adnotaueris

15–25 Posid. F 136 (cf. T 52) Edelstein-Kidd, F 318 Theiler

Ω = **Z** **δ**(=**ABV**) **ϑ**(=**FH**) **π**(=**PRUW**)]

17 numera *Muretus* : -ro **Ω** || **18** uidisse **Zδ** : aud- **ϑπ** | negant ⟨sed audisse⟩ **δ**, *fort. recte* (*Axelson*[1] *conf. 6.2.1, Ep. 124.18, Ben. 4.8.2)* || **19–20** suum arbitrium **Z** : a- s- **Ψ**, *numero minus bono* || **20** unam aliquam rem **Vϑπ** : in una aliqua re **Z** : unam quamque rem **AB** || **22** promittet **ZVϑPW** : -ttit **ABR** : -ttat **U** | in illo **δϑυ** : illud **Z** : in eo **ϱ** || **23** pr(a)eterit **ZδϑW** : -iit **ϱU** : praeiit *Garrod*[2] : praeterii *Gross 191–193* | grandinem **Ψ** : gand- **Z** || **24–25** affirmabit **δϑPυ** : -auit **ZR** || **26** possis **Zϑπ** : poteris **δ**

stillicidium omne glomerari. quod et in speculis apparet quae umorem halitu colligunt, et in poculis sparsis aliaque omni leuitate. non minus foliis si quae guttae adhaeserunt, in rotundum iacent.

quid magis est saxo durum? quid mollius unda? 4
dura tamen molli saxa cauantur aqua.

aut ut alius poeta ait, 'stillicidi casus lapidem cauat.' haec ipsa excauatio rotunda fit, ex quo apparet illud quoque huic simile esse quod cauat: locum enim sibi ad formam et habitum sui exsculpit. praeterea potest, etiamsi non 5
fuit grando talis, dum defertur corrotundari, et totiens per spatium iacens aëris densi deuoluta, aequabiliter atque in orbem teri. quod nix pati non potest, quia non est tam solida, immo quia fusa est, et non per magnam altitudinem cadit, sed circa terras initium eius est. ita non longus illi per aëra sed ex proximo lapsus est.

31–32 Ou. *Ars* 1.475–476 (cf. *CIL* 4.1895 = *Carm. epigr.* 936) || **33** Lucr. 1.313

Ω = **Z** **δ**(=**ABV**) **ϑ**(=**FH**) **π**(=**PRUW**)]

28 alitu **ϑπ** : habitu **Z** : alicubi **δ** || **31** magis est saxo durum **ϑπ**, *Ouid.* : magis est durum saxo **Z** *(cf. CIL 4.1895 QVID POTE TAN DVRVM SAXSO)* : est saxo durius **A** : saxo durius **B** : durius est saxo **V** || **32** dura ... saxa **Ψ**, *Ouid.* : saxa ... dura **Z** || **33** stillicidi *Muretus* : stilicidi *Lucret.* : stillicidii **Ω** || **35** huic simile esse **Zϑπ** : e- s- h- **δ** || **38** iacens **Z** : *om.* **Ψ** | aeris densi **ZϑPW** : d- a- **δRU**, *fort. recte* | reuoluta *Gronouius*[4] || **40** quia *post* fusa est et *transp. Gercke in app.* || **41** sed ⟨ut⟩ *Gercke in app.* | non **δW** : ne **ZϑϱU** : nec **STX**, *ut coni. Larisch*[1] *51* | longus *Gertz*[2] : longus quidem **Z** : longius **Ψ** : quidem longus *Hine*[14] *dub.*

6 Quare non et ego mihi idem permittam quod Anaxagoras? inter nullos magis quam inter philosophos esse debet aequa libertas. grando nihil aliud est quam suspensa glacies, nix [in] pruina pendens [congelatio]. illud enim iam diximus, quod inter rorem et aquam interest, hoc inter pruinam et glaciem, nec non inter niuem et grandinem interesse.

4.1 Poteram me peracta quaestione dimittere, sed bene mensum dabo, et quoniam coepi tibi molestus esse, quidquid in hoc loco quaeritur dicam. quaeritur autem quare hieme ninguat, non grandinet, uere iam frigore infracto cadat grando. nam ut fatear tibi uerum, mihi quidem ⟨facile⟩ persuadetur, qui me usque ad mendacia haec leuiora, in quibus os percidi non oculi erui solent, credulum
2 praesto: hieme aër riget et ideo nondum in aquam uertitur sed in niuem, cui propior aër est. cum uer coepit, maior inclinatio aëris sequitur, et calidiore caelo maiora

43–49 DK Vol. II p. 420.15–18 ‖ **47** diximus] uide p. 189. 5–7

Ω = **Z** **δ**(=**ABV**) **ϑ**(=**FH**) **π**(=**PRUW**)]

46 in *secl. Madvig*[2] | congelatio **Ω** : *secl. Madvig*[2] : roris (*uel* rore) gelatio *Schultess*[2] ‖ **47** rorem et aquam **Z** : aquam et rorem **Ψ** : rorem et pluuiam *Gercke in app.* ‖ **48** grandinem **ZL**^{2}**π** : glaciem **δϑ** ‖ **52** queritur dicam. queritur **δ** : queritur. queritur **ϑπ** : queritur **Z** ‖ **54** cadat grando **Z** : g- c- (-it **U**) **Ψ**, *numero minus bono* | fatear **k**^{2}, *ut coni. Skutsch* : fallar **Ω** | *post* uerum *dist. Skutsch* ‖ **54–55** *suppl. Shackleton Bailey* ‖ **56** perlini *Shackleton Bailey* ‖ **58** propior aer **Z** : a- p- **Ψ**, *numero minus bono* ‖ **59** aeris **ZϱU** (*uide Hine*[4] *197*) : *om.* **W**^{1} : temporis **δϑ** : teporis *Gruterus*[2]

fiunt stillicidia. ideo, ut ait Vergilius noster, ‘cum ruit im-
briferum uer’ uehementior mutatio est aëris undique pa-
tefacti et soluentis se ipso tepore adiuuante. ob hoc nimbi
graues magis uastique quam pertinaces deferuntur.
bruma lentas pluuias habet et tenues, quales saepe solent 3
interuenire cum pluuia rara et minuta niuem quoque ad-
mixtam habet; dicimus niualem diem cum altum frigus
et triste caelum est. praeterea aquilone flante aut suum
caelum habente minutae pluuiae sunt; austro imber im-
probior est et guttae pleniores.

Rem a nostris positam nec dicere audeo quia infirma 5.1
uidetur, nec praeterire. quid enim mali est aliquid et faci-
liori iudici scribere? immo si omnia argumenta ad obrus-
sam coeperimus exigere, silentium indicetur. pauca enim
admodum sunt sine aduersario, cetera, etsi uincunt, liti-
gant. aiunt uere quidquid circa Scythiam et Pontum et 2
septemtrionalem plagam glaciatum et adstrictum est rela-
xari; tunc flumina gelata discedere, tunc obrutos montes
niuem soluere. credibile est ergo frigidos spiritus inde
ferri et uerno caelo remisceri. illud quoque adiciunt, 3
quod nec sum expertus nec experiri cogito – tu quoque,

60–61 Verg. *Georg.* 1.313

Ω = **Z** **δ**(=**ABV**) **ϑ**(=**FH**) **π**(=**PRUW**)]

61 mutatio est aeris **Zϑυ** : e- m- a- **δ** : m- a- e- **ϱ** ‖ **62** tepore **P**^{c} **cod. Nicotianus** : temp- **Ω** ‖ **66** altum **Ψ** : actum **Z** ‖ **72–73** obrussam *Erasmus*^{2} : obrusam **ZϑPU** : obcusum **R** : lancem **δ** : *quid* **W**^{1}, *incertum* ‖ **74** et⟨iam⟩si *Gercke* (*sed cf. 4a.pr.20, Dial. 10.13.3*) ‖ **78** spiritus inde (in **U**) **Ψ** : i- s- **Z** ‖ **79** ferri *Gercke* : fieri **Ω** : inferri **Cam.**^{1}**DE**

censeo, si uolueris uerum exquirere, niuem in Care expe-
riaris –: minus algere aiunt pedes eorum qui fixam et du-
ram niuem calcant, quam eorum qui teneram et labefac-
4 tam. ergo si non mentiuntur, quidquid ex illis
septemtrionalibus locis iam disturbata niue et glacie fran-
gente se fertur, id meridianae partis tepentem iam umi-
dumque aëra alligat et praestringit. ita quae pluuia futura
erat, grando fit iniuria frigoris.
6.1 Non tempero mihi quominus omnis nostrorum etiam
ineptias proferam. quosdam peritos obseruandarum nu-
bium esse adfirmant, et praedicere cum grando uentura
sit. hoc intellegere usu ipso potuerunt, cum colorem nu-
2 bium notassent quem grando totiens insequebatur. illud
incredibile, Cleonis fuisse publice praepositos χαλαζοφύ-
λακας, speculatores uenturae grandinis. hi cum signum
dedissent adesse iam grandinem, quid expectas? ut homi-
nes ad paenulas discurrerent, aut ad scorteas? immo pro
se quisque alius agnum inmolabat, alius pullum. protinus
illae nubes alio declinabant, cum aliquid gustauerant san-
3 guinis. hoc rides? accipe quod magis rideas. si quis nec
agnum nec pullum habebat, quod sine damno fieri pote-
rat, manus sibi adferebat, et ne tu auidas aut crudeles exi-

Ω = **Z** **δ**(=**ABV**) **ϑ**(=**FH**) **π**(=**PRUW**)]

81 Care *Gronouius*[1] : cane **Z**[1]**δHPυ** : carne **Z**[c] : caue **F** : mane **R** || **83** qui teneram **Ψ** : *om.* **Z** || **87** alligat (algat **F**) **Ψ** : -ant **Z** | ita quae *Winterbottom* : itaque **Z** : itaque cum **Ψ** || **89** omnis **Z** : -es **Ψ** | etiam **Z** : *om.* **Ψ** || **94–95** *χαλαζοφύλακας Fortunatus* (*χαλαξοφύλακας Erasmus*[1], *nimirum typographi errore*) : chalazophilacas **ϑ** : -licas **δπ** : -latas **Z** || **99** gustauerant **Z** : -tassent **Ψ** || **101** quod **Ω** : quo *Gercke* || **102** tu (*om.* **AV**) auidas **Ψ** : tua uideas **Z**

stimes nubes, digitum suum bene acuto graphio pungebat et hoc sanguine litabat. nec minus ab huius agello grando se uertebat quam ab illo in quo maioribus hostiis exorata erat.

Rationem huius rei quaerunt. alteri, ut homines sa- 7.1
pientissimos decet, negant posse fieri ut cum grandine
aliquis paciscatur et tempestates munusculis redimat,
quamuis munera et deos uincant. alteri suspicari ipsos ai-
unt esse in ipso sanguine uim quandam potentem auer-
tendae nubis ac repellendae. sed quomodo in tam exiguo 2
sanguine potest esse uis tanta ut in altum penetret et il-
lam sentiant nubes? quanto expeditius erat dicere ‘men-
dacium et fabula est.’ at Cleonaei iudicia reddebant in il-
los quibus delegata erat cura prouidendae tempestatis,
quod neglegentia eorum uineae uapulassent aut segetes
procidissent. et apud nos in XII tabulis cauetur ne quis
alienos fructus excantassit. rudis adhuc antiquitas crede- 3
bat et adtrahi cantibus imbres et repelli, quorum nihil
posse fieri tam palam est ut huius rei causa nullius philo-
sophi schola intranda sit.

Vnam rem adhoc adiciam, et fauere te ac plaudere iuu- 8

118–119 Bruns *FIRA* p. 30, Tab. VIII fr. 8a

Ω = **Z** **δ**(=**ABV**) **ϑ**(=**FH**) **π**(=**PRUW**)]

107 homines **Ψ** : -nis **Z** ‖ **110** ipsos **Zϑπ** : se **δ** : *del. Hine*[14] ‖ **115** Cleonaei *Gercke* : cleone **Zϑυ** : cleonis **δ** : deone **ϱ** | reddebant **Ψ** : redie- **Z** ‖ **119** excantassit **Z**, *ut coni. Schoell, teste Gercke* : -asset (-assent **U**) **Ψ** ‖ **123** adhoc *scripsi* (*cf. Hine*[6] *263*) : ad hoc **Zϑπ** : adhuc **δ**

abit. aiunt niuem in ea parte aëris fieri quae prope a terris est. hanc enim plus habere caloris ex quattuor causis: una, quod omnis terrarum euaporatio, cum multum in se feruidi aridique habeat, hoc est calidior quo recentior; altera, quod radii solis a terra resiliunt et in se recurrunt: horum duplicatio proxima quaeque a terris calefacit, quae ideo plus habent teporis quia solem bis sentiunt; tertia causa est quod magis superiora perflantur, at quaecumque depressa sunt minus uentis uerberantur.

9 Accedit his ratio Democriti: 'omne corpus quo solidius est, hoc calorem citius concipit, diutius seruat. itaque si in sole posueris aeneum uas et uitreum et argenteum, aeneo calor citius accedet, diutius haerebit.' adicit deinde quare hoc existimet fieri. 'his' inquit 'corporibus quae duriora et pressiora sunt, necesse est minora foramina esse, et tenuiorem in singulis spiritum. sequitur ut, quemadmodum minora balnearia et minora miliaria citius calefiunt, sic haec foramina occulta et oculos effugientia et celerius feruorem sentiant et propter easdem angustias quidquid receperunt tardius reddant.'

Haec longe praeparata ad id perducunt de quo nunc
10 quaeritur. omnis aër quo propior est terris, hoc crassior. quemadmodum in aqua et in omni umore faex ima est,

133–143 a DK non receptum

Ω = **Z** **δ**(=**ABV**) **ϑ**(=**FH**) **π**(=**PRUW**)]

124–125 prope a terris est **Z** (*def. Axelson*^{2} *50 n. 32*) : prope terras est **Vϑπ** : est prope terram (-as **A**^{c}) **A**^{1}**B** : prope a terra est *Hine*^{14} || **128** a terra **Ψ** : cetera **Z** || **130** teporis **L**^{2}**δFH**^{c}**P**^{c}**RW** : temp- **ZH**^{1}**P**^{1} : corporis **U** || **133** accedit **δP**^{c}**R** : accidit **Zϑ** **P**^{1}**υ** || **135** et argenteum *del. Gercke* : aut argenteum *Koeler* || **136** calor citius accedet **Z**, *meliore numero* : cit- cal- a- **ϑπ** : cit- a- cal- **δ** || **142** et *hic habet* **Ψ**, *ante* **143** quidquid **Z**

ita in aëre spississima quaeque desidunt. iam autem probatum est omnia, quo crassioris solidiorisque materiae sunt, hoc fidelius custodire calorem receptum. editior aër, quo longius a terrarum colluuie recessit, hoc sincerior puriorque est; itaque solem non retinet sed uelut per inane transmittit. ideo minus calefit.

Contra quidam aiunt cacumina montium hoc calidiora **11.1**
esse debere quo propiora soli sunt. qui mihi uidentur errare, quod Apenninum et Alpes et alios notos ob eximiam altitudinem montes in tantum putant crescere, ut illorum
magnitudo sentire solis uiciniam possit. excelsa sunt ista 2
quamdiu nobis comparantur; at uero ubi ad uniuersum respexeris, manifesta omnium est humilitas. inter se uincuntur et uincunt, ceterum nihil in tantum attollitur ut in collatione totius ulla sit uel maximis portio. quod nisi esset, non diceremus totum orbem terrarum pilam esse. pi- 3
lae proprietas est cum aequalitate quadam rotunditas. aequalitatem autem hanc accipe quam uides in lusoria pila: non multum illi commissurae et rimae corii nocent quominus par sibi ab omni parte dicatur. quomodo in hac pila nihil illa interualla officiunt ad speciem rotundi, sic ne in uniuerso quidem orbe terrarum editi montes, quorum magnitudo totius mundi collatione consumitur. qui 4

Ω = **Z** δ(=**ABV**) ϑ(=**FH**) π(=**PRUW**)]

147 aere **Ψ** : -em **Z** || **152** calfit *Hine*[14] || **155** ap(p)enninum **AVϑϱW** : ap(p)en(n)ium **ZBU** || **159** omnium est **Z** : e- o- **ϑπ**, *numero minus bono* : e- omnibus **δ** || **160** nihil in tantum **Z** : in (*om.* **B**) t- n- **Ψ** || **164** lusoria **Ψ** : luxo- **Z** || **165** corii *Cornelissen* : earum **ZδϑPυ** : *om.* **R,** *ut coni. Vottero*[3] : eius **CJ**[2] || **169** magnitudo **Z** (*cf. TLL 8.118.27–30*) : alti- **Ψ**

dicit altiorem montem, quia solem propius excipiat, magis calere debere, idem dicere potest longiorem hominem citius quam pusillum debere calefieri, et caput quam pedes. at quisquis mundum mensura sua aestimauerit et terram cogitauerit tenere puncti locum, intelleget nihil in illa posse ita eminere ut caelestia magis sentiat, uelut in
5 propinquum illis accesserit. montes isti quos suspicimus et uertices aeterna niue obsessi nihilominus in imo sunt; et propius quidem est a sole mons quam campus aut uallis, sed sic quomodo est pilus pilo crassior. isto enim modo et arbor alia magis quam alia dicetur uicina caelo; quod est falsum, quia inter pusilla non potest magnum esse discrimen, nisi dum inter se comparantur. ubi ad collationem inmensi corporis uentum est, nihil interest quanto sit alterum altero maius, quia etiamsi magno discrimine, tamen ⟨minimis⟩ minima uincuntur.

12 Sed ut ad propositum reuertar, propter has quas rettuli causas plerisque placuit in ea parte aëris niuem concipi quae uicina terris est, et ideo minus alligari quia minore rigore coit. nam uicinus aër et plus habet frigoris quam ut in aquam imbremque transeat, et minus quam ut duretur

Ω = **Z** δ(=**ABV**) ϑ(=**FH**) π(=**PRUW**)]

171 dicere potest **Zϑπ** : p- d- **δ** ‖ **172** caput **Z** (*def. Axelson*[1]) : caput citius **Ψ** ‖ **173** quisquis (quiquis **A**) **Ψ** : qui qui **Z** ‖ **175** posse ita **Zϑπ** : i- p- **δ** ‖ **176** suspicimus (conspic- **U**[1]) **δϑRυ** : suscip- **ZP** ‖ **178** quam campus – **180** magis *om.* **δ** ‖ **178–179** uallis ϱ (*cf. Tro. 178, 1124, Pha. 1133*) : -es **Zϑυ** ‖ **180** arbor **ϑπ** : arbor et **Z** ‖ **185** *suppl. Axelson*[2] *40–41* (a minimis *post* minima *suppl. Oltramare in append. crit.*) ‖ **189** rigore **Zδϑ Pυ** : frig- **R**, *ut coni. Muretus, fort. recte*

in grandinem. hoc medio frigore non nimis intento niues
fiunt coactis aquis.
'Quid istas' inquis 'ineptias, quibus litteratior est quis- 13.1
que, non melior, tam operose persequeris? quomodo fiant
niues dicis, cum multo magis ad nos pertineat dici a te
quare emendae non sint.' iubes me litem cum luxuria liti-
gare? cotidianum istud et sine effectu iurgium est. litige-
mus tamen; etiamsi superior futura est, pugnantis ac re-
luctantis uincat. quid porro? hanc ipsam inspectionem 2
naturae nihil iudicas ad id quod uis conferre? cum quae-
rimus quomodo nix fiat, et dicimus illam pruinae simi-
lem habere naturam, plus illi spiritus quam aquae inesse,
non putas exprobrari illis, cum emere aquam turpe sit, si
ne aquam quidem emunt? nos uero quaeramus potius 3
quomodo fiant niues quam quomodo seruentur; quoniam
non contenti uina diffundere, et ueteraria per sapores ae-
tatesque disponere, inuenimus quomodo stiparemus

Ω = Z δ(=ABV) ϑ(=FH) π(=PRUW)]

191 non nimis intento *del. Watt* | intento (-te **U**) **Ψ** : in alto **Z** || **193** quid istas (iustas **H**^{1} : istas *post* inquis **V**) **Ψ** : qui distas **Z** || **195** magis **Zδ** : *om.* **ϑπ** | ad nos pertineat dici a te **Z** : ad nos dici a (ad **U**) te pert- **ϑπ** : a (ad **A**^{1}) te ad nos dici pert- **A**^{c}**V** : ad te et ad nos pert- dicere **B** || **196** sint **Z** : sint niues **Ψ**, *fort. recte* | me litem *Gercke* : mentem **ZABϑπ** : autem **V** : me tu **Cam.DEX** : me tandem *Gercke in app.* : me iterum *Castiglioni*^{2} : -ne me *Brakman*^{1} : me autem *Watt per litteras* | luxuria **Ψ** : -oria **Z** || **197** effectu (def- **U**) **Ψ** : -um **Z** || **198–199** pugnantis ac reluctantis **ZAVϑP**^{1}**υ** : -tes ac -tes **P**^{c} : -tis ac -tes **R** : *plura om.* **B** || **203–204** si ne **H** : sine **ZFπ** : si nec **δ** | nos **Ψ** : principium nos **Z** (*cf. 5.15.1 app.*) || **206** et **Z** : *om.* **Ψ** | ueteraria **ϑπ**, *fort.* **Z**^{1} : ueterari aut **Z**^{c} : ueterana et **δ** || **207** stiparemus **δ** : isti paremus (isti conpar- **R**) **Zϑπ**

niuem, ut ea aestatem euinceret et contra anni feruorem defenderetur loci frigore. quid hac diligentia consecuti sumus? nempe ut gratuitam mercemur aquam. nobis dolet quod spiritum, quod solem emere non possumus, quod hic aër etiam delicatis diuitibusque ex facili nec emptus uenit. o quam nobis male est quod quicquam a
4 rerum natura in medio relictum est! hoc quod illa fluere et patere omnibus uoluit, cuius haustum uitae publicum fecit, hoc quod tam homini quam feris auibusque et inertissimis animalibus in usum large ac beate profudit, contra se ingeniosa luxuria redegit ad pretium. adeo nihil illi potest placere nisi carum. unum hoc erat quod diuites in aequum turbae deduceret, quo non possent antecedere pauperrimum. illi cui diuitiae molestae sunt excogitatum est quemadmodum caperet etiam aqua luxuriam.

5 Vnde hoc peruentum sit ut nulla nobis aqua satis frigida uideretur quae flueret, dicam. quamdiu sanus et salubris cibi capax stomachus est, impleturque, non premitur, naturalibus fomentis contentus est. ubi cotidianis cruditatibus perustus non temporis aestus sed suos sentit, ubi ebrietas continua uisceribus insedit et praecordia bile in quam uertitur torret, aliquid necessario quaeritur quo aes-

Ω = **Z** **δ**(=**ABV**) **ϑ**(=**FH**) **π**(=**PRUW**)]

210 gratuitam **Ψ** : -ita **Z** | aquam **δϑ**$\mathbf{P}^{1}$**υ** : ha quam **ZR** : haquam $\mathbf{P}^{c}$ || **217** large – **218** ad *om.* $\mathbf{Z}^{1}$, *in mg.* $\mathbf{Z}^{c}$ || **220** possent **δFπ** : -et **ZH** || **222** caperet etiam **Z** : e- c- **δϑυ** : esse c- **ϱ** || **223** hoc **Z** (*cf. 2.11.2, 5.1.1, 6.14.4, al.*) : ad hoc **Ψ** || **224** quae flueret *delendum esse, aut ex. gr.* quae ⟨sitim re⟩ficeret *scribendum esse coni. Hine*[14] : quae ⟨sitim⟩ finiret *Watt per litteras* || **227** perustus $\mathbf{ZL}^{2}$**W** : peruenis **U** : *om.* **δϑϱ** || **228** precordia bile **ABH** : precordiabile **ZFPυ** : precordiale **VR**

tus ille frangatur, qui ipsis aquis incalescit. remediis incitant uitium; itaque non aestate tantum sed media hieme niuem causa pari bibunt. quae huius rei causa est 6 nisi intestinum malum et luxu corrupta praecordia? quibus nullum interuallum umquam quo interquiescerent datum est, sed prandia cenis usque in lucem perductis ingesta sunt, et distentos copia ferculorum ac uarietate comessatio altius mersit. deinde numquam intermissa intemperantia quidquid animi decoxerat efferauit, et in desiderium semper noui rigoris accendit. itaque quamuis 7 cenationem uelis ac specularibus muniant, et igne multo doment hiemem, nihilominus stomachus ille solutus et aestu suo languidus quaerit aliquid quo erigatur. nam sicut animo relictos stupentesque frigida spargimus ut ad sensum sui redeant, ita uiscera istorum uitiis torpentia nihil sentiunt, nisi frigore illa uehementiore percusseris. inde est, inquam, quod ne niue quidem contenti sunt, sed 8 glaciem, uelut certior illi ex solido rigor sit, exquirunt, ac saepe repetitis aquis diluunt. quae non e summo tollitur, sed ut uim maiorem habeat et pertinacius frigus, ex abdito effoditur. itaque ne unum quidem eius est pretium, sed habet institores aqua et annonam (pro pudor!) uariam. ungentarios Lacedaemonii urbe expulerunt et pro- 9

Ω = **Z** **δ**(=**ABV**) **ϑ**(=**FH**) **π**(=**PRUW**)]

230–231 incitant *Kronenberg*[2] : incitat (-dat **U** : initiat **B**) **Ω** : incitatur *Leo* : ⟨se⟩ incitat *Garrod*[2] ‖ **231** sed **Zϑπ** : sed et **δ** ‖ **232** causa pari *Oltramare* : causa pati **Z** : hac (de *add.* **B**) causa **Ψ** ‖ **238** animi decoxerat **ϑπ** (*def. Axelson*[1]) : animi detexerat **δ** : anima decoquerat **Z** ‖ **240** cenationem **δϑυ** : -ne **Zϱ** ‖ **245** percusseris **P**^{c}**R** : peruss- **ZϑP**^{1}**υ**, *numero minus bono* : perfud- **δ**

pere cedere finibus suis iusserunt quia oleum disperderent. quid illi fecissent si uidissent reponendae niuis officinas, et tot iumenta portandae aquae deseruientia, cuius colorem saporemque paleis quibus custodiunt inquinant?

10 At, dii boni, quam facile est extinguere sitim sanam! sed quid sentire possunt emortuae fauces et occallatae cibis ardentibus? quemadmodum nihil illis satis frigidum, sic nihil satis calidum est, sed ardentis boletos et raptim in condimento suo mersatos demittunt paene fumantis, quos deinde restinguant niuatis potionibus. uidebis, inquam, quosdam graciles et palliolo focalique circumdatos, pallentis et aegros, non sorbere solum niuem sed etiam esse, et frusta eius in scyphos suos deicere, ne te-
11 pescant inter ipsam bibendi moram. sitim istam esse putas? febris est, et quidem eo acrior quod non tactu uenarum nec in cutem effuso calore deprenditur, sed cor ipsum excoquit luxuria, inuictum malum et ex molli fluidoque durum atque patiens. non intellegis omnia consue-

Ω = Z δ(=ABV) ϑ(=FH) π(=PRUW)]

253 cedere **Ψ** : exced- **Z** ‖ **259** sentire **δP^cRW** : se sentire **ZϑP^1U** | occallate **Z** : oc(c)ultate **δ** : occalata **ϑϱ** : occulata **U** : *quid* **W^1**, *incertum* ‖ **260** illis **δFW** : illi **ZHϱ** : *om.* **U** ‖ **261** ardentis **Z** : -tes **Ψ** ‖ **262** in condimento **Z** : indumento **Ψ** | fumantis **Z** : -tes **Ψ** ‖ **263** restinguant **HU** : -gant **Z** : -gunt **AV** : restringant **F** : restringunt **Bϱ** : restringuant **W^1** ‖ **265** pallentis **Z** : -tes **Ψ** ‖ **266** frusta **$Z^c$$L^2$Aϑ** : frustra **$Z^1$BVπ** | sciphos **$J^2$ς** : scithyos **F** : cyphos **ZRW** : ciphos **BVHPU** : ciffos **A** ‖ **266–267** ne tepescant **Zπ** : *om.* **δϑ** ‖ **269** deprenditur **ZF** : deprehend- **δHπ**, *numero minus bono* ‖ **270** *post* excoquit *puncto dist. Skutsch, commate Alexander*

tudine uim suam perdere? itaque nix ista, in qua iam etiam natatis, eo peruenit usu et cotidiana stomachi seruitute ut aquae locum obtineat. aliquid adhuc quaerite illa frigidius, quia pro nihilo est familiaris rigor.

L. ANNAEI SENECAE

NATVRALIVM QVAESTIONVM

LIBER QVINTVS QVI FERTVR

De uentis

Ventus est fluens aër. quidam ita definierunt: uentus est 1.1
aër in unam fluens partem. haec definitio uidetur diligentior, quia numquam aër tam inmobilis est ut non in ali-

Ω = **Z** **δ**(=**ABV**) **ϑ**(=**FH**) **π**(=**PRUW**)]

275 illa **Ψ** : illi **Z** | *post* rigor *libri 3 caput 18 habet* **B**
Explicit liber III (IIII **Z**^{1}) de niuibus **Z**^{c} : Explicit IIIus **V** : Lucii annei senece liber tertius explicit de nubibus **H** : Explicit liber primus **R** : *om.* **ABFPυ**

5 1–4 Incipit liber IIII de uentis **Z** : Incipit V **A** *in mg.* : Incipit liber quartus (quintus **B**^{2}) **B** : incipit IIIIus de naturalibus questionibus **V** : Incipit IIIIus de uentis **H** : Liber IIus incipit de uentis **P** : Incipit liber secundus de uentis **R** : Incipit liber secundus senece naturalium questionum **U** : *om.* **A**^{1}**FW** : *de uero libri ordine uide Praefationem pp. XXII–XXV* ‖ **5** diffinierunt **Ω** (*et* **6** diffinitio, *et sim. semper*) ‖ **6** aer in unam fluens **Z** : a- f- in u- **Hπ**, *numero minus bono* : f- a- in u- **F** : aer agitatus in unam **δ** (*cf. § 3*)

qua sit agitatione. sic tranquillum mare dicitur non ⟨cum
nulla omnino agitatione turbatur, sed⟩ cum leuiter com-
mouetur, nec in unam partem inclinatur. itaque si legeris
'cum placidum uentis staret mare,' scito illud non stare
sed succuti leuiter, et dici tranquillum quia nec hoc nec
2 illo impetum capiat. idem et de aëre iudicandum est, non
esse umquam inmobilem etiamsi quietus sit. quod ex hoc
intellegas licet: cum sol in aliquem clusum locum infusus
est, uidemus corpuscula minima in diuersum ferri, alia
3 sursum alia deorsum uarie concursantia. ergo ut parum
diligenter comprehendet quod uult qui dixerit 'fluctus est
maris agitatio,' quia tranquillum quoque agitatur, at ille
abunde sibi cauerit cuius definitio haec fuerit, 'fluctus est
maris in unam partem agitatio,' sic in hac quoque re
quam cum maxime quaerimus non circumscribetur qui
ita se gesserit ut dicat 'uentus est aër in unam fluens par-
tem,' aut 'aër fluens impetu,' aut 'uis aëris in unam par-
4 tem euntis,' aut 'cursus aëris aliquo concitatior.' scio quid
responderi pro definitione altera possit: 'quid necesse est

11 Verg. *Ecl.* 2.26

Ω = **Z** **δ**(=**ABV**) **ϑ**(=**FH**) **π**(=**PRUW**)]

8 non **Zϑπ** : *om.* **δ** || **8–9** *exempli gratia suppl. Hine*[13] || **11** placidum **Ψ**, *Verg.* : -itum **Z** || **12** leuiter **V** : leniter **ZABϑπ** | hoc (*om.* **W**[1]) **Ψ** : huc **Z** || **16** est *del.* **L**[2] | diuersum **Z**, *ut coni. Bentley* : adu- **Ψ** || **17** concursantia **Ω** || **18** comprehendet (-ent **B** : -it **U**) quod uult **Ψ** : quod comprendet **Z** || **21** in hac quoque **ZBVυ** : quoque in hac **Aϱ** : in hac **ϑ** || **23–24** aer in unam fluens partem **Z** : f- in u- p- a- **δ** : f- a- in u- p- **ϑϱ** : a- in u- p- f- **υ** || **25** aliquo **Ψ** : in a- **Z** || **26** diffinitione altera **Zϑπ** : a- d- **δ**

adicere te “in unam partem fluens aer”? utique enim
quod fluit in unam fluit partem. nemo aquam fluere dicit
si tantum intra se mouetur, sed si aliquo fertur. potest
ergo aliquid moueri et non fluere, et e contrario non po-
test fluere nisi in unam partem.’ sed siue haec breuitas sa- 5
tis a calumnia tuta est, hac utamur, siue aliquis circum-
spectior est, uerbo non parcat cuius adiectio cauillatio-
nem omnem poterit excludere. nunc ad ipsam rem
accedamus, quoniam satis de formula disputatum est.

Democritus ait, cum in angusto inani multa sint cor- 2
puscula, quae ille atomos uocat, sequi uentum; at contra
quietum et placidum aëris statum esse cum in multo
inani pauca sint corpora. ‘nam quemadmodum in foro
aut uico, quamdiu paucitas est, sine tumultu ambulatur,
ubi turba in angustum concurrit aliorum in alios inciden-
tium rixa fit, sic in hoc quo circumdati sumus spatio,
cum exiguum locum multa corpora impleuerint, necesse
est alia aliis incidant et impellant ac repellantur, impli-
centurque et comprimantur; ex quibus nascitur uentus,
cum illa quae colluctabantur incubuere, et diu fluctuata

36–48 DK 68 A 93 a

Ω = **Z** **δ**(=**ABV**) **ϑ**(=**FH**) **π**(=**PRUW**)]

27 adicere (dic- **U**) **Ψ** : adicerere **Z** | fluens aer *del. Gercke* || **28** fluit partem *scripsi* : fluens p- **Z** : p- fluit **Ψ** || **29** aliquo **Zδ** : aliquo (in a- **R**) loco **ϑπ** || **30** e **δRW**, **P** *u. l.* : *om.* **ZϑP[1]U** || **36** democritus **Ψ** : -itais **Z** || **39** sint **δϑR** : sunt **ZPυ** | corpora **Z** : corpuscula **Ψ**, *numero minus bono* | nam quemadmodum **Ψ** : namque ad- **Z** || **43** impleuerint **Ψ** : -runt **Z** || **46** ⟨aliquo⟩ illa *Castiglioni*[2] | incubuere **Ψ** : -erunt **Z**

ac dubia inclinauere se. at ubi in magna laxitate corpora
pauca uersantur, nec arietari possunt nec impelli.'

3.1 Hoc falsum esse uel ex eo colligas licet quod tunc mi-
nime uentus est cum aër nubilo grauis est. atqui tunc plu-
rima corpora se in angustum contulerunt, et inde est spis-
2 sarum nubium grauitas. adice nunc quod circa flumina et
lacus frequens nebula est artatis congestisque corporibus,
nec tamen uentus est. interdum uero tanta caligo effundi-
tur ut conspectum in uicino stantium eripiat, quod non
eueniret nisi in paruum locum corpora se multa compel-
lerent. atqui nullum tempus magis quam nebulosum ca-
3 ret uento. adice nunc quod e contrario ⟨e⟩uenit ut sol
matutinum aëra spissum et umidum ortu suo tenuet;
tunc surgit aura cum datum est laxamentum corporibus,
et stipatio illorum ac turba resoluta est.

4.1 'Quomodo ergo' inquis 'uenti fiunt, quoniam hoc ne-
gas fieri?' non uno modo: alias enim terra ipsa magnam
uim aëris eicit et ex abdito spirat; alias cum magna et
continua e summo euaporatio in altum egit quae emise-
2 rat, luctatio ipsa halitus mixti in uentum uertitur. illud
enim nec ut credam persuaderi mihi potest, nec ut ta-
ceam: quomodo in nostris corporibus cibo fit inflatio,

Ω = **Z** δ(=**ABV**) ϑ(=**FH**) π(=**PRUW**)]

48 arietari **Z**^{1} : arietare **ϑπ** : artari **AB** : arctari **Z**^{c}**V** || **50** atqui **Ψ** : aut qui **Z** || **58** euenit **Cam.DE** : uenit **Ω** || **60** laxamentum **Ψ** : laxa mentum **Z** || **62** ergo inquis **ZδR** : i- e- **ϑPυ** || **63** ipsa **ABϑϱU** : -am **ZVW** || **65** e summo *Axelson*^{2} : ex imo (una **W**) **Ω** | in artum *Axelson*^{2} *dub.* (*confert enim 5.12.1 'in sublime eat'*) || **66** luctatio *Axelson*^{2} : mutatio **Ω** : nutatio *Madvig*^{2} : iactatio *Watt* || **67** persuaderi mihi **Z** : mihi (*om.* **V**) p- **Ψ**

quae non sine magna narium iniuria emittitur, et uen-
trem interdum cum sono exonerat, interdum secretius,
sic putant et hanc magnam rerum naturam alimenta mu-
tantem emittere spiritum. bene nobiscum agitur [cum]
quod semper concoquit; alioquin inmundius aliquid ti-
meremus. numquid ergo hoc uerius est dicere, multa ex 3
omni parte terrarum et adsidua ferri corpuscula? quae
cum coaceruata sunt, deinde extenuari sole coeperunt,
quia omne quod in angusto dilatatur spatium maius desi-
derat, uentus existit.

Quid ergo? hanc solam esse causam uenti existimo, 5.1
aquarum terrarumque euaporationes? ex his grauitatem
aëris fieri, deinde ⟨solis⟩ solui impetu, cum quae densa
steterant, ut est necesse, extenuata nituntur in ampliorem
locum? ego uero et hanc iudico; ceterum illa est longe ua-
lentior ueriorque, habere aëra naturalem uim mouendi
se, nec aliunde concipere sed inesse illi ut aliarum rerum
ita huius potentiam. an hoc existimas, nobis quidem da- 2
tas uires quibus nos moueremus, aëra autem relictum
inertem et inagitabilem esse, cum aqua motum suum ha-
beat etiam uentis quiescentibus? nec enim aliter animalia

Ω = **Z** **δ**(=**ABV**) **ϑ**(=**FH**) **π**(=**PRUW**)]

72 emittere **Ψ** : emitere **Z** ‖ 72–73 quod **B** (*uide Vottero*) : cum quod **ZAVϑϱW** : cumque **U** : cum quod ⟨edit⟩ *Oltramare* : cum quod ⟨mutat⟩ *Garrod*[2] ‖ 73 *fort.* concoquit ⟨quidquid edit⟩ *uel sim.* ‖ 74 ergo ⟨non⟩ *Nägler*[1] *32* ‖ 76 ceperunt **ZB**, *fort.* **W**[1] : -int **AVϑϱUW**[2] ‖ 81 fieri **δ** : *om.* **Zϑπ** | solis *hic suppl. Watt per litteras* | ⟨solis⟩ impetu *Reinhardt*[1] *152 n. 1* : impetu *ed. Ven.*[1] : impetui **A**[1] : impetum **ZA**[c]**Vϑπ** : in impetum **B** ‖ 86 an hoc **Cam.DES** : in hoc **Zϑπ** : *om.* **δ** | nobis quidem **ZBVU** : qu- n- **AϑϱW**

edere⟨t⟩; muscum quoque innasci aquis et herbosa quae-
dam uidemus summo innatantia. est ergo aliquid in aqua
6 uitale. de aqua dico? ignis, qui omnia consumit, quae-
dam creat, et, quod uideri non potest simile ueri, tamen
uerum est animalia igne generari. habet ergo aliquam
uim ⟨ui⟩talem aër, et ideo modo spissat se modo expan-
dit et purgat, et alias contrahit, ⟨alias⟩ diducit ac differt.
Hoc ergo interest inter aëra et uentum quod inter la-
cum et flumen. aliquando per se ipse sol causa uenti est,
fundens rigentem aëra, et ex denso coactoque explicans.
7.1 In uniuersum de uentis diximus; nunc uiritim illos in-
cipiamus excutere. fortasse apparebit quemadmodum
fiant si apparuerit quando et unde procedant. primum
ergo antelucanos flatus inspiciamus, qui aut ex flumini-
2 bus aut ex conuallibus aut ex aliquo sinu feruntur. nullus
ex his pertinax est, sed cadit fortiore iam sole, nec fert ul-
tra terrarum conspectum. hoc uentorum genus incipit
uere, non ultra aestatem durat, et inde maxime uenit ubi
aquarum plurimum et montium est. plana, licet abundent
aquis, carent aura; hac, dico, quae pro uento ualet.

Ω = Z δ(=ABV) ϑ(=FH) π(=PRUW)]

90 ederet **W**^{2}, *Opsopoei cod.* : edere **Zϑπ** : ederet et (ederemus **A**^{1}) **δ** : ederet sed *Skutsch* ‖ **93** et **Ω** : id *Watt per litteras* ‖ **94** generari **Zϑπ** : generantur **V**, *fort. recte* : creari **AB** ‖ **95** *suppl. Badstübner*^{2}*; cf. 5.18.1, 5.5.2* | ⟨et⟩ aër *Gercke* ‖ **96** *suppl. Muretus* ‖ **97** hoc – **98** flumen *del. Codoñer Merino* ‖ **98** sol **Zπ** : solum **δϑ** | causa uenti est **Zϑ** : c- e- u- **δϱU** : u- c- e- **W** ‖ **100** uiritim **BVϑϱW**, **A** *u. l.* : uirium **Z** : uirtutim **A**^{1} : interim **U** ‖ **100–101** illos incipiamus **Z** : inc- ill- **Ψ**, *numero minus bono* ‖ **103** antelucanos **AVϑπ** : ante l- **ZB** | flatus **ZδU** : fluct- **ϑϱW**^{1} ‖ **104** ex^2 **ZL**^{2}**ϑυ** : *om.* **δϱ**

Quomodo ergo talis flatus concipitur quem Graeci ἐγ- 8.1
κολπίαν uocant? quidquid ex se paludes et flumina re-
mittunt (id autem et multum est et adsiduum) per diem
solis alimentum est, nocte non exhauritur, et montibus
inclusum in unam regionem colligitur. cum illam im-
pleuit et iam se non capit, exprimitur aliquo et in unam
procedit partem: hic uentus est. itaque eo incumbit quo
liberior exitus inuitat et loci laxitas, in quam coaceruata
decurrant. huius rei argumentum est quod prima noctis 2
parte non spirat: incipit enim fieri illa collectio quae
circa lucem iam plena et onerata quaerit quo defluat, et
eo potissimum exit ubi plurimum uacui est et magna ac
patens area. adicit autem ei stimulos ortus solis feriens
gelidum aëra; nam etiam antequam appareat lumine ipso
ualet, et nondum quidem radiis aëra impellit, iam tamen
lacessit et inritat luce praemissa. nam cum ipse processit, 3
alia superius rapiuntur, alia diffunduntur tepore. ideo
non ultra matutinum illis datur fluere; omnis illorum uis
conspectu solis extinguitur. etiamsi uiolentiores flauere,
circa medium tamen diem relanguescunt, nec umquam

Ω = **Z** **δ**(=**ABV**) **ϑ**(=**FH**) **π**(=**PRUW**)]

110 flatus **Ψ** : flact- **Z** ‖ **110–111** *ἐγκολπίαν Fortunatus* : encolpian **HϱU** : -iam **ZδFW** ‖ **115** et iam **H** : etiam **ZδFπ** | se non **Ψ** : non se **Z** ‖ **116** procedit partem **Z** : pa- pr- **Ψ** | hinc *Castiglioni*^{2} ‖ **117** quam **Ψ** : aquam **Z** ‖ **119** illa **Zϑπ** : tunc illa **δ** : *malim* tunc *uel* tum *post* enim *addere* ‖ **120** et^{1} *Jortin 402* : est **Zϑπ** : est et **δ** ‖ **122** ei **δW** : eis **ϑϱU** : illis **Z** ‖ **124** nondum **δϑϱW** : nundum **Z** : mundum **U** ‖ **125** nam **Ω** : iam *Schultess*^{2} : tum *Gercke in app.* | processit **ZL^{2}W^{1}** : pr(a)e- **δϑϱU** ‖ **126** tepore **ϑPU** : temp- **ZR**, *fort.* **W^{1}** : terre **δ** ‖ **129** medium **Zϑ** : -iam **δπ** (*uide Fraenkel*^{1} *59* = *Fraenkel*^{2} *1.62*) | umquam **Zδπ** : usquam **ϑ**, **P** *u. l.*

usque in meridiem aura producitur. alia autem ⟨alia⟩ in-
becillior ac breuior est, prout ualentioribus minoribusue
collecta causis est.
9.1 Quare tamen tales uenti uere et aestate ualidiores
sunt? (leuissimi enim cetera parte anni nec qui uela im-
pleant surgunt.) quia uer aquosum est, ⟨et⟩ ex pluu⟨ial⟩i-
bus aquis locisque ob umidam caeli naturam saturis et re-
2 dundantibus maior euaporatio est. at quare aestate aeque
profunditur? quia post occasum solis remanet diurnus ca-
lor, et magna noctis parte perdurat: qui euocat exeuntia
ac uehementius trahit quidquid ex his sponte reddi solet,
deinde non tantum habet uirium ut quod euocauit absu-
mat. ob hoc diutius corpuscula emanare solita et efflari
3 terra ex se atque umor emittit. facit autem uentum ortus
non calore tantum sed etiam ictu. lux enim, ut dixi, quae
solem antecedit nondum aëra calefacit sed percutit tan-
tum; percussus autem in latus cedit. quamquam ego ne il-
lud quidem concesserim, lucem ipsam sine calore esse,
4 cum ex calore sit. non habet forsitan tantum teporis

144 dixi] 5.8.2

Ω = **Z** **δ**(=**ABV**) **ϑ**(=**FH**) **π**(=**PRUW**)]

130 *suppl. Haase* ‖ **135** uer aquosum **Zπ** : aer aquosum **ϑ** : aer aquosus **P**, *u. l.* : aer uere aquosus **δ** : uer aquosius *Erasmus*[1] | et *suppl. Fortunati codd.* ‖ **135–136** pluuialibus *Gercke* : pluribus **Ω** ‖ **143** ⟨e⟩ terra, ⟨aera⟩ *Vottero*[3] | terra ex se **Ω** : terrae exesae *Gercke in app.* : aëra ex se *Rossbach*[6] *1483* | humor emittit *Muretus* : humorem mittit (mitti **W**[1], *ut uid.*) **Ω** : humo remittit *Gercke* ‖ **146** in latus **Zδ****R**[1]**W** : illatus **ϑPU**, **R** *u. l.* : in latius *Schultess*[2] ‖ **147** quidem (quem **W**[1]) **ϑπ** : *om.* **Zδ** ‖ **148** teporis **ZP**, **H** *u. l.* : temp- **δH**[1]**Rυ**

quantum tactu appareat, opus tamen suum facit et densa
diducit ac tenuat. praeterea loca quae aliqua iniquitate
naturae ita clusa sunt ut solem accipere non possint, illa
quoque nubila et tristi luce calefiunt, et per diem minus
quam noctibus rigent. etiamnunc natura calor omnis abi- 5
git nebulas et a se repellit; ergo sol quoque idem facit, et
ideo, ut quibusdam uidetur, inde flatus est unde sol. hoc **10.**1
falsum esse ex eo apparet quod aura in omnem partem
uehit, et contra ortum plenis uelis nauigatur; quod non
eueniret si semper uentus ferretur a sole.

Etesiae quoque, qui in argumentum a quibusdam ad-
uocantur, non nimis propositum adiuuant. dicam primum 2
quid illis placeat, deinde cur displiceat mihi. 'etesiae' in-
quiunt 'hieme non sunt, quia breuissimis diebus sol desi-
nit priusquam frigus euincatur; itaque niues et ponuntur
et durant. aestate incipiunt flare cum et longius extendi-
tur dies et recti in nos radii deriguntur. ueri ergo simile 3
est concussas calore magno niues plus umidi efflare, item
terras exoneratas niue retectasque spirare liberius. ita
plura ex septemtrionali parte caeli corpora exire, et in
haec loca quae sunt submissiora ac tepidiora deferri; sic
impetum etesias sumere. et ob hoc a solstitio illis initium 4

Ω = Z δ(=ABV) ϑ(=FH) π(=PRUW)]

149 appareat **Zδϑϱ U** : -ret $\mathbf{W}^1$, *ut coni. Gercke* || **150** propter-ea *Gertz*[2] || **153** etiam nunc **Zϑ** : et nunc **δπ** | omnis **E** : omnes (*om.* **B**) **Ω** || **157** contra $\mathbf{Z\vartheta P}^c\mathbf{W}$: intra $\mathbf{AVP}^1\mathbf{RU}$: inter **B** || **158** semper uentus **Ψ** : u- s- **Z** | ferretur **Ψ** : fieret $\mathbf{ZL}^2$, *numero minus bono* || **159** qui **Z** : qu(a)e (*om.* **W**) **Ψ** || **163** priusquam **Ψ** : antequam **Z** | euincitur *Skutsch* || **165** diriguntur **Ω** || **170** solstitio **Ψ** : solistitio **Z**

est, ultraque ortum Caniculae †non† ualent, quia iam multum e frigida caeli parte in hanc egestum est, ac sol mutato cursu in austrum rectior tendit[ur], et alteram partem aëris adtrahit, alteram uero impellit. sic ille etesiarum flatus aestatem frangit et a mensium feruentissimorum grauitate defendit.'

11.1 Nunc quod promisi dicendum est, quare etesiae nos
non adiuuent, nec quicquam huic conferant causae. dixi-
mus ante lucem auram incitari, eandem subsidere cum il-
lam sol attigit. atqui etesiae ob hoc somniculosi a nautis
et delicati uocantur, quod, ut ait Gallio, 'mane nesciunt
surgere'; eo tempore fere incipiunt prodire quo ne perti-
nax quidem aura est. quod non accideret si ut auram ita
2 illos sol commoueret. adice nunc quod si causa illis flatus
esset spatium diei ac longitudo, et ante solstitium flarent,
cum longissimi dies sunt et cum maxime niues tabe-
scunt. Iulio enim mense iam despoliata sunt omnia, aut
certe admodum pauca iacent adhuc sub niue.

Ω = **Z** **δ**(=**ABV**) **ϑ**(=**FH**) **π**(=**PRUW**)]

171 non *uix sanum* (*nisi Seneca dormitat*); etiam *uel* non ⟨minus⟩ *uel* ⟨pluri⟩mum *ex. gr. coni. Hine*[14] : ⟨etiam⟩ nunc *Watt per litteras* ‖ **172** e frigida (*uel* efr-) **ABFU** : effr- **ZHPW** : est fr- **V** : ex fr- **R** | egestum **δ** : eccestum **Zϑϱ** : excessum **υ** ‖ **173** mutato **δHπ** : -atio **ZF** | austrum *Madvig*[1] *121–122* : nostra **ZAVFU** : nostram **HϱW** : ar̄a **B** : *fort.* meridiem | rectior **Ω** : retro *Madvig*[1] *ibid.* | tendit *Bongarsius* : tenditur **Ω** ‖ **174** uero **Ψ** : *om.* **Z** : ultro *Watt per litteras* ‖ **178–179** diximus *Falbe ap. Gercke* (*conl. 5.7–8*) : dicimus **Ω** ‖ **181** ut **Ψ** : uti **Z** (*uide Hine*[6] *392*) ‖ **184** sol commoueret (illos *post* sol *habet* **R**) **Zϑπ** : comminueret sol **δ** ‖ **185** esset *Vincentius Bellouacensis, Speculum Naturae 4.33* : est **Ω** ‖ **186** maxime **Ψ** : -ma **Z** ‖ **186–187** tabescunt **L^2Ψ** : -cit **Z**

Sunt quaedam genera uentorum quae ruptae nubes et 12.1
in pronum solutae emittunt: hos Graeci uentos ἐκνεφίας
uocant. qui hoc ut puto modo fiunt: cum magna inaequalitas ac dissimilitudo corporum quae uapor terrenus emittit in sublime eat, et alia ex his corporibus sicca sint, alia umida, ex tanta discordia corporum inter se pugnantium, cum in unum conglobata sunt, ueri simile est quasdam cauas effici nubes, et interualla inter illas relinqui fistu-
losa et in modum tibiae angusta. his interuallis tenuis in- 2
cluditur spiritus, qui maius desiderat spatium cum euerberatus cursu parum libero incaluit, et ob hoc amplior fit scinditque cingentia et erumpit in uentum; qui fere procellosus est, quia superne demittitur et in nos cadit uehemens et acer, quia non fusus nec per apertum uenit, sed laborat et iter sibi ui ac pugna parat. hic fere breuis flatus est, quia receptacula nubium per quae ferebatur ac munimenta perrumpit. ideo tumultuosus uenit, aliquando non
sine igne ac sono caeli. hi uenti multo maiores diuturnio- 3
resque sunt, si alios quoque flatus ex eadem causa ruentes in se abstulerunt et in unum confluxere plures; sicut torrentes modicae magnitudinis sunt quamdiu separatis suus cursus est, cum uero plures in se aquas conuerte-

Ω = **Z** **δ**(=**ABV**) **ϑ**(=**FH**) **π**(=**PRUW**)]

190 in pronum **Ψ** : impr- **Z** | *ἐκνεφίας Fortunatus* : ecnephias **ϑPU** : et nephias **ZR** : egnephias (-ios **B**) **δW** || **193** alia^{1} **Ψ** : -as **Z** || **196** intra *Codoñer Merino in app.* || **200** scinditque **δϑ** **P**^{c}**R**υ : cind- **ZL**^{2}**P**^{1} | in uentum **Ψ** : inu- **Z** || **201** demittitur **ZAVHP** : dim- **BFR**υ || **202** nec **Ψ** : et **Z** || **207** causa **Ω** : cauea *olim Gercke ap. TLL 3.630.10–11; cf. Nat. 5.8.3* || **209** sunt *Koeler* : eunt (erunt **U**) **Ω** | separatis *Erasmus*^{1} : -tus **Ω**

runt, fluminum iustorum ac perennium magnitudinem
4 excedunt. idem credibile est fieri et in procellis, ut breues
sint quamdiu singulae sunt; ubi uero sociauere uires et ex
pluribus caeli partibus elisus spiritus eodem se contulit,
5 et impetus illis accedit et mora. facit ergo uentum reso-
luta nubes, quae pluribus modis soluitur: nonnumquam
conglobatio[nem] illam spiritus rumpit, nonnumquam in-
clusi et in exitum nitentis luctatio, nonnumquam calor,
quem modo sol facit modo ipsa arietatio uagorumque in-
ter se corporum adtritus.

13.1 Hoc loco, si tibi uidetur, quaeri potest cur turbo fiat.
euenire in fluminibus solet ut, quamdiu sine impedi-
mento feruntur, simplex et rectum illis iter sit, ubi incu-
currerunt in aliquod saxum aut latus ripae prominens, re-
torqueantur et in orbem aquas sine exitu flectant, ita ut
2 circumlata in se sorbeantur et uerticem efficiant. sic uen-
tus, quamdiu nihil obstitit, uires suas effundit, ubi aliquo
promunturio repercussus est, aut locorum coeuntium

Ω = **Z** δ(=**ABV**) ϑ(=**FH**) π(=**PRUW**)]

211 iustorum **B**^{c}**DES** : ist- **Ω** ‖ **212** credibile est fieri **Ψ** : f- c- e- **Z** | et in procellis *om.* **δ** | in **Zϑ** : *om.* **π** ‖ **213** sunt **ZδRU** : sint **ϑPW** ‖ **217** conglobatio *Axelson*[1] : -ionem **Ω** ‖ **219** arietatio **Z**^{1}**Ψ** : artatio **Z**^{c} | uagorumque *Alexander* : uagorum *Leo, Kroll* : magnorumque **ZL**^{2} : magnorum **Ψ** : impactorum *Schultess*[2] : aridorum *Gercke in app.* : inaequorum *Garrod*[2] (*conl. 5.12.1*) ‖ **219–220** uagorumque – adtritus *del. G. Müller 39* ‖ **220** adtritus **Zϑπ** : et a- **δ** : adtritu *Schultess*[2] : *del. Garrod*[2] ‖ **223–224** incucurrerunt **Z** (*cf. Dial. 9.12.3, Ep. 67.9, 96.1*) : incurrerunt **Hπ** (*cf. Dial. 5.11.4, ubi* incucurr- *coni. Reynolds*) : incurrerint **δ** : incurrerit **F** ‖ **224** aut **Z** (*cf. Parroni*[3]) : ad **Ψ** ‖ **228** promunturio **Z** (*cf. 3.27.9, Axelson*[1]) : promun(c)torio **Bπ** :

⟨angustiis⟩ in canalem deuexum tenuemque coniectus,
saepius in se uolutatur, similemque illis quas diximus con-
uerti aquis facit uerticem. hic uentus circumactus et 3
eundem ambiens locum ac se ipsa uertigine concitans
turbo est. qui si pugnacior est ac diutius uolutatus, in-
flammatur et efficit quem πρηστῆρα Graeci uocant: hic
est igneus turbo. †haec† fere omnia pericula uenti erupti
nubibus produnt, quibus armamenta rapiantur et totae
naues in sublime tollantur.

Etiamnunc quidam uenti diuersos ex se generant et 4
impulsum aëra in alias quoque partes quam in quas ipsi
inclinauere dispergunt. illud quoque dicam quod mihi
occurrit: quemadmodum stillicidia, quamuis iam incli-
nent se et labantur, nondum tamen effecere lapsum, sed
ubi plura coiere et turba uires dedit, tunc fluere et ire di-
cuntur: sic quamdiu leues sunt aëris motus agitati pluri-
bus locis, nondum uentus est; tunc esse incipit cum om-

Ω = **Z** **δ**(= **ABV**) **ϑ**(= **FH**) **π**(= **PRUW**)]

promontorio **AVϑ** | aut ⟨ui⟩ **δ** : aut ⟨arto⟩ *Gercke in app.* : aut ⟨obiectu⟩ *Parroni*[3] *45–46*

229 *suppl. Skutsch* | coniectus *Hine*[14] (*cf.* *6.20.4, 7.27.6*) : collectus **Ω** ‖ **231** facit **Ψ** : efficit **Z** (*cf.* *234*) ‖ **234** quem (quod **U**) **Ω** | *πρηστῆρα Erasmus*[1] : prestera **ZL**[2]**ϑU** : prestam **δ** : postam **P** : postera **R** : presta **W** ‖ **235** ha(e)c (hic **B**[c]) **Ω** : et *Axelson*[1] : ac *Vottero*[3] : hinc **cod. Nicotianus** : sic *Gercke* | omnia ⟨maritima⟩ *uel* ⟨marina⟩ *Watt* ‖ **236** nubibus **Z** (*cf.* *3.7.3*) : de n- **Ψ** (*cf.* *Manil.* *4.589–590*) | produnt **ZVϑπ** : -deunt **AB** : praebent *Axelson*[1], *fort. recte* : producunt *Watt* | ⟨ut⟩ quibus *Axelson*[1] ‖ **241–242** inclinent (decl- **R**) **δϑρW** : -nant **ZL**[2]**U** ‖ **242** effecere **ZϑP**[c] : effic- **π** : effix- **δ** ‖ **243** coiere (coire **BW**) **Ψ** : eodem coiere **L**[2] : eodem coire **Z**

nes illos miscuit et in unum impetum contulit. spiritum a
uento modus separat: uehementior enim spiritus uentus
est, inuicem spiritus leuiter fluens aër.
14.1 Repetam nunc quod in primo dixeram, edi e specu
uentos recessuque interiore terrarum. non tota solido
contextu terra in imum usque fundatur, sed multis parti-
bus caua et 'caecis suspensa latebris' ⟨aliubi aquis abun-
2 dat,⟩ aliubi habet inania sine umore. ibi etiamsi nulla lux
discrimen aëris monstrat, dicam tamen nubes nebulasque
in obscuro consistere. nam ne haec quidem supra terras
quia uidentur sunt, sed quia sunt uidentur: illic quoque
nihilo ob id minus sunt quod non uidentur. flumina illic
scias licet nostris paria sublabi, alia leniter ducta, alia in
confragosis locis praecipitando sonantia. quid ergo? non
illud aeque dabis, esse aliquos et sub terra lacus, et quas-
3 dam aquas sine exitu stagnare? quae si ita sunt, necesse

249 in primo] 5.4 (uide Gross 313–314) || **252** Ou. *Met.* 1.388

Ω = Z δ(=ABV) ϑ(=FH) π(=PRUW)]

246 miscuit **Ψ** : miscunt **Z** || **248** leuiter **ZU** (*cf. 5.1.1, 5.9.1, 5.13.4*) : leniter **δϑϱW** || **249** quod **Zϑ** : qu(a)e **δπ** || **252** suspensa **Ω** : obscura *Ouid.* || **252–253** ⟨aliubi abundat aquis⟩ *suppl. Vottero*[3], *uerborum ordinem mutaui clausulae causa* : ⟨aliubi aquis plena⟩ *Haase* || **253** aliubi **ZH**$\mathbf{P}^{1}$: alia **δ** : alibi **F** : alicubi **RW**, $\mathbf{P}^{c}$ *in mg.* : aut ubi **U** || **255** supra **Zδ** : super **ϑπ** | terras ⟨quae uidentur⟩ *suppl. Garrod*[2] || **257** nichil obit minus **Z** : n- m- ob id **ϑπ** : n- m- ob hoc **V** : nichilo m- (illic quoque *hic habet* **B**) ob hoc **AB** | sunt **δW** : sint **ZϑϱU** | quod non **ϑPU** : quia non **δW** : que non **R** : non quod **Z** || **260** illud **Ψ** : i- quoque **Z**

est et illud, aëra onerari, oneratumque incumbere, et uen-
tum propulsu suo concitare. et ex illis ergo subterraneis
nubibus sciemus nutriri inter obscura flatus dum tantum
uirium fecerint quanto aut terrae obstantiam auferant,
aut aliquod apertum ad hos efflatus iter occupent, et per
hanc cauernam in nostras sedes efferantur. illud uero ma- 4
nifestum est, magnam esse sub terris uim sulphuris et
aliorum non minus ignem alentium. per haec loca cum se
exitum quaerens spiritus torsit, accendat flammam ipso
adfrictu necesse est, deinde flammis latius fusis, etiam si
quid ignaui aëris erat, extenuatum moueri et uiam cum
fremitu uasto atque impetu quaerere. sed haec diligentius
persequar cum quaeram de motibus terrae.

Nunc mihi permitte narrare fabulam. Asclepiodotus 15.1
auctor est demissos complures a Philippo in metallum an-
tiquum olim destitutum, ut explorarent quae ubertas eius
esset, quis status, an aliquid futuris reliquisset uetus aua-
ritia; descendisse illos cum multo lumine et multos dura-
turo dies, deinde longa uia fatigatos uidisse flumina in-

274 quaeram] 6.12 sqq.

Ω = **Z** **δ**(=**ABV**) **ϑ**(=**FH**) **π**(=**PRUW**)]

262 est **δU**, **P** *u. l.* : *om.* **Zϑ**$\mathbf{P}^{1}$**RW** | et (*om.* **U**) illud **Ψ** : illud (a- $\mathbf{Z}^{1}$) quoque **Z** : et illic *G. Müller 40* || **264** dum *Haase* : cum **Ω** : qui cum *Garrod*^{2} || **265** fecerint $\mathbf{A}^{1}$**BU** : -runt **Z**$\mathbf{A}^{c}$**Vϑϱ W** : ceperint *Alexander* | auferant **AϑP** : -at **BVRυ** : afferant **Z** || **266** et *del. Garrod*^{2} || **271** affrictu **cod. Nicotianus** (*cf. 2.23.2*) : adflĩctu **Z** : astrictu **AVϑπ** : attritu **B** | deinde **Ψ** : diñ **Z** || **275** asclepiodotus *uel sim.* **Ψ** : principium a- **Z** (*cf. 4b.13.3 app.*) || **276** complures **Z** : quam plurimos **Ψ** || **278** aliquid **Ψ** : -quis **Z**

gentia et conceptus aquarum inertium uastos, pares
nostris, ne compressos quidem terra superimminente, sed
2 liberae laxitatis, non sine horrore uisos. cum magna hoc
legi uoluptate. intellexi enim saeculum nostrum non
nouis uitiis sed iam inde antiquitus traditis laborare, nec
nostra aetate primum auaritiam uenas terrarum lapidum-
que rimatam in tenebris male abstrusa quaesisse. illi
maiores nostri quos celebramus laudibus, quibus dissimi-
les esse nos querimur, spe ducti montes ceciderunt, et su-
3 pra lucrum sub ruina steterunt. ante Philippum Macedo-
num regem fuere qui pecuniam in altissimis usque
latebris sequerentur et recto spiritu liberoque in illos se
demitterent specus in quos nullum perueniret noctium
dierumque discrimen. a tergo lucem relinquere quae
tanta spes fecit? quae tanta necessitas hominem ad sidera
erectum incuruauit et defodit, et in fundum telluris inti-
mae mersit, ut erueret aurum non minore periculo quae-

Ω = **Z** **δ**(=**ABV**) **ϑ**(=**FH**) **π**(=**PRUW**)]

282 ne **Z**, *ut coni. Gronouius*[2] : nec (neque **W**) **L**[2]**Ψ** | superinminente **Z**, *ut coni. Gronouius*[2] : superemin- **Ψ** || **287** mala *Gertz*[2], *sed Axelson*[1] *confert Ben. 7.10.4* | abstrusa **Zϑϱ** : obstr- **δυ** || **290–291** macedonum **P**[1]**R** : -nem **ZL**[2]**ϑυ**, **P** *u. l.* : -nes **δ** : -numque *Castiglioni*[2] | Macedonem reges *del. Castiglioni*[5] *200* || **291** regem *Gercke* : -es **Ω** : *del. Leo* || **291–292** altissimis … latebris **Ω** : -as … -as *Koeler* || **292** ⟨reiecto⟩ recto *Gemoll*[2] | relicto spiritu libero[que] *Fortunatus* || **293** demitterent **AB** : dim- **ZVϑπ** || **293–294** perueniret noctium dierumque **Z** : n- d- p- **Ψ**, *numero minus bono* || **294** a tergo **AVϑπ** : at ergo **ZB** : ⟨et⟩ a tergo *Fortunatus* | relinquere (-quorum **W**[1], *ut uid.*) **ZδϑPυ** : reliquere **R**, *ut coni. Rossbach*[3] *942 addito puncto* : relinquerent *Erasmus*[1] || **295** tanti spes *Haase* | fecit *Watt* : fuit **Ω** : iussit *Schultess*[2]

rendum quam possidendum? propter hoc cuniculos egit 4
et circa praedam lutulentam incertamque reptauit oblitus dierum, oblitus rerum naturae melioris a qua se auertit. ulli ergo mortuo tam grauis terra est quam istis supra quos auaritia ingens terrarum pondus iniecit, quibus abstulit caelum, quos in imo, ubi illud malum uirus latitat, infodit? illo descendere ausi sunt ubi nouam rerum positionem, terrarum pendentium habitus uentosque per caecum inanes experirentur, et aquarum nulli fluentium horridos fontes, et altam perpetuamque noctem. deinde cum ista fecerunt inferos metuunt!

Sed ut ad id de quo agitur reuertar, uenti quattuor 16.1
sunt, in ortum occasum meridiem septemtrionemque diuisi. ceteri, quos uariis nominibus appellamus, his adplicantur.

eurus ad auroram Nabataeaque regna recessit
Persidaque et radiis iuga subdita matutinis.
uesper et occiduo quae litora sole tepescunt
proxima sunt zephyris. Scythiam septemque triones
horrifer inuasit boreas; contraria tellus
nubibus adsiduis pluuioque madescit ab austro.

313–318 Ou. *Met.* 1.61–66

Ω = **Z** **δ**(=**ABV**) **ϑ**(=**FH**) **π**(=**PRUW**)]

300 deorum *Pincianus* || **301** tam grauis terra **Z** : t- tam g- **Ψ** || **305** ⟨im⟩pendentium *Skutsch* (*sed cf. 6.19.2, OLD s. pendeo 6b*) || **305–306** per c(a)ecum inanes **Ψ** : i- p- c- **Z** : p- c- inane **Cam.DEST** : per caecum immanes *Gercke in app.* || **306** nulli **Ψ** : illic nulli **Z** || **307** altam **δϑυ**, *fort.* **Z**[c] : alteram **Z**[1]**ϱ** || **316** zephyris (*uel* -iris) **ZδHπ** : zefiro **F** : zephiro *Ouid.*

2 uel si breuius illos complecti mauis, in unam tempestatem, quod fieri nullo modo potest, congregentur:

> una eurusque notusque ruunt creberque procellis
> africus,

et, qui locum in illa rixa non habuit, aquilo.

3 Quidam illos duodecim faciunt. quattuor enim caeli partes in ternas diuidunt et singulis uentis binos subpraefectos dant. hac arte Varro, uir diligens, illos ordinat, nec sine causa. non enim eodem semper loco sol oritur aut occidit, sed alius est ortus occasusque aequinoctialis (bis autem aequinoctium est), alius solstitialis, alius hibernus.
4 qui surgit ab oriente aequinoctiali, subsolanus apud nos dicitur, Graeci illum ἀφηλιώτην uocant. ab oriente hiberno eurus exit, quem nostri uocauere uolturnum. T. Liuius hoc illum nomine appellat in illa pugna Romanis parum prospera, in qua Hannibal et contra solem orientem exercitum nostrum et contra uentum constitu-

321–322 Verg. *Aen.* 1.85–86 || **333** Liu. 22.43.10, 22.46.9

Ω = Z δ(=ABV) ϑ(=FH) π(=PRUW)]

320 quod **Ψ** : *om.* **Z** || **321** creberque **ZL^{2}Vϑ**, *Verg.* : crebrisque **ABπ** || **323** in **ZL^{2}δR** : *om.* **ϑPυ** || **327** eodem semper loco sol **ZHPW** : se- e- l- sol **F** : e- l- se- sol (sol se- **B**) **δRU** || **329** hibernus (-rinus **U**) **ϑπ** : -rnis **Z** : -rnalis **δ** || **331** *ἀφηλιώτην Muretus* (*ἀπηλιώτην Fortunatus*) : ap(h)elioten **δ** : -loten (-lotem **W**) **Zϑπ** || **332** *εὖρος Vottero^2 331* | uolturnum **Z** (*cf. Liu. 22.43.10, 22.46.9, al.*) : uult- **Ψ** || **333** T. *Gertz^1 20* (*cf. 5.18.4, Ben. 7.6.1, Dial. 3.20.6, 9.9.5, Ep. 100.9*) : et **Ω** || **335–336** constitutum *Skutsch* (*uide Gercke-Norden 64*) : constituit. tum (cum **H^1**, *ut uid.*) **ZABϑυ** : constituit cum **ϱ** : instituit. tum **V**

tum uenti adiutorio ac fulgoris praestringentis oculos ho-
stium uicit. Varro quoque hoc nomen usurpat, sed et
eurus iam ciuitate donatus est, et nostro sermoni non
tamquam alienus interuenit. ab oriente solstitiali excita-
tum καικίαν Graeci appellant, apud nos sine nomine est.
aequinoctialis occidens fauonium mittit, quem zephyrum 5
esse dicent tibi etiam qui graece nesciunt loqui. a solsti-
tiali occidente corus uenit, qui apud quosdam argestes di-
citur. mihi non uidetur, quia cori uiolenta uis est et in
unam partem rapax, argestes fere mollis est, et tam eunti-
bus communis quam redeuntibus. ab occidente hiberno
africus, furibundus et ruens, apud Graecos λίψ dicitur. a 6
septemtrionali latere summus est aquilo, medius septem-
trio, imus θρᾳκίας: huic deest apud nos uocabulum. a
meridiano axe εὐρόνοτος est; deinde νότος, latine aus-
ter; deinde λευκόνοτος, qui apud nos sine nomine est.
Placet autem duodecim uentos esse non quia ubique 17.1

Ω = **Z δ**(=**ABV**) **ϑ**(=**FH**) **π**(=**PRUW**)]

336 fulgoris **δϑPW** : -guris **RU** : frigoris **Z** || **339** interuenit **ZL**²**δ** : inu- **ϑπ** || **340** *καικίαν Erasmus*¹ : kaiekian **Z**ᶜ**AHϱ** : kaiekiam **Z**¹**FU** : raieriad **B** : raieriat **V** : kagiam **W** || **343** argestes **U**, *ut coni. Erasmus*¹ : ergastes **Zϑϱ W** : ergates **δ** || **345** argestes *Erasmus*¹ : ergastes **Zϑπ** : ergates **δ** || **347** *λίψ Fortunatus* : lips (libs **AV** : lippus **W**) **Ω** || **349** imus **AVϑϱW** : unus **ZBU** | *θρᾳκίας Gercke* : t(h)rac(h)ias **ZAϑπ** : itacias **B** : trahias **V** : Thrascias *Erasmus*² : *θρασκίας Fickert* || **350** *εὐρόνοτος Gercke* : euronot(h)us (-thonus **B**) **Ω** | *νότος Gercke* : not(h)us **Ω** | latine **ZB** : est latine **AVϑπ** : *fort.* est, latine || **351** deinde – est *in mg.* **Z** | *λευκόνοτος Gercke* : leuc(h)onot(h)us **Zϑπ** : austronothus **δ**

tot sint (quosdam enim terrarum inclinatio excludit), sed
quia nusquam plures sunt. sic casus sex dicimus non quia
omne nomen sex recipit, sed quia nullum plures quam
2 sex. qui duodecim uentos esse dixerunt, hoc secuti sunt,
totidem uentorum esse quot caeli discrimina. caelum au-
tem diuiditur in circulos quinque qui per mundi cardines
eunt: est septemtrionalis, est solstitialis, est aequinoctia-
lis, est brumalis, est contrarius septemtrionali. his sextus
accedit qui superiorem partem mundi ab inferiore secer-
nit; ut scis enim, dimidia pars mundi semper supra, dimi-
3 dia infra est. hanc lineam quae inter aperta et occulta est
[id est hunc circulum] ὁρίζοντα Graeci uocant, nostri fi-
nitorem dixerunt, alii finientem. adiciendus est adhuc
meridianus circulus, qui horizonta rectis angulis secat. ex
his quidam circuli in transuersa currunt et alios inter-
uentu suo scindunt. necesse est autem tot aëris discrimina
4 esse quot partes. ergo horizon siue finiens circulus quin-
que illos orbes quos modo dixi fieri scindit, et efficit de-
cem partes, quinque ab ortu, quinque ab occasu. meridia-

Ω = **Z** **δ**(=**ABV**) **ϑ**(=**FH**) **π**(=**PRUW**)]

353 sint **Ω** : sunt **L**[1]**O**, *ut coni. Gertz*[1] *163* (*cf.* **355** recipit) | terrarum inclinatio **Z** : i- t- **Ψ**, *numero minus bono* || **354** nusquam plures **Z** : p- n- **ϑπ** : *plura om.* **δ** || **359** est[1] **Ψ** : et **Z** || **364** id est hunc circulum **Zϑπ** : hunc scilicet circulum **δ** : *om. ed. Ven.*[1] | *ὁρίζοντα Fortunatus* : (h)orizonta (-zimata **F**[1], -zimta **F**[c]) **Ω** | horizonta greci **Z** : g- or- **Ψ**, *numero minus bono* || **365** dixerunt **Zϑπ** : esse d- **δ** | alii finientem *del. Courtney* || **366** *ὁρίζοντα Gercke* (*et sim. infra* **369** *et* **372**) || **367** quidam **Ω** : V *uel* VI quidem *Gercke in app.* | ⟨alii⟩ alios *Gercke* : illos *Castiglioni ap. Oltramare* || **370** scindit **Z**[c]**ST** : secat **AB** : *om.* **Z**[1]**Vϑπ**

nus circulus, qui in horizonta concurrit, regiones duas
adicit. sic duodecim aër discrimina accipit et totidem fa-
cit uentos.
Quidam sunt quorundam locorum proprii, qui non 5
transmittunt sed in proximum ferunt. non est illis a latere
uniuersi mundi impetus: atabulus Apuliam infestat, Ca-
labriam iapyx, Athenas sciron, Pamphyliam crageus, Gal-
liam circius, cui aedificia quassanti tamen incolae gratias
agunt, tamquam salubritatem caeli sui debeant ei; diuus
certe Augustus templum illi, cum in Gallia moraretur, et
uouit et fecit. infinitum est si singulos uelim persequi:
nulla enim propemodum regio est quae non habeat ali-
quem flatum ex se nascentem et circa se cadentem.
Inter cetera itaque prouidentiae opera hoc quoque ali- **18.**1
quis ut dignum admiratione suspexerit: non enim ex una
causa uentos aut inuenit aut per diuersa disposuit, sed
primum ut aëra non sinerent pigrescere, sed adsidua
uexatione utilem redderent uitalemque tracturis, deinde 2
ut imbres terris subministrarent, idemque nimios com-
pescerent. nam modo adducunt niues modo deducunt, ut
per totum orbem pluuiae diuidi possint: in Italiam auster
impellit, aquilo in Africam reicit, etesiae non patiuntur
apud nos nubes consistere; idem totam Indiam et Aethio-
piam continuis per id tempus aquis inrigant. quid quod 3

Ω = **Z** **δ**(=**ABV**) **ϑ**(=**FH**) **π**(=**PRUW**)]

372 concurrit **ϑπ** : cun- **Z** : in- **δ** ‖ **378** crageus *G. Müller 40 (nam 'cragreus' typographi error est, ut uidetur; Müller confert Plin. Nat. 5.98, 100)* : chagreus **Zϑϱ W** : chagreis (-ris **B**) **δ** : chagerus **U** : cataegis *Fortunatus* ‖ **380** salubritatem (celebr- $\mathbf{W}^{1}$) **Ψ** : -bretatem **Z** ‖ **392** possint $\mathbf{ZL}^{2}\boldsymbol{\delta}$: -ent **ϑπ** ‖ **394** totam $\mathbf{ZL}^{2}\mathbf{H}$: per t- **δFπ**

fruges percipi non possent nisi flatu superuacua inmixta
seruandis uentilarentur, nisi esset quod segetem excitaret
et latentem frugem ruptis uelamentis suis (folliculos agri-
4 colae uocant) adaperiret? quid quod omnibus inter se po-
pulis commercium dedit et gentes dissipatas locis mis-
cuit? ingens naturae beneficium, si illud in iniuriam
suam non uertat hominum furor! nunc quod de C. Mario
uulgo dictum est, et a Tito Liuio positum, in incerto esse
utrum illum magis nasci an non nasci ex re publica fue-
rit, dici etiam de uentis potest. adeo quidquid ex illis
utile et necessarium est, non potest his repensari quae in
5 perniciem suam generis humani dementia excogitat. sed
non ideo non sunt ista natura bona, si uitio male uten-

402–405 Liu. lib. 80 (cf. *Periochae* 80) fr. 48 Weissenborn-Müller, fr. 20 Jal (cf. Hine[1])

Ω = Z δ(=ABV) ϑ(=FH) π(=PRUW)]

396 percipi non possent (*cf. OLD s. 'percipio' 1*) **Zϑπ** : inciperentur **AV** : excipientur **B** : percoqui non possent *Gercke* | inmixta *Gertz[2] 356* : et mixta (-tis **U**) **Ω** : admixta *Muretus* : mixta *Haase* ‖ **398** folliculos **Z** : qu(a)e f- **Ψ**, *fort. recte* ‖ **402** de C. Mario *Hine[1], Jal 253–256, post Oltramare[1] 30* : de ·G· marior **Z** : decens maiori **AVϑPU** : de cesare maiori **RW** : de cesare olim maiore **B** ‖ **403** uulgo **Ψ** : uolgo **Z** (*cf. 6.2.7*) | dictum est **Z** : dictatum est **δπ** : *om.* **ϑ** : dictitatum est *Erasmus[1]* (*cf. Hine[8]*) ‖ **404–405** illum magis nasci an non nasci ex re publica fuerit **Z** : illum magis nasci reipublice profuerit **ϑ** : illum magis nasci rei publice an non nasci profuerit (p(ublice) *post* non nasci $\mathbf{P}^{1}$) $\mathbf{P}^{c}$**RU** : illum magis nasci profuerit $\mathbf{W}^{1}$: magis r. p. eum nasci profuerit an non nasci **A** : magis profuerit rei p. (r. p. profuerit **B**) eum nasci an non nasci **BV** ‖ **407** sed **Ω** : scilicet *Gercke in app.*

tium nocent. non in hoc prouidentia ac dispositor ille
mundi deus aëra uentis exercendum dedit et illos ab
omni parte, ne quid esset situ squalidum, effudit, ut nos
classes partem freti occupaturas compleremus milite ar-
mato, et hostem in mari aut post mare quaereremus. quae 6
nos dementia exagitat et in mutuum componit exitium?
uela uentis damus bellum petituri et periclitamur periculi
causa, incertam fortunam experimur, uim tempestatum
nulla ope humana superabilem et mortem sine spe sepul-
turae. non erat tanti si ad pacem per ista ueheremur: 7
nunc cum euaserimus tot scopulos latentes et insidias ua-
dosi maris, cum effugerimus procellosos desuper montes,
per quos praeceps in nauigantes uentus inpingitur, cum
inuolutos nubilo dies et nimbis ac tonitribus horridas
noctes, cum turbinibus diuolsa nauigia, quis erit huius la-
boris ac metus fructus, quis nos fessos tot malis portus ex-
cipiet? bellum scilicet et obuius in litore hostis et trucid-
andae gentes tracturaeque magna ex parte uictorem et
antiquarum urbium flamma. quid in arma cogimus popu- 8
los? quid exercitus scribimus derecturos aciem in mediis
fluctibus? quid maria inquietamus? parum uidelicet ad
mortes nostras terra late patet! nimis delicate fortuna nos
tractat, nimis dura nobis dedit corpora, felicem ualetudi-
nem, non depopulatur nos casus incurrens, emetiri cui-

Ω = **Z δ**(=**ABV**) **ϑ**(=**FH**) **π**(=**PRUW**)]

410 deus *del. Michaelis*^{2} || **414** componit **ZA**^{1}**ϑπ** : -pellit **BV**, **Λ** *u. l.* || **423** diuolsa **Z** : -uulsa **Ψ** (*cf. 6.24.6*) | huius **ZL**^{2}**ϑ** : in eis **AB** : in eius **Vπ** || **426** magna ex **ϑπ** : ex m- **Zδ** || **428** directuros **Ω** || **431** nobis dedit **Z** : d- n- **Ψ** | *fort.* ⟨nimis⟩ felicem

que annos suos ex commodo licet, et ad senectutem de-
currere! itaque eamus in pelagus et uocemus in nos fata
cessantia.
9 Miseri, quid quaeritis? mortem, quae ubique superest?
petet illa uos et ex lectulo, sed innocentes petat; occupa-
bit uos in uestra domo, sed occupet nullum molientes
malum. hoc uero quid aliud quis dixerit quam insaniam,
circumferre pericula et ruere in ignotos, iratum sine iniu-
ria occurrentia deuastantem, ac ferarum more occidere
quem non oderis? illis tamen in ultionem aut ex fame
morsus est: nos sine ulla parsimonia nostri alienique san-
guinis mouemus manum et nauigia deducimus, salutem
committimus fluctibus, secundos optamus uentos, quo-
10 rum felicitas est ad bella perferri. quousque nos mala no-
stra rapuerunt? parum est intra orbem suum furere. sic
Persarum rex stolidissimus in Graeciam traiciet, quam
exercitus non uincet cum impleuerit. sic Alexander ulte-
riora Bactris et Indis uolet, quaeretque quid sit ultra ma-
gnum mare, et indignabitur esse aliquid ultimum sibi.
sic Crassum auaritia Parthis dabit; non horrebit reuocan-
tis diras tribuni, non tempestates longissimi maris, non
circa Euphraten praesaga fulmina et deos resistentes: per
hominum et deorum iras ad aurum ibitur.

Ω = **Z** **δ**(=**ABV**) **ϑ**(=**FH**) **π**(=**PRUW**)]

437 uos **ZVϑυ** : nos **ABϱ** || **438** uos **ϑπ** : nos **Zδ** | uestra **Zϑπ** : nostra **δ** || **448** traiciet *Haase* : traiecit (trans- **V**) **Ω** || **449–450** ulteriora *Gercke in app.* : -ior **Ω** || **450** uolet **Ω** : uadet *Leo* : uoluet *Shackleton Bailey* : ⟨noscere⟩ uolet *Watt* (*malim* Alexander ⟨noscere⟩) || **453** diras (iras **W**^{1}) **Ψ** : minas **Z** (*cf.* 455) || **454** fulmina **δHπ** : flum- **ZF** || **455** et **Ψ** : ac **Z** | iras **Ψ** : minas **Z** (*cf.* 453)

Ergo non inmerito quis dixerit rerum naturam melius 11
acturam fuisse nobiscum, si uentos flare uetuisset et inhi-
bito discursu furentium in sua quemque terra stare iussis-
set. si nihil aliud, certe suo quisque tantum ac suorum
malo nasceretur: nunc parum mihi domestica; externis
quoque laborandum est. nulla terra tam longe remota est, 12
quae non emittere aliquod suum malum possit. unde scio
an nunc aliquis magnae gentis in abdito dominus, fortu-
nae indulgentia tumens, non contineat intra terminos
arma, an paret classes ignota moliens? unde scio hic mihi
an ille uentus bellum inuehat? magna pars erat pacis hu-
manae maria praecludi.

Non tamen, ut paulo ante dicebam, queri possumus de 13
auctore nostri deo, si beneficia eius corrupimus, et ut es-
sent contraria effecimus. dedit ille uentos ad custodien-
dam caeli terrarumque temperiem, ad euocandas suppri-
mendasque aquas, ad alendos satorum atque arborum
fructus, quos ad maturitatem cum aliis causis adducit
ipsa iactatio adtrahens cibum in summa et ne torpeant
permouens. dedit uentos ad ulteriora noscenda: fuisset 14
enim imperitum animal et sine magna experientia rerum
homo, si circumscriberetur natalis soli fine. dedit uentos

468 paulo ante] § 5

Ω = **Z** **δ**(=**ABV**) **ϑ**(=**FH**) **π**(=**PRUW**)]

457–458 inhibito **L**[2]**δϑρU** : inhabito **Z** : in nichilo habito **W** || **462** suum malum **AVHπ** : m- s- **ZBF** || **465** moliens **Ψ** : cupiens **Z** || **466** inuehat *Koeler* : -het (-hes **U** : -heet **W**) **Ω** || **469** auctore **Ψ** : act- **Z** | corrupimus *Haase* : corrump- **Ω** || **470** effecimus *Fickert in app.* : effic- **Ω** || **471** ad **Zϑ** : et ad **δπ**

ut commoda cuiusque regionis fierent communia, non ut
legiones equitemque gestarent, nec ut perniciosa gentium
15 arma transueherent. si beneficia naturae utentium praui-
tate perpendimus, nihil non nostro malo accepimus: cui
uidere expedit, cui loqui? cui non uita tormentum est?
nihil inuenies tam manifestae utilitatis quod non in con-
trarium transeat culpa. sic uentos quoque natura bono fu-
16 turos inuenerat: ipsi illos contrarios fecimus. omnes in
aliquod nos malum ducunt. non eadem est his et illis
causa soluendi, sed iusta nulli: diuersis enim inritamentis
ad temptandum mare impellimur; utique alicui uitio
nauigatur. egregie Platon dicit, qui nobis circa exitum
iam testium loco dandus est, minima esse quae homines
emant uita. immo, Lucili carissime, si bene illorum furo-
rem aestimaueris, id est nostrum (in eadem enim turba
uolutamur), magis ridebis cum cogitaueris uitae parari in
quae uita consumitur.

489–491 Platonis locus aut deperditus aut tam breuiter tactus ut uix dinoscatur (Hall confert *Resp.* 520C, 586A–B)

Ω = **Z** **δ**(=**ABV**) **ϑ**(=**FH**) **π**(=**PRUW**)]

479 gentium **Zϑπ** (*cf. Löfstedt*[1] *2.466*) : ciuium **δ** : gentibus *Muretus* : gerentibus *Schultess*[2] : ⟨quouis⟩ gentium *Skutsch* : quaerentium *Castiglioni*[2] : gentes *Vottero* || **484** bono **Zϑϱ** : -os **δυ** || **488** mare *Pincianus* : re **Z** : ire **Ψ** | utique **δ** : utque **ZϑP** : ut que **υ** : ubique **R** || **489** platon **Z** : plato **Ψ** || **490** minimi *Gronouius*[2], *sed Salmasius teste Gronouio*[4] || **491** carissime **V** : kar- **ZABϑπ**

Explicit liber IIIIus de uentis **Z** : Explicit IIIIus **V** : lucii annei senecae naturalium questionum ad lucilium iuniorem de uentis liber IIIIus explicit **H** : Explicit liber secundus **R** : Explicit liber Vus **W** : *om.* **ABFPU**

L. ANNAEI SENECAE

NATVRALIVM QVAESTIONVM

LIBER SEXTVS QVI FERTVR

De terrae motu

Pompeios, celebrem Campaniae urbem, in quam ab al- 1.1
tera parte Surrentinum Stabianumque litus, ab altera
Herculanense conueniunt, et mare ex aperto reductum
amoeno sinu cingunt, consedisse terrae motu uexatis
quaecumque adiacebant regionibus, Lucili uirorum op-
time, audiuimus, et quidem hibernis diebus, quos uacare
a tali periculo maiores nostri solebant promittere. Nonis 2
Februariis hic fuit motus [Regulo et Verginio consulibus]

Ω = Z δ(=ABV) ϑ(=FH) π(=PRUW)]

1–4 Incipit liber V de terre motu **Z** : Incipit VI **A** *in mg.* : incipit quintus de naturalibus questionibus **V** : Incipit Vus de terrae motu **H** : Liber IIIus incipit de terremotu **P** : Incipit liber tertius de terremotu **R** : Incipit liber tertius senece naturalium questionum (Terre motus et concussio *add. in mg.*) **U** : Incipit liber VI **W** : *om.* **BF** : *de uero libri numero uide Praefationem pp. XXII–XXV* || **7** herculanense **ϑπ** : herculanem se **Z** : autem (uero **B**) calcedonense **δ** | reductum **Ψ** : redactum $\mathbf{Z}^c$: *quid* $\mathbf{Z}^1$, *incertum* || **8** terr(a)e motu **Ψ** : m- t- **Z** || **9–10** optime $\mathbf{Z}^c$**Ψ** : optume $\mathbf{Z}^1$, *fort. recte* (*cf. c. 32.1, Dial. 9.3.1, 9.3.6, Ep. 104.31*) || **12** hic fuit motus regulo et uerginio consulibus **Ψ** : regulo et uerginio rufo consulibus hic fuit motus **Z** : hic fuit motus **ST** : Regulo et Verginio consulibus *interpolationem esse primus suspica-*

qui Campaniam, numquam securam huius mali, indem-
nem tamen et totiens defunctam metu, totam magna
strage uastauit. nam et Herculanensis oppidi pars ruit,
dubieque stant etiam quae relicta sunt, et Nucerinorum
colonia ut sine clade ita non sine querela est; Neapolis
quoque priuatim multa, nihil publice amisit, leuiter in-
genti malo perstricta. uillae uero prorutae, passim sine
3 iniuria tremuere. adiciuntur his illa: sexcentarum ouium
gregem exanimatum, et diuisas statuas; motae post hoc
mentis aliquos atque inpotentes sui errasse.

Quorum ut causas excutiamus, et propositi operis con-
4 textus exigit et ipse in hoc tempus congruens casus. quae-
renda sunt trepidis solacia, et demendus ingens timor.
quid enim cuiquam satis tutum uideri potest, si mundus
ipse concutitur et partes eius solidissimae labant, si quod
unum inmobile est in illo fixumque, ut cuncta in se in-
tenta sustineat, fluctuatur, si quod proprium habet terra
perdidit, stare? ubi tandem resident metus nostri? quod
corpora receptaculum inuenient, quo sollicita confugient,

Ω = **Z** δ(=**ABV**) ϑ(=**FH**) π(=**PRUW**)]

tus est Jonas 53–54 | uerginio **ZL^2H** : urigrino **δ** : unginio **F** : unguo (-uuo **P^1**) **ϱ** : signio **U** : unguno **W**

13 securam huius mali **Ψ** : h- m- s- **Z** || **14** totam *Chauvin* : toto **Z** : *om.* **Ψ** : tanto *Russell ap. Hine*[4] *192* || **18** nihil publice **Z** : p- n- **Ψ** || **19** perstricta **Zϑπ** : pre- **δ** : *fort.* stricta, *clausulae causa* | prorut(a)e **ZHPU** : prerupte **δ** : prorupte **FW** : perrupte **R** : ⟨multifariam⟩ prorutae *Oltramare*[1] *41* : ⟨plurimae⟩ *uel* ⟨nonnullae⟩ pro- *Hine*[14] : ⟨hic illic⟩ *uel* ⟨paucae⟩ pro- *Watt per litteras* || **29** fluctuatur **ϑϱU** : -at **δW** : fructuatur **Z** || **31** confugiant *Castiglioni*[2]

si ab imo metus nascitur et funditus trahitur? consterna- 5
tio omnium est ubi tecta crepuerunt et ruina signum de-
dit. tunc praeceps quisque se proripit et penates suos de-
serit ac se publico credit. quam latebram prospicimus,
quod auxilium, si orbis ipse rimas agitat, si hoc quod nos
tuetur ac sustinet, supra quod urbes sitae sunt, quod fun-
damentum quidam mundi esse dixerunt, discedit ac titu-
bat? quid tibi esse non dico auxilii sed solacii potest, ubi 6
timor fugam perdidit? quid est, inquam, satis munitum,
quid ad tutelam alterius ac sui firmum? hostem muro re-
pellam, et praeruptae altitudinis castella uel magnos exer-
citus difficultate aditus morabuntur; a tempestate nos
uindicat portus; nimborum uim effusam et sine fine ca-
dentes aquas tecta propellunt; fugientes non sequitur in-
cendium; aduersus tonitrua et minas caeli subterraneae
domus et in altum acti specus remedia sunt (ignis ille
caelestis non transuerberat terram, sed exiguo eius
obiectu retunditur); in pestilentia mutare sedes licet. nul-
lum malum sine effugio est. numquam fulmina populos 7
perusserunt; pestilens caelum exhausit urbes, non abstu-
lit. hoc malum latissime patet, ineuitabile, auidum, pu-
blice noxium. non enim domos solum aut familias aut ur-
bes singulas haurit: gentes totas regionesque submergit,
et modo ruinis operit, modo in altam uoraginem condit,

Ω = **Z** δ(=**ABV**) ϑ(=**FH**) π(=**PRUW**)]

32 imo (uno **U**) **Ψ** : immo **Z** ‖ **36** rimas **Z** : ruinas (-am **W**) **Ψ** | agitat ϱ : -tet **Zδϑυ** | si² **Ψ** : *om.* **Z** ‖ **38** mundi **Z** (*uide Axelson² 234 235*) : orbis **δϑU** : orbem **W** : *om.* ϱ ‖ **39** auxilĩ *et* solacĩ *Skutsch* ‖ **46** tonitrua **Z** : -truum **Ψ** ‖ **47** in altum acti **Z** : defossi in altum **δ** : in altum **ϑπ**

ac ne id quidem relinquit ex quo appareat quod non est saltem fuisse, sed supra nobilissimas urbes sine ullo uestigio prioris habitus solum extenditur.

8 Nec desunt qui hoc mortis genus magis timeant quo in
abruptum cum sedibus suis eunt et e uiuorum numero
uiui auferuntur; tamquam non omne fatum ad eundem
terminum ueniat. hoc habet inter cetera iustitiae suae na-
tura praecipuum, quod cum ad exitum uentum est, om-
9 nes in aequo sumus. nihil itaque interest utrum me lapis
unus elidat an monte toto premar; utrum supra me do-
mus unius onus ueniat et sub exiguo eius cumulo ac pul-
uere exspirem, an totus caput meum terrarum orbis ab-
scondat; in luce hunc et in aperto spiritum reddam, an in
uasto terrarum dehiscentium sinu; solus in illud profun-
dum, an cum magno comitatu populorum concadentium
ferar. nihil interest mea quantus circa mortem meam tu-
multus sit: ipsa ubique tantundem est.

10 Proinde magnum sumamus animum aduersus istam
cladem, quae nec euitari nec prouideri potest, desinamus-
que audire istos qui Campaniae renuntiauerunt quique
post hunc casum emigrauerunt negantque ipsos umquam
in illam regionem accessuros. quis enim illis promittit
11 melioribus fundamentis hoc aut illud solum stare? omnia
eiusdem sortis sunt, et, si nondum mota, tamen mobilia.

Ω = **Z** δ(=**ABV**) ϑ(=**FH**) π(=**PRUW**)]

59 mortis genus **Z** : g- m- **Ψ** ‖ **66** unius **AV**ϑυ : *om.* $\mathbf{Z}^1$, *add. ante* domus $\mathbf{Z}^c$: una (*om.* onus) **B** : unum (*post* ueniat) ϱ ‖ **70** concadentium ϑπ : cum cad- **Z** : congaud- δ ‖ **71** mea **Ψ** : in ea **Z** ‖ **79** et δπ : etiam **Z**ϑ

hunc fortasse in quo securius consistis locum haec nox
aut hic ante noctem dies scindet. unde scias an ⟨non⟩
melior eorum locorum condicio sit in quibus iam uires
suas fortuna consumpsit, et quae in futurum ruina sua
fulta sunt? erramus enim si ullam terrarum partem excep- 12
tam immunemque ab hoc periculo credimus: omnes sub
eadem iacent lege, nihil ita ut inmobile esset natura con-
cepit. alia temporibus aliis cadunt, et quemadmodum in
urbibus magnis nunc haec domus nunc illa suspenditur,
ita in hoc orbe terrarum nunc haec pars facit uitium nunc
illa. Tyros aliquando infamis ruinis fuit; Asia duodecim 13
urbes simul perdidit; anno priore in Achaiam et Mace-
doniam quaecumque est ista uis mali [quae] incurrit,
nunc Campaniam laesit. circumit fatum, et si quid diu
praeterît, repetit. quaedam rarius sollicitat, saepius
quaedam. nihil immune esse et innoxium sinit. non 14
homines tantum, qui breuis et caduca res nasci-
mur – urbes oraeque terrarum et litora et ipsum mare
in seruitutem fati uenit. nos tamen nobis permansura

Ω = **Z** **δ**(=**ABV**) **ϑ**(=**FH**) **π**(=**PRUW**)]

80 securius **BV**^{c}**ϑπ** : *om.* **AV**^{1} : securus **Z**, *ut coni. Gertz*^{2} *359* | consistis **Z**^{c}**A** : consistitis **BVϑπ** : constitistis **Z**^{1} || **81** scias **Zϑϱ W**^{1} : scies **U** : scis **δ** | *suppl. Haase (cf. Ep. 17.8, Dial. 6.22.1)* || **91** in *del. Fortunatus* || **91–92** Achaeam et Macedoniam *Fortunatus* : achaia (achia **ZB**^{1}**R**) et (in *add.* **AV**) macedonia **Ω** || **92** mali [quae] incurrit *Castiglioni*^{2} : mali qu(a)e inc- (rec- **B**) **Ψ** : malique inc- **Z** : mali inc-, quae *Haase* : maligne inc- *Geist*^{1} *47* | incurrit *post* Macedoniam *transp. Nisbet* || **93** laesit **Ω** : saeuiit *Courtney* | circumit **ZHϱ** : circuit **δFυ** | fatum **Ψ** : factum **Z** || **96** qui **Cam.DE** : qu(a)e **Ω** | caduca **Ψ** : reduca **Z** || **96–97** nascimur **ϑπ** : nascitur **Zδ** || **98** nos **Z**^{c}**ϑυ** : non **Z**^{1}**ϱ** : quo **δ** | tamen **ϑπ** : tantum **Z** : ergo **δ**

fortunae promittimus bona, et felicitatem, cuius ex om-
nibus rebus humanis uelocissima est leuitas, habituram
15 in aliquo pondus ac moram credimus. et perpetua sibi
omnia promittentibus in mentem non uenit id ipsum
supra quod stamus stabile non esse. neque enim Campa-
niae istud aut Achaiae sed omnis soli uitium est, male co-
haerere et ex causis pluribus solui et summa manere, par-
tibus ruere.

2.1 Quid ago? solacium aduersus pericula rara promise-
ram: ecce undique timenda denuntio. nego quicquam
esse quietis aeternae; quod perire possit, et perdere. ego
uero hoc ipsum solacii loco pono, et quidem ualentissimi,
quoniam quidem sine remedio timor stultis ⟨salutaris⟩
est: ratio terrorem prudentibus excutit, imperitis magna
2 fit ex desperatione securitas. hoc itaque generi humano
dictum puta quod illis subita captiuitate inter ignes et ho-
stem stupentibus dictum est: 'una salus uictis nullam spe-
3 rare salutem.' si uultis nihil timere, cogitate omnia esse
metuenda. circumspicite quam leuibus causis discutia-
mur: non cibus nobis, non umor, non uigilia, non somnus

115–116 Verg. *Aen.* 2.354

Ω = Z δ(=ABV) ϑ(=FH) π(=PRUW)]

99 fortunae promittimus bona **Z** : p- (*ante* permansura **B**) b- f- **Ψ** ‖ **101–102** sibi omnia **Ψ** : o- s- **Z** ‖ **109** esse **Ψ** : inesse **Z** | *post* possit *dist. Axelson*[1], *qui 'contendo' ex 'nego' intellegendum esse admonet* ‖ **111** quoniam **Ω** | ⟨non⟩ sine *Watt* | *suppl.* (*uel* ⟨quoque salutaris⟩) *Hine*[14] : stultis **ZδϑP**^{1}**W** : stultus **RU**, **P** *u. l.* : tutus *Axelson*[1] : stultis ⟨salutis⟩ *Shackleton Bailey* (*conl. Tac. Ann. 3.20.2 'illam obsidionem flagitii ratus'; ego malim* saluti) : ⟨et⟩ stultis *Watt dub.* : salutaris *Nisbet*

sine mensura quadam salubria sunt. iam intellegetis nu-
gatoria esse nos et inbecilla corpuscula, fluida, non ma-
gna molitione perdenda. sine dubio id unum periculi no-
bis est quod tremunt terrae, quod subito dissipantur ac
superposita deducunt! magni se aestimat qui fulmina et 4
motus terrarum hiatusque formidat! uult ille inbecillitatis
sibi suae conscius timere pituitam? ita uidelicet nati su-
mus, tam felicia sortiti membra, in hanc magnitudinem
creuimus! et ob hoc nisi mundi partibus motis, nisi cae-
lum intonuerit, nisi terra subsederit, perire non possu-
mus? unguiculi nos et ne totius quidem dolor sed aliqua 5
ab latere eius scissura conficit! et ego timeam terras tre-
mentis, quem crassior saliua suffocat? ego extimescam
emotum sedibus suis mare, et ne aestus maiore quam so-
let cursu plus aquarum trahens superueniat, cum quos-
dam strangulauerit potio male lapsa per fauces? quam
stultum est mare horrere, cum scias stillicidio perire te
posse!

Nullum maius solacium est mortis quam ipsa mortali- 6
tas, nullum autem omnium istorum quae extrinsecus ter-
rent quam quod innumerabilia pericula in ipso sinu sunt.
quid enim dementius quam ad tonitrua succidere et sub

Ω = **Z** δ(=**ABV**) ϑ(=**FH**) π(=**PRUW**)]

121 sine – **127** creuimus *interlocutori attribuit Gercke* || **121** unum **Ω** : summum *Gercke* || **121–122** nobis **Ω** : satis *Fortunatus; sed 'id periculi' intellege, cf. Dial. 2.3.5 'id roboris'* || **122** est **V**, *ut coni. Madvig*[2] : esset **ZAHπ** : essent **F** : esse **B** || **123** magni **Ψ** : -no **Z** || **124** uult **Ψ** : uolt **Z** : solet *Leo* (*sed cf. Axelson*[2] *113 n. 43, H-Sz 467*) || **127–129** et ... possumus **Ω** : ut ... possimus *Madvig*[2] || **130–131** trementis **Z** : -tes **Ψ** || **132** et **Ψ** : aut **Z**

terram correpere fulminum metu? quid stultius quam timere ⟨terrae⟩ nutationem aut subitos montium lapsus et inruptiones maris extra litus eiecti, cum mors ubique praesto sit et undique occurrat, nihilque sit tam exiguum
7 quod non in perniciem generis humani satis ualeat? adeo non debent nos ista confundere, tamquam plus in se mali habeant quam uulgaris mors, ut contra, cum sit necessarium e uita exire et aliquando emittere animam, maiore perire ratione iuuet. necesse est mori ubicumque, quandoque: stet licet ista humus et se teneat suis finibus nec ulla iactetur iniuria, supra me quandoque erit. ⟨quid⟩ in-
8 terest ego illam mihi an ipsa se mihi imponat? diducitur et ingenti potentia nescio cuius mali rumpitur et me in inmensam altitudinem abducit: quid porro? mors leuior in plano est? quid habeo quod querar, si rerum natura me non uult iacere ignobili leto, si mihi inicit sui partem?
9 egregie Vagellius meus in illo incluto carmine, 'si caden-

157–158 Vagellius fr. 1 (p. 156 Buechner, p. 347 Courtney)

Ω = Z δ(=ABV) ϑ(=FH) π(=PRUW)]

141 correpere ς, *ed. Ven.*[1] : corripere **ϑπ** : se corripere **δ** : corruere **Z** || **142** terrae *hic suppl. Hine*[14] : *post* nutationem *habet* **δ** : *om.* **Zϑπ** || **143** euecti *Koeler ad 7.6.3; sed cf. TLL 5.2.309.17–22, OLD s. eicio 2a* || **147** uulgaris **Ψ** : uolg- **Z** (*cf. 5.18.4*) || **149** ratione **Ψ** : racio **Z** : pretio *Oltramare in app.* || **151** *suppl. Gercke* || **152** mihi[1] *del. Gronouius*[2] || **156** inicit **Zϑ** : uindicat **δ** : uincit **π** | partem **Ψ** : -es **Z** || **157** incluto **Z** : inclito **Ψ** | si ⟨forte⟩ *Bouillet* : si⟨ue⟩ *Haase III, p. xxvi* : si⟨cunde⟩ *Housman*[3] *168 = Housman*[4] *1247–1248* dum est' inquit 'mihi, e caelo cecidisse uelim.' item licet dicere, 'si cadendum est, cadam orbe concusso, non quia fas est optare publicam cladem, sed quia ingens mortis solacium est terram quoque uidere mortalem.'

Illud quoque proderit praesumere animo, nihil horum 3.1
deos facere, nec ira numinum aut caelum concuti aut terram: suas ista causas habent, nec ex imperio saeuiunt, sed quibusdam uitiis ut corpora nostra turbantur, et tunc cum facere uidentur iniuriam, accipiunt. nobis autem 2
ignorantibus uerum omnia terribiliora sunt, utique quorum metum raritas auget. leuius accidunt familiaria, at ex insolito formido maior est. quare autem quicquam nobis insolitum est? quia naturam oculis non ratione comprendimus, nec cogitamus quid illa facere possit sed tantum quid fecerit. damus itaque huius neglegentiae poenas tamquam nouis territi, cum illa non sint noua sed insolita. quid ergo? non religionem incutit mentibus et qui- 3
dem publice, siue deficere sol uisus est, siue luna, cuius obscuratio frequentior, aut parte sui aut tota delituit? longeque magis illa: actae in transuersum faces et caeli ma-

Ω = **Z** δ(=**ABV**) ϑ(=**FH**) π(=**PRUW**)]

158 est inquit mihi **Z**ϑπ : e- m- i- **AB** : m- e- i- **V** : est [mihi]' inquit *Gercke* | ⟨d⟩e caelo ⟨me⟩ *Haase ibid.* : cum caelo *Watt* | ⟨mihi⟩ item *Housman ibid.* : idem **Ω** : idem ⟨mihi⟩ *Gercke* ‖ **163** concuti **Z**δ (*uide Hine*[4] *199 n. 27)* : conuerti ϑπ ‖ **166** accipiunt **Ψ** : accipiunt nec ex imperio seuiunt **Z** (*cf.* **164**) ‖ **168** leuius δ**F**υ : leni- **ZH**ϱ | at *Castiglioni*[2] : et **Z**ϑπ : *om.* δ : sed *Gercke in app.* ‖ **169** quicquam (quicquid **W**) nobis **Z**π : n- qu- δ : qu- ϑ ‖ **170–171** comprendimus **Z**, *ut coni. Skutsch* : -prehend- **Ψ** ‖ **177** illae *ed. Lips.* : illa ⟨terrent⟩ *uel sim. supplendum esse coni. Hine*[14]

gna pars ardens et crinita sidera et plures solis orbes et
stellae per diem uisae subitique transcursus ignium mul-
4 tam post se lucem trahentium. nihil horum sine timore
miramur. et cum timendi sit causa nescire, non est tanti
scire, ne timeas? quanto satius est causas inquirere, et
quidem toto in hoc intentum animo! neque enim illo
quicquam inueniri dignius potest cui se non tantum com-
modet sed impendat.

4.1 Quaeramus ergo quid sit quod terram ab infimo mo-
ueat, quod tanti molem ponderis pellat, quid sit illa ua-
lentius quod tantum onus ui sua labefactet; cur modo tre-
mat, modo laxata subsidat, nunc in partes diuisa
discedat, et alias interuallum ruinae suae diu seruet, alias
cito comprimat, nunc amnes magnitudinis notae conuer-
tat introrsum, nunc nouos exprimat, aperiat aliquando
aquarum calentium uenas, aliquando refrigeret, ignesque
nonnumquam per aliquod ignotum antea montis aut ru-
pis foramen emittat, aliquando notos et per saecula nobi-
les supprimat. mille miracula mouet faciemque mutat lo-
cis et defert montes, subrigit plana, ualles extuberat,
nouas in profundo insulas erigit. haec ex quibus causis
accidant digna res excuti.

2 'Quod' inquis 'erit pretium operae?' quo nullum maius
est, nosse naturam. neque enim quicquam habet in se
huius materiae tractatio pulchrius, cum multa habeat fu-
tura usui, quam quod hominem magnificentia sui deti-

Ω = **Z** **δ**(=**ABV**) **ϑ**(=**FH**) **π**(=**PRUW**)]

183 neque **Ψ** : nec **Z** || **185** impendat **ϑπ** : -dit **Z** : expendat **δ** || **192** introrsum (intors- **U**) **Ψ** : -rsus **Z**, *fort. recte* || **196** supri-mat **Z** : comp- **Ψ** (*cf.* 191)

net, nec mercede sed miraculo colitur. inspiciamus ergo
quid sit propter quod haec accidant: quorum mihi adeo
est dulcis inspectio ut, quamuis aliquando de motu terra-
rum uolumen iuuenis ediderim, tamen temptare me uo-
luerim et experiri ⟨an⟩ aetas aliquid nobis aut ad scien-
tiam aut certe ad diligentiam adiecerit.
Causam qua terra concutitur alii in aqua esse, alii in 5.1
ignibus, alii in ipsa terra, alii in spiritu putauerunt, alii in
pluribus, alii in omnibus his. quidam liquere ipsis ali-
quam ex istis causam esse dixerunt, sed non liquere quae
esset. nunc singula persequar. illud ante omnia mihi di- 2
cendum est, opiniones ueteres parum exactas esse et ru-
des: circa uerum adhuc errabatur, noua omnia erant
primo temptantibus, postea eadem ista limata sunt, et si
quid inuentum est, illis nihilominus referri debet accep-
tum. magni animi res fuit rerum naturae latebras dimo-
uere, nec contentum exteriore eius aspectu introspicere et
in deorum secreta descendere. plurimum ad inuenien-
dum contulit qui sperauit posse reperiri: cum excusatione 3
itaque ueteres audiendi sunt. nulla res consummata est
dum incipit; nec in hac tantum re omnium maxima atque
inuolutissima (in qua, etiam cum multum acti erit, omnis
tamen aetas quod agat inueniet), sed in omni alio negotio
longe semper a perfecto fuere principia.

Ω = **Z** **δ**(=**ABV**) **ϑ**(=**FH**) **π**(=**PRUW**)]

205–206 mihi adeo est dulcis **Z** : a- e- m- d- **V**^{c}**ϑPυ** : a- d- e- m- **R** : a- m- d- e- **AB** : a- e- d- m- **V**^{1} ‖ **208** an *add.* **AV**, *ed. Lips.* (*cf. Ep.* 35.4, *TLL* 5.2.1669.3–7) : ⟨si⟩ *Gercke* (*cf. TLL* 5.2.1669.29–34) ‖ **217** ista **Z** : illa **Ψ** ‖ **219** res **ZA**^{c}**Vϑϱ U** (*Axelson*^{1} *confert Dial.* 6.11.4, *Ep.* 118.4, *Ben.* 7.3.3) : *om.* **A**^{1}**BW** ‖ **225** in qua **Vϑυ** : in quam **Z** : inquam **ABϱ**

6.1 In aqua causam esse nec ab uno dictum est nec uno modo. Thales Milesius totam terram subiecto iudicat umore portari et innare, siue illud oceanum uocas, seu magnum mare, siue alterius naturae simplicem adhuc aquam et umidum elementum. 'hac' inquit 'unda sustinetur orbis uelut aliquod grande nauigium et graue his
2 aquis quas premit.' superuacuum est reddere causas propter quas existimat grauissimam partem mundi non posse spiritu tam tenui fugacique gestari; non enim nunc de situ terrarum sed de motu agitur. illud argumenti loco ponit, aquas esse in causa quibus hic orbis agitetur, quod in omni maiore motu erumpunt fere noui fontes (sicut in nauigiis quoque euenit ut si inclinata sunt et abierunt in latus, aquam sorbeant, quae nimio eorum onere quae uehunt si inmodice depressa sunt, aut superfunditur aut
3 certe dextra sinistraque solito magis surgit). hanc opinionem falsam esse non est diu colligendum: nam si terra

229–234 cf. DK Vol. I p. 486.34–5

Ω = Z δ(=ABV) ϑ(=FH) π(=PRUW)]

230 innare **Z**^{c}**ϑP** : in mare **Z**^{1}**RW**^{1} : in mari **δ** : mare **U** : innatare *dubitanter Goodyear*^{3} *Vol. 2, p. 130 n. 3* | siue **Ψ** : sicut **Z** | seu **ZϑϱW** : siue **δU**, *fort. recte* || **241** nimio *Watt* : in omni **ZL**^{2}**ϑπ** : omni **δ** : *lacunam post* in omni *statuit Haase* : impatiens *Madvig*^{2} : ui omni *Gercke* : enormi (*et* onere) *Rossbach*^{6} *1484* : ui *Winterbottom* : momine *Shackleton Bailey* | onere *ed. Ven.*^{1} : (h)onerum **Zϑπ** : (h)oneri **δ** : onerariorum *Michaelis*^{2} *345* : motu (*om.* eorum) *Leo* : pondere (*uel* ⟨pondere⟩ eorum *suppl.*) *Watt* || **241–242** uehunt *Shackleton Bailey* : uehit **Ω** || **242** ⟨aqua⟩ aut^{1} *Hine*^{14} *dub.*

aqua sustineretur et ea aliquando concuteretur, semper
moueretur, nec agitari illam miraremur sed manere;
deinde tota concuteretur, non ex parte (numquam enim
nauis dimidia iactatur), nunc uero terrarum non uniuer-
sarum sed ex parte motus est. quomodo ergo fieri potest
ut, quod totum uehitur, non totum agitetur, si eo quo ue-
hitur agitatum est? 'at quare aquae erumpunt?' primum 4
omnium saepe tremuit terra et nihil umoris noui fluxit;
deinde si ex hac causa unda prorumperet, a lateribus ter-
rae circumfunderetur (sicut in fluminibus ac mari uide-
mus incidere ut incrementum aquarum, quotiens nauigia
desidunt, in lateribus maxime appareat); ad ultimum non
tam exigua fieret quam tu dicis eruptio, nec uelut per ri-
mam sentina subreperet, sed fieret ingens inundatio, ut
ex infinito liquore et ferente uniuersa.

Quidam motum terrarum aquae imputauerunt, sed non 7.1
ex eadem causa. 'per omnem' inquit 'terram multa aqua-
rum genera decurrunt: aliubi perpetui amnes, quorum na-
uigabilis etiam sine adiutorio imbrium magnitudo est:
hinc Nilus per aestatem ingentes aquas inuehit, hinc qui

Ω = **Z** **δ**(=**ABV**) **ϑ**(=**FH**) **π**(=**PRUW**)]

245 *post* sustineretur *commate dist. Axelson*[1] | et ea (*om.* **U**) **Ω** : tota *Fortunatus* | et ea – concuteretur *om.* **U**, *del. Haase* | aliquando **Ω** : agitante *Gertz*[2] | ⟨et⟩ semper *Alexander* || **250** non totum **Z** : t- n- (non *om.* **PW**[1]) **Ψ** | eo **Ω** : id **f**[2], *ut coni. Muretus* || **251** at **Ψ** : aut **Z** || **257** quam tu **δ** : quantum **Zϑπ** || **258** subreperet **ZF** : subrip- **δHπ** || **261** inquit **ZϑϱU** : -iunt **δW** (*sed uide 6.8.4, TLL 7.1.1780.6–29*) || **262** aliubi **H** : ali ubi **Z** : alibi **F** : alii ubi **U** : alicubi **ϱW** : alii **δ** || **263** etiam **Zϑ** : et **π** : *om.* **δ** || **264** Nilus ⟨qui⟩ *Vottero*[3]

medius inter pacata et hostilia fluit, Danuuius ac Rhenus, alter Sarmaticos impetus cohibens et Europam Asiamque disterminans, alter Germanos, auidam belli gentem, re-
2 pellens. adice nunc patentissimos lacus, et stagna populis inter se ignotis circumdata, et ineluctabiles nauigio paludes, ne ipsis quidem inter se peruias quibus incoluntur; deinde tot fontes, tot capita fluminum subitos ex occulto amnes uomentia, tot deinde ad tempus collectos torrentium impetus, quorum uires quam repentinae tam breues.
3 omnis aquarum et intra terram natura faciesque est: illic quoque aliae uasto cursu deferuntur et in praeceps uolutae cadunt, aliae languidiores in uadis refunduntur ac leniter et quiete fluunt. quis autem neget uastis illas receptaculis concipi, et cessare multis inertes locis? non est diu probandum ibi multas aquas esse unde omnes sunt: ne-

Ω = **Z** **δ**(=**ABV**) **ϑ**(=**FH**) **π**(=**PRUW**)]

265 inter pac(c)ata **Ψ** : interp- **Z** ‖ **266** sarmaticos **δϑPυ** : salm- **ZR** ‖ **266–267** et – disterminans *interpolatum esse suspicatus est Fortunatus; sed Seneca Danuuium cum Tanai confundit, cf. Troad. 9* ‖ **266** europam **Ψ** : -em **Z** : *fort.* Europen (*sed cf. Agam. 274*) ‖ **267** belli gentem **Ψ** : bellig- **ZB**^{1} ‖ **271** subitos *Fortunatus* : subito se **Z**^{c}**V**^{1}**ϑπ** : subitose **Z**^{1} : subito ex se **ABV**^{c} | ex **Z** : et ex **Ψ** ‖ **272** amnes **Ψ** : amne **Z** | uomentia **ZV ϑπ** : fundentia **AB** : ⟨e⟩uomentia *Oltramare in append. crit.* (*sed cf. Plin. Nat. 3.119*) ‖ **274** omnis **Ω** : similis *Cornelissen* : ⟨eadem⟩ omnis *Gercke in app.* | ⟨par⟩ natura *Castiglioni*^{2} *dub.* ‖ **276** languidiores in **Ω** : languidioribus *Castiglioni*^{2} ‖ **276–277** ac … et **Z** (*cf. Axelson*^{1} *20*) : et … ac **Ψ** ‖ **277** illas **δϑPW** : illa **ZRU** ‖ **278** inertes (inherens **W**^{1}, *ut uid.*) **Ψ** : -tis **Z** ‖ **279** aquas ⟨superfluas⟩ *Gercke in app.* | unde *Castiglioni*^{2} : ubi **Ω** | omnes **Ω** : amnes *Jan 271* (*sed* amnes *scribendum esse iam negauerat Ruhkopf*) : origines *Haase* | sunt **Ω** : eunt *Schultess*^{2}

que enim sufficeret tellus ad tot flumina edenda, nisi ex
reposito multoque funderet. si hoc uerum est, necesse est 4
aliquando illic amnis excrescat, et relictis ripis uiolentus
in obstantia incurrat. sic fiet motus alicuius partis in
quam flumen impetum dedit, et quam donec decresceret
uerberauit. potest fieri ut aliquam regionem riuus ad-
fluens exedat ac sic trahat aliquam molem qua lapsa su-
perposita quatiantur.

'Iam uero nimis oculis permittit, nec ultra illos scit pro- 5
ducere animum, qui non credit esse in abdito terrae sinus
maris uasti. nec enim uideo quid prohibeat aut obstet,
quominus habeat aliquod etiam in abdito litus et per oc-
cultos aditus receptum mare, quod illic quoque tantun-
dem loci teneat, aut fortassis hoc amplius, quod superiora
cum tot animalibus erant diuidenda: abstrusa enim et
sine possessore deserta liberius undis uacant. quas quid 6
uetat illic fluctuare, et uentis, quos omne interuallum ter-
rarum et omnis aër creat, impelli? potest ergo maior so-
lito exorta tempestas aliquam partem terrarum impulsam
uehementius commouere. nam apud nos quoque multa

Ω = **Z** δ(=**ABV**) ϑ(=**FH**) π(=**PRUW**)]

282 amnis **δϑP**^{c}**U** : annis **ZP**^{1}**RW** ‖ **284** decresceret **Z** : -scat **Ψ** ‖ **285** uerberauit **RU** : -abit **Zδϑ PW** ‖ **286** exedat **ZH**ϱ : exce- **δF**υ | sic **AVP**^{c}**R** : si **ZBϑP**^{1}υ : secum ς, *ed. Ven.*^{1} | lapsa **Ψ** : labsa **Z** ‖ **288** iam **Ψ** : illam **Z** | ultra *hic* **ZL**^{2}, *ut coni. Erasmus*^{1} : *ante* **289** animum **Ψ** | illos **Zδϑ**υ : oculos **L**^{2} : *om.* ϱ ‖ **288–289** scit (sit **W** : secum ϱ) producere **Ψ** : scit perd- **Z** : prod- nouit **L**^{2} ‖ **291** habeat **ZH** : habeat hoc **F**π : habeat habet **AV** : habeantur. habentur **B** : pateat *Watt* : habeat haec *Hine*^{14} | et *del. Madvig*^{2} ‖ **293** quod **ZW**^{1}, *ut coni. Muretus* : quo **δϑ**ϱ**U** ‖ **294** et δ : etiam **Zϑ**π ‖ **296** illic **ZδR** : illuc **ϑP**υ quae procul a mari fuerant subito eius accessu uapulauerunt, et uillas in prospectu collocatas fluctus qui longe audiebatur inuasit. illic quoque potest recedere ac †reicere† pelagus infernum; quorum neutrum fit sine motu superstantium.'

8.1 Non quidem existimo diu te haesitaturum an credas esse subterraneos amnes et mare absconditum. unde enim ista prorepunt, unde ad nos ueniunt, nisi quod origo
2 umoris inclusa est? age, cum uides interruptum Tigrim in medio itinere siccari et non uniuersum auerti, sed paulatim non apparentibus damnis minui primum, deinde consumi, quo illum putas abire nisi in obscura terrarum, utique cum uideas emergere iterum non minorem eo qui prius fluxerat? quid cum uides Alpheon, celebratum poetis, in Achaia mergi et in Sicilia rursus traiecto mari ef-
3 fundere amoenissimum fontem [Arethusam]? nescis autem inter opiniones quibus enarratur Nili aestiua inundatio et hanc esse, e terra illum erumpere et augeri non supernis aquis sed ex intimo redditis? ego quidem centuriones duos, quos Nero Caesar, ut aliarum uirtutum ita ueritatis in primis amantissimus, ad inuestigandum Nili caput miserat, audiui narrantes longum ipsos iter per-

Ω = **Z** δ(=**ABV**) ϑ(=**FH**) π(=**PRUW**)]

301 fluctus ⟨reliquit⟩ *Gercke* ‖ **302** recedere **Ω** : acced- **cod. Coloniensis,** *Erasmus*[1] ‖ **302–303** reicere **Z** : retegere **Ψ** : recedere *Fickert* : deced- *Erasmus*[1] : resurg- *Haase* : releg- *Gercke in app.* : surgere *Codoñer Merino* : crescere *Nisbet* : redundare *Hine*[14] ‖ **313** prior ς, *ed. Ven.*[1] ‖ **315** *del. Winterbottom* ‖ **317** e **Z,** *ut coni. Madvig*[2] : a **Ψ** ‖ **321** nili caput **Z** : c- n- **Ψ** | ipsos **Z,** *ut coni. Fickert in app.* : illos **Ψ**

egisse, cum a rege Aethiopiae instructi auxilio commen-
datique proximis regibus ad ulteriora penetrassent. qui 4
'inde' aiebant 'peruenimus ad inmensas paludes, quarum
exitum nec incolae nouerant nec sperare quisquam po-
test: ita implicatae aquis herbae sunt et ⟨herbis⟩ aquae,
nec pediti eluctabiles nec nauigio, quod nisi paruum et
unius capax limosa et obsita palus non fert. ibi' inquit 'ui-
dimus duas petras, ex quibus ingens uis fluminis excide-
bat.' sed siue caput illa siue accessio est Nili, siue tunc 5
nascitur siue in terras ex priore recepta cursu redit, nonne
tu credis illam, quidquid est, ex magno terrarum lacu
ascendere? habeant enim oportet ⟨et⟩ pluribus locis spar-
sum umorem, et in uno coactum, ut eructare tanto im-
petu possint.
Ignem causam motus quidam †et quidam non† iudi- **9.1**

336–344 DK 59A89

Ω = **Z** **δ**(=**ABV**) **ϑ**(=**FH**) **π**(=**PRUW**)]

323 ad ulteriora penetrassent **Z** : p- ad u- **Ψ**, *numero minus bono* | interiora *Alexander, sed cf. Liu. 9.38.5, Curt. 7.11.3, Plin. Nat. 6.173, al.* ‖ **323–324** qui 'inde' *Norden 444 n. 3* : quidem **Zϑπ** : qui **δ** : qui 'dein' *Gronouius*[2] ‖ **326** herbis aque sunt [et aquae] **S**, *ut coni. Skutsch* | ⟨herbis⟩ aquae *Gronouius*[2] : aque herbis **R** : aqu(a)e **ZϑPυ** : aqua **δ** ‖ **328** fert **A^cBV** : fecit **ZA^1ϑπ** : ferat **Cam.DEST** | inquit **ZδϑϱW^1** (*cf. 6.7.1*) : inquiunt **U** : in aquis *Schultess*[2] ‖ **329** ingens (*om.* **W^1**) **Ψ** : ingens is **Z^1** : is ingens **Z^c** | fluminis **Ψ** : -nibus **Z** ‖ **330** tunc **Ω** : illinc *Gemoll*[2] ‖ **331** siue in **Zϑ** : in **δπ** ‖ **333** *suppl. Axelson*[1] ‖ **334** uno **Ω** (*def. Axelson*[1]) : imo ς, *ed. Ven.*[1] ‖ **336** et quidam non **Zϑπ** : *om.* **δ**, *fort. recte* : et quidem non eandem *Fortunati cod.* : et quidem non ⟨ignobiles⟩ *Oltramare* : eique non ⟨ignobiles⟩ *Alexander* : et (*uel* et ⟨ii⟩) quidem non ⟨indocti⟩ *uel sim. Hine*[14]

cant, in primis Anaxagoras, qui existimat simili paene ex
causa et aëra concuti et terram: cum ⟨in⟩ inferiore parte
spiritus crassum aëra et in nubes coactum eadem ui qua
apud nos quoque nubila frangi solent rumpit, et ignis ex
hoc conlisu nubium cursuque elisi aëris emicuit, hic ipse
in obuia incurrit exitum quaerens, ac diuellit repugnan-
tia, donec per angustum aut nactus est uiam exeundi ad
2 caelum aut ui et iniuria fecit. alii in igne quidem causam
esse, sed non ob hoc iudicant, sed quia pluribus obrutus
locis ardeat et proxima quaeque consumat: quae si
quando exesa ceciderunt, tunc sequi motum earum par-
tium quae subiectis adminiculis destitutae labant donec
corruerunt, nullo occurrente quod onus exciperet (tunc
chasmata, tunc hiatus uasti aperiuntur); aut, cum diu du-
bitauerunt, super ea se quae supersunt stantque compo-
3 nunt. hoc apud nos quoque uidemus accidere quotiens
incendio laborat pars ciuitatis. cum exustae trabes sunt
aut corrupta quae superioribus firmamentum dabant,
tunc diu agitata fastigia concidunt, et tam diu deferuntur
atque incerta sunt donec in solido resederunt.

Ω = Z δ(=ABV) ϑ(=FH) π(=PRUW)]

338 *suppl.* **Cam.DEST** | inferiore **δϑϱ** : -ori **Zυ** (*uide Vottero 127*) || **339** eadem ui qua *Fortunatus* : eadem uia qua (quam **P**) **Zϑπ** : cadere (et *add.* **A**^{c}) in aqua **AB** : eadem in aqua **V** || **340** rumpit **Ω** : rupit *Gertz*^{2}, *fort. recte* (*sed cf. Hine*^{6} *327–328; 3.27.7*) || **343** angustum **T** (*cf. 3.27.9*) : -tam **AVϑπ** : -ta **B**, *fort. recte* (*cf. 4a.2.5, 6.13.1, al.*) : -tiam **Z** || **344** igne **AB**^{c}**Vϑπ** : -em **ZL**^{2}**B**^{1} | quidem causam **Zδ** : c- qu- **ϑπ** || **347** ceciderunt **ZA**^{c}**BVHπ** : -rint **F** : cederunt **A**^{1} || **349** corruerint *Watt per litteras* || **352** accidere **Ψ** : incid- **Z**, *fort. recte* || **356** resederunt (resid- **U**) **Ψ** : reced- **Z**

Anaximenes ait terram ipsam sibi causam esse motus, **10.1**
nec extrinsecus incurrere quod illam impellat, sed intra
ipsam et ex ipsa; quasdam enim partes eius decidere si
aut umor resoluerit aut ignis exederit aut spiritus uiolen-
tia excusserit. sed his quoque cessantibus non deesse
propter quod aliquid abscedat aut reuellatur; nam pri-
mum omnia uetustate labuntur, nec quicquam tutum a
senectute est; haec solida quoque et magni roboris carpit.
itaque quemadmodum in aedificiis ueteribus quaedam 2
non percussa tamen decidunt, cum plus ponderis habuere
quam uirium, ita in hoc uniuerso terrae corpore euenit ut
partes eius uetustate soluantur, solutae cadant, et tremo-
rem superioribus adferant; primum, dum abscedunt (ni-
hil enim utique magnum sine motu eius cui haesit absci-
ditur); deinde, cum deciderunt, solido exceptae resiliunt
pilae more (quae cum cecidit, exultat ac saepius pellitur,
totiens a solo in nouum impetum missa); si uero in sta-
gnantibus aquis delatae sunt, hic ipse casus uicina concu-
tit fluctu, quem subitum uastumque inlisum ex alto pon-
dus eiecit.

Quidam ignibus quidem adsignant hunc tremorem, sed **11**
aliter. nam cum pluribus locis ferueant, necesse est in-

357–376 cf. DK 13A21

Ω = **Z** δ(=**ABV**) ϑ(=**FH**) π(=**PRUW**)]

357 *cap. 11 ante* Anaximenes *transp. Gertz*[2] ‖ **359** si **Z** : quas **Ψ** ‖ **362** aut **δϑυ** : ac **Zϱ** ‖ **362–363** primum **Ω** : ad postremum *uel* ad imum *Gercke in app.* : premente *Busche* : perimuntur *Alexander* ‖ **368–369** tremorem **Ψ** : -re **Z** ‖ **373–374** stagna ⟨abunda⟩ntibus *Gercke in app.; sed cf. Axelson*[1] ‖ **374** delatae *Gertz*[2] : delata **ZAVϑυ** : delapsa **B** : demissa (di-**R**) **ϱ**

gentem uaporem sine exitu uoluant, qui ui sua spiritum intendit, et, si acrius institit, opposita diffindit, si uero remissior fuit, nihil amplius quam mouet. uidemus aquam spumare igne subiecto. quod in hac aqua facit inclusa et angusta, multo magis illum facere credamus cum uiolentus ac uastus ingentes aquas excitat; tunc illa euaporatione fluctuantium undarum quidquid pulsauit, agitatur.

12.1 Spiritum esse qui moueat et plurimis et maximis auctoribus placet. Archelaus †antiquitatis† diligens ita ait: ‘uenti in concaua terrarum deferuntur. deinde, ubi omnia spatia iam plena sunt, et in quantum potuit aër densatus est, is qui superuenit spiritus priorem premit et elidit, ac
2 frequentibus plagis primum cogit, deinde proturbat; tum ille quaerens locum omnes angustias dimouet, et claustra sua conatur effringere. sic euenit ut terrae spiritu luctante

388–398 DK 60A16a

Ω = Z δ(=ABV) ϑ(=FH) π(=PRUW)]

380 diffindit **E**, *ut coni. Pincianus* : diffundit **Ω** ‖ **381** fuit **ZAϑPW** : fuerit **BVRU**, *ut coni. Skutsch* | uidemus **Ψ** : cudemus **Z** ‖ **384–385** illa euaporatione *Gertz*[2] (*cf. Vottero*) : ille uaporatione (-es **W**[1]) **Ψ** : ille uaporationis **Z** ‖ **385** pulsauit *Gertz*[2] : -auerit **Ω** : -arit *Skutsch* ‖ **388** antiquitatis **Ω** : ⟨inter⟩ antiquos satis *Gertz*[2] : auctor ueritatis *Schultess*[2] : ⟨auctor, ut est captus⟩ antiquitatis *Garrod*[2] : ⟨physicus, ut est captus⟩ ant- *Oltramare* : inquisit⟨or s⟩atis *Axelson*[1] : ⟨antiquus⟩ inquisit⟨or s⟩atis *Alexander* : inquisitor *Watt per litteras* : *fort.* inquisitor ueritatis | ita ait **Z** : a- i- **AVϑπ** : ait **B**, *fort. recte* ‖ **389–390** omnia spatia iam **Z** : i- o- s- **Ψ**, *numero minus bono* ‖ **390** potuit aer **Zδ** : a- p- **ϑπ** ‖ **392** primum **Z** : -o **Ψ** | tum **ZHϱ** : cum **U** : tunc **δF** : *quid* **W**[1], *incertum* et fugam quaerente moueantur. itaque cum terrae motus futurus est, praecedit aëris tranquillitas et quies, uidelicet quia uis spiritus quae concitare uentos solet in inferna sede retinetur.' nunc quoque cum hic motus in Campania fuit, quamuis hiberno tempore et inquieto, per superiores dies caelo aër stetit. 'quid ergo? numquam flante uento 3 terra concussa est?' admodum raro: ⟨nam raro⟩ duo simul flauere uenti; fieri tamen et potest et solet. quod si recipimus, et constat duos uentos rem simul gerere, quidni accidere possit ut alter superiorem aëra agitet, alter infernum?

In hac sententia licet ponas Aristotelem et discipulum **13.1** eius Theophrastum (non, ut Graecis uisum est, diuini, tamen et dulcis eloquii uirum et nitidi sine labore). quid utrique placeat exponam: 'semper aliqua e terra euaporatio est, quae modo arida est, modo umido mixta. haec ab infimo edita et in quantum potuit elata, cum ulteriorem locum in quem exeat non habet, retro fertur atque in se reuoluitur. deinde rixa spiritus reciprocantis iactat ob-

406–415 cf. Arist. *Meteor.* 2.7; Theophr. fr. 195 Fortenbaugh

Ω = **Z** δ(=**ABV**) ϑ(=**FH**) π(=**PRUW**)]

397 inferna *Fortunatus* : inferni (inferiori **B**) **Ω** ‖ **400** uento **Ψ** : *om.* **Z** ‖ **401** ⟨nam⟩ (*uel* ⟨quia⟩) *suppl. Hine*^{14} : ⟨raro⟩ *suppl. Shackleton Bailey* : ⟨cum⟩ *Gercke* ‖ **401–402** ⟨si⟩ simul *Alexander* ‖ **403** recipimus **BVϑϱU** : recep- **ZAW** ‖ **403–404** quidni *Erasmus*^{2} : quidnam **Zϑπ** : quid (quod **B**) inde **δ** ‖ **405** infernum **ZBF**, *fort.* **A**^{1} : inferum **A**^{c}**VHπ** ‖ **409–410** e terra euaporacio est **Z** : euap- (*ante* aliqua **BV**) est e t- **Ψ**, *numero minus bono*

stantia, et siue interclusus siue per angusta enisus est,
motum ac tumultum ciet.'
2 Straton ex eadem schola est, qui hanc partem philoso-
phiae maxime coluit, et rerum naturae inquisitor fuit.
huius tale decretum est: 'frigidum et calidum semper in
contraria abeunt, una esse non possunt. eo frigidum con-
fluit unde uis calida discessit, et inuicem ibi calidum est
unde frigus expulsum est. hoc quod dico uerum esse, et
3 utrumque in contrarium agi, ex hoc tibi appareat: hi-
berno tempore, cum supra terram frigus est, calent putei,
nec minus specus atque omnes sub terra recessus, quia
illo se calor contulit, superiora possidenti frigori cedens;
qui cum in inferiora peruenit et eo se quantum poterat in-
gessit, quo densior, hoc ualidior est. †huic alius† super-
uenit; cui necessario congregatus ille iam et in angulum
4 pressus loco cedit. idem ⟨e⟩ contrario euenit: cum uis

416–434 Strato fr. 89 Wehrli, cf. fr. 47

Ω = **Z** **δ**(=**ABV**) **ϑ**(=**FH**) **π**(=**PRUW**)]

415–416 motum – schola est *om.* **Z**[1], *in mg. add.* **Z**[c] ‖ **415** ac tumultum **Ψ** : actu multum **Z**[c] | ciet **VHϱW** : sciet **Z**[c]**AFU** : eicit **B** ‖ **418** frigidum et calidum **Ψ** : c- et f- **Z** ‖ **420** calida **Ψ** : scalida **Z** : calidi *Gercke, numero minus bono* (*cf. 7.14.2 'tanta uis ponderis', 6.20.7*) ‖ **421** esse et *Haase* : est sed **Zδϑ** : est si **ϱU** : sed **W** : est, scilicet *Koeler* : esse, id est *Hine*[14] ‖ **422** utrumque **δ** : utraque **Zϑπ** ‖ **427** huic alius (h- illius **U**) **Ω** : ⟨ubi⟩ huic frigus *Gercke* : hic alii ⟨spiritui⟩ *Oltramare* : hic alii *Alexander* : huic calidus ⟨spiritus⟩ *Codoñer Merino* : rigori cal⟨idi⟩ uis *Vottero*[3] : ⟨frigido autem aëri qui iam sub terra collectus est⟩ hic calidus *Hine*[14] ‖ **428** conglobatus *Oltramare*[1] *42* | angulum **Ω** : angustum **ς** ‖ **429** econtrario **R** : contr- **ZδϑPυ**

maior frigidi inlata in cauernis est, quidquid illic calidi
latet frigori cedens abit in angustum et magno impetu
agitur, quia non patitur utriusque natura concordiam nec
in uno moram. fugiens ergo et omni modo cupiens exce-
dere [et] proxima quaeque remolitur ac iactat. ideoque 5
antequam terra moueatur solet mugitus audiri, uentis in
abdito tumultuantibus.' (nec enim aliter posset, ut ait
Vergilius noster, 'sub pedibus mugire solum et iuga celsa
moueri,' nisi hoc esset uentorum opus.) uices deinde 6
huius pugnae sunt ⟨eae⟩dem: fit calidi congregatio ac
rursus eruptio, tunc frigida compescuntur et succidunt,
mox futura potentiora. dum alterna uis cursat et ultro ci-
troque spiritus commeat, terra concutitur.'

Sunt qui existiment spiritu quidem et nulla alia ratione **14.1**
tremere terram, sed ex alia causa quam Aristoteli placuit.
quid sit quod ab his dicatur, audi: corpus nostrum et san-
guine inrigatur et spiritu, qui per sua itinera decurrit. ha-
bemus autem quaedam angustiora receptacula animae,
per quae nihil amplius quam meat, quaedam patentiora,
in quibus colligitur et unde diuiditur in partes. sic hoc to-

437–438 Verg. *Aen.* 6.256

Ω = **Z** **δ**(=**ABV**) **ϑ**(=**FH**) **π**(=**PRUW**)]

430 in *del. Madvig*[2] (*sed def. Axelson*[1] *81*) | illic (*om.* **U**) **Ψ** : illi **Z** || **434** et **ZϑPυ** : *om.* **δR** | iactat **Ψ** : -tet **Z** || **437** uirgilius noster **ZB** (*cf. 1.6.1, 4b.4.2, 6.22.4, Ep. 28.1, al.*) : n- u- **AVϑπ** | celsa **Ω** : coepta *Verg.* || **439** huius **δϑϱ** : huiusce **Z** : huic **W**[1], *ut uid.* : *om.* **U** | eaedem: fit *Gercke* : desit **Fπ**, **Z**[1] *ut uid.* : defit **Z**[c]**δ** : deficit **H** : hae: fit *Madvig*[2] || **440** succidunt *Madvig*[2] : succed- **Ω** : seced- *Castiglioni*[2] || **441** mox futura **Ψ** : f- m- **Z** | dum **Zϑπ** : dum ergo **δ** | alterna uis **Ψ** : alter nauis **Z** || **443** et nulla **Ψ** : nec ulla **Z**

tum terrarum omnium corpus et aquis, quae uicem sanguinis tenent, et uentis, quos nihil aliud quis quam animam uocauerit, peruium est. haec duo aliubi currunt,

2 aliubi consistunt. sed quemadmodum in corpore nostro dum bona ualetudo est, uenarum quoque inperturbata mobilitas modum seruat, ubi aliquid aduersi est, micant crebrius et suspiria atque anhelitus laborantis ac fessi signa sunt; ita terrae quoque, dum illis positio naturalis est, inconcussae manent; cum aliquid peccatur, tunc uelut aegri corporis motus est, spiritu illo qui modestius perfluebat icto uehementius et quassante uenas suas. nec, ut illi paulo ante dicebant, quibus animal placet esse terram ⟨ * * * ⟩ nisi hoc est, quemadmodum animal, totum uexationem parem sentiet; neque enim in nobis febris alias partes mo⟨de⟩ratius ⟨alias uehementius⟩ pellit, sed per omnes pari aequalitate discurrit.

Ω = Z δ(=ABV) ϑ(=FH) π(=PRUW)]

452 aliubi **H** : ali ubi **Z** : alii ubi **U** : alibi **δF** : alicubi **ϱW** || **453** ali ubi **Z** : alii ubi **U** : alibi **δϑ** : alicubi **ϱW** || **455** micant *Kroll*[1] : micat (nutat **U**) **Ω** || **459** spiritu **Ψ** : -us **Z** | modestius **Zϑ** : molestius (-tus **AB**) **δπ** || **460–462** nec (ut ... terram) ⟨emisso.⟩ *Gercke* || **460** *lacunam ante* nec *statuit Holl 21–22* : nec ⟨haec⟩ *J. Müller*[3] || **461** placet esse **Ψ** : e- p- **Z** | *lacunam longiorem post* terram *statuit Reinhardt 160 n. 1* (*cf. Vottero*) || **462** nisi (ubi **W**[1]) **Ω** : nam si *Erasmus*[1] : si *Madvig*[2] : sed si *uel* at si *Castiglioni*[2] : *del. Rossbach*[5] | totum (-am **F**) **Ω** : tota ς, *fort. recte* || **463** parem sentiet **Z** (*et fort.* **W**[1]) : s- p- **δU** : s- **ϑϱ** | alias ⟨aliis⟩ *Watt per litteras* || **464** moderatius *Muretus* : moratius **Zϑπ** : moratius alias citius **δ** : moderatius ⟨aliis⟩ *Madvig*[2] : alias uehementius *ex. gr. suppl. Hine*[14] | pellit **Z** : impellit **Ψ**

Vide ergo num quid intret in illam spiritus ex circum- 3
fuso aëre, qui quamdiu habet exitum, sine iniuria labitur.
si offendit aliquid et incidit quod uiam cluderet, tunc
oneratur primo infundente se a tergo aëre, deinde per ali-
quam rimam maligne fugit, et hoc acrius fertur quo angu-
stius. id sine pugna non potest fieri, nec pugna sine motu.
at si ne rimam quidem per quam efflueret inuenit, con- 4
globatus illic furit, et hoc atque illo circumagitur, aliaque
deiecit alia interscidit, cum tenuissimus idemque fortissi-
mus et inrumpat quamuis in obstructa, et quidquid intra-
uit ui sua diducat ac dissipet. tunc terra iactatur: aut
enim datura uento locum discedit, aut cum dedit, in ip-
sam qua illum emisit cauernam fundamento spoliata con-
sidit.

Quidam ita existimant: terra multis locis perforata est, **15**
nec tantum primos illos aditus habet quos uelut spira-
menta ab initio sui recepit, sed multos illi casus impo-
suit: aliubi deduxit quidquid superne terreni erat aqua,

Ω = **Z δ**(=**ABV**) **ϑ**(=**FH**) **π**(=**PRUW**)]

466 num $\mathbf{J}^2$, *Pinciani cod.* (*cf. Ep. 9.2*) : nunc **Ω** : ne *Gercke, Kroll*^{1}, *fort. recte* || **469** infundente **Ψ** : -tes **Z** || **472** at (ac **V**) **Ψ** : aut **Z** | si ne **ϑ** : sine $\mathbf{ZP}^1\mathbf{W}^1$: si **U** : si nec $\mathbf{\delta P}^c\mathbf{R}$ | rimam $\mathbf{Z}^1\mathbf{\delta}$ **Hϱ** : ruinam (*fort.* -na $\mathbf{W}^1$) $\mathbf{BFW}^1$: rima $\mathbf{Z}^c\mathbf{U}$ || **474** deiecit $\mathbf{Z\vartheta W}^1$: deicit **δϱU** | interscidit **Z** : interc- **Ψ** : interscindit **cod. Anicianus,** *ut coni. Pincianus* || **474–475** fortissimus **Ψ** : fortis simus **Z** || **475** inrumpat *Watt* : inrepat **Ω** | in obstructa **AVϑπ** : inob- **ZB** | quicquid **Ψ** : quicquis **Z** || **476** diducat **δϑ ϱU** : ded- **ZW** | iactatur **Ψ** : -tatu **Z** || **478** spoliata **δHPυ** : -iat **Z** : -iatam **F** : -iato **R** || **483** aliubi **H** : ali ubi $\mathbf{Z}^1$: alii ubi **F** : alicubi **BϱW** : aliud **AV** : alii **U** : alia ubi $\mathbf{Z}^c$

alia torrentes cecidere, alia aestibus magnis disrupta patuerunt. per haec interualla intrat spiritus: quem si inclusit mare et altius adegit, nec fluctus retro abire permisit, tunc ille exitu simul redituque praecluso uolutatur, et quia in rectum non potest tendere, quod illi naturale est, in sublime se intendit, et terram prementem diuerberat.

16.1 Etiamnunc dicendum est quod plerisque auctoribus placet, et in quod fortasse fiet discessio. non esse terram sine spiritu palam est: non tantum illo dico quo se tenet ac partes sui iungit, qui inest etiam saxis mortuisque corporibus, sed illo dico uitali et uegeto et alente omnia. hunc nisi haberet, quomodo tot arbustis ⟨tot satis⟩ spiritum infunderet non aliunde uiuentibus [et tot satis]? quemadmodum tam diuersas radices aliter atque aliter in se mersas foueret, quasdam summa receptas parte, quasdam altius tractas, nisi multum haberet animae tam multa tam uaria generantis, et haustu atque alimento sui educantis?

2 leuibus adhuc argumentis ago: totum hoc caelum, quod igneus aether, mundi summa pars, cludit, omnes hae stellae, quarum iniri non potest numerus, omnis hic caele-

Ω = **Z** δ(=**ABV**) ϑ(=**FH**) π(=**PRUW**)]

484 cecidere **Ω** : exedere *Pincianus* ‖ **486** abire **Ψ** : redire **Z**, *fort. recte, cf. Lucr. 4.310, Verg. Aen. 9.794, Ou. Met. 15.249, Liu. 23.28.4, al.* ‖ **488** rectum **Ω** : incertum *Gercke* (*conl. 6.18.2, 2.58.2*) : flexum *Gercke in addendis* (*conl. 7.7.3, 7.23.1*) ‖ **491** quod **ZHϱU** : quo **δFW** | discessio **Z** : dissensio (-tio **VW**) **Ψ** ‖ **493** etiam **Zϑ** : et ϱ : *om.* **δυ** ‖ **495** hunc **AV** : h(a)ec **ZϑU** : hoc **ϱW**^{1} : eum **B** ‖ **495–496** et tot satis *aut delendum aut transferendum esse suspicatus est Winterbottom; huc transtuli* ‖ **500** sui (*om.* **R**) **Ψ** : suo **Z** ‖ **503** non **Ψ** : haec **Z**

stium coetus, et, ut alia praeteream, hic tam prope a no-
bis agens cursum sol, omni terrarum ambitu non semel
maior, alimentum ex terreno trahunt et inter se partiun-
tur, nec ullo alio scilicet quam halitu terrarum sustinen-
tur. hoc illis alimentum, hic pastus est. non posset autem 3
tam multa tantoque se ipsa maiora nutrire nisi plena es-
set animae, quam per diem ac noctem ab omnibus parti-
bus sui fundit; fieri enim non potest ut non multum illi
supersit, ex qua tantum petitur ac sumitur. et ad tempus
quidem quod exeat nascitur (nec enim esset perennis illi
copia suffecturi in tot caelestia spiritus nisi inuicem ele-
menta recurrerent et alia in aliud soluerentur), sed tamen
necesse est abundet ac plena sit et ex condito proferat.
non est ergo dubium quin multum intus spiritus lateat, et 4
caeca sub terra spatia aër latus obtineat. quod si uerum
est, necesse est id saepe moueatur quod re mobilissima
plenum est. numquid enim dubium esse cuiquam potest
quin nihil sit tam inquietum quam aër, tam uersabile et
agitatione gaudens?

Sequitur ergo ut naturam suam exerceat, et quod sem- **17.1**
per moueri uult aliquando et alia moueat. id fit ubi illi

Ω = **Z** δ(=**ABV**) ϑ(=**FH**) π(=**PRUW**)]

504 et ut **AB** : etiam ut **V** : ut **Zϑπ** : totus ut *Gercke in app.* | prope **Ω** : procul *Jonas 74* (*sed cf. Vottero 618 n. 6*) ‖ **505** sol omni **Ψ** : sollempni **Z** ‖ **509** maiora ⟨terra⟩ **BV**, *fort. recte,* nutrire ⟨terra⟩ **A** ‖ **514–515** elementa *Vottero* : ista **Ω** ‖ **515** recurrerent *Koeler* : excurr- **Ω** : excut- *Alexander* | alia in aliud **Z** : in aliud alia **Ψ** ‖ **517** intus spiritus **Z** : s- i- **Ψ**, *numero minus bono* ‖ **524** fit ubi **Z** : quando fit? quando **A**¹**Vϑπ** : tanto fit tanto **A** *u. l.* : tanta fit quanto **B**

cursus interdictus est. nam quamdiu non impeditur, it placide; cum offenditur et retinetur, insanit et moras suas abripit, non aliter quam ille 'pontem indignatus Araxes':
2 quamdiu illi facilis et liber est alueus, primas quasque aquas explicat; ubi saxa manu uel casu inlata repressere uenientem, tunc impetum mora quaerit, et quo plura opposita sunt, plus inuenit uirium. omnis enim illa unda quae a tergo superuenit et in se crescit, cum onus suum sustinere non potuit, uim ruina parat et prona cum ipsis quae obiacebant fugit. idem spiritu fit, qui quo ualentior agiliorque est, citius erumpit, et uehementius saeptum omne disturbat. ex quo motus fit, scilicet eius partis sub
3 qua pugnatum est. quod dicitur uerum esse et illo probatur: saepe cum terrae motus fuit, si modo pars eius aliqua dirupta est, inde uentus per multos dies fluxit, ut traditur factum eo motu quo Chalcis laborauit. apud Asclepiodotum inuenies, auditorem Posidonii, †in his ipsis quaestio-

527 Verg. *Aen.* 8.728 || **540–542** Posid. T41b Edelstein-Kidd, T21b, F327 Theiler

Ω = **Z** **δ**(=**ABV**) **ϑ**(=**FH**) **π**(=**PRUW**)]

525 it **ϑ** : id **ZW** : iam **ϱU** : fluit (*post* placide) **δ** || **528** est **Ψ** : sit **Z** || **529** illata repressere **Cam.ET** : in latere pressere **Ω** : illata pressere **V**^{2} || **533** uim (inde **R** : in **W**^{1}) **Ω** : uiam *Hosius ap. Oltramare* || **535** erumpit *Pincianus* : eripitur **Ω** : erumpitur **L**^{1} : erupit *Rossbach*^{5} : emicuit *Rossbach*^{6} *1484* : abripitur *Castiglioni*^{2} || **536** eius **Ψ** : *om.* **Z** || **537** qua **Ψ** : quam **Z** || **539** dirupta **δϑP**^{1}**υ** : dirrupta **Z** : disrupta **P**^{c}**R** || **540** apud **Zϑπ** : quod a- **δ** : id a- *Gercke* || **541–542** auditorem – causis *uel* in his – causis *del. Hine*^{6} *24–27* || **541** [his] ipsius *Warmington* || **541–542** quaestionum *del. G. Müller 41–42*

num naturalium causis,† inuenies et apud alios auctores
hiasse uno loco terram et inde non exiguo tempore spi-
rasse uentum, qui scilicet illud iter ipse sibi fecerat per
quod ferebatur.

Maxima ergo causa est propter quam terra moueatur **18.**1
spiritus natura citus et locum e loco mutans. hic quamdiu
non impellitur et in uacanti spatio latet, iacet innoxius
nec circumiectis molestus est. ubi illum extrinsecus super- 2
ueniens causa sollicitat compellitque et in artum agit, si
licet adhuc, cedit tantum et uagatur. ubi erepta disce-
dendi facultas est et undique obsistitur, tunc 'magno cum
murmure montis circum claustra fremit,' quae diu pul-
sata conuellit ac iactat, eo acrior quo cum mora ualen-
tiore luctatus est. deinde cum circa perlustrauit omne quo 3
tenebatur, nec potuit euadere, inde quo maxime inpactus
est resilit, et aut per occulta diuiditur ipso terrae motu ra-
ritate facta, aut per nouum uulnus emicuit. ita est: non
potest uis tanta cohiberi, nec uentum tenet ulla compa-
ges. soluit enim quodcumque uinculum et onus omne
fert secum, infususque per minima laxamentum sibi pa-

552–553 Verg. *Aen.* 1.55–56

Ω = **Z** δ(=**ABV**) ϑ(=**FH**) π(=**PRUW**)]

542 causis **Ω** : libris *Hine*[6] *27 dub.* : *post* causis *puncto dist. edd. priores* || **544** illud (*om.* **U**) iter **Ψ** : illuditur **Z** || **548** latet (iacet **B**) **Ψ** : late **Z** || **550** artum **Ψ** : altum **Z** || **550–551** si licet **ZϑU** : scilicet **δϱW** || **553** fremit **Ω** : -munt **E**, *Verg.* || **557–558** terr(a)e motu raritate facta **Ψ** : m- t- f- r- **Z** || **558** est **Z** : eius **Ψ** || **561–562** sibi parat *Pincianus* : superat **Ω** : sui parat *Walter*[1] *448* rat, et indomita naturae potentia liberat se, utique cum 4 concitatus sibi ius suum uindicat. spiritus uero inuicta res est: nihil erit quod

luctantes uentos temptestatesque sonoras
imperio premat ac uinclis et carcere frenet.

5 sine dubio poetae hunc uoluerunt uideri carcerem in quo sub terra clusi laterent, sed hoc non intellexerunt, nec id quod clusum est esse adhuc uentum, nec id quod uentus est posse iam cludi. nam quod in cluso est, quiescit et aëris statio est: omnis in fuga uentus est.

6 Etiamnunc et illud accedit his argumentis per quod appareat motum effici spiritu, quod corpora quoque nostra non aliter tremunt quam si spiritum aliqua causa perturbat, cum timore contractus est, cum senectute languescit et uenis torpentibus marcet, cum frigore inhibetur aut 7 sub accessionem cursu suo deicitur. nam quamdiu sine iniuria perfluit et ex more procedit, nullus est tremor corpori; cum aliquid occurrit quod inhibeat eius officium,

565–566 Verg. *Aen.* 1.53–54

Ω = Z δ(=ABV) ϑ(=FH) π(=PRUW)]

562 liberat se *coni. et del. Haase* : liberat (-ra **U**) est (est *post* cum **B** : et **V** *u. l.*) **Ψ** : liberat **Z** : liberatus *Schultess*^{2} : liberatur *Alexander* || **563** concitatus **Bϑπ** : -tata **ZL**^{2} : -tatur **AV** : -tatius *Erasmus*^{1} | uero **Zϑπ** : *om.* **δ** : uere *Schultess*^{2} || **566** premit ... frenat *Verg.* | uinclis **ZBVF** : uinculis **AHϱU** : undis **W**^{1}, *ut uid.* || **572** accedit **B**^{c} : accid- **ZAB**^{1}**Vϑπ** || **573** effici spiritu **Z**, *ut coni. Muretus* : efficit spiritus **Ψ**

tunc parum potens in perferendis his quae integer tulerat, deficiens concutit quidquid suo uigore tendebat.

Metrodorum Chium, quia necesse est, audiamus quod **19.**1
uult sententiae loco dicentem. non enim permitto mihi ne eas quidem opiniones praeterire quas improbo, cum satius sit omnium copiam fieri et quae improbamus damnare potius quam praeterire. quid ergo dicit? 'quomodo, 2
cum in dolio cantatur, uox illa per totum cum quadam discussione percurrit ac resonat, et tam leuiter mota tamen circumit non sine tactu eius tumultuque quo inclusa est, sic speluncarum sub terra pendentium uastitas habet aëra suum, quem, simul alius superne incidens percussit, agitat, non aliter quam illa de quibus paulo ante rettuli inania indito clamore sonuerunt.'

Veniamus nunc ad eos qui omnia ista quae rettuli in **20.**1
causa esse dixerunt, aut ex his plura. Democritus plura putat. ait enim motum aliquando spiritu fieri, aliquando

582–593 DK 70A21 || **595–620** DK 68A98

Ω = **Z** **δ**(=**ABV**) **ϑ**(=**FH**) **π**(=**PRUW**)]

580 perferendis **Zϑ** : prof- **δπ** || **580–581** integer tulerat *et* suo uigore tendebat *inter se transp. Schultess*[2] : suo (*om.* **δ**) uigore tendebat (-ant ϱ) … integer tulerat **Ω** : suum uigorem tendebant … integer tulerat *Shackleton Bailey* || **582** quia **Ω** : *del. Erasmus*[1] : quoque *Watt* || **587** cantatur *Salmasius ad SHA Car. 19.2* : cantantis **Ω** : cantas *Haupt*[1] *336–337* : cantat quis *Madvig*[2] : cantant *Diels*[2] | illa **Ω** : tua *Haupt*[1] *ibid.* : illisa *G. Müller 42–43* (*conl. Cels. 2.7.27*) : illata *Schultess*[2] : ⟨uibrat⟩, illa *Oltramare* || **588** tam **Ω** : etiam *Koeler* || **589** circumit **ZH** : circuit **δFπ** | iactu *Warmington* || **596** motum aliquando spiritu fieri **ϑPυ** : a- m- s- f- **Z**, *fort. recte* : m- f- a- s- **AB** : a- m- f- s- **V** : m- s- a- f- **R**

aqua, aliquando utroque, et id hoc modo prosequitur:
'aliqua pars terrae concaua est; in hanc aquae magna uis
confluit. ex hac est aliquid tenue et ceteris liquidius. hoc
cum superueniente grauitate reiectum est, inliditur terris
et illas mouet; nec enim fluctuari potest sine motu eius in
2 quod inpingitur.' etiamnunc quomodo de spiritu diceba-
mus, de aqua quoque dicendum est: 'ubi in unum locum
congesta est et capere se desiit, aliquo incumbit et primo
uiam pondere aperit, deinde impetu. nec enim exire nisi
per deuexum potest diu inclusa, nec in directum cadere
moderate aut sine concussione eorum per quae uel in
3 quae cadit. si uero, cum iam rapi coepit, aliquo loco sub-
sistit et illa uis fluminis in se reuoluta est, in continentem
terram repellitur, et illam, qua parte maxime pendet, exa-
gitat. praeterea aliquando madefacta tellus liquore peni-
tus accepto altius sedit, et fundus ipse uitiatur. tunc ea
pars premitur in quam maxime aquarum uergentium
4 pondus inclinat. spiritus uero nonnumquam impellit un-
das, et si uehementius institit, eam scilicet partem terrae
mouet in quam coactas aquas intulit. nonnumquam in
terrena itinera coniectus et exitum quaerens mouet om-
nia. et terra autem penetrabilis uentis est, et spiritus sub-

Ω = **Z** **δ**(=**ABV**) **ϑ**(=**FH**) **π**(=**PRUW**)]

599 hoc **AB** : huc **ZVϑπ** || **600** ⟨densioris aquae⟩ grauitate *Hine*[14] | reiectum (ree- **Z**[1]) **Z**[c]**ϑυ** : -tus **ϱ** : rectum **δ** : deiectum *Gercke ap. DK II.107* | terr⟨en⟩is *Gercke ibid.* || **608–609** subsistit **ZABRU** : -sisterit **VW** : -stitit **ϑP** *numero meliore, fort. recte* || **609** in continentem **ϑ** : inc- **Z** : in concurrentem (-e **U**) **δπ** || **616** ⟨ipse⟩ in[2] *Gertz*[2] || **618** et[1] **ZVϑP** : e **U** : *om.* **ABR**, **W**[1] *ut uid.* : ⟨nam⟩ et *Gertz*[2] : ut *Diels DK II.107* (*sed cf. Ep. 58.15, 92.1, TLL 2.1593.76–1594.40*) | autem **Ω** : quoque **Cam.E** | est *del. Gercke, Skutsch* | et[2] **Ω** : ita *Diels DK II.107*

tilior est quam ut possit excludi, uehementior quam ut
sustineri concitatus ac rapidus.'

Omnes istas posse causas esse Epicurus ait, pluresque 5
alias temptat, et illos qui aliquid unum ex istis esse adfir-
mauerunt corripit, cum sit arduum de his quae coniec-
tura sequenda sunt aliquid certi promittere. 'ergo' ut ait 6
'potest terram mouere aqua si partes aliquas eluit et adro-
sit, quibus desiit posse extenuatis sustineri quod integris
ferebatur. potest terram mouere impressio spiritus: for-
tasse enim aër et extrinsecus alio intrante aëre agitatur,
fortasse aliqua parte subito decidente percutitur, et inde
motum capit. fortasse aliqua pars terrae uelut columnis
quibusdam ac pilis sustinetur, quibus uitiatis ac receden-
tibus tremit pondus impositum. fortasse calida uis spiri- 7
tus in ignem uersa et fulmini similis cum magna strage
obstantium fertur. fortasse palustres et iacentes aquas ali-
quis flatus impellit, et inde aut ictus terram quatit aut

621–638 Epicurus fr. 351 Usener, fr. 173 Arrighetti[2]

Ω = **Z** **δ**(=**ABV**) **ϑ**(=**FH**) **π**(=**PRUW**)]

619 est **ZAVϑπ** : *om.* **B** || **620** rapidus (trep- **V**) **Ψ** : rabi- **Z** || **621** posse causas esse **Z** : e- p- c- **ϑϱU** : p- e- c- **δW** || **622** illos *Usener* : alios **Ω** || **623** his qu(a)e **Ψ** : hisque **Z** || **624** sequenda **Ω** (*cf. Cic. Tusc. 1.17*) : assequenda *Kroll*[1] || **628** enim aer et **Zϑπ** : enim aer **δ**, *fort. recte* : in ima (*uel* imo) aër *Gercke* : enim aër ⟨sub terris congregatur⟩ et *ex. gr. suppl. Hine*[14] || **630** terr(a)e **Ψ** : terrarum **Z**, *fort. recte* || **633** uersa et **Zϑ** : uersa **δ** : uersa ui **ϱ** : uersatur **U** : uersarum **W**[1] | fulmini **δF** : flum- (-num **W**[1]) **ZHπ** || **634** obstantium **Ψ** : -iam **Z**

spiritus agitatio ipso motu crescens et se incitans ab imo in summa usque perfertur.' nullam tamen illi placet causam motus esse maiorem quam spiritum.

21.1 Nobis quoque placet hunc spiritum esse qui possit tanta conari, quo nihil est in rerum natura potentius, nihil acrius, sine quo ne illa quidem quae uehementissima sunt ualent: ignem spiritus concitat; aquae, si uentum detrahas, inertes sunt, tunc demum impetum sumunt cum illas agit flatus. et potest dissipare magna spatia terrarum, et nouos montes subiectus extollere, et insulas non ante uisas in medio mari ponere. Theren et Therasiam et hanc nostrae aetatis insulam, spectantibus nautis in Aegaeo mari natam, quis dubitat quin in lucem spiritus uexerit?

2 Duo genera sunt, ut Posidonio placet, quibus mouetur terra. utrique nomen est proprium: altera succussio est, cum terra quatitur et sursum ac deorsum mouetur, altera inclinatio, qua in latera nutat alternis nauigi more. ego et tertium illud existimo, quod nostro uocabulo signatum est: non enim sine causa tremorem terrae dixere maiores,

649–652 Posid. F 230 Edelstein-Kidd, F 320 Theiler

Ω = **Z** **δ**(=**ABV**) **ϑ**(=**FH**) **π**(=**PRUW**)]

637 perfertur **ZϑW** : prof- **δϱU** || **641** ne **Z**, *ut coni. Gertz*[1] *80* : nec **Ψ** | qu(a)e **Ψ** : *om.* **Z** || **644** et (qui **B**) **Ψ** : *om.* **Z** | spatia terrarum **Zδϑυ** : t- s- **ϱ** || **646** theren et therasiam **Z** : t(h)erem (-en **F**) et t(h)eraam (-ram **A** : -ream **V**) **δϑW**[1] : thereytheraam (-reith- **R**) **ϱ** : theman et theraam **U** || **647** nautis *Albertus Magnus Meteor. 3.2.19, Pincianus* : nobis **Ω** || **652** in latera **Cam. DET** : in altera **Zϑπ** : alterum **δ** | alternis **Z**, *ut coni. Michaelis*[2] : alterni **L**[2]**ϑϱU** : in alterum **δ** : *quid* **W**[1], *incertum* | nauigii **Ω**

qui utrique dissimilis est; nam nec succutiuntur tunc om-
nia nec inclinantur sed uibrantur, res minime in eius-
modi casu noxia, sicut ⟨* * *⟩. longe perniciosior est in-
clinatio concussione: nam nisi celeriter ex altera parte
properabit motus qui inclinata restituat, ruina necessario
sequitur.

Cum dissimiles hi motus inter se sint, causae quoque 22.1
diuersae sunt. prius ergo de motu quatiente dicamus. si
quando magna onera per uicos ⟨ordine⟩ uehiculorum
plurium tracta sunt et rotae maiore nisu in salebras inci-
derunt, tecta concuti senties. Asclepiodotus tradit: cum 2
petra e latere montis abrupta cecidisset, aedificia uicina
tremore collapsa sunt. idem sub terris fieri potest, ut ex
his quae impendent rupibus aliqua resoluta magno pon-
dere ac sono in subiacentem cauernam cadat, eo uehe-
mentius quo aut plus ponderis uenit aut altius; et sic
commouetur omne tectum cauae uallis. nec tantum pon- 3
dere suo abscindi saxa credibile est, sed cum flumina su-

Ω = **Z** **δ**(=**ABV**) **ϑ**(=**FH**) **π**(=**PRUW**)]

657 sicut ⟨dixi⟩ *Gercke* : sicut ⟨nuper experti sumus⟩ *Watt* || **660** sequitur **Zϑπ** : sequetur **Cam.,** *ut coni. Gercke in app., numero minus bono* : *plura om.* **δ** || **661** quoque **Z** : quorum **Ψ** : eorum *ed. Ven.*[1] : quoque eorum *Gronouius*[2] || **663** uicos ς : uices **Ω** : uias *Gertz*[2] : axes *Schultess*[2] : iunctiones *Nisbet* | ordine *post* **664** plurium *suppl. Fromondus, hic* (*uel post* uehiculorum) *Hine*[14] (*cf. Ep. 90.9*) || **663–664** uehiculorum plurium *ante* per *transp. Rossbach*[3] *942* || **664** plurium **BVϑPW** : -rimum **ZR** : -rima **U** : *om.* **A** | sunt **Ω** : eunt *Gercke* || **665** tecta **ZL**[2], *ut coni. Gertz*[2] : terram **Ψ** | sentias *Gertz*[2] : sentis *Gercke in app.* || **666** abrupta (abscisa **R**) **Ψ** : -te **Z** || **669** cadat **Ψ** : -ant **Z** || **670** et **Ψ** : ac **Z** || **671** commoueatur *Gertz*[2] | caue **Z** : cauat(a)e **Ψ** | tantum **ZΛBFϱ** : tamen **VHυ**

pra ferantur, adsiduus umor commissuras lapidis exte-
nuat, et cotidie aliquid his ad quae religatus est aufert, et
illam, ut ita dicam, glutem qua continetur abradit. deinde
longa per aeuum deminutio usque eo infirmat illa quae
4 cotidie adtriuit ut desinant esse oneri ferundo. tunc saxa
uasti ponderis decidunt, tunc illa praecipitata rupes,
quidquid obuiorum percussit non passura consistere,
'⟨cum⟩ sonitu uenit, et ruere omnia uisa repente,' ut ait
Vergilius noster.

23.1 Huius motus succutientis terras haec erit causa; ad al-
teram transeo. rara terrae natura est multumque habens
uacui. per has raritates spiritus fertur, qui, ubi maior in-
2 fluxit nec emittitur, concutit terram. haec placet et aliis,
ut paulo ante rettuli, causa; si quid apud te profectura te-
stium turba est, hanc etiam Callisthenes probat, non con-
temptus uir. fuit enim illi nobile ingenium et furibundi
regis inpatiens. hic est Alexandri crimen aeternum, quod
3 nulla uirtus, nulla bellorum felicitas redimet; nam quo-

680 Verg. *Aen.* 8.525 || **686** paulo ante] 6.12 sqq.

Ω = **Z** **δ**(=**ABV**) **ϑ**(=**FH**) **π**(=**PRUW**)]

674 aliquid **ZL**^{2} : quod **δW** : *om.* **ϑϱU** || **675** glutem *Badstübner*[1] : cutem (*om.* **ϱ**) **Ω** || **676** deminutio **Z** : dim- **Ψ** || **677** ferundo **Z** (*cf. Ben. 7.9.4, TLL 6.527.80–82*) : ferendo **Ψ** (*cf. Ep. 71.26*) || **679** obuiorum percussit *Leo* : ab illo repercussit **Ω** : ab imo reperc- **E**^{2} : stabile aegre perc- *Gercke* : lapillorum perc- *Kroll*[1] : ab alto reperc- *Codoñer Merino* : subito ⟨frago⟩re perc- *Castiglioni*[2] : sub tellure perc- *Busche* || **680** cum *Vergilius, suppl.* **Cam.DE** || **682–683** alterum *Skutsch* (*sed Gercke confert c. 26.4 fin.*) || **686–687** *dist. Axelson*[1] : causa, si ... turba est. *uulgo* || **687** etiam **Zϑ** : et **π** : *om.* **δ**

tiens quis dixerit, 'occidit Persarum multa milia,' opponetur ei Callisthenes; quotiens dictum erit, 'occidit Darium, penes quem tunc maximum regnum erat,' opponetur ei Callisthenes; quotiens dictum erit, 'omnia oceano tenus uicit, ipsum quoque temptauit nouis classibus et imperium ex angulo Thraciae usque ad orientis terminos protulit,' dicetur, 'sed Callisthenem occidit.' omnia licet antiqua ducum regumque exempla transierit, ex his quae fecit nihil tam magnum erit quam scelus. hic Callisthenes 4
in libris quibus describit quemadmodum Helice Burisque mersae sint, quis illas casus in mare uel in illas mare inmiserit, dicit id quod in priore parte iam dictum est: 'spiritus intrat terram per occulta foramina, quemadmodum ubique, ita et sub mari. deinde, cum obstructus ille est trames per quem descenderat, reditum autem illi a tergo resistens aqua abstulit, huc et illuc refertur, et sibi ipse occurrens terram labefactat. ideo frequentissime mari adposita uexantur, et inde Neptuno haec adsignata est mo-

699–710 *FGH* 124F19 Jacoby || **702** in priore parte] 6.15

Ω = **Z** **δ**(=**ABV**) **ϑ**(=**FH**) **π**(=**PRUW**)]

692 ei **U**^{2} : et **Zϑπ** : ei et **δ** | cal(l)ist(h)enes (-tines **W**^{1}) **Z** **A**^{1}**ϑπ** : -nen **BV** : -nem **A**^{c} || **693** tunc **ZL**^{2}**δ** : tum **ϑϱW** : *plura om.* **U** || **693–694** ei cal(l)ist(h)enes (-ne **A**) **ZL**^{2}**Aϑϱ W** : ei et calistenen **BV** : *plura om.* **U** || **699** scelus. hic **Ω** : scelus hoc. *Fickert* : scelus ⟨hoc⟩. hic *Michaelis*^{2} : ⟨tale⟩ scelus. hic *Gercke in app.* || **700** libris **Ψ** : his l- **Z** : *fort.* iis libris || **702** iam **Z** : *om.* **Ψ** || **703** intrat **Ψ** : intra **Z** || **704** et **Ψ** : *om.* **Z** || **707** *Callisthenis uerba post* labefactat *desinere iudicauit Gertz*^{2}, *post* **709** potentia *Fickert, sed cf. Jacoby ad FGH124F19* || **708–709** mouendi terras **Z** : t- m- **L**^{2} : maris (moris **V** : *om.* **B**) mouendi **Ψ**

uendi terras potentia. quisquis primas litteras didicit, scit
illum apud Homerum Ἐνοσίχθονα uocari.'
24.1 Spiritum esse huius mali causam et ipse consentio. de
illo disputabo, quomodo intret hic spiritus, utrum per te-
nuia foramina nec oculis comprehensibilia, an per maiora
ac patentiora, et utrum ab imo an etiam per summa terra-
2 rum. hoc incredibile est. nam in nostris quoque corpori-
bus cutis spiritum respuit, nec est illi introitus nisi per
quae trahitur; ne consistere quidem a nobis receptus po-
test nisi in laxiore corporis parte: non enim inter neruos
pulpasue sed in uisceribus et patulo interioris partis re-
3 cessu commoratur. idem de terra suspicari licet uel ex
hoc, quod motus non in summa terra circaue summam
est sed subter et ab imo. huius indicium est quod altitudi-
nis profundae maria iactantur, motis scilicet his supra
quae fusa sunt. ergo ueri simile est terram ex alto moueri
4 et illic spiritum in cauernis ingentibus concipi. 'immo'
inquit 'ceu cum frigore inhorruimus, tremor sequitur, sic

710 Hom. *Il.* 7.445, al.

Ω = **Z** **δ**(=**ABV**) **ϑ**(=**FH**) **π**(=**PRUW**)]

710 homerum **Z** : horum **ϑπ** : eos **δ** | *Ἐνοσίχθονα Fickert* : mesibipt(h)ona **ϑPυ** : mesybithona **R** : mesip(p)tona **δ** : sibi pthona **Z** || **711** huius mali causam **Ψ** : c- h- m- **Z**, *numero minus bono* || **712–713** tenuia (tenua **υ**) foramina **Ψ** : tenui aforamina **Z** || **714** ac **Zϑυ** : et **δϱ** | patentiora **ZA** : patencia **R** : potentiora **BVϑPυ** | summa **δϑϱU** : -am **ZW**[1] || **716** illi **Ψ** : ulli **Z** || **717** ne *Gertz*[1] *80–81* : nec **Ω** | a nobis receptus **Ψ** : r- a n- **Z** || **718** laxiore **ZB** : -ri **AVϑϱ** : -ris **U** : -ra **W**[1] || **721** summam **ZϑPυ** : -a **δR** || **726** ceu (seu **W**) **Ψ** : quemadmodum **Z**

terras quoque spiritus extrinsecus accidens quassat.' quod nullo modo potest fieri. algere enim debet ut idem illi accidat quod nobis, quos externa causa in horrorem agit. accidere autem terrae simile quiddam nostrae adfectioni, sed non ex simili causa, concesserim. illam interior et al- 5
tior iniuria debet impellere, cuius rei argumentum uel maximum hoc potest esse, quod cum uehementi motu adapertum ingenti ruina solum est, totas nonnumquam urbes et recipit hiatus ille et abscondit. Thucydides ait 6
circa Peloponnesiaci belli tempus Atalanten insulam aut totam aut certe maxima ex parte suppressam. idem Sidone accidisse Posidonio crede. nec ad hoc testibus opus est: meminimus enim terris interno motu diuolsis loca disiecta et campos interisse. quod iam dicam quemadmodum existimem fieri.

Cum spiritus magna ui uacuum terrarum locum peni- 25.1
tus oppleuit coepitque rixari et de exitu cogitare, latera ipsa inter quae latet saepius percutit, supra quae urbes interdum sitae sunt. haec nonnumquam in tantum concu-

735–737 Thuc. 3.89.3 || **735–740** Posid. F 232 Edelstein-Kidd, 321 Theiler

Ω = **Z** **δ**(=**ABV**) **ϑ**(=**FH**) **π**(=**PRUW**)]

729 externa **Ψ** : aet- **Z** || **734** adapertum **BVϑπ** : ad ap- **ZA** || **736** peloponesiaci **Z** : peloponens- *uel sim.* **Ψ** | Atalantem *Hermolaus ad Plin. Nat. 2.204* : athlantem **Ω** || **737–738** sidone (*uel* syd-) **Ψ** : sind- **Z** || **738** crede **Ψ** : -dere **Z** || **739** interno motu **Ψ** : inter motis **Z** | diuolsis **Z** : diuulsis **Ψ** (*cf. 5.18.7*) | loca **Ψ** : locata **Z** || **742** magna ui **ZH**, *fort.* **L**^{2} : magna in **Fπ** : magnum et **δ** || **744** s(a)epius *hic* **Ψ**, *ante* inter **Z** || **745** in tantum **Z** : adeo (a deo **R**) **ϑπ** : *plura om.* **δ**

tiuntur ut aedificia superposita procumbant, nonnum-
quam in tantum ut parietes quibus fertur omne tegimen
caui decidant in illum subteruacantem locum, totaeque
2 urbes in inmensam altitudinem uergant. si uelis credere,
aiunt aliquando Ossam Olympo cohaesisse, deinde terra-
rum motu recessisse, et fissam unius magnitudinem mon-
tis in duas partes. tunc effluxisse Peneon, qui paludes
quibus laborabat Thessalia siccauit, abductis in se quae
sine exitu stagnauerant aquis. Ladon flumen inter Elim et
Megalenpolim medius est, quem terrarum motus effudit.
3 per haec quid probo? in laxos specus (quid enim aliud ap-
pellem loca uacua sub terra?) spiritum conuenire; quod
nisi esset, magna terrarum spatia commouerentur, et una
multa titubarent: nunc exiguae partes laborant nec um-
quam per ducenta milia motus extenditur. ecce hic qui
4 impleuit fabulis orbem non transcendit Campaniam. quid
dicam, cum Chalcis tremuit, Thebas stetisse? cum labora-
uit Aegium, tam propinquas illi Patras audisse de motu?
illa uasta concussio quae duas suppressit urbes, Helicen

Ω = **Z** **δ**(=**ABV**) **ϑ**(=**FH**) **π**(=**PRUW**)]

750 coh(a)esisse **Ω** : coniuctum (*sic*) fuisse **L**^{2} ‖ **752** effluxisse *Fortunatus* : effugisse **Ω** | peneon **L**^{2}**ϑυ** (*cf.* *3.25.4*) : penion **Z** : pelion **δ** : penteon **ϱ** ‖ **754** exitu stagnauerant **Ψ** : exitus stagn- (tagn- **Z**^{1}) **Z**^{c} | Elin *Fickert* ‖ **755** megalenpolim **AVHP** : megalemp- (magalemp- **W**) **ZBFRυ** : Megalenpolin *Erasmus*[1] ‖ **756** h(a)ec **Ω** | aliud **Ψ** : -us **Z** ‖ **757** terra **Z** : -as **Aϑ ϱW** : -is **UV** : *om.* **B** ‖ **760** ecce hic **Ψ** : hic. ecce **Z** ‖ **763** Aegium *Pincianus* : egine (ig- **B**) **Ω** | Patras *Fortunatus* : patrias **Ω** | audisse de motu **Z** (*cf.* *Axelson*[1]) : de m- a- **ϑπ** : de m- solum a- **δ**

et Burin, citra Aegium constitit. apparet ergo in tantum spatium motum pertendere quantum illa sub terris uacantis loci inanitas pateat.

Poteram ad hoc probandum abuti auctoritate magno- 26.1
rum uirorum qui Aegypton numquam tremuisse tradunt; rationem autem huius rei hanc reddunt, quod ex limo tota concreuerit. tantum enim, si Homero fides est, aberat a continenti Pharos quantum nauis diurno cursu metiri plenis lata uelis potest. sed continenti admota est: turbidus enim defluens Nilus, multumque secum caeni trahens et id subinde adponens prioribus terris, Aegypton annuo incremento semper ultra tulit. inde pinguis et limosi soli est nec ulla interualla in se habet, sed creuit in solidum arescente limo, cuius pressa erat et sedens structura, cum partes glutinarentur nec quicquam inane interuenire poterat, cum solido liquidum ac molle semper accideret.

Sed mouetur et Aegyptus et Delos, quam Vergilius 2
stare iussit: ‘inmotamque coli dedit et contemnere uen-

771 Hom. *Od.* 4.354–357 || **783–784** Verg. *Aen.* 3.77

Ω = **Z** **δ**(=**ABV**) **ϑ**(=**FH**) **π**(=**PRUW**)]

765 burin (-im **B**) **Ω** (*cf. 6.32.8, 7.5.3 app.*) | citra **Z** : circa **Ψ** | egium **ϑϱU** : egeum **Zδ** : egitium *ut uid.* **W**[1] || **769** egypton **Z** : -tum **δϑU** : -ti **W**[1] : ex egipto **ϱ** || **770** rei **Ψ** : *om.* **Z** || **771** aberat **δ** : ab erat **U** : aberrat **Zϑϱ W** || **773** continenti admota **δ** : c- ammota **ϑPW**[1] : c- amota **U** : c- a mota **R** : continentia mota **Z** || **775** Aegypton *Rossbach*[6] *1484* : (a)egip(p)to *uel* egypto (-te **W**[1] : -t **F**) **Ω** : egyptum **E**[2] || **777** in[1] **Ψ** : sub **Z** | ⟨con⟩creuit *Gronouius*[2] || **780–781** accideret **Zϑϱ W** : acced- **δU** || **782** *fort.* Aegyptos

tos'; hanc philosophi quoque, credula natio, dixerunt non
moueri auctore Pindaro. Thucydides ait antea quidem in-
motam fuisse, sed circa Peloponnesiacum bellum tre-
3 muisse. Callisthenes et alio tempore ait hoc accidisse: 'in-
ter multa' inquit 'prodigia quibus denuntiata est duarum
urbium, Helices et Buris, euersio, fuere maxime notabilia
columna ignis inmensi et Delos agitata,' quam ideo stabi-
lem uideri uult quia mari imposita sit habeatque conca-
uas rupes et saxa peruia, quae dent deprehenso aëri redi-
tum; ob hoc et insulas esse certioris soli, urbesque eo
4 tutiores quo propius ad mare accesserint. falsa haec esse
Pompei et Herculaneum sensere. adice nunc quod omnis
ora maris obnoxia est motibus: sic Paphos non semel cor-
ruit, sic mobilis et huic iam familiaris malo Nicopolis;
Cypron ambit altum mare, et agitatur; Tyros et ipsa tam
mouetur quam adluitur.

Hae fere causae redduntur propter quas tremat terra.
27.1 quaedam tamen propria in hoc Campano motu accidisse

784–785 Pindar fr. 33c–d Snell-Maehler || **785–787** Thuc. 2.8.3 || **787–794** *FGH* 124F20 Jacoby

Ω = **Z** δ(=**ABV**) ϑ(=**FH**) π(=**PRUW**)]

784 philologi *Rossbach*^{2} *1 n. 1* : historici *Cornelissen* (*sed cf. Vottero*) || **785** t(h)uc(h)ydides *uel sim.* **Ψ** : thucydidis **Z** || **786** peloponnesiacum **Z** : peloponens- **Ψ** || **787** hoc **Ψ** : hoc illi **ZL**^{2} || **793** eo **Ψ** : eos **Z** || **794** ad **Ψ** : *om.* **ZL**^{2} || **795** Pompei *Gercke* : -eia (-ea **R**) **ZH**π : -eiañ **L**^{2} : -eios δ : -eium **F** : -eii *Fortunati codd.* || **796** motibus ϑπ : mont- **Z**δ || **797** mobilis **ZL**^{2} : nobilis (nobis **U**) **Ψ** || **798** cypron **Z** (*cf. Ep. 91.9*) : cyprum (*uel* ci-) ϑ**U** : cyprus (*uel* ci-) δϱ**W**^{1} | agitatur (*sc. Cypros*) **Ω** : agitat *Gercke* || **799** adluitur *Skutsch* : dil- **Ω**

narrantur, quorum ratio reddenda est. aiunt enim sexcen-
tarum ouium gregem exanimatum in Pompeiana regione.
non est quare hoc putes ouibus illis timore accidisse: di- 2
ximus solere post magnos terrarum motus pestilentiam
fieri, nec id mirum est. multa enim mortifera in alto la-
tent: aër ipse qui, uel terrarum culpa, uel pigritia et ae-
terna nocte torpescens [grauis ... est], uel corruptus inter-
norum ignium uitio, ⟨grauis haurientibus est⟩, cum e
longo situ emissus est, purum hunc liquidumque maculat
ac polluit, insuetumque ducentibus spiritum adfert noua
genera morborum. quid quod aquae quoque inutiles pe- 3
stilentesque in abdito latent, ut quas numquam usus
exerceat, numquam aura liberior euerberet? crassae ita-
que et graui caligine sempiternaque tectae nihil nisi pe-
stiferum in se et corporibus nostris contrarium habent.
aër quoque qui mixtus est illis quique inter illas paludes
iacet, cum emersit, late uitium suum spargit et haurientes

804–805 diximus] si uera lectio est (uide app. crit.), errauit Seneca, nisi locum nunc deperditum significat

Ω = **Z** **δ**(=**ABV**) **ϑ**(=**FH**) **π**(=**PRUW**)]

802 aiunt enim **Ω** : diximus *Gercke* || **804–805** diximus **Ω** : aiunt enim *Gercke* || **808** torpescens *Shackleton Bailey* : -cit **Ω** || **808–809** grauis haurientibus est *post* torpescit *habet* **Ω**, *post* uitio *transp. Shackleton Bailey, del. Vassis* | est *om.* **L**, *ut coni. Gercke in app., Rossbach*[5] | uel **Ω** : et *Castiglioni*[2] | infernorum *Cornelissen* (*sed cf. 6.24.6, 4a.2.26*) || **814** aura liberior (-iorum **P** : -io **U**) euerberet (-at **U**) **ϑπ** : a- liberiore uerberet **Z** : liberior a- euerberet **δ** || **816** habent **Ψ**, *numero parum bono* : *om.* **Z** : habent *post* in se *transponendum esse uel* continent *scribendum esse coni. Hine*[14] || **817** qui mixtus **Ψ** : immixtus **Z**

4 necat. facilius autem pecora sentiunt, in quae primum pestilentia incurrere solet, quo auidiora sunt: aperto caelo plurimum utuntur et aquis, quarum maxima in pestilentia culpa est. oues uero mollioris naturae, quo⟨niam⟩ propiora terris ferunt capita, correptas esse non miror, cum adflatus aëris diri circa ipsam humum exceperint. nocuisset ille et hominibus, si maior exisset; sed illum sinceri aëris copia extinxit antequam ut ab homine posset trahi surgeret.

28.1 Multa autem terras habere mortifera uel ex hoc intellege, quod tot uenena nascuntur non manu sparsa sed sponte, solo scilicet habente ut boni ita mali semina. quid quod pluribus Italiae locis per quaedam foramina pestilens exhalatur uapor, quem non homini ducere, non ferae tutum est? aues quoque si in illum inciderunt antequam caelo meliore leniatur, in ipso uolatu cadunt, liuentque corpora et non aliter quam per uim elisae fauces tument.
2 hic spiritus, quamdiu terra se continet, tenui foramine fluens non plus potentiae habet quam ut despectantia et ultro sibi inlata conficiat; ubi per saecula conditus tenebris ac tristitia loci creuit in uitium, ipsa ingrauescit mora, peior quo segnior; cum exitum nactus est, aeter-

Ω = **Z** **δ**(=**ABV**) **ϑ**(=**FH**) **π**(=**PRUW**)]

819 primum **ZL**^{2} : *om.* **Ψ** || **822** quoniam *Watt* : quo **Ω** : et quae *Shackleton Bailey* || **826** antequam **Ψ** : et a- **Z** : ut a- **L**^{2} (ut *ante* ab homine *om.* **L**^{1}) || **828** multa **BW** : -as **ZAVϑϱU** || **829** manu **Ψ** : -us **Z** || **833** inciderunt (-ere **B**) **Z**^{1}**δϑPυ** : -rint **Z**^{c}**R** || **836** terra se continet **Z**, *ut coni. Castiglioni*^{2} : terras continet (c- t- **F**) **Vϑπ** : terra continetur **AB** || **838** conditus **W**^{1}**G**, *ut coni. Haase* : -tis **Zδϑϱ U**

num illud umbrosi frigoris malum et infernam luem uo-
luit, ac regionis nostrae aëra infuscat. uincuntur enim
meliora peioribus. tunc etiam ille spiritus purior transit in 3
noxam: inde subitae continuaeque mortes et monstruosa
genera morborum, ut ex nouis orta causis. breuis autem
aut longa clades est prout uitia ualuere, nec prius pesti-
lentia desinit quam spiritum illum grauem exercuit laxi-
tas caeli uentorumque iactatio.
Nam quod aliquot insanis attonitisque similes discur- 29.1
rere, fecit metus, qui excutit mentes ubi priuatus ac mo-
dicus est; quid, ubi publice terret? ubi cadunt urbes, po-
puli opprimuntur, terra concutitur, quid mirum est
animos inter dolorem et metum destitutos aberrasse? non 2
est facile inter mala magna consipere. itaque leuissima
fere ingenia in tantum uenere formidinis ut sibi excide-
rent. nemo quidem sine aliqua iactura sanitatis expauit,
similisque est furenti quisquis timet. sed alios cito timor
sibi reddit, alios uehementius perturbat et in dementiam

Ω = **Z** **δ**(=**ABV**) **ϑ**(=**FH**) **π**(=**PRUW**)]

841 luem *Hine*[13] : lucem **ZL**^{2} : noctem **Ψ** || **841–842** uoluit **ZL**^{2}**δπ** (*cf. 6.11.1, 7.17.3*) : oluit **ϑ** : euoluit *Gercke in app.* || **842** regionis **Ψ** : religi- **Z** || **843** purior (*om.* **A**) **Ψ** : purior ille **Z** || **844** noxam **ZϑU** : noxium **δϱ** : noxiam **W** || **845** causis **AB**^{c}**Vϑπ** : clausis **ZB**^{1} || **848–850** uentorumque – fecit *om.* **δ** || **849** quod *om.* **OT** | aliquot *Erasmus*[2] : aliquos **Z**^{c}**ϑπ** : *quid* **Z**^{1}, *incertum* (*fort.* aliquod) : aliqui *Hine*[14] *dub.* || **850** ubi **ϑ** : etiam ubi **Z**, *fort. recte* : dum **δ** : nisi **π** || **851** quid **Zϑ** : qui **δπ** || **853** destitutos **Ω** : districtos *Kroll*[1] || **854** mala magna **ZB**^{c}**V** : magna mala **AB**^{1}**ϑϱU** : magna **W** | leuissima **Ψ** : leni- **Z** || **857** furenti **ZA**^{1}**BU** : -tis **VϑϱW**, **A** *u. l.* || **858** sibi reddit **δW**^{1} : s- reddet **ϑϱU** : elidit **Z**

3 transfert. inde inter bella errauere lymphatici, nec usquam plura exempla uaticinantium inuenies quam ubi formido mentes religione mixta percussit.

30.1 Statuam diuisam non miror, cum dixerim montes a montibus recessisse, et ipsum diruptum esse ab imo solum:

> haec loca ui quondam et uasta conuolsa ruina
> (tantum aeui longinqua ualet mutare uetustas)
> dissiluisse ferunt, cum protinus utraque tellus
> una foret. uenit ingenti ui pontus et ingens
> Hesperium Siculo latus abscidit, aruaque et urbes
> aequore diductas angusto interluit aestu.

2 uides totas regiones reuelli a suis sedibus, et trans mare iacere quod in confinio fuerat; uides et urbium fieri gentiumque discidium cum pars naturae concita est, et aliquo mare ignem spiritum inpegit. quorum mira ut ex toto uis est: quamuis enim parte saeuiat, mundi tamen uiribus

3 saeuit. sic et Hispanias a contextu Africae mare eripuit,

865–870 Verg. *Aen.* 3.414–419

Ω = **Z** **δ**(=**ABV**) **ϑ**(=**FH**) **π**(=**PRUW**)]

863 diruptum **δϑ**$\mathbf{P^1}$**υ** : disr- $\mathbf{P^c}$**R** : dirutum **Z** || **865** conuolsa **Z**, *Vergili codd. Pγ* : conuulsa **Ψ**, *Vergili codd. M*P^1 γ^1 || **867** protinus **Ψ** : -tenus **Z** || **868** ingenti ui **Ψ** : in **Z** : medio ui *Verg.* | ingens **Ω** : undis *Verg.* || **870** (a)equore **Ω** : litore *Verg.* | (a)estu **Zδ**, *Verg.* : ictu **ϑπ** || **871** reuelli a suis sedibus **Z** : a su- sed- r- **Ψ** || **873** cum – est *om.* **ϑ** || **873–874** et (*om.* **W**) aliquo **Zδϑυ** : deesse et a- ·**P** : dicere et alio **R** : *ante* et *spatium relinquit* **U** || **874** spiritum **Z** : -tu **Ψ**

sic hac inundatione quam poetarum maximi celebrant ab
Italia Sicilia reiecta est. aliquanto autem plus impetus ha-
bent quae ex infimo ueniunt: acriora enim sunt quibus
nisus est per angusta.
Quantas res hi terrarum tremores quamque mira spec- 4
tacula ediderint, satis dictum est. cur ergo aliquis ad hoc
stupet, quod aes unius statuae, ne solidum quidem sed
concauum ac tenue, diruptum est, cum fortasse in illud
se spiritus quaerens fugam incluserit? illud uero quis ne-
scit? diductis aedificia angulis uidimus moueri iterum-
que componi. quaedam uero parum aptata positu suo et a
fabris neglegentius solutiusque composita terrae motus
saepius agitata compegit. quod si totos parietes et totas 5
findit domos et latera magnarum turrium, quam⟨uis⟩ so-
lida sint, scindit et pilas operibus subditas dissipat, quid
est quare quisquam dignum adnotari putet sectam esse
aequaliter ab imo ad caput in partes duas statuam?
Quare tamen per plures dies motus fuit? non desiit **31.**1
enim adsidue tremere Campania, clementius quidem sed
cum ingenti damno, quia quassa quatiebat, quibus ad ca-
dendum male stantibus ⟨opus⟩ non erat impelli sed agi-
tari. nondum uidelicet spiritus omnis exierat, sed adhuc

Ω = **Z** **δ**(=**ABV**) **ϑ**(=**FH**) **π**(=**PRUW**)]

877 hac inundatione **Z** : hanc -nem **ϑπ** : per hanc redundationem **δ** || **878** resecta **cod. Nicotianus** (*sed cf. Axelson*[1], *Vottero*) || **880** nisus **Zϑ P** : uis **δ** : uisus **Rυ** || **881** quamque **BϑU** : quam quae **Z** : quam **AV** : quoque **ϱ** : quamquam **W** || **882** ad hoc **ZAB** : ad h(a)ec **Vϑυ** : ab hoc **ϱ** || **884** diruptum (diri- **H**[1]) **δϑP**[1]**υ** : dirr- **Z** : disr- **P**[c]**R** || **890** quamuis **LTX** : quam **ZPυ** : qua **ϑ** : que **R** : quoniam **δ** || **897** opus *fortasse alicubi supplendum esse coni. Kueler, hic suppl. Madvig*[2] *432 n. 2* emissa sui parte maiore oberrabat. inter argumenta quibus probatur spiritu ista fieri, non est quod dubites et hoc 2 ponere: cum maximus editus tremor est, quo in urbes terrasque saeuitum est, non potest par illi subsequi alius, sed post maximum lenes motus sunt, quia iam uehement⟨ior⟩ uis exitum uentis luctantibus fecit; reliquiae deinde residui spiritus non idem possunt, nec illis pugna opus est, cum iam uiam inuenerint sequanturque ea qua prima uis ac maxima euasit.

3 Hoc quoque dignum memoria iudico, ab eruditissimo et grauissimo uiro cognitum (forte enim, cum hoc euenit, lauabatur): uidisse se adfirmat in balneo tessellas, quibus stratum erat solum, alteram ab altera separari iterumque committi, et aquam modo recipi in commissuras pauimento recedente, modo compresso bullire et elidi. eundem audiui narrantem uidisse se macerias mollius crebriusque tremere quam natura duri sinit.

32.1 Haec, Lucili uirorum optime, quantum ad ipsas causas: illa nunc quae ad confirmationem animorum perti-

Ω = **Z** δ(=**ABV**) ϑ(=**FH**) π(=**PRUW**)]

903 iam **Ω** : rixa *Gercke* : *fort.* ⟨ille⟩ iam ‖ **903–904** uehement⟨ior⟩ uis *Walter*[7] : uehementius **Ω** : -tior *Fromondus* : -tissimus *Pincianus* : uehemens uis *Madvig*[2] : uehemens spiritus *Castiglioni*[2] : *fort.* uehementius *post* uentis *transferendum est* ‖ **904** exitum *post* luctantibus *transp. Gercke in app.* ‖ **910** t(h)essel(l)as **ϑPυ**, **V** *u. l.* : tessalas **Z**[1] : t(h)esseras **δ** : tres sellas **Z**[c]**R** ‖ **911** stratum erat solum **Z** : so- e- st- **δϑϱU** : e- so- st- **W** | iterumque **ZL**[2], *ut coni. Castiglioni ap. Oltramare* : itemque **Ψ** ‖ **914** macerias *Kroll*[1] : materias (uiterias **U**) **Ω** ‖ **916** optime **Ψ**, **Z**[c] : optume **Z**[1], *fort. recte* (*cf. c. 1.1*) ‖ **916–917** ipsas causas **Ψ** : c- i- **Z**

nent, quos magis refert nostra fortiores fieri quam doctiores; sed alterum sine altero non fit. non enim aliunde animo uenit robur quam a bonis artibus, quam a contem-
platione naturae. quem non hic ipse casus aduersus om- 2
nes firmauerit et erexerit? quid est enim cur ego hominem aut feram, quid est cur sagittam aut lanceam tremam? maiora me pericula expectant: fulminibus et ter-
ris et magnis naturae partibus petimur. ingenti itaque 3
animo mors prouocanda est, siue nos saeuo uastoque impetu adgreditur, siue cotidiano et uulgari exitu. nihil refert quam minax ueniat quantumque sit quod in nos trahat; quod a nobis petit minimum est: hoc senectus ablatura est, hoc auriculae dolor, hoc umoris in nobis corrupti abundantia, hoc cibus parum obsequens stomacho, hoc pes leuiter offensus.

Pusilla res est hominis anima, sed ingens res contemp- 4
tus animae. hanc qui contempsit securus uidebit maria turbari, etiamsi illa omnes excitauerunt uenti, etiamsi aestus aliqua perturbatione mundi totum in terras uertet oceanum. securus aspiciet fulminantis caeli trucem atque horridam faciem, frangatur licet caelum et ignes suos in

Ω = **Z** **δ**(=**ABV**) **ϑ**(=**FH**) **π**(=**PRUW**)]

921 quem (quam **BV**) **Zδπ** : quem enim **ϑ** | casus **Ψ** : terrae motus casus **Z** || **922** et **Zδ** : *om.* **ϑπ**, *numero minus bono* || **924** fulminibus **ZϑϱW** : flum- **δU** || **925** magnis naturae partibus *uarie temptatum def. Axelson*[1], *Vottero* || **926** saeuo *Koeler* (*nam* saluo *typotheti error est*) : (a)equo (-e **U**) **Ω** : caeco *Haupt*[1] *337* : nouo *Gercke* || **930** ablatura **Z** : a nobis abl- **Ψ** | in nobis **Ψ** : intra nos **Z** : *fort. delendum* || **932** leuiter **δϑϱW** : laeu- **Z** : len- **U** || **938** caelum *del. Gertz*[2] (*def. Axelson*[1])

exitium omnium, in primis suum, misceat. securus aspi-
ciet ruptis compagibus dehiscens solum, illa licet infero-
rum regna retegantur. stabit super illam uoraginem intre-
5 pidus, et fortasse quo debebit cadere desiliet. quid ad me,
quam magna sint quibus pereo? ipsum perire non ma-
gnum est. proinde si uolumus esse felices, si nec homi-
num uel deorum nec rerum timore uersari, si despicere
fortunam superuacua promittentem leuia minitantem, si
uolumus tranquille degere et ipsis diis de felicitate con-
trouersiam facere, anima in expedito est habenda. siue il-
lam insidiae siue morbi petent, siue hostium siue ciuium
gladii, siue insularum cadentium fragor, siue ipsarum
ruina terrarum, siue uasta uis ignium urbes agrosque pari
6 clade complexa, qui uolet illam casus accipiat. quid aliud
debeo quam exeuntem hortari et cum bonis ominibus
emittere? 'uade fortiter, uade feliciter! nihil dubitaueris:
redderis. non de re sed de tempore est quaestio; facis
quod quandoque faciendum est. nec rogaueris nec timue-

Ω = **Z** **δ**(=**ABV**) **ϑ**(=**FH**) **π**(=**PRUW**)]

940 illa **Ω** : ipsa *Castiglioni*[2] | licet **δ** : *om.* **Zϑπ** || **945** uel **Z** (*cf. OLD s. 'neque' 7f*) : nec **Ψ**, *fort. recte* || **946** minitantem **ZHU** : imitantem **FP** : minantem **R** : munitatem **W** : *plura om.* **δ** || **948** facere **ZU** (*cf. Axelson*[1], *Axelson*[2] *48*) : agere **δϑϱ** : *plura om.* **W**^{1} | est habenda **ϑπ** : h- e- **Zδ**, *minus bono numero* || **949–950** morbi – gladii siue *om.* **Z**^{1}, *add. in mg.* **Z**^{c} || **949** siue ciuium **Z**^{c} : *om.* **Ψ** || **952** illam casus *Gertz*[2] : illam eam **ZϑPW** : illa eam **U** : eam **δR** : illam **Cam.DE** || **953** ominibus **AP**^{c}**H**^{c} : omnibus **BV**^{1}**R** : hominibus **ZFH**^{1}**P**^{1}**υ**, **V** *u. l.* || **955** redderis (*sc. naturae*) **ZVϑυ** : reddere his **P** : redde his **R** : rem redderis **A**^{1} : rem reddideris **B**, **A** *u. l.* : *locum uarie temptatum primus explanauit Rossbach*[6] *1484; Vottero conf. Ep. 92.31 'magnus erat labor ire in caelum: redit.'*

ris nec te uelut in aliquod malum exitura[m] tuleris retro. rerum natura te quae genuit expectat, et locus melior ac tutior. illic non tremunt terrae, nec inter se uenti cum 7
magno nubium fragore concurrunt, non incendia regiones urbesque uastant. non naufragiorum classes totas sorbentium metus est, non arma contrariis disposita uexillis, et in mutuam perniciem multorum milium par furor, non pestilentia et ardentes promiscue communes populis cadentibus rogi. istud leue est: quid timemus? graue est: potius semel incidat quam semper impendeat. ego autem 8
perire timeam, cum terra ante me pereat, cum ista quatiantur quae quatiunt, et in iniuriam nostram non sine sua ueniant? Helicen Burinque totas mare accepit: ego de uno corpusculo timeam? supra oppida duo nauigatur, duo autem quae nouimus, quae in nostram notitiam memoria litteris seruata perduxit: quam multa alia aliis locis mersa sunt, quot populos aut terra aut infra se mare inclusit! ego recusem mei finem, cum sciam me sine fine non esse? immo cum sciam omnia esse finita, ego ultimum suspirium timeam?'

Ω = Z δ(=ABV) ϑ(=FH) π(=PRUW)]

957 exitura *Bongarsius* : -ram **ZV** : -rum **ϑπ** : -rus **AB** || **958** te qu(a)e $\mathbf{A}^{1}$**ϑPυ** : teque **Z** : qu(a)e te $\mathbf{A}^{c}$**BVR** || **959** nec **Ψ** : non **Z**, *fort. recte* || **961** classes totas **Z** : t- c- **Ψ** || **965–966** istud – impendeat *def. Axelson*[1] || **967** ista **Ω** : ipsa *Gertz*[2] || **967–968** quatiantur quae quatiunt **Eλ** : quatiuntur quae quatiunt **Z** : qu(a)e quatiuntur que quatiunt **ϑPW** : que quatiuntur et que quatiunt **ABR** : que quatiunt etiam quatiantur **V** : que quatiuntur **U** || **969** ueniant **Z**$\mathbf{A}^{c}$**BV** : -unt $\mathbf{A}^{1}$**ϑπ** | helicen (*uel* -em) burimque totas **Ψ** : helicc burisque totae **Z** | accepit **Ψ** : accipiunt **Z** || **974** mei **ZϑW** : meum **δ** : in $\mathbf{P}^{1}$, *del.* $\mathbf{P}^{c}$: *om.* **R** : me **U**

9 Quantum potes itaque ipse te cohortare, Lucili, contra
metum mortis: hic est qui nos humiles facit; hic est qui
uitam ipsam cui parcit inquietat ac perdit; hic omnia
ista dilatat, terrarum motus et fulmina. quae omnia con-
stanter aspicies si cogitaueris nihil interesse inter exi-
10 guum tempus et longum. horae sunt quas perdimus: puta
dies esse, puta menses, puta annos: perdimus illos nempe
perituros. quid, oro te, refert num perueniam ad illos?
fluit tempus et auidissimos sui deserit; nec quod futurum
est meum est nec quod fuit, in puncto fugientis temporis
11 pendeo: et magni est modicum fuisse! eleganter ille Lae-
lius sapiens dicenti cuidam 'sexaginta annos habeo,' 'hos'
inquit 'dicis sexaginta quos non habes.' ne ex hoc quidem
intellegimus incomprehensibilis uitae condicionem et
sortem temporis semper alieni, quod annos numeramus
12 amissos? hoc adfigamus animo, hoc nobis subinde dica-
mus: 'moriendum est.' quando? quid tua? quemadmo-
dum? quid tua? mors naturae lex est; mors tributum offi-

Ω = **Z** δ(=**ABV**) ϑ(=**FH**) π(=**PRUW**); γ *habet* **996** omnibus – **999** exire, **993** moriendum – **996** timet, *hoc ordine*]

977 te *del.* **Z**^{c} | lucili **Ψ** : -illi **Z** ‖ **980–981** constanter aspicies **ZL**^{2} : feres constanter **δ** : constanter (-ant ϱ) **ϑπ** ‖ **984** perituros **Zϑπ** : -uri sunt **δ** : -uri *Gercke* | num perueniam **ϑ** : non peru- **Z** : nuper u- ϱ : si non peru- **δ** : unde peru- υ : an peru- *Hine*[14] ‖ **986–987** *dist. Shackleton Bailey* : fuit: in … pendeo, et *uulgo* ‖ **986** quod **Zδ** : *om.* **ϑπ** ‖ **989** ne **ZϑPW** (*def. Axelson*[2] *218 conl. Ben. 6.30.1, Ep. 7.5, al.*) : nec **δRU** : non **JK** : nonne *ed. Lips.* ‖ **991** quod (quid **W**) **Ψ** : quos **Z** | numeramus **ZδH** : -auimus **Fπ** ‖ **993–994** quemadmodum? quid tua? **Z** : quomodo? quid tua? **γ** : *om.* **Ψ**

ciumque mortalium est; mors malorum omnium remedium est: optauit illam quisquis timet. omnibus omissis hoc unum, Lucili, meditare, ne mortis nomen reformides. effice illam tibi cogitatione multa familiarem, ut si ita tulerit possis illi et obuiam exire.

L. ANNAEI SENECAE

NATVRALIVM QVAESTIONVM

LIBER SEPTIMVS QVI FERTVR

De cometis

Nemo usque eo tardus et hebes et demissus in terram est **1.1**
ut ad diuina non erigatur ac tota mente consurgat, utique ubi nouum aliquod e caelo miraculum fulsit. nam quam-

Ω = **Z** **δ**(=**ABV**) **ϑ**(=**FH**) **π**(=**PRUW**)]

995 est. mors malorum **Zγ** : malorumque (*om.* **U**) **Ψ** ‖ **996** optauit **Zϑπ** : -abit **δ**, *fort. recte* (*cf. Watt*) : -at **γ** | timet **Ω** : non timet **γ** ‖ **997** hoc **Ω** : o **γ** | unum **Ψ** : mi **Z**^{c}**γ**, *fort. recte* (*cf. Hine*^{3} *69*) : *quid* **Z**^{1}, *incertum* | lucili **Z**^{1}**Ψ** : lulli **Z**^{c}

Explicit liber V de terremotu **Z** : Explicit Vus **V** : Explicit septimus **H** : Explicit liber III **R** : *om.* **ABFPUW**

7 1–4 Incipit liber sextus de cometis **Z** : Incipit liber VII **A** *in mg.* : incipit VIus de naturalibus questionibus **V** : Incipit octauus **H** : Liber IIII incipit de cometis **P** : Incipit liber IIIIus de cometis **R** : Incipit liber quartus **U** : Incipit liber VIIus **W**^{1} : *om.* **BF** : *de uero libri numero uide Praefationem pp. XXII–XXV*

diu solita decurrunt, magnitudinem rerum consuetudo
subducit. ita enim compositi sumus ut nos cotidiana,
etiamsi admiratione digna sunt, transeant, contra mini-
marum quoque rerum, si insolitae prodierunt, spectacu-
2 lum dulce fiat. hic itaque coetus astrorum, quibus in-
mensi corporis pulchritudo distinguitur, populum non
conuocat; at cum aliquid ex more mutatum est, omnium
uultus in caelo est. sol spectatorem, nisi deficit, non ha-
bet; nemo obseruat lunam, nisi laborantem. tunc urbes
conclamant, tunc pro se quisque superstitione uana stre-
3 pit. at quanto illa maiora sunt, quod sol totidem, ut ita di-
cam, gradus quot dies habet, et annum circuitu suo clu-
dit, quod a solstitio ad minuendos dies uertitur, quod ab
aequinoctio statim inclinat et dat noctibus spatium, quod
sidera abscondit, quod terras, cum tanto maior sit illis,
non urit sed calorem suum intensionibus ac remissioni-
bus temperando fouet, quod lunam numquam nec implet
4 nisi aduersam sibi nec obscurat ⟨nisi * * *⟩. haec tamen
non adnotamus quamdiu ordo seruatur; si quid turbatum
est aut praeter consuetudinem emicuit, spectamus inter-

Ω = **Z** δ(=**ABV**) ϑ(=**FH**) π(=**PRUW**)]

12 fiat **Ψ** : fit **Z** ‖ **17** conclamant **δϑϱU** : cum cl- **ZW**[1] ‖ **17–18** strepit. at *Axelson*[1] : strepitat **Zϑ** : trepidat (str- **P**[1]) **δπ** ‖ **20** a solstitio **Ψ** : asoltitio **Z** ‖ **20–21** ab equinoctio **Z** : a solstitio **Ψ** ‖ **22** sit illis (illud **U**) **Ψ** : i- s- **Z** ‖ **23** intensionibus (-nis **B**) **ZδFυ** (*cf. Larg. 255*) : intenti- **H**, *fort. recte* (*cf. 2.6–9*) : intenci- **ϱ** ‖ **24** nec **Z** : *om.* **Ψ** ‖ **25** *lacunam statuit Gercke, qui* ⟨nisi uicinam⟩ *suppleuit, numero parum apto* : ⟨nisi in coniunctione⟩ *Codoñer Merino* : ⟨nisi propinquam⟩ *uel* ⟨nisi adiacentem⟩ *Hine*[14] ‖ **27** spectamus **δ** : ex(s)pectamus **Zϑπ**

rogamus ostendimus. adeo naturale est magis noua quam
magna mirari.
Idem in cometis fit: si rarus et insolitae figurae ignis 5
apparuit, nemo non scire quid sit cupit, et oblitus aliorum
de aduenticio quaerit, ignarus utrum debeat mirari an ti-
mere. non enim desunt qui terreant, qui significationes
eius graues praedicent. sciscitantur itaque et cognoscere
uolunt prodigium sit an sidus. at mehercules non aliud 6
quis aut magnificentius quaesierit aut didicerit utilius
quam de stellarum siderumque natura, utrum flamma
contracta (quod et uisus noster adfirmat et ipsum ab illis
fluens lumen et calor inde descendens), an non sint flam-
mei orbes, sed solida quaedam terrenaque corpora, quae
per igneos tractus labentia inde splendorem trahant calo-
remque, non de suo clara. in qua opinione magni fuerunt 7
uiri qui sidera crediderunt ex duro concreta et ignem alie-
num pascentia. 'nam per se' inquiunt 'flamma diffugeret,
nisi aliquid haberet quod teneret et a quo teneretur, con-
globatamque nec stabili inditam corpori profecto iam
mundus turbine suo dissipasset.'

Ad haec inuestiganda proderit quaerere num cometae 2.1

Ω = **Z** **δ**(=**ABV**) **ϑ**(=**FH**) **π**(=**PRUW**); **28** naturale – 29 mirari *habet* γ]

31 oblitus **Ψ** : o- est **Z** || **35** at **ZFπ** : ac **δ** : an **H** | me hercules **ZR** : me hercule **δW** : ne hercules **ϑPU** | aliud **Z** : alius **Ψ** || **40** -que **Ψ** : *om.* **Z** || **42** fuerunt **ZVHπ** : fuere **ABF** || **45** teneretur **Ψ** : tenetur **Z** || **48** num **ABHP**^{c}υ : non **ZFP**^{1}**R** : cuius **V** | comet(a)e **Ψ** : comote **Z**

condicionis eiusdem sint cuius superiora. uidentur enim
quaedam cum illis habere communia: ortus et occasus,
ipsam quoque – quamuis spargatur et longius exeat – fa-
2 ciem; aeque enim ignei splendidique sunt. itaque si om-
nia terrena sidera sunt, his quoque eadem sors erit. si
uero nihil aliud sunt quam purus ignis, manentque men-
sibus senis, nec illos conuersio mundi et uelocitas soluit,
illa quoque possunt et tenui constare materia nec ob hoc
3 discuti adsiduo caeli circumactu. illo quoque pertinebit
haec excussisse, ut sciamus utrum mundus terra stante
circumeat an mundo stante terra uertatur. fuerunt enim
qui dicerent nos esse quos rerum natura nescientes ferat,
nec caeli motu fieri ortus et occasus, ⟨sed⟩ nos ipsos oriri
et occidere. digna res contemplatione, ut sciamus in quo
rerum statu simus, pigerrimam sortiti an uelocissimam
sedem, circa nos deus omnia an nos agat.

3.1 Necessarium est autem ueteres ortus cometarum habere collectos. deprendi enim propter raritatem cursus eorum adhuc non potest, nec explorari an uices seruent et illos ad suum diem certus ordo producat. noua haec cae-

Ω = Z δ(= **ABV**) ϑ(= **FH**) π(= **PRUW**)]

49 eiusdem **Z** : *om.* **Ψ**, *fort. recte, cf. Dial. 10.18.3, Nat. 1.pr.2* (*uide Löfstedt*[2] *15–16*) : eius *post* sint *add.* **fG**, *ante* condicionis *Fortunatus* || **50** quaedam cum illis **Z** : c- i- qu- (qu- *post* habere **U**) **Ψ** || **52–53** omnia **Ω** : omnino *uel* omnes *Gercke* : ⟨ut⟩ omnia *Rossbach*[6] *1484* || **54** manentque **Zϑπ** : manensque **δ** || **55** nec **Ω** | et uelocitas soluit **Z** : s- et u- **AVϑπ**, *numero minus bono* : nec u- s- **B** || **56** et tenui **ϑπ** : extenui **Z** : tenui **δ** || **61** motu **Ψ** : -us **Z** | *add.* **Cam.DET** | nos **Z**, *ut coni. Lipsius teste Fromondo* : *om.* **Ψ** || **66** deprendi **Z**[c] : deprehendi **Ψ** : *quid* **Z**[1], *incertum* || **66–67** cursus eorum **ZBV** : e- c- **AHπ** : c- **F**

lestium obseruatio est et nuper in Graeciam inuecta. De- 2
mocritus quoque, subtilissimus antiquorum omnium, suspicari se ait plures stellas esse quae currant, sed nec numerum illarum posuit nec nomina, nondum comprensis quinque siderum cursibus. Eudoxus primus ab Aegypto hos motus in Graeciam transtulit, hic tamen de cometis nihil dicit. ex quo apparet ne apud Aegyptios quidem, quibus maior cura caeli fuit, hanc partem elaboratam.
Conon postea, diligens et ipse inquisitor, defectiones qui- 3
dem solis seruatas ab Aegyptiis collegit, nullam autem mentionem fecit cometarum, non praetermissurus si quid explorati apud illos comperisset.

Duo certe qui apud Chaldaeos studuisse se dicunt, Epi- 4.1
genes et Apollonius Myndius, peritissimus inspiciendorum natalium, inter se dissident. hic enim ait cometas in numero stellarum errantium poni a Chaldaeis tenerique cursus eorum. Epigenes contra ait Chaldaeos nihil de cometis habere comprensi, sed uideri illos accendi turbine quodam aëris concitati et intorti. primum ergo, si tibi uidetur, opiniones huius ponamus ac refellamus.

69–73 DK 68A92

Ω = **Z** δ(=**ABV**) ϑ(=**FH**) π(=**PRUW**)]

72 comprensis **Z** : -prehensis **δϑυ** : -prehensum ϱ ‖ 75 ne **δϑPυ** : nec **ZR** ‖ 76 cura caeli **Z** : c(a)eli cura $\mathbf{L}^2\Psi$, *numero minus bono* ‖ 77 conon (cen- **W**) **Ψ** : quo proprium nomen non **Z** ‖ 78 seruatas *def. Axelson*[1] | seruatas ab (a)egyptiis (-tis $\mathbf{W}^1$) **Ψ** : ab aeg- s- **Z** ‖ 82 ap(p)ol(l)onius **Ψ** : pollonius **Z** ‖ 83 natalium *Schottus* : naturalium **Ω** ‖ 85 c(h)aldeos **Zϑπ** : se a c(h)aldeis **δ** ‖ 86 comprensi **ZHU** : -prenssi $\mathbf{P}^1$: -penssi $\mathbf{P}^c$: -prehensi **δFRW**

2 Huic uidetur plurimum uirium habere ad omnes subli-
mium motus stella Saturni: 'haec, cum proxima signa
Marti premit aut in lunae uiciniam transit aut in solis in-
cidit radios, natura uentosa et frigida contrahit pluribus
locis aëra conglobatque: deinde si radios solis adsumpsit,
tonat fulguratque; si Martem quoque consentientem ha-
3 bet, fulminat. praeterea' inquit 'aliam materiam habent
fulmina, aliam fulgurationes: aquarum enim et omnis
umidi euaporatio splendores tantum caeli citra ictum mi-
naces mouet, illa autem calidior sicciorque terrarum
exhalatio fulmina extundit. trabes uero et faces, quae
nullo alio inter se quam magnitudine ignium distant, hoc
4 modo fiunt: cum umida terrenaque in se globus aliquis
aëris clusit, quem turbinem dicimus, quacumque fertur,
praebet speciem ignis extenti, quae tam diu durat quam-
diu mansit aëris illa complexio umidi intra se terrenique
multum uehens.'

5.1 Vt a proximis mendaciis incipiam, falsum est trabes et
faces exprimi turbine. turbo enim circa terras concipitur
ac fertur, ideoque arbusta radicitus uellit, et quacumque
incubuit, solum nudat, siluas interim et tecta corripiens,
inferior fere nubibus, utique numquam altior. at contra
trabes editior caeli pars ostentat, itaque numquam nubi-

Ω = **Z** **δ**(=**ABV**) **ϑ**(=**FH**) **π**(=**PRUW**)]

91 transit (-iit **V**) **Ψ** : uenit **Z** ‖ **94** fulguratque **Ψ** : fulgor $\mathbf{Z}^1$: atque *supra lineam add.* $\mathbf{Z}^c$ ‖ **96** et **Zϑ** : *om.* **δπ** ‖ **100** ignium **Z** : *om.* **Ψ**, *numero minus bono* ‖ **104** complexio **δ** : -etio **ZϑϱU** : -ectio **W** | terrenique (terreque $\mathbf{W}^1$) **Ψ** : terreni que **Z** ‖ **106–107** trabes et faces **ZF** : faces (fasces **A**) et trabes **δHπ** ‖ **111** trabes ⟨et faces⟩ *Hine*[14] | editior $\mathbf{ZW}^1$: edic- **R** : redit- (red-dit- $\mathbf{H}^1$) **ϑP** : indic- **U** : erect- **δ**

bus obstiterunt. praeterea turbo omni nube uelocius rapi- 2
tur et in orbem uertitur; super ista celeriter desinit et ipse
se ui sua rumpit. trabes autem non transcurrunt nec prae-
teruolant ut faces, sed commorantur et in eadem caeli
parte conlucent. Charmander certe in eo libro quem de 3
cometis composuit ait Anaxagorae uisum grande insoli-
tumque caelo lumen magnitudine amplae trabis, et id per
multos dies fulsisse. talem effigiem ignis longi fulsisse
Callisthenes tradit antequam Buram et Helicen mare ab-
sconderet. Aristoteles ait non trabem illum sed cometen 4
fuisse, ceterum ob nimium ardorem non apparuisse spar-
sum ignem, sed procedente tempore, cum iam minus fla-
graret, redditam suetam cometis faciem. in quo igne
multa quidem fuerunt digna quae notarentur, nihil tamen
magis quam quod, ut ille fulsit in caelo, statim supra Bu-

116–119 DK 59A83 || **116–133** *FGH* 124F21 Jacoby || **121–130** Arist. *Meteor.* 1.6, 343b1–25

Ω = **Z** **δ**(=**ABV**) **ϑ**(=**FH**) **π**(=**PRUW**)]

113 celeriter **Z** : uelociter **Ψ** (*cf.* **112** uelocius) || **114–115** pr(a)eteruolant **Ψ** : peru- **ZL**^{2} || **115** ut *del. Gemoll*^{2} || **116** certe **Z** : quoque (quidem **F**) **Ψ** || **117** anaxagore (nax- **R** : -orie **W**^{1}, *ut uid.*) **L**^{2}**Ψ** : -oras **Z** || **119** talem – fulsisse *om.* **ϑ** | fulsisse^{2} **δ** (*sed* **120** *add.* tradit ⟨idem fuisse⟩ **AV**, ⟨idem⟩ tradit ⟨fuisse⟩ **B**) : fulsse **Z** : fuisse **π** || **120** buram **Z** : -rim **AVHπ** : -rin **BF** (*cf.* **126–127**, *7.16.2, 6.25.4 app.*) | (h)elicen **Zϑ** : -em **δπ** || **121** illum (*sc. ignem*) **Z** : illam **Ψ**, *fort. recte* || **123** procedente (-deret **B**) **Ψ** : -ti **Z** || **124** suetam *Garrod*^{2} : suam **Ω** | cometis (-tes **B**) **Ω** : -tae *Erasmus*^{2} || **125** fuerunt **Ψ** : -re **Z** || **126–127** buram **Z** : -rim (-rym **U**) **Ψ** (*cf. supra ad* **120**)

5 ram et Helicen mare fuit. numquid ergo Aristoteles non illam tantum sed omnis trabes cometas esse credebat, hanc habentis differentiam quod his continuus ignis est, ceteris sparsus? trabes enim flammam aequalem habent nec ullo loco intermissam aut languidam, in ultimis uero partibus coactam, qualem fuisse in illa de qua modo rettuli Callisthenes tradit.

6.1 'Duo' inquit Epigenes 'cometarum genera sunt: alii ardorem undique effundunt nec locum mutant, alii in unam partem ignem uagum in morem comae porrigunt et stellas praetermeant' (quales duo nostra aetate uisi sunt). 'illi priores criniti undique et inmoti humiles fere sunt et isdem causis quibus trabes facesque conflantur, ex intemperie aëris turbidi multa secum arida umidaque terris
2 exhalata uersantis. potest enim spiritus per angusta elisus accendere supra se positum aëra plenum alimentis idoneis igni, deinde propellere ex humili, donec ex aliqua causa refluat rursus ac remittatur; deinde iterum proximo die ac sequentibus consurgere et eundem locum inflammare. uidemus enim uentos per complures dies ad constitutum redire; pluuiae quoque et alia tempestatum genera

Ω = **Z** δ(=**ABV**) ϑ(=**FH**) π(=**PRUW**)]

127 helicen **Zϑ** : -em **δπ** | fuit **Ω** : fluxit *Schultess*[2] : ruit *Gercke in app.* | numquid **δFP**[c]**R**υ : nunquid **H** : nonquid **ZP**[1] || **128** omnis **Z** : -nes **Ψ** || **129** habentis *Rossbach*[6] *1484* : -etis **ZHπ** : -entes **δ** : *plura om.* **F** || **131** aut **Ψ** : ac **Z** || **136** immorem **Z** : in modum (imm- **R**) **Ψ** || **137** nostra aetate **Z** : (a)e- n- **Ψ**, *numero minus bono* || **138** et[2] **Ω** : ex *Koeler* || **139** isdem **ZBVU** : hisdem **AϑϱW** || **143** ex[1] **Ω** : ea *Madvig*[2] : eum *Gercke* : et *Oltramare* | humili, donec *Koeler* : nitido nec **Z** : nitido ne **Ψ** : niti donec *Madvig*[2] || **144** defluat *Gercke in app.*

ad praescriptum reuertuntur.' ut breuiter autem uolunta- 3
tem eius exprimam, eadem fieri ratione hos cometas exi-
stimat qua fiunt ignes turbine eiecti: hoc unum interest,
quod illi turbine[s] ex superiore parte in terras deprimun-
tur, hi de terra in superiora luctantur.

Aduersus hoc multa dicuntur. primum, si uentus in 7.1
causa esset, numquam cometes sine uento appareret:
nunc autem et quietissimo aëre apparet. deinde si uento
fieret, cum uento caderet; et si uento inciperet, uento cre-
sceret, eoque esset ardentior quo ille incitatior. his acce-
dit illud quoque, quod uentus multas aëris partes impel-
lit, cometes uno loco apparet; et uentus in sublime non
peruenit, cometae autem uisuntur supra quam ire uentis
licet.

Transit deinde ad illos quos ait certiorem habere stella- 2
rum speciem, quia et procedunt et signa praetereunt. hos
ait ex isdem causis fieri quibus illos quos dixit humilio-
res; hoc tantum interesse, quod terrarum exhalationes
multa secum arida ferentes celsiorem petant partem et in
editiora caeli aquilone pellantur. ⟨at⟩ si illos aquilo pro- 3

Ω = **Z** **δ**(=**ABV**) **ϑ**(=**FH**) **π**(=**PRUW**)]

149 fieri ratione **Ψ** : r- f- **Z** || **151** turbine *Parroni*^{1} : -nes **Zϑπ** : *om.* **δ** | superiore **ZP** : -ori **δϑRυ** || **152** de **Ψ** : e **Z** | superiora (*fort.* -ori **W**^{1}) **Ψ** : -ore **Z** | luctantur **Z** : eluct- **Ψ** || **153** hoc **ZL**^{2} (*cf. c. 13.1, c. 18.1, al.*) : h(a)ec **Ψ** || **156–157** uento cresceret **ZδR** : c- u- **ϑPυ**, *fort. recte* || **157** ardentior **Ψ** : tard- **Z** || **157–158** accedit (-det **F**) **Ψ** : accidet **Z** || **163** quia **Z** : qui **Ψ** || **164** isdem **ZB** : hisdem **W** : eisdem **AVϑϱU** (*cf. Dial. 7.4.1, Ben. 1.14.3*) || **165** tantum **ZFπ** : tamen **δH** || **167** *suppl.* **TXD**^{2}, *Gercke* : ⟨audi nunc, quae aduersus haec dicantur⟩ *suppl. Gertz*^{2}

pelleret, ad meridiem semper agerentur, quo uentus hic nititur: atqui uarie cucurrerunt, alii in ortum alii in occasum, omnes in flexum, quod iter non daret uentus. deinde si aquilonis illos impetus a terris in altum leuaret, aliis uentis non orirentur cometae: atqui oriuntur.

8.1 Illam nunc rationem eius (utraque enim utitur) refellamus: 'quidquid umidi aridique terra efflauit, cum in unum coit, ipsa disçordia corporum spiritum uersat in turbinem. tunc illa uis uenti circumeuntis quidquid intra se comprehendit, cursu suo accendit et leuat in altum, ac tam diu manet splendor ignis expressi quamdiu alimenta
2 sufficiunt, quibus desinentibus et ipse subsidit.' qui hoc dicit, non notat qualis sit turbinum cursus et qualis cometarum: illorum rapidus ac uiolentus et ipsis uentis citatior est, cometarum lenis et qui per diem noctemque quantum transierit abscondat. deinde turbinum motus uagus est et disiectus et, ut Sallustii uerbo utar, uerticosus, cometarum autem compositus et destinatum iter car-
3 pens. num quis nostrum crederet lunam aut quinque sidera rapi uento aut turbine rotari? non, ut puto. quare? quia non est illis perturbatus et inpotens cursus. ad cometas idem transferamus: non confuse nec tumultuose eunt,

184 Sall. *Hist.* 4, fr. 28

Ω = **Z** **δ**(=**ABV**) **ϑ**(=**FH**) **π**(=**PRUW**)]

169 cucurrerunt **ZϑPW** : concurrunt **BVR**, **A** *u. l.* : concurrerent **A**^{1} : concurrerunt **U** ‖ **177** comprehendit **Fπ** : -prendit **ZH**, *numero minus bono* : deprehendit **δ** ‖ **184** uerbo **Z** : -bis **Ψ** ‖ **186** aut ⟨solem aut⟩ *Hine*[14] ‖ **187** non ut – **188** cursus **Ψ** : *om.* **Z**

ut aliquis credat illos causis turbulentis et inconstantibus
pelli. deinde etiamsi uertices isti comprendere terrena 4
umidaque et ex humili in altum exprimere possent, non
tamen supra lunam efferrent: omnis illis usque in nubilum uis est, cometas autem inmixtos stellis uidemus per
superiora labentes. ergo ueri simile non est in tantum
spatium perseuerare turbinem, qui quo maior est maturius corrumpitur. utrumlibet itaque eligat: aut leuis uis 9.1
tam alte peruenire non poterit, aut magna et concitata citius ipsa se franget.

Praeterea humiliores illi cometae ob hoc, ut putat, non exeunt altius, quia plus terreni habent: grauitas illos sua in proximo tenet. atqui necesse est in his cometis diuturnioribus celsioribusque plenior materia sit; neque enim diutius apparerent nisi maioribus nutrimentis sustinerentur.

Dicebam modo non posse diu uerticem permanere nec 2
supra lunam aut usque in stellarum locum crescere. nempe efficit turbinem plurium uentorum inter ipsos luctatio. haec diu non potest esse: nam cum uagus et incertus spiritus conuolutatus est, nouissime uni uis omnium
cedit. nulla autem tempestas magna perdurat: procellae 3
quanto plus habent uirium tanto minus temporis; uenti cum ad summum uenerunt, remittuntur; omnia uiolenta

Ω = **Z** δ(=**ABV**) ϑ(=**FH**) π(=**PRUW**)]

191 compreendere **Z**^{c} : -prehendere **Z**^{1}**Ψ** ‖ **198** tam alte *Muretus* : iam alte **Z** : tamen **ϑπ** : tantum **BV** : *om.* **A** ‖ **200** putat **ZBϑ** : -ant **AVϱU** : -a **W**^{1} ‖ **201** habent ⟨et⟩ *Haase* ‖ **211** perdurat **Ψ** : -ra **Z** ‖ **212** tanto **Ψ** : *om.* **Z** ‖ **213** remittuntur; omnia uiolenta *Madvig*^{2} : remitt- (renitt- **H**^{c} : reuert- **U**) omni uiolentia **Zϑπ** : omni uiolentia remitt- **δ**

necesse est ipsa concitatione in exitum sui tendant. nemo
itaque turbinem toto die uidit, ne hora quidem. mira uelo-
citas eius et mira breuitas est. praeterea uiolentius cele-
riusque in terra circaque eam uoluitur. quo excelsior eo
4 solutior laxiorque est et ob hoc diffunditur. adice nunc
quod etiamsi in summum pertenderet, ubi sideribus iter
est, utique ab eo motu qui uniuersum trahit solueretur.
quid enim est illa conuersione mundi citatius? hac om-
nium uentorum in unum congesta uis dissiparetur et ter-
rae solida fortisque compages, nedum particula aëris
torti.

10.1 Praeterea manere in alto non potest ignis turbine inla-
tus, nisi ipse quoque permanet turbo. quid porro tam in-
credibile est quam in turbine longior mora, utique ubi
motus motu contrario uincitur? habet enim suam locus
ille uertiginem, quae rapit caelum, 'sideraque alta trahit
celerique uolumine torquet.' et ut des eis aliquam aduo-
cationem, quod fieri nullo modo potest, quid de his co-
2 metis dicetur qui senis mensibus apparuerunt? deinde
duo debent motus esse eodem loco, alter ille diuinus et

229–230 Ou. *Met.* 2.71

Ω = **Z** **δ**(=**ABV**) **ϑ**(=**FH**) **π**(=**PRUW**)]

214 exitum **ZABU** : exitium **Vϑ P** : excitium **R** : exercitium **W** | tendant **Ψ** : -at **Z** || **218** hoc ⟨citius⟩ *Gercke* || **219–220** iter est **Zδ** : interest **ϑπ** || **222–223** terr(a)e (-a **W**^{1}) **Ψ** : terreni **Z** || **227–228** ubi motus **L**^{2} : ubi motus. motus **Z** : motus **Ψ** || **229** sideraque **Ψ** : -ra quae **Z** | alta trahit *Ouid.* : attrahit (atr- **A** : tr- **R**) **Ω** || **230** eis **ϑπ** : ei **δ** : illis **Z** || **233** motus esse **Z** : e- m- **Ψ** | ille **δ** : illi **Zϑϱ U**, **W**^{1} *ut uid.*

adsiduus, suum sine intermissione peragens opus, alter nouus et recens et turbine inlatus. necesse est ergo alter alteri impedimentum sit. atqui lunaris illa orbita ceterorumque supra lunam meantium motus inreuocabilis est, nec haesitat usquam nec resistit nec dat ullam nobis suspicionem obiectae sibi morae. fidem non habet turbinem, uiolentissimum et perturbatissimum tempestatis genus, in medios siderum ordines peruenire et inter
disposita ac tranquilla uersari. credamus ignem circum- 3
acto turbine accendi et hinc expulsum in sublime praebere nobis opinionem speciemque sideris longi: puto, talis esse debet quale est id quod ignem efficit. turbinis autem rotunda facies est (in eodem enim uestigio uersatur et columnae modo circumagentis se uoluitur): ergo ignem quoque qui inclusus est similem esse illi oportet. atqui longus est et disiectus minimeque similis in orbem coacto.

Epigenen relinquamus et aliorum opiniones prosequa- 11.1
mur. quas antequam exponere incipio, illud in primis praesumendum est, cometas non in una parte caeli aspici nec in signifero tantum orbe, sed tam in ortu quam in oc-

Ω = **Z δ**(=**ABV**) **ϑ**(=**FH**) **π**(=**PRUW**)]

236 impedimentum **ϑπ** (*def. Axelson*[1]) : -to **Zδ** | atqui ⟨quia⟩ *Gercke* || **238** haesitat usquam *Pincianus* : haesitatus quam **Z**[1] : h(a)esitatus qui **ϑπ**, **Z** *u. l.* : hesitans qui **δ** || **243** hinc *Shackleton Bailey* : hunc (iesus **V**) **Ω** : tunc *Watt* || **248** ignem **Ψ** : -nis **Z** || **251** epigenen **HP** : -nem **ZδFRυ** || **251–252** prosequamur **Zυ** : pers- **δϑϱ**, *fort. recte* || **252** quas **Ψ** : quis **Z** | antequam **Ψ** : -quod **Z** | incipio **Z** (*cf. Ep. 117.4*) : -iam **Ψ**

2 casu, frequentissime tamen circa septemtrionem. †forma eius non est una.† quamuis enim Graeci discrimina fecerint eorum quibus in morem barbae flamma dependet, et eorum qui undique circa se uelut comam spargunt, et eorum quibus fusus quidem est ignis sed in uerticem tendens, tamen omnes isti eiusdem notae sunt cometaeque
3 recte dicuntur. quorum cum post longum tempus appareant formae, inter se eos comparare difficile est. illo ipso tempore quo apparent inter spectantis de habitu illorum non conuenit, sed prout cuique acrior acies aut hebetior est, ita ait aut lucidiorem esse aut rubicundiorem et crines aut in interiora deductos aut in latera dimissos. sed siue sunt aliquae differentiae illorum siue non sunt, ea-

Ω = Z δ(=ABV) ϑ(=FH) π(=PRUW)]

255 ⟨unum est genus,⟩ forma *ex gr. suppl. Gercke in app.* ‖ **255–256** forma eis ⟨si⟩ non est una, ⟨nota est una⟩ *Michaelis*[2] : forma eis non est ⟨nisi⟩ una *Rossbach*[3] *942* : forma eiusdem notae est, una *Castiglioni*[2] : 'forma eis non est una.' ⟨sed una natura est.⟩ *ex. gr. suppl. Hine*[14] : forma eis non est una, ⟨est una natura⟩ *Watt per litteras* ‖ **256** eius non **Zϑπ**, **A** *u. l.* : cometarum non **δ** : eius *Fortunatus* : eis *Erasmus*[2] : eis non *Muretus* : eis uero *Haase* : eis ut nomen *Leo* : oculis nota *Schultess*[2] : non setius *Gercke in app.* : sola non *Brakman*[1] ‖ **262** formas inter se [eos] *Koeler* ‖ **263** spectantis **Z** : -tes **Ψ** ‖ **264** acrior *bis* **Z** ‖ **264–265** hebetior (-entior **L**[2]) est **L**[2]**Ψ** : -iorem **Z** ‖ **265** lucidiorem ⟨splendorem⟩ *Gertz*[2] | rubicundiorem **Ψ** : rubicond- **Z** ‖ **266** interiora **Ω** : infer- **cod. Anicianus** | deductos (did- **R**) **Zϑπ** : demissos **δ** : reductos *Gronouius*[1] : restrictos *Hine*[14] | dimissos **O**, *ut coni. Fickert* : dem- **Zϑπ** : deductos **δ** ‖ **267** illorum **ZϑW**, **A** *u. l.* : eorum **δϱ** : aliorum **U** ‖ **267–268** eadem – cometae *del. Vassis*

dem ratione fiant necesse est cometae. illud unum con-
stare debet, praeter solitum aspici nouam sideris faciem
circa se dissipatum ignem trahentis.

Quibusdam antiquorum haec placet ratio: cum ex stel- 12.1
lis errantibus altera se alteri adplicuit, confuso in unum
duarum lumine facies longioris sideris redditur; nec hoc
tunc tantum euenit cum stella stellam attigit, sed etiam
cum adpropinquauit. interuallum enim quod inter duas
est illustratur ab utraque inflammaturque et longum
ignem efficit. his illud respondebimus, certum esse nu- 2
merum stellarum mobilium, solere autem eodem tempore
et has apparere et cometen, ex quo manifestum fit non il-
larum coitu fieri cometen sed proprium esse et sui iuris.
etiamnunc frequenter stella sub altioris stellae uestigium 3
uenit: et Saturnus aliquando supra Iouem est, et Mars
Venerem aut Mercurium recta linea despicit, nec tamen
propter hunc illorum concursum, cum alter alterum subit,
cometes fit. alioquin annis omnibus fieret, omnibus enim
aliquae stellae in eodem signo simul sunt. si cometen fa- 4
ceret stella stellae superueniens, momento esse desineret.
summa enim uelocitas transeuntium est, ideoque omnis
defectio siderum breuis est, quia cito illa idem cursus qui
admouerat abstrahit. uidemus solem ac lunam intra exi-
guum tempus, cum obscurari coeperunt, liberari: quanto

Ω = **Z** **δ**(=**ABV**) **ϑ**(=**FH**) **π**(=**PRUW**)]

268 ratione fiant **ZL**^{2} : fiant (faciant **B** : fiunt **U**) r- **Ψ** ‖ **273** redditur **ZL**^{2}**H** : reddi **δFπ** ‖ **280** cometen **E** : -em **Ψ** : -es **Z** ‖ **290** admouerat **ZδP**^{c}**W** : admonuerat **ϑP**^{1}**R** : admunerit **U** | ac **Z** : et **Ψ** ‖ **291** cum **Ω** : quam *Pincianus*

celerior fieri debet digressio in stellis tanto minoribus? at-
qui cometae senis mensibus manent, quod non accideret
si duarum stellarum conuentu gignerentur. illae enim diu
cohaerere non possunt, et necesse est illas lex celeritatis
suae separet.
5 Praeterea ista uicina nobis uidentur, ceterum interual-
lis ingentibus dissident. quomodo ergo potest altera stella
usque ad alteram stellam ignem inmittere ita ut utraque
6 iuncta uideatur, cum sint ingenti regione diductae? ‘stel-
larum’ inquit ‘duarum lumen miscetur et praebet unius
speciem, nempe sic quemadmodum rubicunda fit nubes
solis incursu, quemadmodum matutina aut uespertina
flauescunt, quemadmodum arcus alterue sol uisitur.’
7 haec omnia primum magna ui efficiuntur; sol enim est
qui ista succendit: stellarum non est eadem potentia.
deinde nihil horum nisi infra lunam in terrarum uicinia
nascitur, superiora pura et sincera sunt et coloris sui sem-
8 per. praeterea si quid tale accideret, non haberet moram
sed extingueretur cito, sicut coronae, quae solem lunam-
ue cingunt, intra breuissimum spatium exolescunt. ne
arcus quidem diu perseuerat. si quid esset tale quo me-

Ω = **Z** δ(=**ABV**) ϑ(=**FH**) π(=**PRUW**)]

292 fieri debet degressio in stellis **Z** : deb- f- in s- digr- **AV**ϑπ : f- deb- in s- degr- **B** || **293** comete δ : -es **Z**ϑπ || **296** separet ϑπ : separaret **Z** : semper agat δ || **297** uicina nobis **Z** : n- u- (nobis *add.* **U**) Ψ || **298** stella *del. Nisbet dub.* || **299** stellam δϑυ : *om.* **Z**ϱ, *fort. recte* | immittere (mitt- **A**^{1}) Ψ : -tti **Z** || **300–301** stellarum Ψ : sell- **Z** || **303** incursu δϑ**U** : in c- **Z** : in ortu ϱ : ingressu **W**^{1} | matutina … uespertina **ZW** : u- … m- δϑϱ**U** | aut **Z**ϑυ : ac δ : et ϱ || **304** ⟨nubila⟩ flauescunt *Gemoll*^{2} | alterue **ZL**^{2}**H**υ : alterne **F**ϱ : alter nec (nisi *add.* **A**^{c}) δ dium inter duas stellas spatium confunderetur, aeque cito dilaberetur; utique non in tantum maneret quantum morari cometae solent. stellis intra signiferum cursus est, hunc premunt gyrum; at cometae ubique cernuntur. non magis certum est illis tempus quo appareant quam locus ullus ultra quem non exeant.

Aduersus hoc ab Artemidoro illa dicuntur: non has **13.1** tantum stellas quinque discurrere, sed has solas obseruatas esse; ceterum innumerabiles ferri per occultum aut propter obscuritatem luminis nobis ignotas aut propter circulorum positionem talem, ut tunc demum cum ad extrema eorum uenere uisantur: 'ergo intercurrunt quaedam' ut ait 'stellae nobis nouae, quae lumen suum constantibus misceant et maiorem quam stellis mos est porrigant ignem.' hoc ex his quae mentitur leuissimum 2
est. tota eius enarratio mundi mendacium impudens est. nam si illi credimus, summa caeli ora solidissima est, 'in modum tecti durata et alti crassique corporis, quod atomi

Ω = **Z** δ(=**ABV**) ϑ(=**FH**) π(=**PRUW**)]

314–315 quantum morari (maiore **B**[1] : manere **B**[c]) **Ψ** : quo dum rare **Z** || **316** non **Zϑϱ U** : horum non **δ** : alteri **W**[1] : num (*interrogandi nota post* **318** exeant *posita*) *Gercke in app.* || **319** aduersus **Ψ** : -um **Z** (*cf. Dial. 4.33.3, Ep. 9.8*) | hoc **ZA VϑPυ** : hec **BR** (*cf. c. 7.1*) | art(h)emidoro **Ψ** : arte enidoro **Z** || **325** ut ait stellae **Z** : s- ut a- **Ψ** || **325–326** constantibus **ZA**[1]**B ϱW** : cum stant- **A**[c]**VϑU** || **327** porrigant **Ψ** : -gunt **Z** | his qu(a)e **δϑRυ** : hisque **Z** : que **P** || **330** alti (*om.* **W**) **Ω** : alta *Shackleton Bailey*

3 congestae coaceruataeque fecerunt. huic proxima superfi-
cies ignea est, ita compacta ut solui uitiarique non possit;
habet tamen spiramenta quaedam et quasi fenestras, per
quas ex parte exteriore mundi influant ignes, non tam
magni ut interiora conturbent ⟨* * *⟩ rursus ex mundo in
exteriora labuntur. itaque haec quae praeter consuetudi-
nem apparent influxerunt ex illa ultra[que] mundum ia-
cente materia.'
14.1 Soluere ista quid aliud est quam manum exerere et in
uentum iactare bracchia? uelim tamen mihi dicat iste qui
mundo tam firma lacunaria imposuit, quid sit quare cre-
damus illi tantam esse crassitudinem caeli. quid fuit
quod illo tam solida corpora adduceret et ibi detineret?
2 deinde quod tantae crassitudinis est, necesse est et magni
ponderis sit: quomodo ergo in summo manent grauia?
quomodo illa moles non descendit et onere se suo fran-
git? fieri enim non potest ut tanta uis ponderis quantam
3 ille substituit pendeat et leuibus innixa sit. ne illud qui-
dem potest dici, extrinsecus aliqua esse retinacula quibus

Ω = **Z** δ(=**ABV**) ϑ(=**FH**) π(=**PRUW**)]

331 congestae coaceruataeque **Z** : congesti (-que *add.* **P**) coaceruatique **ϑπ** : congesti coadunatique **δ** | fecerunt **Ψ** : fere fec- **Z** || **331–332** huic – est *del. Rehm*[2] *13 n. 1* || **333** habent *Usener ap. G. Müller 44–45* || **335** rursus **Zϑπ** : qui r- **δ** : ⟨sed⟩ qui r- *Gercke* : rursus⟨que⟩ *Castiglioni*[2] : *plura excidisse coni. Hine*[14] || **336** labantur *Gercke in app.* || **337** ultra *Opsopoeus* : utraque **Ω** || **339** exerere **B**[c], *ut coni. Skutsch* : exercere **Ω** || **339–340** in uentum **Ψ** : inu- **Z** || **343** illo (ille **U**) **Ψ** : isto **Z** || **346** onere se *Axelson*[1] : se (h)onere **Ω** || **347** tanta uis (t- grauis **W**[1]) ponderis quantam **Ψ** : tanti uas p- quantum **Z** || **349** aliqua esse **ZAHπ** : e- a- **BVF**

cadere prohibeatur, nec rursus de medio aliquid esse oppositi quod imminens corpus excipiat ac fulciat. illud etiamnunc nemo dicere audebit, mundum ferri per inmensum et cadere quidem, sed non apparere an cadat, quia praecipitatio eius aeterna est, nihil habentis nouissimum in quod incurrat. hoc quidam de terra dixerunt, 4 cum rationem nullam inuenirent propter quam pondus in aëre staret. 'fertur' inquiunt 'semper, sed non apparet an cadat quia infinitum est in quod cadit.'

Quid est deinde quo probes non quinque tantum stellas moueri, sed multas esse et in multis mundi regionibus? aut si hoc sine ullo probabili argumento licet [re]spondere, quid est quare non aliquis aut omnes stellas moueri dicat aut nullam? praeterea nihil te adiuuat ista stellarum passim euntium turba: nam quo plures fuerint, saepius †in aliquas incident†; rari autem cometae et ob hoc mirabiles sunt.

Quid quod testimonium dicet contra te omnis aetas 15.1 quae talium stellarum exortus et adnotauit et posteris tradidit? post mortem Demetrii Syriae regis, cuius Deme-

Ω = **Z** δ(=**ABV**) ϑ(=**FH**) π(=**PRUW**)]

354 habentis **ZL**[2] : habens **Ψ** ‖ **358** quia **Zϑ U** : eo quod **δ** : quod **ϱW** ‖ **360** esse *del. Gercke* ‖ **362** spondere *Gertz*[2] (*cf. 4b.3.1*) : resp- **Ω** ‖ **363** moueri dicat aut nullam **ZL**[2] : m- aut n- dicat (-as **V**) **VϑϱU** : aut n- m- dicat **AB** : *quid* **W**[1], *incertum* ‖ **365** aliquas (aquis **R**) incident **Ω** : alias inc- *Fortunatus* : aliquas incides (*uel* ⟨oculi⟩ incident) *Gercke in app.* : aliquas incident ⟨radii⟩ *Vottero*[3] : ⟨oculos⟩ aliquae incident (*uel* aliqua incidet) *Watt* ‖ **367** testimonium dicet contra te **ϑπ** : test- c- te d- **Z** : dicit (*om.* **B**[1], *add.* **B**[c]) c- te test- **BV** : dicit test- c- te **A** ‖ **369** cuius **Ψ** : cui **Z** (*cf.* **371** *app.*)

trius et Antiochus liberi fuere, paulo ante Achaicum bellum cometes effulsit non minor sole. primo igneus ac rubicundus orbis fuit, clarumque lumen emittens quanto uinceret noctem, deinde paulatim magnitudo eius adstricta est et euanuit claritas, nouissime totus intercidit. quot ergo coire stellas oportet ut tantum corpus efficiant? mille in unum licet congreges, numquam hunc habitum
2 solis aequabunt. Attalo regnante initio cometes modicus apparuit, deinde sustulit se diffuditque et usque in aequinoctialem circulum uenit, ita ut illam plagam caeli, cui lactea nomen est, in inmensum extentus aequaret. quot ergo conuenisse debent erraticae ut tam longum caeli tractum occuparent igne continuo?

16.1 Contra argumenta dictum est: contra testes dicendum est. nec magna molitione detrahenda est auctoritas Ephoro: historicus est. quidam incredibilium relatu commendationem parant, et lectorem aliud acturum, si per cotidiana duceretur, miraculo excitant. quidam creduli, quidam neglegentes sunt; quibusdam mendacium obre-
2 pit, quibusdam placet; illi non euitant, hi adpetunt. haec

370–377 aequabunt : **Ω** = **Z** δ(=**ABV**) ϑ(=**FH**) π(=**PRUW**); **377** Attalo … : **Ω** = **Z** α(=**RABV**) ϑ(=**FH**) π(=**PUW**)]

370 achaicum **VFH**^{c}**P**υ : achaium **ZAH**^{1}**R** : achiuum (-ium **B**^{1}) **B**^{c} || **371** primo **Ψ** : cuius primo **Z** (*cf.* 369 *app.*) || **373–374** adstricta **ZL**^{2} : distr- **Ψ** || **375** quot **AB** : quid **ZV**ϑπ || **377** cometes initio *Gertz*^{2}*, sed cf. J. Müller*^{3} || **379** c(a)eli **Ψ** : *om.* **Z**, *numero minus bono* || **380–381** quot ergo *Fortunatus* : quod ergo **Z** : quid ergo **Ψ** : quid ergo? quot *Castiglioni*^{2} || **381** conuenisse debent (-et **AV** : -eret **B** : -erent **W**^{1}) **Ψ** : d- c- **Z** || **387** duceretur **P** : -cetur **ZR**ϑυ : -catur **δ** | creduli **Ψ** : incr- **Z**

in commune de tota natione, quae adprobari opus suum
et fieri populare non putat posse nisi illud mendacio
aspersit. Ephorus uero non est religiosissimae fidei: saepe
decipitur, saepius decipit; sicut hunc cometen, qui om-
nium mortalium oculis custoditus est, quia ingentis rei
traxit euentum, cum Helicen et Buram ortu suo merse-
rit – ait illum discessisse in duas stellas; quod praeter il-
lum nemo tradidit. quis enim posset obseruare illud mo- 3
mentum quo cometes solutus et in duas partes redactus
est? quomodo autem, si est qui uiderit cometen in duas
dirimi, nemo uidit fieri ex duabus? quare autem non
adiecit in quas stellas diuisus sit, cum aliqua ex quinque
stellis esse debuerit?

Apollonius Myndius in diuersa opinione est: ait enim 17.1
non unum cometen ex multis erraticis effici sed multos
cometas erraticos esse. 'non est' inquit 'species falsa nec
duarum stellarum confinio ignis extentus, sed proprium
sidus cometae est sicut solis ac lunae. talis illi forma est,

392–397 *FGH* 70T14b, F212 Jacoby

Ω = **Z** **α**(=**RABV**) **ϑ**(=**FH**) **π**(=**PUW**)]

390 ap(p)robari **δ** : -are **ZRϑπ** ‖ **391** illud **Ψ** : aliud **Z** ‖ **393** saepius decipit **Z** (*cf. Axelson*[1]) : sepe d- **ϑPU** : *om.* **αW**[1] | hunc **α** : hoc **Zϑπ** | cometen **F**[c] : -es **ZL**[2] : -em **αF**[1]**Hυ** : -a **P** ‖ **395** (h)elicen **ZϑW** : -em **αPU** | buram **Z** : -rin **F** : -rim *uel* -rym **αHπ** ‖ **396** illum[1] **ZαϑϱW** (*def. Axelson*[1]) : ille **U** : ilico *Kroll*[1] : totum *Watt per litteras* ‖ **398** partes **Ψ** : stellas **ZL**[2] ‖ **399** qui **RB** : quis **ZAVϑπ** ‖ **401–402** aliquae … debuerint *scribendum esse aut* aliqua *delendum coni. Vassis* ‖ **404** non unum cometem **Z** : c- non (in **FP**) unum (imum **R**) **Ψ** ‖ **407** cometae *Schultess*[2] : -tes **Ω** | ac **Hπ** : et **αF** : aut **Z**, *fort. recte* : autem **L**[2] | talis **Ω** : at alia *Cornelissen*

non in rotundum restricta sed procerior et in longum pro-
2 ducta. ceterum non est illi palam cursus: altiora mundi
secat et tunc demum apparet cum in imum cursus sui ue-
nit. nec est quod putemus eundem uisum esse sub Clau-
dio quem sub Augusto uidimus, nec hunc, qui sub Ne-
rone Caesare apparuit et cometis detraxit infamiam, illi
similem fuisse qui post excessum diui Iulii ludis Veneris
3 Genetricis circa undecimam horam diei emersit. multi
uariique sunt, dispares magnitudine, dissimiles colore:
aliis rubor est sine ulla luce, aliis candor et purum liqui-
dumque lumen, aliis flammea uis, et haec non sincera
nec tenuis sed multum circa se uoluens fumidi ardoris;
cruenti quidam minaces⟨que⟩, quia omen prae se futuri
sanguinis ferunt. hi minuunt augentque lumen suum
quemadmodum alia sidera quae clariora cum descendere
sunt maioraque, quia ex loco propiore uisuntur, minora
cum redeunt et obscuriora, quia abducunt se longius.'
18.1 Aduersus hoc protinus respondetur non idem accidere
in cometis quod in ceteris. cometae enim quo primum

Ω = Z α(=RABV) ϑ(=FH) π(=PUW)]

412 uidimus **Ψ** : uiderimus **Z** | nec **δFW** : ne **ZRHPU** | sub **Ψ** : *om.* **Z** || **414** excessum *hic* **Z**, *post* diui **L**^{2} : *om.* **Ψ** || **415** genetricis **Z** : genitr- **Ψ** || **417** rubor **Ψ** : robur **Z** || **418** flammea uis **Z** : flamma **Ψ** || **419** uoluens **Z**^{c}**Vϑ P**^{c}**U** : uolens **Z**^{1}**P**^{1}**W**^{1} : uolans **R** : uolutans **AB** || **420** minaces⟨que⟩ quia *Vottero*^{3} (*conl.* **423–424**) : minaces (et min- **δ**) qui **Ω** : minaces⟨que⟩ qui *Koeler* : minacesque *Gercke* | pr(a)e **ZL**^{2}**H PU** : post **αFW**^{1} || **423** propiore **δϑPU** : propriore **ZW** : priore **R** || **424** abducunt **Cam.DEG** : obd- **Ω** || **425** hoc **ZϑP** (*cf. cc. 7.1, 13.1*) : hec **αU** : *quid* **W**^{1}, *incertum* || **426** primum **Ψ** : -mo **Z**

die apparuerunt, maximi sunt; atqui deberent crescere
quo propius accederent: nunc autem manet illis prima fa-
cies, donec incipiant extingui. deinde quod aduersus
priores etiam aduersus hunc dicitur: si erraret cometes es-
setque sidus, intra signiferi terminos moueretur, intra
quos omne sidus cursus suos colligit. numquam apparet 2
stella per stellam, acies nostra non potest per medium si-
dus exire ut per illud superiora perspiciat; per cometen
autem non aliter quam per nubem ulteriora cernuntur. ex
quo apparet illum non esse sidus sed leuem ignem ac tu-
multuarium.

Zenon noster in illa sententia est: congruere iudicat **19.**1
stellas et radios inter se committere, hac societate luminis
existere imaginem stellae longioris.

Ergo quidam nullos esse cometas existimant sed spe-
ciem illorum per repercussus uicinorum siderum aut per
coniunctionem cohaerentium reddi; quidam aiunt esse 2
quidem sed habere cursus suos et post certa lustra in con-
spectum mortalium exire; quidam esse quidem sed non
quibus siderum nomen imponas, quia dilabuntur nec diu
durant et exigui temporis mora dissipantur.

In hac sententia sunt plerique nostrorum, nec id putant **20.**1
ueritati repugnare. uidemus enim in sublimi uaria

438–440 Zeno *SVF* 1.122

Ω = **Z** α(=**RABV**) ϑ(=**FH**) π(=**PUW**)]

427 apparuerunt **Zα** : -rint **ϑπ** | deberent (debent **W**) **Ψ** (*cf. Ben. 4.3.2, 5.15.5, 7.26.2*) : debebant **Z** ‖ **432** quos **δ** : quod **Zϑπ** : quem **R** ‖ **438** congruere (*om.* **U**, *spatio relicto*) **Ψ** : congrue **Z** ‖ **442** repercussus **Z** : -ssionem **Ψ**

ignium concipi genera, et modo caelum ardere, modo
'longos a tergo flammarum albescere tractus,' modo faces
cum igne uasto rapi. iam ipsa fulmina, etiamsi uelocitate
mira simul et praestringunt aciem et relinquunt, ignes
sunt aëris triti et impetu inter se maiore conlisi. ideo ne
resistunt quidem, sed expressi fluunt et protinus pereunt.
2 alii uero ignes diu manent nec ante discedunt quam con-
sumptum est omne quo pascebantur alimentum. hoc loco
sunt illa a Posidonio scripta miracula, columnae clipei-
que flagrantes aliaeque insigni nouitate flammae, quae
non aduerterent animos si ex consuetudine et lege decur-
rerent; ad haec stupent omnes quae repentinum ex alto
ignem efferunt, siue emicuit aliquid et fugit, siue com-
3 presso aëre et in ardorem coacto loco miraculi stetit. quid
ergo? non aliquando lacuna secedentis retro aetheris pa-

451 Verg. *Georg.* 1.367 (cf. supra 1.14.2) || **457–476** Posid. F 132 Edelstein-Kidd, F 322 Theiler

Ω = Z α(=RABV) ϑ(=FH) π(=PUW)]

451 flammarum *ante* longos *Verg.* || **451–452** faces cum **Ψ** : fauescunt **Z** || **453–454** ignes sunt **Zδϑ** : ignes **R** : igne sunt **π** : ignescunt *Garrod*[2] || **454** aëre *Kroll*[1] | triti **Ω** : attritu **cod. Anicianus** : tritu *Garrod*[2] | et *del. Gercke in app.* || **458–459** clip(p)eique (clipsique **H**) **Ψ** : clupeique **Z**, *fort. recte* || **461** qu(a)e repentinum **ZU**, *ut coni. Gruterus*[2] : -que repentinum **ϑPW**[1] : repentinumque **α** || **463** loco miraculi (-lo **B**[1]) **Ψ** : locum miraculum **Z** || **464** non **ZRϑπ** : num **AV** : num si **B** | secedentis **f**, *ut coni. Fortunatus* : si ced- (siced- **PW**[1]) **Zϑπ** : sic edentis **R** : deced- **A** : reced- **B** : descend- **V** : scindentis se *Schultess*[2] | retro **Zϑπ** : *om.* **α** : ultro *Schultess*[2] | (a)etheris **ϑPW** : -ri **Z** : aeris **αU**

tuit, et uastum in concauo lumen? exclamare posses:
'quid hoc est? "medium uideo discedere caelum palantis-
que polo stellas,"' quae aliquando non expectata nocte
fulserunt et per medium eruperunt diem. sed alia huius
rei ratio est, quare alieno tempore appareant in aëre, quas
esse etiam cum latent constat. multos cometas non uide- 4
mus quia obscurantur radiis solis: quo deficiente quon-
dam cometen apparuisse quem sol uicinus obtexerat Po-
sidonius tradit. saepe autem cum occidit sol, sparsi ignes
non procul ab eo uidentur: uidelicet ipsa stella sole per-
funditur et ideo aspici non potest, comae autem radios
solis effugiunt.

Placet ergo nostris cometas, sicut faces sicut tubas tra- **21.1**
besque et alia ostenta caeli, denso aëre creari. ideo circa
septemtrionem frequentissime apparent, quia illi pluri-
mum est aëris pigri. quare ergo non stat cometes sed pro- 2
cedit? dicam: ignium modo alimentum suum sequitur;
quamuis enim illi ad superiora nisus sit, tamen deficiente
materia retro iens ipse descendit. in aëre quoque non

466–467 Verg. *Aen.* 9.20–21

Ω = **Z** α(=**RABV**) ϑ(=**FH**) π(=**PUW**)]

465 concauo **Ψ** : conuocam **Z** | posses **Ψ** : -et **Z** || **466–467** palantisque **Z**, *Verg.* : -tesque (pallen- **U**) **Ψ** || **467** expectatae *Hosius*^{1} || **469** appareant **ZL**^{2} : -ent **Ψ** | in **α** : *om.* **Zϑπ** || **472** uicinus **Ψ** : -nis **Z** || **475** comae *Gronouius*^{2} : comet(a)e (-es **B**) **Ω** || **479** illi **ZA**^{1}**BVϑP**^{1}**υ** : illic **RA**^{c}**P**^{c}, *fort. recte* || **480** sed **Ψ** : si **Z** || **482** illi **ZABπ** : illo **V** : *om.* **Rϑ** || **483** materia **Ψ** : -am **Z** | retro iens **ZHU** : r- yems **L**^{2} : r- cedens **R** : r- eenes **F** : r- eens **P** : recedens **δ** : regrediens **W**

dextram laeuamque premit partem – nulla est enim illi
uia –, sed, qua illum uena pabuli sui duxit, illa repit, nec
3 ut stella procedit sed ut ignis pascitur. quare ergo per lon-
gum tempus apparet et non cito extinguitur? sex enim
mensibus hic, quem nos Neronis principatu laetissimo ui-
dimus, spectandum se praebuit, in diuersum illi Clau-
diano circumactus. ille enim a septentrione in uerticem
surgens orientem petiit semper obscurior, hic ab eadem
parte coepit, sed in occidentem tendens ad meridiem fle-
4 xit et ibi se subduxit oculis. uidelicet ille ⟨illic⟩ fumi-
diora habuit et aptiora ignibus, quae persecutus est, huic
rursus haec uberior fuit et plenior regio; huc itaque de-
scendit, inuitante materia, non itinere. quod apparet duo-
bus quos spectauimus fuisse diuersum, cum hic in dex-
trum motus sit, ille in sinistrum; omnibus autem stellis
⟨erraticis⟩ in eandem partem cursus est, id est contrarius
mundo (hic enim ab ortu uoluitur in occasum, illae ab
occasu in ortum eunt); et ob hoc duplex his motus est,
ille quo eunt, et hic quo auferuntur.

Ω = Z α(=RABV) ϑ(=FH) π(=PUW)]

484 leuamque **αϑPU** : leuam qu(a)e **ZW**^{1} ‖ **485** duxit **AB ϑPW** : dixit **Z** : dux **RV** : uexit **U** | illa **αϑP**^{1}**W** : -am **Z** : -o **P**^{c}**U** ‖ **488** nos **Ψ** : *om.* **Z** ‖ **491** petiit **Ψ** : petit **Z**, *fort. recte* (*sc. petît*) ‖ **493** ille **Zδϑ** : illo **Rυ** : *om.* **P** : illa *uel* ille ea *Gercke in app.* | *suppl. Hine*^{14} ‖ **493–494** fumidiora *Oltramare* : humid- **Zα HP**^{c}**υ** : humil- **FP**^{1} ‖ **494** aptiora **ZϑPU** : altiora **αW** | ignibus que **αϑPU** : ignibusque **Z** : ignibus quidem **W**^{1}, *ut uid.* ‖ **495** h(a)ec *hic* **Z**, *post* uberior **L**^{2} : *om.* **Ψ** ‖ **496–497** ⟨in⟩ duobus *Kroll*^{1} (*sed cf. Ben. 7.1.5, Ep. 55.10*) ‖ **498** ⟨V⟩ stellis *suppl. Gercke* (*conl. c. 16.3, c. 24.3*) ‖ **499** *suppl. Hine*^{14} | eandem **αϑPW** : eadem **ZU** ‖ **500** occasum **Ψ** : -su **Z**

Ego nostris non adsentior: non enim existimo cometen 22.1
subitaneum ignem sed inter aeterna opera naturae. pri-
mum quaecumque aër creat, breuia sunt: nascuntur enim
in re fugaci et mutabili. quomodo potest aliquid in aëre
idem diu permanere cum ipse aër numquam idem diu
maneat? fluit semper, et breuis illi quies est. intra exi-
guum momentum in alium quam in quo fuerat statum
uertitur, nunc pluuius nunc serenus nunc inter utrumque
uarius. nubes, quae illi familiarissimae sunt, in quas coit
et ex quibus soluitur, modo congregantur modo digerun-
tur, numquam inmotae iacent. fieri non potest ut ignis
certus in corpore uago sedeat et tam pertinaciter haereat
quam quae natura ne umquam excuterentur aptauit.
deinde si alimento suo haereret, semper descenderet: eo 2
enim crassior est aër quo terris propior. numquam come-
tes in imum usque demittitur neque adpropinquat solo.

Etiamnunc ignis aut it quo illum natura sua ducit, id 23.1
est susum, aut eo quo trahit materia cui adhaesit et quam
depascitur. nullis ignibus ordinariis et caelestibus iter fle-
xum est: sideris proprium est scribere orbem. atqui hoc
an cometae alii fecerint nescio: duo nostra aetate fece-
runt. deinde omne quod causa temporalis accendit cito 2

Ω = **Z α**(=**RABV**) **ϑ**(=**FH**) **π**(=**PUW**)]

504 sed ⟨esse⟩ *Gercke in app.* ‖ **511** nubes que **BVϑW** : nubesque **ZRAPU** ‖ **513** inmot(a)e **Ψ** : in morte **Z** ‖ **515** qu(a)e **ZBVϑPU** : quia **A** : quod **W**[1] : *om.* **R** : quem *Fortunati cod.* | excuterentur **Zδϑπ** : -etur **R**, *Fortunati cod.* ‖ **517** propior **αϑPU** : proprior **ZW** | numquam ⟨autem⟩ *Gertz*[2] ‖ **518** demittitur **ZAB** : dim- **RVϑπ** ‖ **519** aut ς : autem **Ω** | it **P** : ut **Z** : id **Rϑυ** : *om.* **δ** ‖ **522** scribere **Z** : ducere **Ψ** | atque *Gercke in app.* ‖ **523** fecerint *Erasmus*[1] : -runt **Ω**

intercidit: sic faces ardent dum transeunt, sic fulmina in unum ualent ictum, sic quae transuersae dicuntur stellae et cadentes praeteruolant et secant aëra. nullis ignibus nisi ⟨caelestibus⟩ in suo mora est – illis dico diuinis quos habet mundus aeternos, quia partes eius sunt et opera. hi autem agunt aliquid et uadunt et tenorem suum seruant paresque sunt. non alternis diebus maiores minoresque fierent si ignis esset collecticius et ex aliqua causa repentinus? minor enim esset ac maior prout plenius ale-
3 retur aut malignius. dicebam modo nihil diuturnum esse quod exarsit aëris uitio; nunc amplius adicio: morari ac stare nullo modo potest, nam et fax et fulmen et stella transcurrens et quisquis alius est ignis aëre expressus in fuga est, nec apparet nisi dum cadit. cometes habet suam sedem et ideo non cito expellitur, sed emetitur spatium suum, nec extinguitur sed excedit.

24.1 'Si erratica' inquit 'stella esset, in signifero esset.' quis unum stellis limitem ponit? quis in angustum diuina compellit? nempe haec ipsa sidera quae sola moueri creditis alios et alios circulos habent. quare ergo non aliqua

534 dicebam] 7.22.1

Ω = Z α(=RABV) ϑ(=FH) π(=PUW)]

525 sic $\mathbf{L^2\Psi}$: si **Z** || **526** sic que **H** : sicque **ZRFυ** : sic quod **P** : sic **δ** | dicuntur **ZRϑπ** : duc- **δ** || **527** et cadentes **Zαϑυ** : cadentes **P** (*sed Vottero confert 2.55.3 'stellis transuersis et cadentibus'*) : excandentes *Codoñer Merino* || **527–528** nisi ignibus *Axelson*[1] || **528** *suppl. Watt* | in suo **Ω** : in summo *Gemoll*[2] | illis $\mathbf{ZL^2FH^1}$: -os $\mathbf{RH^c\pi}$: de illis **δ** || **531–532** minoresque *Castiglioni*[2] : aut minores. quae **Z** : minoresue **Ψ** || **543–544** credis *Pinciani uetus lectio*

sint quae in proprium iter et ab istis remotum secesse-
rint? quid est quare in aliqua parte caeli peruium non sit?
quod si iudicas non posse ullam stellam, nisi signiferum 2
attigit, uadere, cometes potest sic alium habere circulum
ut in hunc tamen parte aliqua sui incidat; quod fieri non
est necessarium, sed potest. uide ne hoc magis deceat ma-
gnitudinem mundi, ut in multa itinera diuisus incedat,
nec unam deterat semitam, ceteris partibus torpeat. credis 3
autem in hoc maximo et pulcherrimo corpore inter innu-
merabiles stellas quae noctem uario decore distinguunt,
quae minime uacuam et inertem esse patiuntur, quinque
solas esse quibus exercere se liceat, ceteras stare fixum et
inmobilem populum?

Si quis me hoc loco interrogauerit, ‘quare ergo non, 25.1
quemadmodum quinque stellarum, ita harum obseruatus
est cursus?’, huic ego respondebo: multa sunt quae esse
concedimus, qualia sint ignoramus. habere nos animum, 2

Ω = **Z** α(=**RABV**) ϑ(=**FH**) π(=**PUW**)]

545–546 secesserint **ZL**^{2}**ϑπ** : recesserunt **α** ‖ **548** attigit **δϑW** : attingit **ZL**^{2}**RP**, *fort. recte* : attingat **U** | sic **Zϑ** : sicut **α** : si **PU** : *om.* **W**^{1} | habere **Zϑυ** : habet **δ** : haberet **RP** ‖ **549** parte *hic* **Zϑ** : *post* aliqua **R** : *post* sui **δ** : *post* hunc **π** ‖ **551–552** incedat nec *Skutsch* : hinc et nec (ne **AV**^{1}) **αϑPW** : hinc nec **Z** : hinc ne **U** : sit nec hanc *Fortunatus* : incitetur nec *Brakman*^{1} : circumeat nec *Vottero*^{3} : hinc et ⟨inde pateat⟩ *Watt* ‖ **552** deterat (-terreat **R**) **Ω** (‘*pro* deterendam praebeat’ *Gercke in app.*) : detegat *Vottero*^{3} ‖ **554** uario decore **Zα** : d- u- **ϑπ**, *numero minus bono* ‖ **555** qu(a)e (quam **B** : quia **W**^{1}) minime **Ψ** : qua enim **Z** | uacuam **δ** : -uum **ZRϑπ** | inertem **Ψ** : inortum **Z** ‖ **558** me hoc loco **Z** : h- l- me **Ψ** ‖ **559** harum **Ψ** : h- quoque **Z** ‖ **561** sint *Muretus* : sunt **Ω**

cuius imperio et impellimur et reuocamur, omnes fatebuntur. quid tamen sit animus ille rector dominusque nostri non magis quisquam tibi expediet quam ubi sit: alius illum dicet spiritum esse, alius concentum quendam, alius uim diuinam et dei partem, alius tenuissimum animae, alius incorporalem potentiam; non deerit qui sanguinem dicat, qui calorem. adeo animo non potest liquere de ceteris rebus ut adhuc ipse se quaerat.

3 Quid ergo miramur cometas, tam rarum mundi spectaculum, nondum teneri legibus certis, nec initia illorum finesque notescere, quorum ex ingentibus interuallis recursus est? nondum sunt anni mille quingenti ex quo Graecia ‘stellis numeros et nomina fecit’; multae hodieque sunt gentes quae tantum facie nouerint caelum, quae nondum sciant cur luna deficiat, quare ⟨sol⟩ obumbretur.

574 Verg. *Georg.* 1.137

Ω = **Z** **α**(=**RABV**) **ϑ**(=**FH**) **π**(=**PUW**)]

564 quisquam tibi **ZB** (*cf. Ben.* 6.13.5, *Ep.* 46.3) : t- qu- **RAVϑπ**, *fort. recte* ‖ **565** alius concentum – **567** animae *om.* **α** ‖ **566–567** anim(a)e **ZϑPW**[1] : aerem **Uς** : aëra *Haase II p. vi* ‖ **567** potentiam **ZBϑπ** : p- ⟨alius tenuissimum diem⟩ **R** : p- ⟨alius tenuissimum aerem⟩ **AV** ‖ **568** potest non *Madvig*[1] *52* (*cf. c. 27.5*) ‖ **570** cometas (-tes **U**) **Ψ** : coniectas **Z** ‖ **574–575** multe hodieque sunt gentes **Z** (*cf. 1.pr.3, Clem. 1.10.2, Ep. 90.16, al.*) : multe hodieque (multeque hodie **A**) g- s- **δ** : mult(a)eque hodie s- (s- h- **F**) g- **ϑπ** : multeque s- hodie generationes **R** ‖ **575** tantum facie **ZRϑπ** : f- t- **δ** | nouerint **Z** : -runt **Ψ** ‖ **576** nondum **RABϑπ** : nundum **ZV** | sciant **ZϑPU** : -at **R** : -unt **δ** : *quid* **W**[1], *incertum* | cur **Ψ** : quare **Z** | *suppl. Burgersdijk 258*

haec apud nos quoque nuper ad certum ratio perduxit.
ueniet tempus quo ista quae nunc latent in lucem dies ex- 4
trahat et longioris aeui diligentia. ad inquisitionem tanto-
rum aetas una non sufficit, ut tota caelo uacet. quid quod
tam paucos annos inter studia ac uitia non aequa por-
tione diuidimus? itaque per successiones ista longas ex-
plicabuntur. ueniet tempus illud quo posteri nostri tam 5
aperta nos nescisse mirentur. harum quinque stellarum
quae se ingerunt nobis, quae alio atque alio occurrentes
loco curiosos nos esse cogunt qui matutini uespertinique
ortus sint, quae stationes, quando in rectum ferantur,
quare agantur retro, modo coepimus scire. utrum ⟨e⟩mer-
geret Iuppiter an occideret an retrogradus esset – nam
hoc illi nomen imposuere cedenti – ante paucos annos
didicimus. inuenti sunt qui nobis dicerent: 'erratis quod 6
ullam stellam aut supprimere cursum iudicatis aut uer-
tere. non licet stare caelestibus nec auerti: prodeunt om-
nia; ut semel missa sunt uadunt. idem erit illis cursus,
qui sui, finis. opus hoc aeternum inreuocabilis habet mo-
tus: qui si quando constiterint, alia aliis incident, quae
nunc tenor et aequalitas seruat.' quid est ergo cur aliqua 7

Ω = Z α(= **RABV**) ϑ(= **FH**) π(= **PUW**)]

577 ad certum ratio **Z** : r- (*ante* nuper **B**) ad c- **Ψ**, *numero minus bono* ‖ **578** dies **Ω** : mens *uel* mentis acies *J. Müller*[3] ‖ **581** inter **Ψ** : intus **Z** ‖ **583** illud quo **Rϑπ** : quo **δ** : illud quod (qu- i- Z^1) Z^c ‖ **585** nobis que **Ψ** : nobisque **Z** ‖ **588–589** emergeret *Fortunatus* (*cf. c. 27.3*) : mergeret **ZRϑπ** : mergeretur **δ** ‖ **593** prodeunt **Ω** (*def. Axelson*[2]) ‖ **594** missa **ZRVϑπ** : iussa **AB** ‖ **595** inreuocabilis **Z** : -les **Ψ** ‖ **596** constiterint **ZϑU** : -erit **δPW** : -it **R**

redire uideantur? solis occursus speciem illis tarditatis imponit, et natura uiarum circulorumque sic positorum ut certo tempore intuentis fallant; sic naues, quamuis plenis uelis eant, uidentur tamen stare. erit qui demonstret aliquando in quibus cometae partibus currant, cur tam seducti a ceteris errent, quanti qualesque sint. contenti simus inuentis: aliquid ueritati et posteri conferant.

26.1 'Per stellas' inquit 'ulteriora non cernimus, per cometas
aciem transmittimus.' primum, si fit istud, non in ea
parte fit qua sidus ipsum est spissi ignis ac solidi, sed qua
rarus splendor excurrit et in crines dispergitur: per inter-
2 ualla ignium, non per ipsos uides. 'stellae' inquit 'omnes
rotundae sunt, cometae porrecti, ex quo apparet stellas non esse.' quis enim tibi concedit cometas longos esse? quorum natura quidem ut ceterorum siderum globus est, ceterum fulgor extenditur. quemadmodum sol radios suos longe lateque dimittit, ceterum ipsi alia est forma, alia ei quod ex illo fluit lumini, sic cometarum corpus ipsum corrotundatur, splendor autem longior quam ceterorum siderum apparet.

27.1 'Quare?' inquis. dic tu mihi prius quare luna dissimillimum soli lumen †accipiat†, cum accipiat a sole; quare

Ω = **Z** α(=**RABV**) ϑ(=**FH**) π(=**PUW**)]

598 redire **Ω** : resistere *Haase* : retro ire *Gercke in app.* ‖ **600** intuentis (-etis **F**) **ZRVϑπ** : -tes **L**^{2}**AB** | fallant *Fortunatus* : afflant **ZϑPU** : afflat **R** : afficiat **δ** : affluat **W**^{1}, *ut uid.* ‖ **602** cur **ZL**^{2}**δ** : cum **Rϑπ** ‖ **603** errent **E**^{1}**T** : -ant **ZL**^{2}**ϑπ** : eant α ‖ **604** posteri **ZδFP**^{c}**U** : -is **RHP**^{1}**W** ‖ **607** ac **Ψ** : et **Z** ‖ **614** dimittit **Rϑπ** : dem- **Z** : em- **δ** ‖ **615** illo **Z** : ipso **Ψ** | fluit (sunt **R**) **Ψ** : fleuit **Z** ‖ **618** lunae *Gruteri amicus* ‖ **619** accipiat^{1} **Ω** : *del. Gruteri amicus* : exhibeat *Cornelissen* : emittat *et alia conicere possis*

modo rubeat modo palleat; quare liuidus illi et ater color
sit cum conspectu solis excluditur. dic mihi quare omnes 2
stellae inter se dissimilem habeant aliquatenus faciem,
diuersissimam soli. quomodo nihil prohibet ista sidera
esse, quamuis similia non sint, sic nihil prohibet cometas
aeternos esse et sortis eiusdem cuius cetera, etiamsi fa-
ciem illis non habent similem. quid porro? mundus ipse, 3
si consideres illum, non ex diuersis compositus est? quid
est quare in leone sol semper ardeat et terras aestibus tor-
reat, in aquario adstringat hiemem, flumina gelu cludat?
et hoc tamen et illud sidus eiusdem condicionis est, cum
effectu ac natura dissimile sit. intra breuissimum tempus
aries extollitur, libra tardissime ⟨e⟩mergit[ur]. et hoc ta-
men sidus et illud eiusdem naturae est, cum illud exiguo
tempore ascendat, hoc diu proferatur. non uides quam 4
contraria inter se elementa sint? grauia et leuia sunt, fri-
gida et calida, umida et sicca; tota haec mundi concordia
ex discordibus constat. negas cometen stellam esse, quia
forma eius non respondeat ad exemplar nec sit ceteris si-
millis? uides enim: simillima est illa quae tricesimo anno

Ω = **Z** α(=**RABV**) ϑ(=**FH**) π(=**PUW**)]

620 ater **Ψ** : alter **Z** ‖ **627** non **Zα** : nonne **ϑPU** : minime **W**[1], *ut uid.* ‖ **628** est **Z**[c]**δϑυ** : *om.* **Z**[1]**RP** ‖ **629** astringat **Ψ** : abstr- **Z** | humum *Garrod*[2] ‖ **631** ac natura **Z** : et n- **RϑPW** : *om.* **δ** : *plura om.* **U** ‖ **632** emergit *Fortunatus* (*cf. c. 25.5*) : mergitur **ZϑPW**[1] : tollitur **R** : iungitur **δ** : *plura om.* **U** ‖ **634** hoc **Z** : illud **RBϑπ** (*cf. Axelson*[1] *98*) : istud **A** : et istud **V** ‖ **636** (h)umida **Ψ** : *om.* **Z** ‖ **639** uides enim (quod *add.* **AV** : quam *add.* **B**) **Ω** (*cf. Dial. 7.18.3, Plin. Pan. 70.6, Winterbottom ad Quint. Decl. 291.6*) : quid enim? *Haase in textu* (*sed repudiauit vol. III p. xxvi*) : quid est enim? *Castiglioni*[2] | illa qu(a)e **Ψ** : illaque **Z**

reuertitur ad locum suum huic quae intra annum reuisit
5 sedem suam! non ad unam natura formam opus suum
praestat, sed ipsa uarietate se iactat, alia maiora alia uelo-
ciora aliis fecit, alia ualidiora alia temperatiora, quaedam
eduxit a turba, ut singula et conspicua procederent, quae-
dam in gregem misit. ignorat naturae potentiam qui illi
6 non putat aliquando licere nisi quod saepius fecit. come-
tas non frequenter ostendit, attribuit illis alium locum,
alia tempora, dissimiles ceteris motus: uoluit et his ma-
gnitudinem operis sui colere. quorum formosior facies est
quam ut fortuitam putes, siue amplitudinem eorum con-
sideres siue fulgorem, qui maior est ardentiorque quam
ceteris. facies uero habet insigne quiddam et singulare,
non in angustum coniecta et artata, sed dimissa liberius
et multarum stellarum amplexa regionem.
28.1 Aristoteles ait cometas significare tempestatem et uen-
torum intemperantiam atque imbrium. quid ergo? non
iudicas sidus esse quod futura demonstrat? non enim sic
hoc tempestatis signum est quomodo futurae pluuiae

655–656 Arist. *Meteor.* 1.6, 343b1–4, 1.7, 344b18–20

Ω = Z α(=RABV) ϑ(=FH) π(=PUW)]

640 locum suum **Rϑπ** : locum **Z** : sedem suam **δ** || **643** ualidiora **Ψ** : calid- **Z** || **644** seduxit a *uel* eduxit e *Hine*[14] || **646** non putat *hic* **Zϑπ** : *post* aliquando **δ** : *om.* **R** : putat non *Kroll*[1] (*cf. c. 25.2*) || **649** colere (*om.* **U**) **ZRϑπ** : soluere **δ** : edere *Cornelissen* : prodere *uel* docere *Gercke in app.* : extollere *Skutsch* || **652** ceteris *Erasmus*[1] : -i **Ω** || **657** demonstrat **Z**[1] : denuntiat (-iet **R**) **Ψ**, **Z** *u. l.* | sic **RϑPU** : si **Z** : sit **A** : fit **BV** : *quid* **W**[1], *incertum*

'scintillare oleum et putris concrescere fungos,' aut quo-
modo indicium est saeuituri maris si

marinae
in sicco ludunt fulicae, notasque paludes
deserit atque altam supra uolat ardea nubem,

sed sic, quomodo aequinoctium in calorem frigusque
flectentis anni, quomodo illa quae Chaldaei canunt, quid
stella nascentibus triste laetumue constituat. hoc ut scias 2
ita esse, non statim cometes ortus uentos et pluuias mina-
tur, ut Aristoteles ait, sed annum totum suspectum facit;
ex quo apparet illum non ex proximo quae in proximum
daret signa traxisse, sed habere reposita et comprensa le-
gibus mundi. fecit hic cometes qui Paterculo et Vopisco 3
consulibus apparuit quae ab Aristotele Theophrastoque
praedicta ⟨sunt⟩; fuerunt enim maximae et continuae
tempestates ubique, at in Achaia Macedoniaque urbes
terrarum motibus prorutae sunt.

'Tarditas' inquit 'illorum argumentum est grauiores **29.**1
esse multumque in se habere terreni, ipse praeterea cur-
sus: fere enim compelluntur in cardines.' utrumque fal-

659 Verg. *Georg.* 1.392 || **661–663** Verg. *Georg.* 1.362–364 || **666–675** Theophr. fr. 193 Fortenbaugh

Ω = **Z** α(=**RABV**) ϑ(=**FH**) π(=**PUW**)]

659 putris **Z**, *Vergili codd. plerique* : -res **Ψ**, *Vergili cod. R* || **670** comprensa *Gercke* (*cf. Madvig*^{2}) : -pressa **Zϑπ** : -prehensa **RAB** : -pulsa **V** || **672** consulibus **Ψ** : omnis **Z**^{1} : cōs **Z** *u. l.* || **673** predicta sunt **W**^{2}**J**^{2} : s- p- **α** : p- **Zϑπ** || **675** prorut(a)e **ZH** : prorupte **Fπ** : prerupte **α**

sum est. de priore dicam prius. quid? quae tardius feruntur grauia sunt? quid ergo? stella Saturni, quae ex omnibus iter suum lentissime conficit, grauis est? atqui
2 leuitatis argumentum habet quod supra ceteras est. 'sed maiore' inquis 'ambitu circumit, nec tardius it quam ceterae sed longius.' succurrat tibi idem me de cometis posse dicere, etiamsi segnior cursus illis sit. sed mendacium est ire eos tardius; nam intra sextum mensem dimidiam partem caeli transcurrit hic proximus, prior intra
3 pauciores menses se recepit. 'sed quia graues sunt, inferius deferuntur.' primum non defertur quod circumfertur. deinde hic proximus a septemtrione motus sui initium fecit, et per occidentem in meridiana peruenit, erigensque cursum suum oblituit; alter ille Claudianus a septemtrione primum uisus non desiit in rectum adsidue celsior ferri donec excessit.

Haec sunt quae aut alios mouere ad cometas pertinentia aut me: quae an uera sint, di sciunt, quibus ueri scien-

Ω = **Z** **α**(=**RABV**) **ϑ**(=**FH**) **π**(=**PUW**)]

679 quid? quae *Ruhkopf* : quia qu(a)e **RAVϑπ** : quia **Z** : que **B** : omnia quae *Gercke* || **681** conficit **Z** : efficit **Ψ**, *fort. recte* || **685** posse *hic* **RAVϑπ** : *post* **684** idem **Z**, *fort. recte* : *post* dicere **B** | cursus illis **Z** : i- (-ius **H** : -e **W**) c- **Rϑπ**, *numero minus bono* : c- **δ** || **688** se recepit (recip- **A**^{1}) **ZA**^{c}**BV** (*uide Hine*^{4} *196*) : r- se **ϑPW**^{1} : recipit se **RU** || **690** initium **Ψ** : *om.* **Z** || **693** desiit **Ψ** : desit **Z**, *fort. recte* (*sc. 'desît'*) || **694** ferri **ZL**^{2}**ϑ** : fieri **απ** || **695** cometas (cometis **L**^{2}**P**^{c}) pertinentia (pertintia **R**) *hic* (*om.* ad) **RϑP**^{1}**U** : ad cometas pertinentia *post* sunt **Z**, *post* quae **δ** : *quid* **W**^{1}, *incertum* : ad cometas pertinentia *delendum esse coni. Hine*^{14} *dub.* | mouere **Ψ** : -rent **Z** || **696** dî *Alexander* : dii (diis **R**) **Ω** || **696–697** ueri scientia est **Z** : e- s- u- **Ψ**, *numero minus bono*

tia est. nobis rimari illa et coniectura ire in occulta tan-
tum licet, nec cum fiducia inueniendi nec sine spe.
Egregie Aristoteles ait numquam nos uerecundiores **30.**1
esse debere quam cum de diis agitur. si intramus templa
compositi, si ad sacrificium accessuri uultum submitti-
mus, togam adducimus, [si] in omne argumentum mode-
stiae fingimur, quanto hoc magis facere debemus cum de
sideribus, de stellis, de deorum natura disputamus, ne
quid temere, ne quid imprudenter aut ignorantes adfirme-
mus aut scientes mentiamur! nec miremur tam tarde erui 2
quae tam alte iacent. Panaetio et his qui uideri uolunt co-
meten non esse ordinarium sidus sed falsam sideris fa-
ciem, diligenter tractandum est an aeque omnis anni pars
edendis cometis satis apta sit, an omnis caeli regio idonea
in qua creentur, an quacumque ire ibi etiam conspici pos-
sint, et cetera; quae uniuersa tolluntur cum dico illos non
fortuitos esse ignes, sed intextos mundo, quos non fre-
quenter educit sed in occulto mouet.
Quam multa praeter hos per secretum eunt numquam 3
humanis oculis orientia! neque enim omnia homini deus

699–706 Arist. fr. 14 Rose, fr. 943 Gigon || **707–714** Panaet. fr. 75 Van Straaten

Ω = **Z** α(=**RABV**) ϑ(=**FH**) π(=**PUW**)]

697 et **Ψ** : et ex **Z** || **702** ⟨si⟩ togam *Gercke* | *del. Gertz*[2] || **705** imprudenter **Z**ϑπ : impud- α || **709** an (a)eque **Ψ** : aneque **Z** | anni pars **Z** : p- a- **Ψ** || **711** conspici *Bentley* : concipi (*plura om.* **B** : -cepi **W**) **Ω** || **712** et cetera *del. Winterbottom* || **716** homini deus **Z** : d- h- **Ψ**, *numero minus bono*

fecit. quota pars operis tanti nobis committitur! ipse qui
ista tractat, qui condidit, qui totum hoc fundauit dedit-
que circa se, maiorque est pars sui operis ac melior, effu-
4 git oculos: cogitatione uisendus est. multa praeterea co-
gnata numini summo et uicinam sortita potentiam
obscura sunt, aut fortasse, quod magis mireris, oculos no-
stros et implent et effugiunt, siue tanta illis subtilitas est
quantam consequi acies humana non possit, siue in san-
ctiore secessu maiestas tanta delituit, et regnum suum, id
est se, tegit, nec ulli aditum dat nisi animo. quid sit hoc
sine quo nihil est, scire non possumus; et miramur, si
quos igniculos parum nouimus, cum maxima pars mundi,
deus, lateat!

5 Quam multa animalia hoc primum cognouimus sae-
culo, quam multa [negotia] ne hoc quidem! multa uenien-
tis aeui populus ignota nobis sciet, multa saeculis tunc
futuris cum memoria nostri exoleuerit reseruantur. pu-
silla res mundus est nisi in illo quod quaerat omnis aetas
6 habe[a]t. non semel quaedam sacra traduntur: Eleusin ser-

Ω = **Z** **α**(=**RABV**) **ϑ**(=**FH**) **π**(=**PUW**)]

717 ⟨pate⟩fecit *Gercke* : ⟨nota⟩ fecit ς ‖ **719** maiorque est **Z** : maior est (maiorem **R**) **Ψ** | pars sui operis **Zϑ** : s- o- partem **R** : s- o- **δπ** ‖ **721** sortita **Ψ** : -am **Z** ‖ **723** tanta illis **Z** : illis (-ud **R**) t- **Ψ** ‖ **725–726** id est **ZL**^{2} : idem **Ψ** ‖ **726** tegit *Bentley* : regit (freg- **U**) **Ω** | aditum (add- **U**) dat **ZαU** : d- a- **PW** : d- **ϑ** ‖ **728** igniculos **Ψ** : sign- **Z** ‖ **730** animalia **Ω** : uenalia *Gercke* : naturalia *Garrod*^{2} ‖ **731** *del. Haupt*^{1} *337* (*uide Vottero*) ‖ **734** quod querat **Ψ** : quodque erat **Z** | etas **ZL**^{2}, *ut coni. Gertz*^{2} : mundus **Ψ** ‖ **735** habet *codici* **E** *perperam attribuit Gercke* : habeat (heb- **U**) **Ω** | eleusin **Zϑ** : -ina **δ** : eleus **π** : eleus eleusia **R**

uat quod ostendat reuisentibus; rerum natura sacra sua
non semel tradit. initiatos nos credimus? in uestibulo
eius haeremus. illa arcana non promiscue nec omnibus
patent: reducta et interiore sacrario clusa sunt, ex quibus
aliud haec aetas, aliud quae post nos subibit aspiciet.
Quando ergo ista in notitiam nostram perducentur? **31.**1
tarde magna proueniunt, utique si labor cessat. id quod
unum toto agimus animo nondum perfecimus, ut pessimi
essemus. adhuc in processu uitia sunt. inuenit luxuria ali-
quid noui in quod insaniat, inuenit impudicitia nouam
contumeliam sibi, inuenit deliciarum dissolutio et tabes
aliquid adhuc tenerius molliusque quo pereat. nondum 2
satis robur omne proiecimus, adhuc quidquid est boni
moris extinguimus: leuitate et politura corporum mulie-
bres munditias antecessimus, colores meretricios matro-
nis quidem non induendos uiri sumimus, tenero et molli
ingressu suspendimus gradum (non ambulamus sed ince-
dimus), exornamus anulis digitos, in omni articulo
gemma disponitur. cotidie comminiscimur per quae uiri- 3
litati fiat iniuria, ut traducatur quia non potest exui: alius
genitalia excidit, alius in obscenam ludi partem fugit, et

Ω = **Z** α(=**RABV**) ϑ(=**FH**) π(=**PUW**)]

736 ⟨sic⟩ rerum *Gercke* : ⟨et⟩ rerum *J. Müller*[3] || **737** tradit **Ψ** : -didit **Z** | nos **ZδU** : non **RϑPW** || **742** utique **Ψ** : ubique **Z** || **747** molliusque **Zϑ** : et mollius α : mollius π || **750–751** ⟨ne⟩ matronis quidem [non] *Madvig*[2] || **752–753** non – incedimus *del. Leo* | incedimus **ZRϑ**π : repimus δ : ceuemus *Gercke (conl. Pers. 1.87)* || **755** fiat **Z**[c]δ : fuit **Z**[1]**ϑP** : fit **R**υ | exui **Zϑ** : erui δ : cui **R** : eui π

locatus ad mortem infame armaturae genus in quo mor-
bum suum etiam periturus exerceat legit.
32.1 Miraris si nondum sapientia omne opus suum imple-
uit? nondum tota se nequitia protulit; adhuc nascitur, et
huic omnes operam damus, huic oculi nostri, huic manus
seruiunt. ad sapientiam quis accedit? quis dignam iudi-
cat, nisi quam in transitu nouerit? quis philosophum aut
ullum liberale respicit studium, nisi cum ludi intercalan-
tur, cum aliquis pluuius interuenit dies quem perdere li-
2 bet? itaque tot familiae philosophorum sine successore
deficiunt: Academici et ueteres et minores nullum anti-
stitem reliquerunt; quis est qui tradat praecepta Pyr-
rhonis? Pythagorica illa inuidiosa turbae schola praecep-
torem non inuenit; Sextiorum noua et Romani roboris
secta inter initia sua, cum magno impetu coepisset, extin-
3 cta est. at quanta cura laboratur ne cuius pantomimi no-
men intercidat! stat per successores Pyladis et Bathylli
domus, harum artium multi discipuli sunt multique doc-
tores. priuatum urbe tota sonat pulpitum: in hoc uiri, in
hoc feminae tripudiant; mares inter se uxoresque conten-

Ω = **Z** α(=**RABV**) ϑ(=**FH**) π(=**PUW**)]

757 armaturae genus *Gercke*[2] *44–45* : armatur egenus **Zϑπ** : armatur (-antur **R**) et genus **α** ‖ **758** etiam *hic* **Z** : *ante* 757 in quo **α** : *ante* legit **πL**[1] : *om.* **ϑ** | periturus *hic* **Z**, *inter* exerceat etiam *et* legit **L**[2] : *om.* **Ψ** ‖ **759** opus suum **Ψ** : s- o- **Z** ‖ **763** philosophum **ZαϑP** : -phiam **U**, *ut coni. Fortunatus* : -phicum **W** ‖ **765–766** libet perdere *Alexander* ‖ **769–770** preceptorem **Ψ** : doctorem **Z** ‖ **772** pant(h)omimi **AVϑU** : -mini **Z** : -minii **RB** : pathomini **P** : *quid* **W**[1], *incertum* ‖ **775–776** uiri *et* mares *transp. Castiglioni*[2] ‖ **776** mares **Ψ** : maris **Z** : mariti *Gercke in app.* : maritus (*et* uxor[es]que) *Leo* dunt uter det latus mollius. deinde sub persona cum diu trita frons est, transitur ad galeam. philosophiae nulla cura est. itaque adeo nihil inuenitur ex his quae parum 4 inuestigata antiqui reliquerunt, ut multa quae inuenta erant oblitterentur. at mehercule si hoc totis membris premeremus, si in hoc iuuentus sobria incumberet, hoc maiores docerent, hoc minores addiscerent, uix ad fundum ueniretur in quo ueritas posita est; quam nunc in summa terra et leui manu quaerimus.

Ω = **Z** **α**(=**RABV**) **ϑ**(=**FH**) **π**(=**PUW**)]

777 mollius *Madvig*[2] : illius **Ω** : mimis *Alexander* | sub persona cum diu **Ψ** : c- d- s- p- **Z** || **778** frons est **Aϑπ** : fronsenus **Z** : est frons **RBV** || **779** inuenitur **δ** : -it **ZRϑπ** || **781** at mehercule **Ψ** : ait me in hercule **Z** : at mehercules *Erasmus*[1], *fort. recte* | si **Ψ** : etiamsi **Z** | totis membris **Ψ** : tota menbra **Z** || **782** iuuentus **αϑP** : inuentus (in u- **U**) **Zυ** || **783** addiscerent (addic- **F**) **Ψ** : disc- **Z** | uix **Ω** : mox *Axelson*[1] (*sed Waiblinger 94 n. 13 confert cc. 25.3–7, 29.3, 30.5–6*)

Explicit liber V de cometis **Z** : Lucii annei senece explicit **B** : Explicit liber sextus **H** : Explicit IIIIus liber **R** : Expliciunt libri de naturalibus senece questionibus ad lucilium **W** : *om.* **AVFPU**

APPENDIX CRITICA
CODICIS Z CORRECTIONES

In codice **Z**, ubi **R** non a ζ dependet, hi errores a librario ipso correcti sunt; praecedit lectio familiae **Ψ** et **Z**c, sequitur prima lectio codicis **Z**:

P. 2.14 lumen] leuamen; 6.88 diuina] diuina *bis*; 9.151 alia] *om.*; 10.173 rubor] rob-; 16.294 solidiore] sordid-; 16.301 nocte non fit] non fit nocte; 22.438 nubis] nubiu-; 23.444 imago a nube] a n- i-; 32.608 uitrea] uiterea; 32.611 scias] hic *add.*; 34.657 quare semper] s- qu-; 38.722 stellas] semper *add.*; 104.999 dudum] est *add.*; 109.16 cotidie breuitatem] b- c-; 119.202 fontes] -is; 129.393–394 uenit quemadmodum] quartana ad horam uenit *add.*; 134.466-467 nemo uidere] u- n-; 138.532 ut] et; 168.64 coepisti] temptasti; 171.119 uiderer] -erere; 172.130 fera] -at; 176.204 spumat] -ata; 179.259 ripis] rup-; 180.275 ac] o; 182.307 carent] p-; 182.311 quam (*post* alpes)] au-; 196.133 quo] quos; 197.161 collatione] conciliatione; 202.254 si uidissent] *om.*; 206.64 aeris] aeris *bis*; 210.148 teporis] teporis (*sic, ut uid.*); 211.151 possint] si; 211.168 exire] exiere; 212.171 ultra] contra; 213.197–198 interuallis tenuis includitur] inter tenuis excluditur uallis; 213.203 breuis] uis; 213.204 ac] hac; 214.223 iter sit] intersit; 216.260–261 quasdam] aqu-; 226.448 stolidissimus] stolidisd-; 228.482 non] *om.*; 229.9 lucili] lucidi; 229.12 Februariis] periculo *add.*; 231.37 quod urbes sitae sunt] *om.*; 233.83 suas] *om.*; 237.177 faces] facies; 243.291–292 per occultos aditus receptum mare] per occultum mare; 243.295 deserta] deseruata; 245.329 ex] et; 249.396 praecedit] predicit; 249.408 nitidi sine] nitidissime; 250.415–416 motum – schola est] *om.*; 250.423 calent] calient; 255.504 tam] altam; 259.587 quadam] quasdam; 261.621 omnes] -is; 264.688 ingenium] ig-; 266.725 in cauernis ingentibus] ing- in c-; 272.821 plurimum] -am; 275.879 infimo] impeto; 275.881 mira] miracula; 275.889 agitata] *om.*; 277.920

artibus] arcubus; 279.972–973 locis mersa sunt] m- s- l-; 281.7 aliquod] -quid; 282.9 subducit] -dicit; 282.11 prodierunt] prodiderunt; 284.60 nos] hos; 285.72 illarum] *om.*; 286.91 uiciniam] -nam; 287.113 et[2]] *om.*; 288.129 ignis est] e- i-; 289.162–163 habere stellarum] s- h-; 293.237 motus] *om.*; 296.308 pura] pulchra; 299.364 euntium] euent-; 300.375 coire] coiere; 303.430 etiam] nunc *add.*; 303.435 cernuntur] cernununtur; 305.466 est] *om.*; 306.486–487 longum] -us; 306.490 uerticem] -tiginem; 307.504 eterna opera] o- e-; 311.582 ista longas] istas; 312.600 naues] -is; 314.649 operis] -res; 314.655 et] *om.*; 314.657 sidus esse] e- s-; 318.722 obscura] -que *add.*; 319.747 tenerius] -que *add.*; 319.753 anulis digitos] d- a-; 320.764 respicit] respicic-; 321.780 quae (*post* multa)] *om.*

INDEX NOMINVM